"十三五"国家重点图书出版规划项目

智能制造
系 | 列 | 丛 | 书

智能制造标准化

中国电子技术标准化研究

U0228033

INTELLIGENT MANUFACTURING
STANDARDIZATION

清华大学出版社
北京

图书在版编目（CIP）数据

智能制造标准化 / 中国电子技术标准化研究院编著．—北京：清华大学出版社，2019（2023.10重印）
（智能制造系列丛书）
ISBN 978-7-302-53337-5

Ⅰ．①智…　Ⅱ．①中…　Ⅲ．①智能制造系统—标准化—中国　Ⅳ．① TH166-65

中国版本图书馆 CIP 数据核字（2019）第 159999 号

责任编辑：冯　昕　王　华
装帧设计：李召霞
责任校对：赵丽敏
责任印制：杨　艳

出版发行：清华大学出版社
　　　　　网　　　址：http://www.tup.com.cn，http://www.wqbook.com
　　　　　地　　　址：北京清华大学学研大厦 A 座　　　邮　　编：100084
　　　　　社 总 机：010-83470000　　　　　　　　　　邮　　购：010-62786544
　　　　　投稿与读者服务：010-62776969，c-service@tup.tsinghua.edu.cn
　　　　　质量反馈：010-62772015，zhiliang@tup.tsinghua.edu.cn
印 装 者：涿州市般润文化传播有限公司
经　　销：全国新华书店
开　　本：170mm×240mm　　　印　　张：26.25　　　字　　数：455 千字
版　　次：2019 年 11 月第 1 版　　　　　　　　　印　　次：2023 年 10 月第 4 次印刷
定　　价：75.00 元

产品编号：078783-02

智能制造系列丛书编委会名单

主　任：
　　　　周　济

副主任：
　　　　谭建荣　李培根

委　员（按姓氏笔划排序）：

王　雪	王飞跃	王立平	王建民
尤　政	尹周平	田　锋	史玉升
冯毅雄	朱海平	庄红权	刘　宏
刘志峰	刘洪伟	齐二石	江平宇
江志斌	李　晖	李伯虎	李德群
宋天虎	张　洁	张代理	张秋玲
张彦敏	陆大明	陈立平	陈吉红
陈超志	邵新宇	周华民	周彦东
郑　力	宗俊峰	赵　波	赵　罡
钟诗胜	袁　勇	高　亮	郭　楠
陶　飞	霍艳芳	戴　红	

丛书编委会办公室

主　任：
　　　　陈超志　张秋玲

成　员：

郭英玲	冯　昕	罗丹青	赵范心
权淑静	袁　琦	许　龙	钟永刚
刘　杨			

编者名单

赵　波　　杨建军　　郭　楠　　韦　莎　　廖胜蓝　　李瑞琪

纪婷钰　　程雨航　　王　英　　王海丹　　陈志漫　　张艾森

纪春阳　　张恒升　　王琚长江　　王　虹　　陆　辛　　张志勇

李希峰　　孙习武　　章海学　　刘广杰　　严蓓兰　　邢　琳

方佳韵　　王春喜　　史学地　　汪　烁　　卢铁林　　杨宇蒙

金　涛　　黎晓东　　刘兰玲　　黄祖广　　李祥文　　潘康华

孙　猛　　金　健　　卓培　　王文锋　　吴东亚　　于秀明

范科峰　　张旸旸　　杨梦　　杨丽蕴　　卫凤林　　李　琳

杨　宏　　宋继伟　　陈静　　李孟良　　尹　卓　　杨秋影

王伟忠　　何宏宏　　张欣　　周　航　　夏娣娜　　马原野

许　妍　　李　佳　　王成然

制造业是国民经济的主体，是立国之本、兴国之器、强国之基。习近平总书记在党的十九大报告中号召："加快建设制造强国，加快发展先进制造业。"他指出："要以智能制造为主攻方向，推动产业技术变革和优化升级，推动制造业产业模式和企业形态根本性转变，以'鼎新'带动'革故'，以增量带动存量，促进我国产业迈向全球价值链中高端。"

智能制造——制造业数字化、网络化、智能化，是我国制造业创新发展的主要抓手，是我国制造业转型升级的主要路径，是加快建设制造强国的主攻方向。

当前，新一轮工业革命方兴未艾，其根本动力在于新一轮科技革命。21世纪以来，互联网、云计算、大数据等新一代信息技术飞速发展。这些历史性的技术进步，集中汇聚在新一代人工智能技术的战略性突破，新一代人工智能已经成为新一轮科技革命的核心技术。

新一代人工智能技术与先进制造技术的深度融合，形成了新一代智能制造技术，成为新一轮工业革命的核心驱动力。新一代智能制造的突破和广泛应用将重塑制造业的技术体系、生产模式、产业形态，实现第四次工业革命。

新一轮科技革命和产业变革与我国加快转变经济发展方式形成历史性交汇，智能制造是一个关键的交汇点。中国制造业要抓住这个历史机遇，创新引领高质量发展，实现向世界产业链中高端的跨越发展。

智能制造是一个"大系统"，贯穿于产品、制造、服务全生命周期的各个环节，由智能产品、智能生产及智能服务三大功能系统以及工业智联网和智能制造云两大支撑系统集合而成。其中，智能产品是主体，智能生产是主线，以智能服务为中心的产业模式变革是主题，工业智联网和智能制造云是支撑，系统集成将智能制造各功能系统和支撑系统集成为新一代智能制造系统。

智能制造是一个"大概念"，是信息技术与制造技术的深度融合。从 20 世纪中叶到 90 年代中期，以计算、感知、通信和控制为主要特征的信息化催生了数字化制造；从 90 年代中期开始，以互联网为主要特征的信息化催生了"互联网＋制造"；当前，以新一代人工智能为主要特征的信息化开创了新一代智能制造的新阶段。这就形成了智能制造的三种基本范式，即：数字化制造（digital manufacturing）——第一代智能制造；数字化网络化制造（smart manufacturing）——"互联网＋制造"或第二代智能制造，本质上是"互联网＋数字化制造"；数字化网络化智能化制造（intelligent manufacturing）——新一代智能制造，本质上是"智能＋互联网＋数字化制造"。这三个基本范式次第展开又相互交织，体现了智能制造的"大概念"特征。

对中国而言，不必走西方发达国家顺序发展的老路，应发挥后发优势，采取三个基本范式"并行推进、融合发展"的技术路线。一方面，我们必须实事求是，因企制宜、循序渐进地推进企业的技术改造、智能升级，我国制造企业特别是广大中小企业还远远没有实现"数字化制造"，必须扎扎实实完成数字化"补课"，打好数字化基础；另一方面，我们必须坚持"创新引领"，可直接利用互联网、大数据、人工智能等先进技术，"以高打低"，走出一条并行推进智能制造的新路。企业是推进智能制造的主体，每个企业要根据自身实际，总体规划、分步实施、重点突破、全面推进，产学研协调创新，实现企业的技术改造、智能升级。

未来 20 年，我国智能制造的发展总体将分成两个阶段。第一阶段：到 2025 年，"互联网＋制造"——数字化网络化制造在全国得到大规模推广应用；同时，新一代智能制造试点示范取得显著成果。第二阶段：到 2035 年，新一代智能制造在全国制造业实现大规模推广应用，实现中国制造业的智能升级。

推进智能制造，最根本的要靠"人"，动员千军万马、组织精兵强将，必须以人为本。智能制造技术的教育和培训，已经成为推进智能制造的当务之急，也是实现智能制造的最重要的保证。

为推动我国智能制造人才培养，中国机械工程学会和清华大学出版社组织国内知名专家，经过三年的扎实工作，编著了"智能制造系列丛书"。这套丛书是编著者多年研究成果与工作经验的总结，具有很高的学术前瞻性与工程实践性。丛书主要面向从事智能制造的工程技术人员，亦可作为研究生或本科生的教材。

在智能制造急需人才的关键时刻，及时出版这样一套丛书具有重要意义，为推动我国智能制造发展作出了突出贡献。我们衷心感谢各位作者付出的心血和劳动，感谢编委会全体同志的不懈努力，感谢中国机械工程学会与清华大学出版社的精心策划和鼎力投入。

衷心希望这套丛书在工程实践中不断进步、更精更好，衷心希望广大读者喜欢这套丛书、支持这套丛书。

让我们大家共同努力，为实现建设制造强国的中国梦而奋斗。

周济

2019 年 3 月

技术进展之快，市场竞争之烈，大国较劲之剧，在今天这个时代体现得淋漓尽致。

世界各国都在积极采取行动，美国的"先进制造伙伴计划"、德国的"工业 4.0 战略计划"、英国的"工业 2050 战略"、法国的"新工业法国计划"、日本的"超智能社会 5.0 战略"、韩国的"制造业创新 3.0 计划"，都将发展智能制造作为本国构建制造业竞争优势的关键举措。

中国自然不能成为这个时代的旁观者，我们无意较劲，只想通过合作竞争实现国家崛起。大国崛起离不开制造业的强大，所以中国希望建成制造强国、以制造而强国，实乃情理之中。制造强国战略之主攻方向和关键举措是智能制造，这一点已经成为中国政府、工业界和学术界的共识。

制造企业普遍面临着提高质量、增加效率、降低成本和敏捷适应广大用户不断增长的个性化消费需求，同时还需要应对进一步加大的资源、能源和环境等约束之挑战。然而，现有制造体系和制造水平已经难以满足高端化、个性化、智能化产品与服务的需求，制造业进一步发展所面临的瓶颈和困难迫切需要制造业的技术创新和智能升级。

作为先进信息技术与先进制造技术的深度融合，智能制造的理念和技术贯穿于产品设计、制造、服务等全生命周期的各个环节及相应系统，旨在不断提升企业的产品质量、效益、服务水平，减少资源消耗，推动制造业创新、绿色、协调、开放、共享发展。总之，面临新一轮工业革命，中国要以信息技术与制造业深度融合为主线，以智能制造为主攻方向，推进制造业的高质量发展。

尽管智能制造的大潮在中国滚滚而来，尽管政府、工业界和学术界都认识到智能制造的重要性，但是不得不承认，关注智能制造的大多数人（本人自然也在其中）对智能制造的认识还是片面的、肤浅的。政府勾画的蓝图虽气势磅礴、宏伟壮观，但仍有很多实施者感到无从下手；学者们高谈阔论的宏观理念或基本概念虽至关重要，但如何见诸实践，许多人依然不得要领；企业的实践者们侃侃而谈的多是当年制造业信息化时代的陈年酒酿，尽管依旧散发清香，却还是少了一点智能制造的气息。有些人看到"百万工业企业上云，实施百万工业 APP 培育工程"时劲头十足，可真准备大干一场的时候，又仿佛云里雾里。常常听学者们言，CPS（cyber-physical systems，信息－物理系统）是工业 4.0 和智能制造的核心要素，CPS 万不能离开数字孪生体（digital twin）。可数字孪生体到底如何构建？学者也好，工程师也好，少有人能够清晰道来。又如，大数据之重要性日渐为人们所知，可有了数据后，又如何分析？如何从中提炼知识？企业人士鲜有知其个中究竟的。至于关键词"智能"，什么样的制造真正是"智能"制造？未来制造将"智能"到何种程度？解读纷纷，莫衷一是。我的一位老师，也是真正的智者，他说："智能制造有几分能说清楚？还有几分是糊里又糊涂。"

所以，今天中国散见的学者高论和专家见解还远不能满足智能制造相关的研究者和实践者们之所需。人们既需要微观的深刻认识，也需要宏观的系统把握；既需要实实在在的智能传感器、控制器，也需要看起来虚无缥缈的"云"；既需要对理念和本质的体悟，也需要对可操作性的明晰；既需要互联的快捷，也需要互联的标准；既需要数据的通达，也需要数据的安全；既需要对未来的前瞻和追求，也需要对当下的实事求是……满足多方位的需求，从多视角看智能制造，正是这套丛书的初衷。

为助力中国制造业高质量发展，推动我国走向新一代智能制造，中国机械工程学会和清华大学出版社组织国内知名的院士和专家编写了"智能制造系列丛书"。本丛书以智能制造为主线，考虑智能制造"新四基"[即"一硬"（自动控制和感知硬件）、"一软"（工业核心软件）、"一网"（工业互联网）、"一台"（工业云和智能服务平台）]的要求，由 30 个分册组成。除《智能制造：技术前沿与探索应用》《智能制造标准化》和《智能制造实践》3 个分册外，其余包含了以下五大板块：智能制造模式、智能设计、智能传感与装备、智能制造使能技术以及智能制造管理技术。

本丛书编写者包括高校、工业界拔尖的带头人和奋战在一线的科研人员，有着丰富的智能制造相关技术的科研和实践经验。虽然每一位作者未必对智能制造有全面认识，但这个作者群体的知识对于试图全面认识智能制造或深刻理解某方面技术的人而言，无疑能有莫大的帮助。丛书面向从事智能制造工作的工程师、科研人员、教师和研究生，兼顾学术前瞻性和对企业的指导意义，既有对理论和方法的描述，也有实际应用案例。编写者经过反复研讨、修订和论证，终于完成了本丛书的编写工作。必须指出，这套丛书肯定不是完美的，或许完美本身就不存在，更何况智能制造大潮中学界和业界的急迫需求也不能等待对完美的寻求。当然，这也不能成为掩盖丛书存在缺陷的理由。我们深知，疏漏和错误在所难免，在这里也希望同行专家和读者对本丛书批评指正，不吝赐教。

在"智能制造系列丛书"编写的基础上，我们还开发了智能制造资源库及知识服务平台，该平台以用户需求为中心，以专业知识内容和互联网信息搜索查询为基础，为用户提供有用的信息和知识，打造智能制造领域"共创、共享、共赢"的学术生态圈和教育教学系统。

我非常荣幸为本丛书写序，更乐意向全国广大读者推荐这套丛书。相信这套丛书的出版能够促进中国制造业高质量发展，对中国的制造强国战略能有特别的意义。丛书编写过程中，我有幸认识了很多朋友，向他们学到很多东西，在此向他们表示衷心感谢。

需要特别指出，智能制造技术是不断发展的。因此，"智能制造系列丛书"今后还需要不断更新。衷心希望，此丛书的作者们及其他的智能制造研究者和实践者们贡献他们的才智，不断丰富这套丛书的内容，使其始终贴近智能制造实践的需求，始终跟随智能制造的发展趋势。

2019 年 3 月

标准是国家利益在技术经济领域中的体现，是国家实施技术和产业政策的重要手段，"智能制造、标准先行"，标准化工作是实现智能制造的重要技术基础，同时也是培育智能制造生态的重要组成部分之一。为支撑制造强国战略实施，促进制造业高质量发展，在国家市场监督管理总局、工业和信息化部的指导下，中国电子技术标准化研究院作为国家智能制造标准化总体组组长单位，集合产学研用各方力量，编制《国家智能制造标准体系建设指南（2018 年版）》（简称《建设指南（2018 年版）》）。

《建设指南（2018 年版）》在《国家智能制造标准体系建设指南（2015 年版）》的基础上，根据新的形势和标准化需求，进一步加强了标准体系构成要素及相互关系的说明，着重体现了新技术在智能制造领域的应用，突出强化了标准试验验证、行业应用与实施，为智能制造产业健康有序发展起到指导、规范、引领和保障作用，对于推动我国智能制造标准化工作具有重要意义。

智能制造标准化涉及多个行业、多个技术领域，按照"统筹规划、分类施策、跨界融合"的原则，构建既符合我国国情，又与国际接轨的智能制造标准体系。我们提出的智能制造标准体系并不是一个大而全的标准体系，重点实现信息系统、生产制造系统、自动化系统在产品的设计、生产、物流、销售和服务全生命周期中的协同互动，充分发挥标准在推进智能制造产业健康有序发展中的指导、规范、引领和保障作用。

为了便于全国各行各业的读者加深对智能制造标准化的认识，本书以《建设指南（2018 年版）》解读为核心，围绕智能制造基础共性标准、关键技术标准和行业应用标准，阐述国内外产业、技术和标准现状、界定各类标准子领域内涵、分析其标准化需求。

另外，为了解决智能制造标准存在的"企业不会用"问题，直观反映标准在行业中的应用状态，我们收集和整理了一些典型或者新类型的实际应用案例，明确每个案例在智能制造系统架构中的位置，梳理案例的实施步骤，展示了若干行业实施智能制造的探索与实践，以及取得的效果。

本书的编写得到了国家市场监督管理总局标准技术管理司、工业和信息化部装备工业司和国家智能制造标准化专家咨询组的指导，以及国家智能制造标准化总体组成员单位、相关行业协会和智能制造相关企业的帮助，包括机械工业仪器仪表综合技术经济研究所、中国信息通信研究院、上海工业自动化仪表研究院、北京机床研究所、北京机械工业自动化研究所、上海电器科学研究院、中国船舶重工集团第714研究所、中车株洲电力机车有限公司、中科院沈阳自动化研究所、中国汽车技术研究中心、重庆长安汽车股份有限公司、上海航天设备总厂、内蒙古蒙牛乳业（集团）股份有限公司、上海宝钢工业技术服务有限公司、沈阳机床（集团）有限责任公司、华为技术有限公司、工业和信息化部电子第五研究所、中机生产力促进中心、中国船舶工业综合技术经济研究院、武汉华中数控股份有限公司、中国机械工程学会等。

衷心希望本书能使智能制造标准化的知识财富为广大读者所用，为智能制造相关的技术研发人员、生产人员、企业管理者、标准化工作者和社会各界关注智能制造的人员提供指导和帮助。

Contents | **目录**

第 1 章

智能制造标准
体系建设

1.1 国家智能制造标准体系建设指南（2018 年版）

1.1.1 总体要求

1.1.1.1 指导思想

进一步贯彻落实《智能制造发展规划（2016—2020 年）》（工信部联规 [2016] 349 号）和《装备制造业标准化和质量提升规划》（国质检标联 [2016] 396 号）的工作部署，充分发挥标准在推进智能制造产业健康有序发展中的指导、规范、引领和保障作用。针对智能制造标准跨行业、跨领域、跨专业的特点，立足国内需求，兼顾国际体系，建立涵盖基础共性、关键技术和行业应用等三类标准的国家智能制造标准体系。加强标准的统筹规划与宏观指导，加快创新技术成果向标准转化，强化标准的实施与监督，深化智能制造标准国际交流与合作，提升标准对制造业的整体支撑作用，为产业高质量发展保驾护航。

1.1.1.2 基本原则

按照《国家智能制造标准体系建设指南（2015 年版）》中提出的"统筹规划，分类施策，跨界融合，急用先行，立足国情，开放合作"原则，进一步完善智能制造标准体系，全面开展基础共性标准、关键技术标准、行业应用标准研究，加快标准制（修）订，在制造业各个领域全面推广。同时，加强标准的创新发展与国际化，积极参与国际标准化组织活动，加强与相关国家和地区间的技术标准交流与合作，开展标准互认，共同推进国际标准制定。

1.1.1.3　建设目标

按照"共性先立、急用先行"的原则，制定安全、可靠性、检测、评价等基础共性标准，识别与传感、控制系统、工业机器人等智能装备标准，智能工厂设计、智能工厂交付、智能生产等智能工厂标准，大规模个性化定制、运维服务、网络协同制造等智能服务标准，人工智能应用、边缘计算等智能赋能技术标准，工业无线通信、工业有线通信等工业网络标准，机床制造、航天复杂装备云端协同制造、大型船舶设计工艺仿真与信息集成、轨道交通网络控制系统、新能源汽车智能工厂运行系统等行业应用标准，带动行业应用标准的研制工作。推动智能制造国家和行业标准上升成为国际标准。

到 2018 年，累计制（修）订 150 项以上智能制造标准，基本覆盖基础共性标准和关键技术标准。

到 2019 年，累计制（修）订 300 项以上智能制造标准，全面覆盖基础共性标准和关键技术标准，逐步建立起较为完善的智能制造标准体系，建设智能制造标准试验验证平台，提升公共服务能力，提高标准应用水平和国际化水平。

1.1.2　建设思路

国家智能制造标准体系按照"三步法"原则建设完成。第一步，通过研究各类智能制造应用系统，提取其共性抽象特征，构建由生命周期、系统层级和智能特征组成的三维智能制造系统架构，从而明确智能制造对象和边界，识别智能制造现有和缺失的标准，认知现有标准间的交叉重叠关系；第二步，在深入分析标准化需求的基础上，综合智能制造系统架构各维度逻辑关系，将智能制造系统架构的生命周期维度和系统层级维度组成的平面自上而下依次映射到智能特征维度的 5 个层级，形成智能装备、智能工厂、智能服务、智能赋能技术、工业网络等 5 类关键技术标准，与基础共性标准和行业应用标准共同构成智能制造标准体系结构；第三步，对智能制造标准体系结构分解细化，进而建立智能制造标准体系框架，指导智能制造标准体系建设及相关标准立项工作。

1.1.2.1　智能制造系统架构

《智能制造发展规划（2016—2020 年）》（工信部联规 [2016] 349 号）指出，智能制造是基于新一代信息通信技术与先进制造技术深度融合，贯穿于设计、生产、管理、服务等制造活动的各个环节，具有自感知、自学习、自决策、自执行、自适应等功能的新型生产方式。

智能制造系统架构从生命周期、系统层级和智能特征 3 个维度对智能制造所涉及的活动、装备、特征等内容进行描述,主要用于明确智能制造的标准化需求、对象和范围,指导国家智能制造标准体系建设。智能制造系统架构如图 1-1 所示。

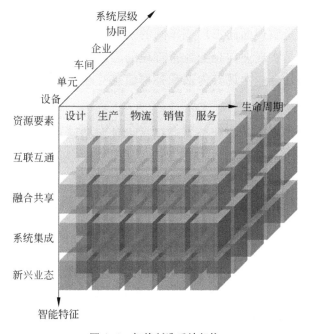

图 1-1　智能制造系统架构

1. 生命周期

生命周期是指从产品原型研发开始到产品回收再制造的各个阶段,包括设计、生产、物流、销售、服务等一系列相互联系的价值创造活动。生命周期的各项活动可进行迭代优化,具有可持续性发展等特点,不同行业的生命周期构成不尽相同。

(1)设计是指根据企业的所有约束条件以及所选择的技术来对需求进行构造、仿真、验证、优化等研发活动过程;

(2)生产是指通过劳动创造所需要的物质资料的过程;

(3)物流是指物品从供应地向接收地的实体流动过程;

(4)销售是指产品或商品等从企业转移到客户手中的经营活动;

(5)服务是指提供者与客户接触过程中所产生的一系列活动的过程及其结果,包括回收等。

2. 系统层级

系统层级是指与企业生产活动相关的组织结构的层级划分,包括设备层、单元层、车间层、企业层和协同层。

（1）设备层是指企业利用传感器、仪器仪表、机器、装置等，实现实际物理流程并感知和操控物理流程的层级；

（2）单元层是指用于工厂内处理信息、实现监测和控制物理流程的层级；

（3）车间层是实现面向工厂或车间的生产管理的层级；

（4）企业层是实现面向企业经营管理的层级；

（5）协同层是企业实现其内部和外部信息互联和共享过程的层级。

3. 智能特征

智能特征是指基于新一代信息通信技术使制造活动具有自感知、自学习、自决策、自执行、自适应等一个或多个功能的层级划分，包括资源要素、互联互通、融合共享、系统集成和新兴业态等 5 层智能化要求。

（1）资源要素是指企业对生产时所需要使用的资源或工具及其数字化模型所在的层级；

（2）互联互通是指通过有线、无线等通信技术，实现装备之间、装备与控制系统之间、企业之间相互连接及信息交换功能的层级；

（3）融合共享是指在互联互通的基础上，利用云计算、大数据等新一代信息通信技术，在保障信息安全的前提下，实现信息协同共享的层级；

（4）系统集成是指企业实现智能装备到智能生产单元、智能生产线、数字化车间、智能工厂，乃至智能制造系统集成过程的层级；

（5）新兴业态是企业为形成新型产业形态进行企业间价值链整合的层级。

智能制造的关键是实现贯穿企业设备层、单元层、车间层、工厂层、协同层不同层面的纵向集成，跨资源要素、互联互通、融合共享、系统集成和新兴业态不同级别的横向集成，以及覆盖设计、生产、物流、销售、服务的端到端集成。

1.1.2.2 智能制造标准体系结构

智能制造标准体系结构包括"A 基础共性""B 关键技术""C 行业应用"三部分，主要反映标准体系各部分的组成关系。智能制造标准体系结构如图 1-2 所示。

具体而言，A 基础共性标准包括通用、安全、可靠性、检测、评价等五大类，位于智能制造标准体系结构图的最底层，是 B 关键技术标准和 C 行业应用标准的支撑。B 关键技术标准是智能制造系统架构智能特征维度在生命周期维度和系统层级维度所组成的制造平面的投影，其中 BA 智能装备对应智能特征维度的资源要素，BB 智能工厂对应智能特征维度的资源要素和系统集成，BC 智能服务对应智能特征维度的新兴业态，BD 智能赋能技术对应智能特征维度的融合共享，BE 工业网络对应智能特征维度的互联互通。C 行业应用标准位

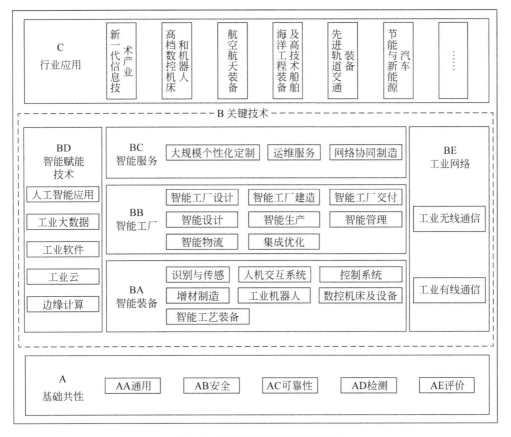

图 1-2　智能制造标准体系结构图

于智能制造标准体系结构图的最顶层，面向行业具体需求，对 A 基础共性标准和 B 关键技术标准进行细化和落地，指导各行业推进智能制造。

　　智能制造标准体系结构中明确了智能制造的标准化需求，与智能制造系统架构具有映射关系。以大规模个性化定制模块化设计规范为例，它属于智能制造标准体系结构中 B 关键技术 -BC 智能服务中的大规模个性化定制标准。在智能制造系统架构中，它位于生命周期维度设计环节，系统层级维度的企业层和协同层，以及智能特征维度的新兴业态。其中，智能制造系统架构三个维度与智能制造标准体系的映射关系及示例解析详见附件 1-2。

1.1.2.3　智能制造标准体系框架

　　智能制造标准体系框架由智能制造标准体系结构向下映射而成，是形成智能制造标准体系的基本组成单元。智能制造标准体系框架包括 "A 基础共性""B 关键技术""C 行业应用" 三部分，如图 1-3 所示。

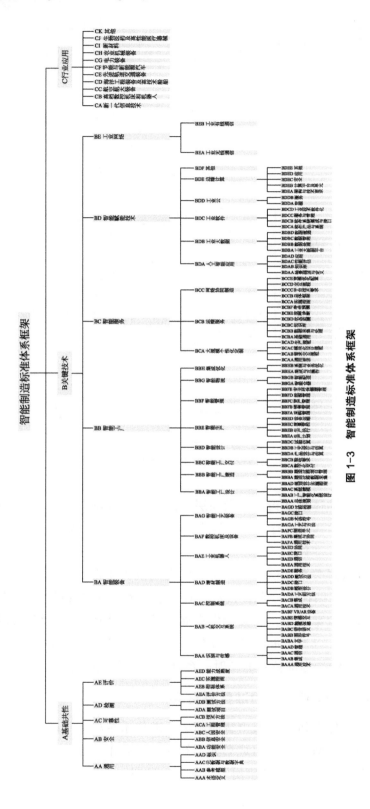

图 1-3 智能制造标准体系框架

1.1.3　建设内容

1.1.3.1　基础共性标准

基础共性标准用于统一智能制造相关概念，解决智能制造基础共性关键问题，包括通用、安全、可靠性、检测、评价等五部分，如图 1-4 所示。

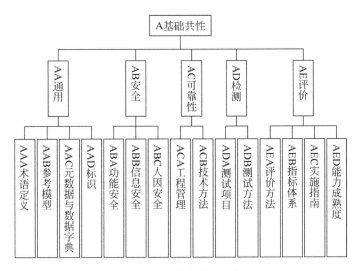

图 1-4　基础共性标准子体系

1. 通用标准

通用标准主要包括术语定义、参考模型、元数据与数据字典、标识等四部分。术语定义标准用于统一智能制造相关概念，为其他各部分标准的制定提供支撑。参考模型标准用于帮助各方认识和理解智能制造标准化的对象、边界、各部分的层级关系和内在联系。元数据和数据字典标准用于规定智能制造产品设计、生产、流通等环节涉及的元数据命名规则、数据格式、数据模型、数据元素和注册要求、数据字典建立方法，为智能制造各环节产生的数据集成、交互共享奠定基础。标识标准用于对智能制造中各类对象进行唯一标识与解析，建设既与制造企业已有的标识编码系统兼容，又能满足设备互联网协议（IP）化、智能化等智能制造发展要求的智能制造标识体系。

2. 安全标准

安全标准主要包括功能安全、信息安全和人因安全三部分。功能安全标准用于保证控制系统在危险发生时正确地执行其安全功能，从而避免因设备故障或系统功能失效而导致生产事故，包括面向智能制造的功能安全要求、功能安全系统设计和实施、功能安全测试和评估、功能安全管理等标准。信息安全标准用于保证智能制造领域相关信息系统及其数据不被破坏、更改、泄露，从而确保系统能连续可靠地运行，包括软件安全、设备信息安全、网络信息安全、数据安全、信息安全防护及评估等标准。人因安全标准用于避免在智能制造各环节中因人的行为造成的隐患或威胁，通过合理分配任务，调节工作环境，提高人员能力，以保证人身安全，预防误操作等，包括工作任务、环境、设备、人员能力、管理支持等标准。

3. 可靠性标准

可靠性标准主要包括工程管理、技术方法等两部分。工程管理标准主要对智能制造系统的可靠性活动进行规划、组织、协调与监督，包括智能制造系统及其各系统层级对象的可靠性要求、可靠性管理、综合保障管理、生命周期成本管理等标准。技术方法标准主要用于指导智能制造系统及其各系统层级开展具体的可靠性保证与验证工作，包括可靠性设计、可靠性预计、可靠性试验、可靠性分析、可靠性增长、可靠性评价等标准。

4. 检测标准

检测标准主要包括测试项目、测试方法等两部分。测试项目标准用于指导智能制造装备和系统在测试过程中的科学排序和有效管理，包括不同类型的智能制造装备和系统的一致性和互操作、集成和互联互通、系统能效、电磁兼容等测试项目标准。测试方法标准用于不同类型智能制造装备和系统的测试，包括试验内容、方式、步骤、过程、计算分析等的标准，以及性能、环境适应性和参数校准等。

5. 评价标准

评价标准主要包括指标体系、能力成熟度、评价方法、实施指南等四部分。指标体系标准用于智能制造实施的绩效与结果的评估，促进企业不断提升智能制造水平。能力成熟度标准用于企业识别智能制造现状、规划智能制造框架与提升智能制造能力水平提供过程方法论，为企业识别差距、确立目标、实施改进提供参考。评价方法标准用于为相关方提供一致的方法和依据，规范评价过程，指导相关方开展智能制造评价。实施指南标准用于指导企业提升制造能力，为企业开展智能化建设、提高生产力提供参考。

1.1.3.2 关键技术标准

关键技术标准主要包括智能装备、智能工厂、智能服务、智能赋能技术和工业网络等五部分。

1. 智能装备标准

智能装备标准主要包括识别与传感、人机交互系统、控制系统、增材制造、工业机器人、数控机床及设备、智能工艺装备等七部分，如图1-5所示，其中重点是识别与传感、控制系统和工业机器人标准。主要规定智能传感器、自动识别系统、工业机器人等智能装备的信息模型、数据字典、通信协议、接口、集成和互联互通、优化等技术要求，解决智能生产过程中智能装备之间，以及智能装备与智能化产品、物流系统、检测系统、工业软件、工业云平台之间数据共享和互联互通的问题。

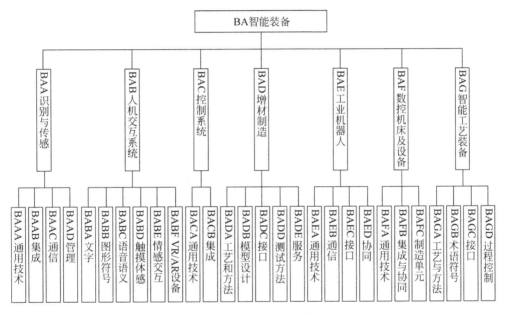

图1-5 智能装备标准子体系

1）识别与传感标准

识别与传感标准主要包括标识及解析、数据编码与交换、系统性能评估等通用技术标准；信息集成、接口规范和互操作等设备集成标准；通信协议、安全通信、协议符合性等通信标准；智能设备管理、产品全生命周期管理等管理标准。主要用于在测量、分析、控制等工业生产过程，以及非接触式感知设备自动识别目标对象、采集并分析相关数据的过程中，解决数据采集与交换过程中数据格式、程序接口不统一的问题，确保编码的一致性。

2）人机交互系统标准

人机交互系统标准主要包括工业自动化控制（简称工控）键盘布局等文字标准；智能制造专业图形符号分类和定义等图形标准；语音交互系统、语义库等语音语义标准；单点、多点等触摸体感标准；情感数据等情感交互标准；虚拟显示软件、数据等虚拟现实/增强现实（VR/AR）设备标准。主要用于规范人与信息系统多通道、多模式和多维度的交互途径、模式、方法和技术要求，解决包括工控键盘、操作屏等高可靠性和安全性交互模式，语音、手势、体感、VR/AR设备等多维度交互的融合协调和高效应用的问题。

3）控制系统标准

控制系统标准主要包括控制方法、数据采集及存储、人机界面及可视化、通信、柔性化、智能化等通用技术标准；控制设备集成、时钟同步、系统互联等集成标准。主要用于规定生产过程及装置自动化、数字化的信息控制系统，如可编程逻辑控制器（PLC）、可编程自动控制器（PAC）、分布式控制系统（DCS）、现场总线控制系统（FCS）、监控与数据采集（SCADA）系统等相关标准，解决控制系统数据采集、控制方法、通信、集成等问题。

4）增材制造标准

增材制造标准主要包括典型增材制造工艺和方法标准；设计规范、文件格式、数据质量保障、文件存储和数据处理等模型设计标准；增材制造设备接口标准；增材制造材料、设备和零部件性能的测试方法标准；增材制造服务架构、服务模式等服务标准。主要用于规范智能制造系统中增材制造相关技术、方法，确保增材制造与智能制造各环节、要素的协调一致及效能最优。

5）工业机器人标准

工业机器人标准主要包括集成安全要求、统一标识及互联互通、信息安全等通用技术标准；数据格式、通信协议、通信接口、通信架构、控制语义、信息模型、对象字典等通信标准；编程和用户接口、编程系统和机器人控制间的接口、机器人云服务平台等接口标准；制造过程机器人与人、机器人与机器人、机器人与生产线、机器人与生产环境间的协同标准。主要用于规定工业机器人的系统集成、人机协同等通用要求，确保工业机器人系统集成的规范性、协同作业的安全性、通信接口的通用性。

6）数控机床及设备标准

数控机床及设备标准主要包括智能化要求、语言与格式、故障信息字典等通用技术标准；互联互通及互操作、物理映射模型、远程诊断及维护、优化与状态监控、能效管理、接口、安全通信等集成与协同标准；智能功能部件、分类与特性、智能特征评价、智能控制要求等制造单元标准。主要用于规范数字程序控制进行运动轨迹和逻辑控制的机床及设备，解决其过程、集成与协同以及在智能制造应用中的标准化问题。

7）智能工艺装备标准

智能工艺装备标准主要包括成形工艺和方法标准；工艺术语、工艺符号、工艺文件及其格式、存储、传输、数据处理标准；成形工艺装备接口标准；工艺过程信息感知、采集、传输、处理、反馈标准；工艺装备状态监控、运维标准。主要用于规范智能制造系统中铸造、塑性成形、焊接、热处理与表面改性、粉末冶金成形等热加工成形工艺装备相关技术、方法、工艺，确保成形制造与智能制造系统的协调一致。

智能装备标准建设重点

识别与传感标准。标识及解析、数据编码与交换、系统性能评估等通用技术标准；信息集成、接口规范和互操作等设备集成标准；通信协议、安全通信、协议符合性等通信标准；智能设备管理、产品全生命周期管理等管理标准。

控制系统标准。控制方法、数据采集及存储、人机界面及可视化、通信、柔性化、智能化等通用技术标准；控制设备集成、时钟同步、系统互联等集成标准。

工业机器人标准。集成安全要求、统一标识及互联互通、信息安全等通用技术标准；数据格式、通信协议、通信接口、通信架构、控制语义、信息模型、对象字典等通信标准；编程和用户接口、编程系统和机器人控制间的接口、机器人云服务平台等接口标准；制造过程机器人与人、机器人与机器人、机器人与生产线、机器人与生产环境间的协同标准。

数控机床及设备标准。智能化要求、语言与格式、故障信息字典等通用技术标准；互联互通及互操作、物理映射模型、远程诊断及维护、优化与状态监控、能效管理、接口、安全通信等集成与协同标准；智能功能部件、分类与特性、智能特征评价、智能控制要求等制造单元标准。

智能工艺装备标准。成形工艺和方法标准；工艺术语、工艺符号、工艺文件及其格式、存储、传输、数据处理标准；成形工艺装备接口标准；工艺过程信息感知、采集、传输、处理、反馈标准；工艺装备状态监控、运维标准。

2. 智能工厂标准

智能工厂标准主要包括智能工厂设计、建造与交付，智能设计、生产、管理、物流和集成优化等部分，如图1-6所示，其中重点是智能工厂设计、智能工厂交付、智能生产和集成优化等标准。主要用于规定智能工厂设计、建造和交付等建设过程和工厂内设计、生产、管理、物流及其系统集成等业务活动。针对流程、工具、系统、接口等应满足的要求，确保智能工厂建设过程规范化、系统集成规范化、产品制造过程智能化。

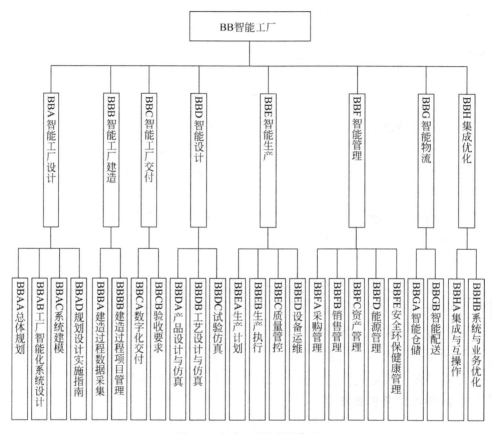

图 1-6　智能工厂标准子体系

1）智能工厂设计标准

智能工厂设计标准主要包括智能工厂的基本功能、设计要求、设计模型等总体规划标准；智能工厂物联网系统设计、信息化应用系统设计等智能化系统设计标准；虚拟工厂参考架构、工艺流程及布局模型、生产过程模型和组织模型等系统建模标准；达成智能工厂规划设计要求所需的工艺优化、协同设计、仿真分析、设计文件深度要求、工厂信息标识编码等实施指南标准。主要用于规定智能工厂的规划设计，确保工厂的数字化、网络化和智能化水平。

2）智能工厂建造标准

智能工厂建造标准主要包括建造过程数据采集范围、流程、信息载体、系统平台要求等建造过程数据采集标准；满足集成性、创新性要求，促进智能工厂建设项目管理科学化、规范化的建造过程项目管理标准。主要用于规定智能工厂建设和技术改造过程，通过智能工厂建造过程的控制与约束，确保智能工厂建设质量、建设周期、建设成本等预定目标的实现。

3）智能工厂交付标准

智能工厂交付标准主要包括交付内容、深度要求、流程要求等数字化交付标准；智能工厂各环节、各系统及系统集成等竣工验收标准。主要用于规定智能工厂建设完成后的验收与交付，确保建成的智能工厂达到预定建设目标，交付数据资料满足智能工厂运营维护要求。

4）智能设计标准

智能设计标准主要包括基于数据驱动的参数化设计、专业化并行 / 协同设计、基于模型的产品生命周期（定义 MBD、制造和检验）标准以及产品设计全过程的标准化管理；试验方法设计、试验数据与流程的管理、试验结果的分析与验证、试验结果反馈等试验仿真标准。主要用于规定产品的数字化设计和仿真，以及产品试验验证过程仿真的方法和要求，确保产品的功能、性能、易装配性、易维修性，缩短新产品研制和制造周期，降低成本。

5）智能生产标准

智能生产标准主要包括计划仿真、多级计划协同、可视化排产、动态优化调度等计划调度标准；作业文件自动下发与执行、设计与制造协同、制造资源动态组织、生产过程管理与优化、生产过程可视化监控与反馈、生产绩效分析、异常管理等生产执行标准；质量数据采集、在线质量监测和预警、质量档案及质量追溯、质量分析与改进等质量管控标准；设备运行状态监控、设备维修维护、基于知识的设备故障管理、设备运行分析与优化等设备运维标准。主要用于规定智能制造环境下生产过程中计划调度、生产执行、质量管控、设备运维等应满足的要求，确保制造过程的智能化、柔性化和敏捷化。

6）智能管理标准

智能管理标准主要包括供货商评价、质量检验分析等采购管理标准；销售预测、客户关系管理、个性化客户服务等销售管理标准；设备可靠性管理等资产管理标准；能流管理、能效评估等能源管理标准；作业过程管控、应急管理、危化品管理等安全管理标准；职业病危害因素监测、职业危害项目指标等健康管理标准；环保实时监测和预测预警能力描述、环保闭环管理等环保管理标准；基于模型的企业战略、生产组织与服务保障等基于模型的企业（MBE）标准。主要用于规定企业生产经营中采购、销售、能源、工厂安全、环保和健康等方面的知识模型和管理要求等，指导智能管理系统的设计与开发，确保管理过程的规范化和精益化。

7）智能物流标准

智能物流标准主要包括物料标识、物流信息采集、物料货位分配、出入库输送系统、作业调度、信息处理、作业状态及装备状态的管控、货物实时监控等智能仓储标准；物料智能分拣系统、配送路径规划、配送状态跟踪等智能配送标准。主要用于规定智能制造环境下厂内物流关键技术应满足的要求，指导智能物流系统的设计与开发，确保物料仓储配送准确高效和运输精益化管控。

8）集成优化标准

集成优化标准主要包括虚拟工厂与物理工厂的集成、业务间集成架构与功能、集成的活动模型和工作流、信息交互、集成接口和性能、现场设备与系统集成、系统之间集成、系统互操作等集成与互操作标准；各业务流程的优化、操作与控制的优化、销售与生产协同优化、设计与制造协同优化、生产管控协同优化、供应链协同优化等系统与业务优化标准。主要用于规定一致的语法和语义，满足通用接口中应用特定的功能关系，协调使能技术和业务应用之间的关系，确保信息的共享和交换。

智能工厂标准建设重点

智能工厂设计标准。智能工厂参考模型、通用技术要求等总体规划标准；智能工厂信息基础设施设计、物联网系统设计和信息化应用系统设计等工厂智能化系统设计标准；虚拟工厂设计参考架构、虚拟工厂信息模型和虚拟工厂建设要求等虚拟工厂设计标准；达成智能工厂规划设计要求所需的仿真分析、工艺优化、工厂信息标识编码和设计文件深度要求等实施指南标准。

智能工厂交付标准。交付内容、深度要求、流程要求等数字化交付标准；智能工厂各环节、各系统及系统集成等竣工验收标准。

智能生产标准。计划仿真、多级计划协同、可视化排产、动态优化调度等计划调度标准；作业文件自动下发、协同生产、生产过程管理与优化、可视化监控与反馈、生产绩效分析、异常管理等生产执行标准；质量数据采集、在线质量监测和预警、质量档案及质量追溯、质量分析与改进等质量管控标准；设备运行状态监控、设备维修维护、基于知识的设备故障管理、设备运行分析与优化等设备运维标准。

　　集成优化标准。虚拟工厂与物理工厂的集成、业务间集成架构与功能、集成的活动模型和工作流、信息模型、信息交互、集成接口和性能、现场设备与系统集成、系统之间集成、系统互操作等集成与互操作标准；各业务流程的优化、操作与控制的优化、销售与生产协同优化、设计与制造协同优化、生产管控协同优化、供应链协同优化等系统与业务优化标准。

3．智能服务标准

　　智能服务标准主要包括大规模个性化定制、运维服务和网络协同制造等三部分，如图1-7所示，其中重点是大规模个性化定制标准和运维服务标准。主要用于实现产品与服务的融合、分散化制造资源的有机整合和各自核心竞争力的高度协同，解决了综合利用企业内部和外部的各类资源，提供各类规范、可靠的新型服务的问题。

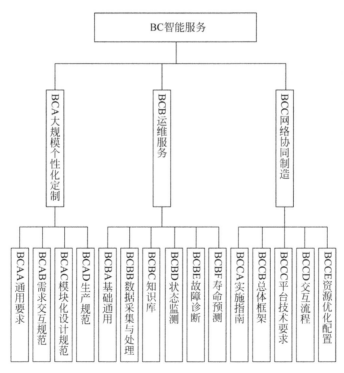

图1-7　智能服务标准子体系

1）大规模个性化定制标准

　　大规模个性化定制标准主要包括通用要求、需求交互规范、模块化设计规范和生产规范等标准。主要用于指导企业实现以客户需求为核心的大规模个性化定制服务模式，通过新一代信息技术和柔性制造技术，以模块化设计为基础，以接近大批量生产的效率和成本满足客户个性化需求。

2）运维服务标准

运维服务标准主要包括基础通用、数据采集与处理、知识库、状态监测、故障诊断、寿命预测等标准。主要用于指导企业开展远程运维和预测性维护系统建设和管理，通过对设备的状态远程监测和健康诊断，实现对复杂系统快速、及时、正确诊断和维护，全面分析设备现场实际使用运行状况，为设备设计及制造工艺改进等后续产品的持续优化提供支撑。

3）网络协同制造标准

网络协同制造标准主要包括实施指南、总体框架、平台技术要求、交互流程和资源优化配置等标准。主要用于指导企业持续改进和不断优化网络化制造资源协同云平台，通过高度集成企业间、部门间创新资源、生产能力和服务能力的相关技术方法，实现生产制造与服务运维信息高度共享、资源和服务的动态分析，增强柔性配置水平。

智能服务标准建设重点

大规模个性化定制标准。通用要求、需求交互规范、模块化设计规范和生产规范等标准。

运维服务标准。基础通用、数据采集与处理、知识库、状态监测、故障诊断、寿命预测等标准。

网络协同制造标准。实施指南、总体框架、平台技术要求、交互流程和资源优化配置等标准。

4．智能赋能技术标准

智能赋能技术标准主要包括人工智能应用、工业大数据、工业软件、工业云、边缘计算等部分，如图 1-8 所示，其中重点是人工智能应用标准和边缘计算标准。主要用于构建智能制造信息技术生态体系，提升制造领域的信息化和智能化水平。

1）人工智能应用标准

人工智能应用标准主要包括场景描述与定义标准、知识库标准、性能评估标准，以及智能在线检测、基于群体智能的个性化创新设计、协同研发群智空间、智能云生产、智能协同保障与供应营销服务链等应用标准。主要用于满足制造全生命周期活动的智能化发展需求，指导人工智能技术在设计、

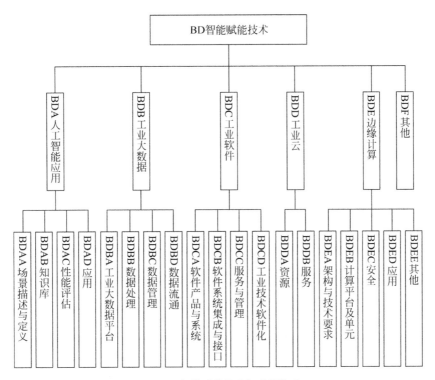

图 1-8　智能赋能技术标准子体系

生产、物流、销售、服务等生命周期环节中的应用，并确保人工智能技术在应用中的可靠性与安全性。

2）工业大数据标准

工业大数据标准主要包括平台建设的要求、运维和检测评估等工业大数据平台标准；工业大数据采集、预处理、分析、可视化和访问等数据处理标准；数据质量、数据管理能力等数据管理标准；工厂内部数据共享、工厂外部数据交换等数据流通标准。主要用于典型智能制造模式中，提高产品全生命周期各个环节所产生的各类数据的处理和应用水平。

3）工业软件标准

工业软件标准主要包括产品、工具、嵌入式软件、系统和平台的功能定义、业务模型、技术要求等软件产品与系统标准；工业软件接口规范、集成规程、产品线工程等软件系统集成和接口标准；生存周期管理、质量管理、资产管理、配置管理、可靠性要求等服务与管理标准；工业技术软件化方法、参考架构、工业应用程序（APP）封装等工业技术软件化标准。主要用于促进软件成为工业领域知识、技术和管理的载体，提高软件在工业领域的研发设计、生产制造、经营管理以及营销服务活动中发挥的作用，指导工业企业对研发、制造、生产管理等工业软件的集成和选型，帮助工业企业开展工业技术软件化，对工业知识进行有效积累。

4）工业云标准

工业云标准主要包括平台建设与应用，工业云资源和服务能力的接入与管理等资源标准；能力测评规范、计量计费、服务级别协议（SLA）等服务标准。主要用于构建工业云生态体系，指导工业云平台的设计和建设，规范不同工业云服务的业务能力，提升工业云服务的设计、实现、部署、供应和运营管理水平，指导开展各类工业云服务的采购、审计、监管和评价活动。

5）边缘计算标准

边缘计算标准主要包括架构与技术要求、计算及存储、安全、应用等标准。主要用于指导智能制造行业数字化转型、数字化创新，解决制造业数字化在敏捷连接、实时业务、数据优化、应用智能、安全与隐私保护等方面的关键需求，用于智能制造中边缘计算技术、设备或产品的研发和应用。

智能赋能技术标准建设重点
人工智能应用标准。场景描述与定义标准，知识库标准，性能评估标准，以及智能在线检测、基于群体智能的个性化创新设计、协同研发群智空间、智能云生产、智能协同保障与供应营销服务链等应用标准。 **边缘计算标准**。架构与技术要求、计算及存储、安全、应用等标准。

5. 工业网络标准

工业网络标准主要包括体系架构、组网与并联技术和资源管理，其中体系架构包括总体框架、工厂内网络、工厂外网络和网络演进增强技术等；组网与并联技术包括工厂内部不同层级的组网技术，工厂与设计、制造、供应链、用户等产业链各环节之间的互联技术；资源管理包括地址、频谱等，但智能制造中工业网络仅包括工业无线通信和工业有线通信，如图1-9所示。

1）工业无线通信标准

针对现场设备级、车间监测级及工厂管理级的不同需求的各种局域和广域工业无线网络标准。

2）工业有线通信标准

针对工业现场总线、工业以太网、工业布缆的工业有线网络标准。

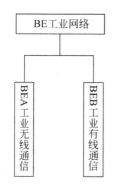

图1-9　工业网络标准子体系

工业网络标准建设重点

工业无线通信标准。针对现场设备级、车间监测级及工厂管理级的不同需求的各种局域和广域工业无线网络标准。

工业有线通信标准。针对工业现场总线、工业以太网、工业布缆的工业有线网络标准。

1.1.3.3　行业应用标准

依据基础共性标准和关键技术标准，围绕新一代信息技术、高档数控机床和机器人、航空航天装备、海洋工程装备及高技术船舶、先进轨道交通装备、节能与新能源汽车、电力装备、农业机械装备、新材料、生物医药及高性能医疗器械等十大重点领域，同时兼顾传统制造业转型升级的需求，优先在重点领域实现突破，并逐步覆盖智能制造全应用领域。行业应用标准体系如图1-10所示。

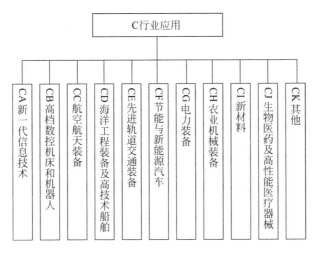

图1-10　行业应用标准子体系

发挥基础共性标准和关键技术标准在行业应用标准制定中的指导和支撑作用，优先制定各行业均有需求的设备互联互通、智能工厂建设指南、数字化车间、数据字典、运维服务等重点标准。在此基础上，发挥各行业特点，制定行业急需的智能制造相关标准，如：新一代信息技术领域的射频识别标准等；高档数控机床和机器人领域的机床制造和测试标准等；航空航天装备领域的复杂装备云端协同制造标准、航天装备数字化双胞胎制造标准等；海洋工程装备及高技术船舶领域的大型船舶设计工艺仿真与信息集成标准、海洋石油装备互联互通和运维服务标准等；先进轨道交通装备领域的轨道交通网络控制系统标准、车载信号系统标准、高速动车组智能工厂运行管理标准等；节能与新能源汽车领域的新能源汽车智能工厂运行系统标准等；电力装备领域的存储管理标准、数据智能采集标准、监测诊断服务标准等；农业机械装备领域的农机装备智能工厂平台化制造运行管理系统标准等；生物医药及高性能医疗器械领域的医疗设备质量追溯标准等。其他领域的标准包括：家电行业空调产品信息集成数据接口标准，石油石化行业智能设备互联互通标准，纺织行业智能装备网络通信接口、系统集成与互操作标准，锂离子电池制造行业智能工厂标准，采矿、冶金、建筑专用设备制造行业高端工程机械可靠性仿真与协同制造标准等。

智能制造标准体系与机械、航空、汽车、船舶、石化、钢铁、轻工、纺织等制造业领域标准体系之间不是从属关系，内容存在交集。交集部分是智能制造标准体系中的行业应用标准。例如，船舶工业标准体系用于指导船舶相关产品设计、制造、试验、修理管理和工程建设等，智能制造标准体系中的船舶行业相关标准主要涉及船舶制造环节中的互联互通等智能制造相关内容。

1.1.4 组织实施

（1）加强统筹协调。在工业和信息化部、国家标准化管理委员会的指导下，积极发挥国家智能制造标准化协调推进组、总体组和专家咨询组的作用，开展智能制造标准体系的建设及规划。充分利用多部门协调、多标准化技术委员会（简称标委会）协作、军民融合等工作机制，凝聚各类标准化资源，扎实构建满足产业发展需求、先进适用的智能制造标准体系。

（2）实施动态更新。实施动态更新完善机制，随着智能制造发展水平和行业认识水平的不断提高，根据智能制造发展的不同阶段，每两年滚动修订《国家智能制造标准体系建设指南》；基于"共性先立，急用先行"的原则，完善智能制造标准绿色通道，加快国家和行业标准的制定；推动标准试验验证平台和公共服务平台建设，为标准的制定和实施提供技术支撑和保障。

（3）加强宣贯培训。充分发挥地方主管部门、行业协会和学会的作用，进一步加强标准的培训、宣贯工作，通过培训、咨询等手段推进标准宣贯与实施。用标准引领行业，实现智能转型。

（4）加强国际交流与合作。加强与国际标准化组织的交流与合作，定期举办智能制造标准化国际论坛，组织中外企业和标准化组织开展交流合作，通过参与国际标准化组织（ISO）、国际电工技术委员会（IEC）等相关国际标准化组织的标准化工作，积极向国际标准化组织提供我国智能制造标准化工作的研究成果。

附件

附件 1-1　智能制造相关名词术语和缩略语

5G：第五代移动通信技术（the 5th generation mobile communication technology）

APP：应用程序（application）

AR：增强现实（augmented reality）

CAD：计算机辅助设计（computer aided design）

CAM：计算机辅助制造（computer aided manufacturing）

DCS：分布式控制系统（distributed control system）（国内行业标准也称集散控制系统）

EPA：工厂自动化用以太网（ethernet in plant automation）

FCS：现场总线控制系统（fieldbus control system）

IEC：国际电工技术委员会（International Electrotechnical Committee）

IP：互联网协议（internet protocol）

ISO：国际标准化组织（International Organization for Standardization）

MBD：基于模型定义（model based definition）

MBE：基于模型的企业（model based enterprise）

MBM：基于模型生产（model based manufacturing）

MES：制造执行系统（manufacturing execution system）

PAC：可编程自动控制器（programmable automation controller）

PLC：可编程逻辑控制器（programmable logic controller）（国内行业标准也称可编程序控制器）

PON：无源光纤网络（passive optical network）

SCADA：监控与数据采集（supervisory control and data acquisition）

SLA：服务级别协议（service-level agreement）

TSN：时间敏感网络（time sensitive network）

VR：虚拟现实（virtual reality）

VPN：虚拟专用网络（virtual private network）

WIA：工业自动化用无线网络（wireless networks for industrial automation）

附件 1-2　智能制造系统架构映射及示例解析（附图 1-1）

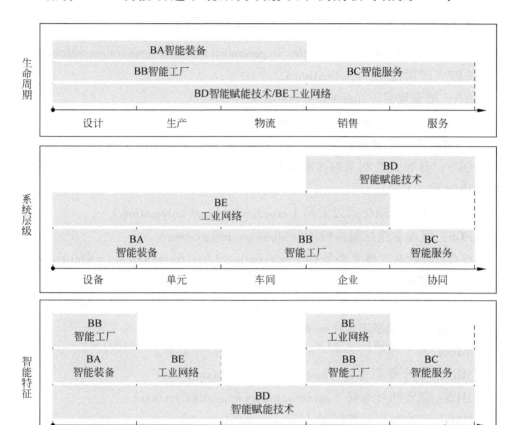

附图 1-1　智能制造系统架构各维度与智能制造标准体系结构映射

附图 1-1 通过具体的映射图展示了智能制造系统架构 3 个维度与智能制造标准体系的映射关系。由于智能制造标准体系结构中 A 基础共性及 C 行业应用涉及整个智能制造系统架构，映射图中对 B 关键技术进行了分别映射。

B 关键技术中包括 BA 智能装备、BB 智能工厂、BC 智能服务、BD 智能赋能技术、BE 工业网络等五大类标准。其中 BA 智能装备主要对应生命周期维度的设计、生产和物流，系统层级维度的设备和单元，以及智能特征维度中的资源要素；BB 智能工厂主要对应生命周期维度的设计、生产和物流，系统层级维度的车间和企业，以及智能特征维度的资源要素和系统集成；BC 智能服务主要对应生命周期维度的销售和服务，系统层级维度的协同，以及智能特征维度的新兴业态；BD 智能赋能技术主要对应生命周期维度的全过程，系统层级维度的企业和协同，以及智能特征维度的所有环节；BE 工业网络主要对应生命周期维度的全过程，系统层级维度的设备、单元、车间和企业，以及智能特征维度的互联互通和系统集成。

　　智能制造系统架构通过 3 个维度展示了智能制造的全貌。为更好地解读和理解系统架构，以计算机辅助设计（CAD）、工业机器人和工业网络为例，诠释智能制造重点领域在系统架构中所处的位置及其相关标准。

1．计算机辅助设计（CAD）

　　CAD 位于智能制造系统架构生命周期维度的设计环节、系统层级的企业层，以及智能特征维度的融合共享，如附图 1-2a 所示。已发布的 CAD 标准主要包括：

- GB/T 18784—2002《CAD/CAM 数据质量》
- GB/T 18784.2—2005《CAD/CAM 数据质量保证方法》
- GB/T 24734—2009《技术产品文件　数字化产品定义数据通则》

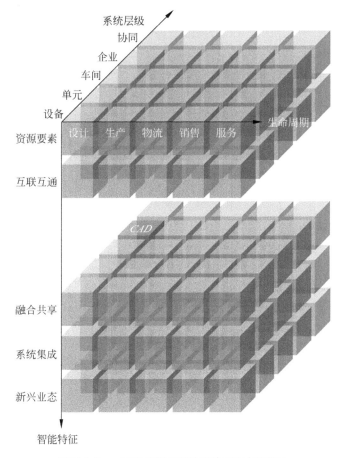

附图 1-2a　CAD 在智能制造系统架构中的位置

　　目前，CAD 正逐渐从传统的桌面软件向云服务平台过渡。下一步，结合 CAD 的云端化、基于模型定义（MBD）以及基于模型生产（MBM）等技术发展趋势，将制定新的 CAD 标准。CAD 在智能制造系统架构中的位置相应会发生变化，如附图 1-2b 所示。

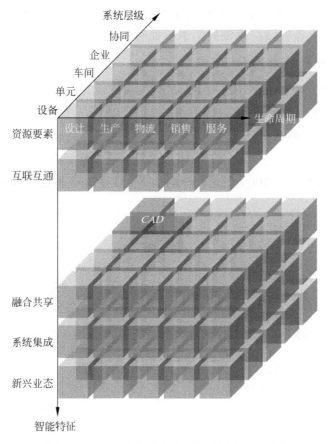

附图 1-2b　CAD 在智能制造系统架构中的位置变化

2．工业机器人

　　工业机器人位于智能制造系统架构生命周期的生产和物流环节、系统层级的设备层级和单元层级，以及智能特征的资源要素，如附图 1-3 所示。

　　已发布的工业机器人标准主要包括：

- GB 11291.1—2011《工业环境用机器人　安全要求　第 1 部分：机器人》
- GB 11291.2—2013《机器人与机器人装备　工业机器人的安全要求　第 2 部分：机器人系统与集成》
- GB/T 29825—2013《机器人通信总线协议》
- GB/T 32197—2015《开放式机器人控制器通信接口规范》

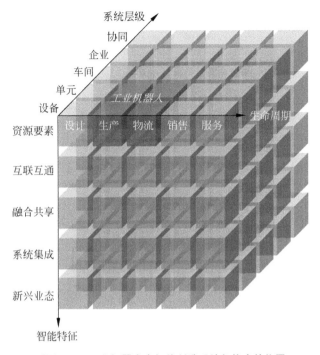

系统层级

协同

企业

车间

单元

设备

工业机器人

资源要素

设计　生产　物流　销售　服务

生命周期

互联互通

融合共享

系统集成

新兴业态

智能特征

附图 1-3　工业机器人在智能制造系统架构中的位置

- GB/T 33267—2016《机器人仿真开发环境接口》
- GB/T 33266—2016《模块化机器人高速通用通信总线性能》

正在制定的工业机器人标准主要包括：

- 20170049-T-604《工业机器人的通用驱动模块接口》
- 20170052-T-604《工业机器人生命周期风险评价方法》
- 20170989-T-604《工业机器人机器视觉集成技术条件》

3. 工业网络

工业网络主要对应生命周期维度的全过程，系统层级维度的设备、单元、车间和企业，以及智能特征维度的互联互通，如附图 1-4 所示。

已发布的工业网络标准主要包括：

- GB/T 19582—2008《基于 Modbus 协议的工业自动化网络规范》
- GB/T 19760—2008《CC-Link 控制与通信网络规范》
- GB/T 20171—2006《用于工业测量与控制系统的 EPA 系统结构与通信规范》
- GB/T 25105—2014《工业通信网络　现场总线规范　类型 10：PROFINET IO 规范》

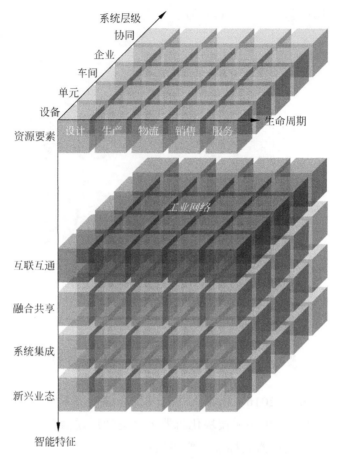

附图 1-4　工业网络在智能制造系统架构中的位置

- GB/Z 26157—2010《测量和控制数字数据通信　工业控制系统用现场总线　类型 2：ControlNet 和 EtherNet/IP 规范》
- GB/T 26790.1—2011《工业无线网络 WIA 规范　第 1 部分：用于过程自动化的 WIA 系统结构与通信规范》
- GB/T 29910—2013《工业通信网络　现场总线规范　类型 20：HART 规范》
- GB/T 27960—2011《以太网 POWERLINK 通信行规规范》
- GB/T 31230—2014《工业以太网现场总线 EtherCAT》

正在制定的标准包括：

- 20171088-T-469《信息技术　系统间远程通信和信息交换　低功耗广域网媒体访问控制层和物理层规范》
- 20171074-T-469《信息技术　系统间远程通信和信息交换　高可靠低成本设备间媒体访问控制和物理层规范》

附件 1-3 已发布、制定中的智能制造基础共性标准和关键技术标准（附表 1-1）

附表 1-1 已发布、制定中的智能制造基础共性标准和关键技术标准

总序号	分序号	标准名称	标准号/计划号	对应国际标准号	所属的国际标准组织	状态
A 基础共性						
AA 通用						
1	1	信息技术 词汇	GB/T 5271	ISO/IEC 2382		已发布
2	2	技术产品文件 计算机辅助设计与制图词汇	GB/T 15751—1995	ISO/TR 10623—1991	ISO	已发布
3	3	工业过程测量和控制 术语和定义	GB/T 17212—1998			已发布
4	4	信息技术 嵌入式系统术语	GB/T 22033—2017			已发布
5	5	制造业信息化 技术术语	GB/T 18725—2008			已发布
6	6	网络化制造技术术语	GB/T 25486—2010			已发布
7	7	机器人与机器人装备 词汇	GB/T 12643—2013			已发布
8	8	信息技术 传感器网络 第 2 部分：术语	GB/T 30269.2—2013			已发布
9	9	信息技术 云计算 概览与词汇	GB/T 32400—2015	ISO/IEC 17788：2014		已发布
10	10	物联网 术语	GB/T 33745—2017			已发布
11	11	智能传感器 第 3 部分：术语	GB/T 33905.3—2017		IEC/TC65	已发布
12	12	增材制造 术语	GB/T 35351—2017	ISO 17296-1：2014	ASTM	已发布
13	13	信息技术 开放系统互联 基本参考模型	GB/T 9387	ISO/IEC 7498		已发布
14	14	网络化制造系统集成模型	GB/T 25488—2010			已发布

续表

总序号	分序号	标准名称	标准号/计划号	对应国际标准号	所属的国际标准组织	状态
15	15	供应链管理业务参考模型	GB/T 25103—2010			已发布
16	16	信息技术 云计算 参考架构	GB/T 32399—2015	ISO/IEC 17789：2014		已发布
17	17	工业过程测量、控制和自动化 生产设施表示用参考模型（数字工厂）	GB/Z 32235—2015	IEC/TR 62794：2012	IEC/TC65	已发布
18	18	集团企业经营管理业务模型	GB/T 35133—2017			已发布
19	19	过程检测和控制流程图用图形符号和文字代号	GB/T 2625—1981			已发布
20	20	工业过程测量和控制 过程设备目录中的数据结构和元素	GB/T 20818	IEC 61987	IEC/SC65E	已发布
21	21	批控制	GB/T 19892.1~19892.2	IEC 61512	IEC/SC65A	已发布
22	22	信息技术 元数据注册系统（MDR）	GB/T 18391.1~18391.6	ISO/IEC 11179	ISO/IEC JTC1 SC32	已发布
23	23	信息技术 实现元数据注册系统（MDR）内容一致性的规程	GB/T 23824	ISO/IEC TR 20943	ISO/IEC JTC1 SC32	已发布
24	24	信息技术 开放系统互连 OSI登记机构的操作规程 第1部分：一般规程和国际对象标识符树的顶级弧	GB/T 17969.1—2015	ISO/IEC 9834—1：2008		已发布
25	25	信息技术 开放系统互连 对象标识符（OID）的国家编号体系和操作规程	GB/T 26231—2017			已发布
26	26	信息技术 开放系统互连 用于对象标识符解析系统运营机构的规程	GB/T 35300—2017			已发布
27	27	信息技术 开放系统互连 对象标识符解析系统	GB/T 35299—2017	ISO/IEC 29168—1：2011		已发布

续表

总序号	分序号	标准名称	标准号/计划号	对应国际标准号	所属的国际标准组织	状态
28	28	工业物联网仪表身份标识协议	GB/T 33901—2017			已发布
29	29	工业通信网络 网络和系统安全 术语、概述和模型	20170373-T-604	IEC 62443-1-1	IEC/TC65	制定中
30	30	数字化车间 术语和定义	20173702-T-604			制定中
31	31	智能制造 系统架构	20173704-T-604			制定中
32	32	物联网 协同信息处理参考模型	20150040-T-469			制定中
33	33	智能制造 对象标识要求	20170057-T-469			制定中
34	34	智能制造 标识解析体系要求	20170054-T-339			制定中
35	35	智能制造 制造对象标识解析体系应用指南	20173805-T-339			制定中
AB 安全						
36	1	工业控制网络安全风险评估规范	GB/T 26333—2010			已发布
37	2	工业控制系统信息安全	GB/T 30976.1~30976.2			已发布
38	3	工业自动化产品安全要求	GB 30439			已发布
39	4	过程工业领域安全仪表系统的功能安全	GB/T 21109.1~21109.3	IEC 61511	IEC/SC65A	已发布
40	5	工业通信网络 网络和系统安全 建立工业自动化和控制系统安全程序	GB/T 33007—2016	IEC 62443-2-1：2010	IEC/TC65	已发布
41	6	工业自动化和控制系统网络安全 集散控制系统（DCS）第 1 部分：防护要求	GB/T 33009.1—2016			已发布
42	7	工业自动化和控制系统网络安全 集散控制系统（DCS）第 2 部分：管理要求	GB/T 33009.2—2016			已发布

续表

总序号	分序号	标准名称	标准号/计划号	对应国际标准号	所属的国际标准组织	状态
43	8	工业自动化和控制系统网络安全 集散控制系统（DCS）第 3 部分：评估指南	GB/T 33009.3—2016			已发布
44	9	工业自动化和控制系统网络安全 集散控制系统（DCS）第 4 部分：风险与脆弱性检测要求	GB/T 33009.4—2016			已发布
45	10	工业自动化和控制系统网络安全 可编程序控制器（PLC）第 1 部分：系统要求	GB/T 33008.1—2016			已发布
46	11	控制与通信网络 CIP Safety 规范	GB/Z 34066—2017	IEC 61784-3	IEC/SC65C	已发布
47	12	控制与通信网络 Safety-over-EtherCAT 规范	GB/T 36006—2018	IEC 61784-3	IEC/SC65C	已发布
48	13	信息安全技术 工业控制系统风险评估实施指南	GB/T 36466—2018			已发布
49	14	信息安全技术 工业控制系统安全管理基本要求	GB/T 36323—2018			已发布
50	15	信息安全技术 工业控制系统信息安全分级规范	GB/T 36324—2018			已发布
51	16	信息安全技术 工业控制系统现场测控设备通用安全功能要求	GB/T 36470—2018			已发布
52	17	工业环境用机器人 安全要求 第 1 部分：机器人	GB 11291.1—2011			已发布
53	18	机器人与机器人装备 工业机器人的安全要求 第 2 部分：机器人系统与集成	GB 11291.2—2013			已发布
54	19	信息安全技术 数控网络安全技术要求	20170567-T-469			制定中
55	20	信息安全技术 信息系统等级保护安全设计技术要求 第 5 部分：工业控制系统	20171111-T-469			制定中

续表

总序号	分序号	标准名称	标准号/计划号	对应国际标准号	所属的国际标准组织	状态
56	21	信息安全技术 工业控制网络监测安全技术要求及测试评价方法	20171118-T-469			制定中
57	22	信息安全技术 工业控制系统网络审计产品安全技术要求	20171743-T-469			制定中
58	23	信息安全技术 工业控制系统安全防护技术要求和测试评价方法	20171744-T-469			制定中
59	24	信息安全技术 工业控制系统信息安全防护能力评价方法	20173583-T-469			制定中
60	25	信息安全技术 工业控制系统专用防火墙技术要求	20173856-T-469			制定中
61	26	工业控制系统产品信息安全 第2部分：安全功能要求	20171279-T-469			制定中
62	27	工业控制系统产品信息安全 第3部分：安全保障要求	20171280-T-469			制定中
63	28	工业控制系统信息安全检查指南	20173870-T-469			制定中
64	29	智能工厂 安全监测有效性评估方法	20173706-T-604			制定中
65	30	工业自动化和控制系统安全 第2-4部分：IACS服务提供商的安全程序要求	20173709-T-604			制定中
AC 可靠性						
66	1	系统可靠性分析技术 失效模式和影响分析（FMEA）程序	GB/T 7826-2012	IEC 60812：2018	IEC/TC56	已发布
67	2	测量、控制和实验室用的电设备 电磁兼容性要求	GB/T 18268	IEC 61326	IEC/SC65A	已发布
68	3	物联网总体技术 智能传感器可靠性设计方法与评审	GB/T 34071-2017			已发布
69	4	电子设备可靠性预计模型及数据手册	20132222-T-339			制定中

续表

总序号	分序号	标准名称	标准号/计划号	对应国际标准号	所属的国际标准组织	状 态
70	5	设备可靠性 可靠性评估方法	20141010-T-339	IEC 62308：2006	IEC/TC56	制定中
71	6	系统可信性规范指南	20141011-T-339	IEC 62347：2006	IEC/TC56	制定中
AD 检测						
72	1	信息技术 开放系统互连 一致性测试方法和框架	GB/T 17178.1~17178.7	ISO/IEC 9646		已发布
73	2	Modbus 测试规范	GB/T 25919.1~25919.2			已发布
74	3	过程工业自动化系统出厂验收测试（FAT）、现场验收测试（SAT）、现场综合测试（SIT）规范	GB/T 25928—2010	IEC 62381	IEC/SC65E	已发布
75	4	工业自动化仪表通用测试验证方法	GB/T 29247—2012			已发布
76	5	信息技术 开放系统互连 测试方法和规范（MTS）测试和测试控制记法 第 3 版 第 4 部分：TTCN-3 操作语义	20142102-T-469			制定中
AE 评价						
77	1	工业过程测量和控制 系统评估中系统特性的评定	GB/T 18272.1~18272.8	IEC 61069	IEC/SC65A	已发布
78	2	过程测量和控制装置 通用性能评定方法和程序	GB/T 18271.1~18271.4	IEC 61298	IEC/SC65B	已发布
79	3	制造业信息化评估体系	GB/T 31131—2014			已发布
80	4	智能传感器 第 4 部分：性能评定方法	GB/T 33905.4—2017			已发布
81	5	可编程序控制器性能评定方法	GB/T 36009—2018			已发布
82	6	智能制造能力等级要求	20173534-T-339			制定中
83	7	智能制造能力等级评价方法	20173536-T-339			制定中

续表

总序号	分序号	标准名称	标准号/计划号	对应国际标准号	所属的国际标准组织	状态
B 关键技术						
BA 智能装备						
84	1	中文语音识别互联网服务接口规范	GB/T 34083—2017			已发布
85	2	中文语音合成互联网服务接口规范	GB/T 34145—2017			已发布
86	3	中文语音识别终端服务接口规范	GB/T 35312—2017			已发布
87	4	智能传感器　第1部分：总则	GB/T 33905.1—2017			已发布
88	5	智能传感器　第5部分：检查和例行试验方法	GB/T 33905.5—2017			已发布
89	6	可编程序控制器抽样检查和例行试验方法	GB/T 36011—2018			已发布
90	7	全分布式工业控制智能测控装置　第1部分：通用技术要求	GB/T 36211.1—2018			已发布
91	8	全分布式工业控制智能测控装置　第2部分：通信互操作方法	GB/T 36211.2—2018			已发布
92	9	物联网总体技术　智能传感器接口规范	GB/T 34068—2017			已发布
93	10	物联网总体技术　智能传感器特性与分类	GB/T 34069—2017			已发布
94	11	基于传感器的产品监测软件集成接口规范	GB/T 33137—2016			已发布
95	12	信息技术　射频识别　800/900MHz空中接口协议	GB/T 29768—2013			已发布
96	13	信息技术　射频识别　2.45GHz空中接口协议	GB/T 28925—2012			已发布
97	14	信息技术　射频识别　2.45GHz空中接口符合性测试方法	GB/T 28926—2012			已发布
98	15	工业物联网仪表互操作协议	GB/T 33899—2017			已发布

续表

总序号	分序号	标准名称	标准号/计划号	对应国际标准号	所属的国际标准组织	状态
99	16	工业物联网仪表应用属性协议	GB/T 33900—2017			已发布
100	17	工业物联网仪表服务协议	GB/T 33904—2017			已发布
101	18	自动识别技术和ERP、MES和CRM等系统的接口	GB/T 35123—2017			已发布
102	19	机器人仿真开发环境接口	GB/T 33267—2016			已发布
103	20	可编程序控制器	GB/T 15969.1~15969.8	IEC 61131	IEC/SC65B	已发布
104	21	面向多核处理器的机器人实时操作系统应用框架	GB/T 33264—2016			已发布
105	22	可编程仪器标准数字接口的高性能协议概述	GB/T 15946—2008	IEC 60488	IEC/SC65C	已发布
106	23	快速成形软件数据接口	GB/T 25632—2010			已发布
107	24	机器人通信总线协议	GB/T 29825—2013			已发布
108	25	机器人控制器开放式通信接口规范	GB/T 32197—2015			已发布
109	26	模块化机器人高速通用通信总线性能	GB/T 33266—2016			已发布
110	27	增材制造 文件格式	GB/T 35352—2017	ISO/ASTM 52915：2013	ISO&ASTM	已发布
111	28	智能仪器仪表的数据描述 执行机构	20173978-T-604			制定中
112	29	智能仪器仪表的数据描述 定位器	20173980-T-604			制定中
113	30	智能仪器仪表的数据描述 属性数据库通用要求	20173981-T-604			制定中
114	31	可编程序控制器 第9部分：用于小型传感器和执行器的单点数字通信接口（SDCI）	20171654-T-604			制定中
115	32	工业机器人控制程序性能评估与测试	20170040-T-604			制定中

续表

总序号	分序号	标准名称	标准号 / 计划号	对应国际标准号	所属的国际标准组织	状态
116	33	工业机器人机械环境可靠性要求和测试方法	20170043-T-604			制定中
117	34	工业机器人云服务平台数据交换规范	20170044-T-604			制定中
118	35	面向人机协作安全工业机器人设计规范	20170048-T-604			制定中
119	36	工业机器人的通用驱动模块接口	20170049-T-604			制定中
120	37	工业机器人生命周期风险评价方法	20170052-T-604			制定中
121	38	工业机器人机器视觉集成技术条件	20170989-T-604			制定中
122	39	工业机器人柔性控制通用技术要求	20170988-T-604			制定中
123	40	工业机器人电磁兼容设计规范	20170990-T-604			制定中
124	41	增材制造 增材制造产品设计指南	20151392-T-604	ISO/ASTM 52910—2018	ISO&ASTM	制定中
BB 智能工厂						
125	1	技术产品文件 字体 拉丁字母、数字和符号的 CAD 字体	GB/T 18594—2001	ISO 3098—5：1997		已发布
126	2	技术产品文件 CAD 图层的组织和命名	GB/T 18617.1~18617.11	ISO 13567	ISO	已发布
127	3	技术产品文件 生命周期模型及文档分配	GB/T 19097—2003	ISO 15226：1999	ISO	已发布
128	4	技术产品文件 计算机辅助技术信息处理 安全性要求	GB/T 16722.1~16722.4	ISO 11442	ISO	已发布
129	5	技术产品文件 数字化产品定义数据通则	GB/T 24734—2009			已发布
130	6	CAD 工程制图规则	GB/T 18229—2000			已发布
131	7	CAD 文件管理	GB/T 17825.1~17825.10			已发布

续表

总序号	分序号	标准名称	标准号/计划号	对应国际标准号	所属的国际标准组织	状态
132	8	技术制图 CAD 系统用图线的表示	GB/T 18686—2002			已发布
133	9	CAD/CAM 数据质量	GB/T 18784—2002			已发布
134	10	CAD/CAM 数据质量保证方法	GB/T 18784.2—2005			已发布
135	11	计算机辅助工艺设计系统功能规范	GB/T 28282—2012			已发布
136	12	机器的状态检测和诊断 数据处理、通信和表达	GB/T 22281.1~22281.2	ISO 13374	ISO/TC184	已发布
137	13	现场设备工具（FDT）接口规范	GB/T 29618	IEC 62453	IEC/SC65E	已发布
138	14	过程控制用功能块（FB）	GB/T 21099.1~21099.3	IEC/TS 61804	IEC/SC66E	已发布
139	15	控制网络 LONWORKS 技术规范	GB/Z 20177.1~20177.4			已发布
140	16	控制网络 HBES 技术规范 住宅和楼宇控制系统	GB/T 20965—2013			已发布
141	17	工业自动化系统 企业模型的概念与规则	GB/T 18999—2003	ISO 14258：1998，IDT	ISO/TC184	已发布
142	18	工业自动化系统 企业参考体系结构与方法论的需求	GB/T 18757—2008	ISO 15704：2000，IDT	ISO/TC184	已发布
143	19	工业自动化系统 制造报文规范	GB/T 16720.1~16720.4	ISO 9506	ISO/TC184	已发布
144	20	工业过程测量和控制系统用功能块	GB/T 19769.1~19769.4	IEC 61499	IEC/SC65B	已发布
145	21	工业自动化 车间生产	GB/T 16980.1~16980.2	IDT ISO/TR 10314	ISO/TC184	已发布
146	22	先进自动化技术及其应用 制造业企业过程互操作性 建立要求 第1部分：企业互操作性框架	GB/T 32855.1—2016	ISO 11354-1：2011，IDT	ISO/TC184	已发布
147	23	企业应用产品数据管理（PDM）实施规范	GB/Z 18727—2002			已发布
148	24	企业资源计划	GB/T 25109.1~25109.4			已发布

续表

总序号	分序号	标准名称	标准号/计划号	对应国际标准号	所属的国际标准组织	状态
149	25	物流装备管理监控系统功能体系	GB/T 32827—2016			已发布
150	26	面向制造业信息化的ASP平台功能体系结构	GB/T 25460—2010			已发布
151	27	集团企业经营管理信息化核心构件	GB/T 35128—2017			已发布
152	28	现场设备工具（FDT）/设备类型管理器（DTM）和电子设备描述语言（EDDL）的互操作性规范	GB/T 34076—2017			已发布
153	29	OPC统一架构 第1部分：概述和概念	GB/T 33863.1—2017	IEC/TR 62541—1：2010		已发布
154	30	OPC统一架构 第2部分：安全模型	GB/T 33863.2—2017	IEC/TR 62541—2：2010		已发布
155	31	OPC统一架构 第3部分：地址空间模型	GB/T 33863.3—2017	IEC 62541—3：2010		已发布
156	32	OPC统一架构 第4部分：服务	GB/T 33863.4—2017	IEC 62541—4：2011		已发布
157	33	OPC统一架构 第5部分：信息模型	GB/T 33863.5—2017	IEC 62541—5：2011		已发布
158	34	OPC统一架构 第6部分：映射	GB/T 33863.6—2017	IEC 62541—6：2011		已发布
159	35	OPC统一架构 第7部分：行规	GB/T 33863.7—2017	IEC 62541—7：2012		已发布
160	36	OPC统一架构 第8部分：数据访问	GB/T 33863.8—2017	IEC 62541—8：2011		已发布
161	37	工业企业信息化集成系统规范	GB/T 26335—2010			已发布
162	38	工业自动化系统与集成 产品数据表达与交换 第501部分：应用解释构造：基于边的线框	GB/T 16656.501—2005	ISO 10303	ISO/TC184	已发布
163	39	工业自动化系统与集成 开放系统应用集成框架	GB/T 19659.1~19659.5	ISO 15745	ISO/TC184	已发布

续表

总序号	分序号	标准名称	标准号/计划号	对应国际标准号	所属的国际标准组织	状态
164	40	工业自动化系统与集成 制造软件互操作性能力建规	GB/T 19902.1~19902.6	ISO 16100	ISO/TC184	已发布
165	41	工业自动化系统与集成 诊断、能力评估以及维护应用集成	GB/T 27758	ISO 18435	ISO/TC184	已发布
166	42	工业自动化系统与集成 过程规范语言	GB/T 20719	ISO 18629	ISO/TC184	已发布
167	43	工业自动化系统与集成 测试应用的服务接口	GB/T 22270.1~22270.2	ISO 20242	ISO/TC184	已发布
168	44	工业自动化系统与集成 制造执行系统功能体系结构	GB/T 25485—2010		ISO/TC184	已发布
169	45	企业信息系统集成实施指南	GB/T 26327—2010			已发布
170	46	企业集成 企业建模框架	GB/T 16642—2008	ISO 19439—2006，IDT	ISO/TC184	已发布
171	47	企业集成 企业建模构件	GB/T 22454—2008	ISO 19440—2007，IDT	ISO/TC184	已发布
172	48	企业控制系统集成	GB/T 20720.1~20720.3	IEC 62264	ISO/TC184	已发布
173	49	基于网络的企业信息集成规范	GB/T 18729—2011		ISO/TC184	已发布
174	50	自动化系统与集成 制造能源效率以及其他环境影响因素的评估 第1部分：概述和总则	GB/T 35132.1—2017	ISO 20140—1：2013	ISO/TC184	已发布
175	51	自动化系统与集成制造系统 先进控制与优化软件集成 第2部分：架构和功能	GB/T 32854.2—2017			已发布
176	52	自动引导车 通用技术条件	GB/T 20721—2006			已发布
177	53	工业自动化能效	GB/T 35115—2017	IEC/TR 62837：2013	IEC/TC65	已发布
178	54	批控制 通用和现场处方模型及表述	20173705-T-604			制定中

续表

总序号	分序号	标准名称	标准号/计划号	对应国际标准号	所属的国际标准组织	状态
179	55	批控制 批生产记录	20173707-T-604			制定中
180	56	生产过程质量控制 设备状态监测	20173708-T-604			制定中
181	57	数字化车间 通用技术要求	20170039-T-604			制定中
182	58	智能工厂 建设导则 第1部分：物理工厂智能化系统	20173804-T-339			制定中
183	59	智能工厂 工业自动化系统时钟同步、管理与测量通用规范	20173979-T-604			制定中
184	60	智能工厂 安全控制要求	20173982-T-604			制定中
185	61	智能工厂 工业自动化系统工程描述类库	20173983-T-604			制定中
186	62	智能工厂 工业控制异常监测工具技术要求	20173984-T-604			制定中
187	63	智能工厂 过程工业能源管控系统技术要求	20173985-T-604			制定中
188	64	工艺数据管理规范	2012-0546T-SJ			制定中
189	65	产品生命周期管理规范	2012-0547T-SJ			制定中
190	66	制造执行系统（MES）规范	2012-0532T-SJ			制定中
191	67	制造执行系统（MES）控制系统软件互联互通接口规范 第1部分：通用要求	20173439-T-604			制定中
192	68	制造执行系统（MES）控制系统软件互联互通接口规范 第2部分：信息交换	20173437-T-604			制定中
193	69	制造执行系统（MES）控制系统软件互联互通接口规范 第4部分：验证和确认	20173438-T-604			制定中

续表

总序号	分序号	标准名称	标准号/计划号	对应国际标准号	所属的国际标准组织	状态
194	70	自动化系统与集成 对象过程方法	20171656-T-604			制定中
BC 智能服务						
195	1	网络化制造 ASP 工作流程及服务接口	GB/T 25484—2010			已发布
196	2	网络化制造系统应用实施规范	GB/T 25487—2010			已发布
197	3	网络化制造系统功能规划技术规范	GB/T 25489—2010			已发布
198	4	网络化制造环境下的制造资源分类	GB/T 25111—2010			已发布
199	5	网络化制造环境中业务互操作协议与模型	GB/T 30095—2013			已发布
200	6	个性化定制 分类指南	20173834-T-469			制定中
201	7	个性化定制 成熟度模型及评价指标	20173835-T-469			制定中
202	8	信息技术 远程运维 技术参考模型	20173836-T-469			制定中
203	9	基于云制造的智能工厂架构要求	20173694-T-604			制定中
204	10	云制造服务平台制造资源接入集成规范	20173695-T-604			制定中
205	11	云制造服务平台安全防护管理要求	20173696-T-604			制定中
206	12	云制造仿真服务通用要求	20173697-T-604			制定中
207	13	云制造服务平台应用实施规范	20173710-T-604			制定中
BD 智能赋能技术						
208	1	软件工程 产品质量	GB/T 16260.1~16260.4	ISO/IEC TR 9126: 2004		已发布
209	2	软件工程 软件产品质量要求与评价（SQuaRE） SQuaRE 指南	GB/T 25000.1—2010	ISO/IEC 25000: 2005		已发布

续表

总序号	分序号	标准名称	标准号／计划号	对应国际标准号	所属的国际标准组织	状态
210	3	系统与软件工程 系统与软件质量要求和评价（SQuaRE）第 51 部分：就绪可用软件产品（RUSP）的质量要求和测试细则	GB/T 25000.51—2016	ISO/IEC 25051：2006		已发布
211	4	嵌入式软件质量保证要求	GB/T 28172—2011			已发布
212	5	嵌入式软件质量度量	GB/T 30961—2014			已发布
213	6	系统与软件功能性	GB/T 29831.1~29831.3			已发布
214	7	系统与软件可靠性	GB/T 29832.1~29832.3			已发布
215	8	系统与软件可移植性	GB/T 29833.1~29833.3			已发布
216	9	系统与软件维护性	GB/T 29834.1~29834.3			已发布
217	10	系统与软件效率	GB/T 29835.1~29835.3			已发布
218	11	系统与软件易用性	GB/T 29836.1~29836.3			已发布
219	12	信息技术 软件生存周期过程指南	GB/Z 18493—2001			已发布
220	13	信息技术 软件资产管理 成熟度评估基准	SJ/T 11621—2016			已发布
221	14	信息技术 软件资产管理 实施指南	SJ/T 11622—2016			已发布
222	15	信息技术 云数据存储和管理 第 2 部分：基于对象的云存储应用接口	GB/T 31916.2—2015			已发布
223	16	信息技术 数据测源描述模型	GB/T 34945—2017			已发布
224	17	系统工程 系统生存周期过程	GB/T 22032—2008			已发布
225	18	系统工程 GB/T 22032（系统生存周期过程）应用指南	GB/Z 31103—2014	ISO/IEC 15288：2002		已发布

续表

总序号	分序号	标准名称	标准号/计划号	对应国际标准号	所属的国际标准组织	状态
226	19	弹性计算应用接口	GB/T 31915—2015			已发布
227	20	信息技术 通用数据导入接口	GB/T 36345—2018			已发布
228	21	信息技术 数据质量评价指标	GB/T 36344—2018			已发布
229	22	信息技术 云计算 云服务级别协议基本要求	GB/T 36325—2018			已发布
230	23	信息技术 工业云服务 模型	20162515-T-469			制定中
231	24	信息技术 工业云服务 能力总体要求	20162507-T-469			制定中
232	25	信息技术 工业云服务 服务水平协议规范	20173827-T-469			制定中
233	26	信息技术 工业云服务 计量规范	20173828-T-469			制定中
BE 工业网络						
234	1	物联网 参考体系结构	GB/T 33474—2016			已发布
235	2	物联网 系统接口要求	GB/T 35319—2017			已发布
236	3	工业以太网交换机技术规范	GB/T 30094—2013			已发布
237	4	工业以太网现场总线 EtherCAT	GB/T 31230—2014	IEC 61158，IEC 61784	IEC/SC65C	已发布
238	5	工业无线网络 WIA 规范	GB/T 26790.1~26790.2	IEC 62601		已发布
239	6	用于工业测量与控制系统的 EPA 系统结构与通信规范	GB/T 20171—2006	IEC 61158，IEC 61784	IEC/SC65C	已发布
240	7	以太网 POWERLINK 通信行规规范	GB/T 27960—2011	IEC 61158，EPSG DS 301	IEC/SC65C	已发布
241	8	基于 Modbus 协议的工业自动化网络规范	GB/T 19582—2008	IEC 61158，IEC 61784	IEC/SC65C	已发布
242	9	CC-Link 控制与通信网络规范	GB/T 19760—2008	IEC 61158，IEC 61784	IEC/SC65C	已发布

续表

总序号	分序号	标准名称	标准号/计划号	对应国际标准号	所属的国际标准组织	状态
243	10	PROFIBUS&PROFINET 技术行规 PROFIdrive	GB/T 25740—2013	PNO Version 4.1.1		已发布
244	11	信息技术 系统间远程通信和信息交换 OSI 路由选择框架	GB/Z 17977—2000	ISO/IEC TR 9575: 1995		已发布
245	12	信息技术 增强型通信运输协议 第 1 部分: 单工组播运输规范	GB/T 26241.1—2010	ISO/IEC 14476—1: 2002		已发布
246	13	信息技术 中继组播控制协议 (RMCP) 第 1 部分: 框架	GB/T 26243.1—2010	ISO/IEC 16512—1: 2005		已发布
247	14	信息技术 系统间远程通信和信息交换 局域网 第 3 部分: 带碰撞检测的载波侦听多址访问 (CSMA/CD) 的访问方法和物理层规范	GB/T 15629.3—2014	ISO/IEC 8802—3: 2000		已发布
248	15	信息技术 系统间远程通信和信息交换 局域网和城域网 特定要求	GB/T 15629			已发布
249	16	信息技术 传感器网络 第 1 部分: 参考体系结构和通用技术要求	GB/T 30269.1—2015	ISO/IEC 29182—5: 2013		已发布
250	17	信息技术 传感器网络 第 301 部分: 通信与信息交换 低速无线传感器网络网络层和应用支持子层规范	GB/T 30269.301—2014			已发布
251	18	信息技术 传感器网络 第 302 部分: 通信与信息交换 面向高可靠性应用的无线传感器网络媒体访问控制和物理层规范	GB/T 30269.302—2015			已发布
252	19	信息技术 传感器网络 第 303 部分: 通信与信息交换 基于 IP 的无线传感器网络网络层规范	GB/T 30269.303—2018			已发布
253	20	信息技术 传感器网络 第 401 部分: 协同信息处理 支撑协同信息处理的服务及接口	GB/T 30269.401—2015	ISO/IEC 20005: 2013		已发布

续表

总序号	分序号	标准名称	标准号/计划号	对应国际标准号	所属的国际标准组织	状态
254	21	信息技术 传感器网络 第501部分：标识：传感节点标识符编制规则	GB/T 30269.501—2014			已发布
255	22	信息技术 传感器网络 第502部分：标识：传感节点标识符解析	GB/T 30269.502—2017			已发布
256	23	信息技术 传感器网络 第503部分：标识：传感节点标识符注册规程	GB/T 30269.503—2017			已发布
257	24	信息技术 传感器网络 第601部分：信息安全：通用技术规范	GB/T 30269.601—2016			已发布
258	25	信息技术 传感器网络 第602部分：信息安全：低速率无线传感器网络网络层和应用支持子层安全规范	GB/T 30269.602—2017			已发布
259	26	信息技术 传感器网络 第701部分：传感器接口：信号接口	GB/T 30269.701—2014			已发布
260	27	信息技术 传感器网络 第702部分：传感器接口：数据接口	GB/T 30269.702—2016			已发布
261	28	信息技术 传感器网络 第801部分：测试：通用要求	GB/T 30269.801—2017			已发布
262	29	信息技术 传感器网络 第802部分：测试：低速无线传感器网络媒体访问控制和物理层	GB/T 30269.802—2017			已发布
263	30	信息技术 传感器网络 第803部分：测试：低速无线传感器网络网络层和应用支持子层	GB/T 30269.803—2017			已发布
264	31	信息技术 传感器网络 第804部分：测试：传感器接口	GB/T 30269.804—2018			已发布

续表

总序号	分序号	标准名称	标准号/计划号	对应国际标准号	所属的国际标准组织	状态
265	32	信息技术　传感器网络　第806部分：测试：传感节点标识符编码和解析	GB/T 30269.806—2018			已发布
266	33	信息技术　传感器网络　第901部分：网关：通用技术要求	GB/T 30269.901—2016			已发布
267	34	信息技术　传感器网络　第902部分：网关：远程管理技术要求	GB/T 30269.902—2018			已发布
268	35	信息技术　传感器网络　第903部分：网关：逻辑接口	GB/T 30269.903—2018			已发布
269	36	信息技术　传感器网络　第1001部分：中间件：传感器网络节点接口	GB/T 30269.1001—2017			已发布
270	37	信息技术　面向燃气表远程管理的无线传感器网络系统技术要求	GB/T 36330—2018			已发布
271	38	测量和控制数字数据通信　工业控制系统用现场总线　类型3：PROFIBUS规范	GB/T 20540—2006	IEC 61158、IEC 61784	IEC/SC65C	已发布
272	39	工业通信网络　现场总线规范　类型10：PROFINET IO规范	GB/T 25105.1~3-2014	IEC 61784	IEC/SC65C	已发布
273	40	测量和控制数字数据通信　工业控制系统用现场总线　类型2：ControlNet和EtherNet/IP规范	GB/Z 26157—2010	IEC 61158、IEC 61784	IEC/SC65C	已发布
274	41	测量和控制数字数据通信　工业控制系统用现场总线　类型8：INTERBUS规范	GB/Z 29619—2013	IEC 61158、IEC 61784	IEC/SC65C	已发布
275	42	远程终端单元（RTU）技术规范	GB/T 34039—2017			已发布

续表

总序号	分序号	标准名称	标准号/计划号	对应国际标准号	所属的国际标准组织	状态
276	43	工业通信网络 现场总线规范 类型10: PROFINET IO 规范	GB/T 25105—2014	IEC 61158, IEC 61784		已发布
277	44	工业通信网络 工业环境中的通信网络安装	GB/T 26336—2010	IEC 61918		已发布
278	45	工业通信网络 现场总线规范 类型20: HART规范	GB/T 29910—2013	IEC 61158, IEC 61784	IEC/SC65C	已发布
279	46	工业通信网络 现场总线规范 类型20: HART规范 第5部分: WirelessHART 无线通信网络及通信行规	GB/T 29910.5—2013	IEC 62591: 2010	IEC/SC65C	已发布
280	47	制造过程物联集成平台应用实施规范	GB/T 35587—2017			已发布
281	48	制造过程物联集成中间件平台参考体系	GB/T 34047—2017			已发布
282	49	信息技术 系统间远程通信和信息交换 中高速无线局域网媒体访问控制和物理层规范	GB/T 36454—2018			已发布
283	50	物联网 信息交换和共享 第1部分: 总体架构	GB/T 36478.1—2018			已发布
284	51	信息技术 系统间远程通信和信息交换 局域网和城域网特定要求 基于可见光通信的媒体访问控制和物理层规范	20142105-T-469			制定中
285	52	信息技术 系统间远程通信和信息交换 低压电力线通信 第1部分: 物理层规范	20141207-T-469			制定中
286	53	信息技术 传感器网络 第304部分: 通信与信息交换: 声波通信系统技术要求	20150041-T-469			制定中
287	54	信息技术 传感器网络 第504部分: 标识: 传感节点标识符管理规范	20153386-T-469			制定中
288	55	信息技术 传感器网络 第807部分: 测试: 网络传输安全	20150039-T-469			制定中

续表

总序号	分序号	标准名称	标准号/计划号	对应国际标准号	所属的国际标准组织	状态
289	56	信息技术 传感器网络 第808部分：测试：低速率无线传感器网络应用支持子层安全	20153385-T-469			制定中
290	57	信息技术 传感器网络 第805部分：测试：传感器网关测试规范	20153383-T-469			制定中
291	58	信息技术 传感器网络 第809部分：测试：基于IP的无线传感器网络层协议	20173831-T-469			制定中
292	59	信息技术 工业传感器网络设备点检管理系统总体架构	20153388-T-469			制定中
293	60	信息技术 面向需求变电站侧应用的传感器网络系统总体技术要求	20153389-T-469			制定中
294	61	物联网 数据质量	20150046-T-469			制定中
295	62	物联网 感知对象信息融合模型	20150049-T-469			制定中
296	63	物联网 感知控制设备接入 第1部分：总体要求	20171073-T-469			制定中
297	64	信息技术 系统间远程通信和信息交换 低功耗广域网媒体访问控制层和物理层规范	20171088-T-469			制定中
298	65	信息技术 系统间远程通信和信息交换 高可靠低本设备间媒体访问控制和物理层规范	20171074-T-469			制定中
299	66	工业通信网络 网络和系统安全 工业自动化和控制系统信息安全技术	20170374-T-604	IEC 62443-3-1	IEC/TC65	制定中
300	67	工业通信网络 行规 第3~8部分：CC-LINK系列功能安全通信行规	20173703-Z-604	IEC 61784-3-8		制定中

注：该清单会根据工业和信息化部、国家标准化管理委员会的标准立项和发布情况进行动态更新，可在国家智能制造标准化总体组的官方网站上查询。

1.2 《国家智能制造标准体系建设指南（2018年版）》编制说明

1.2.1 编制背景

《国家智能制造标准体系建设指南（2015年版）》（以下简称《建设指南（2015年版）》）发布以来，有效地支撑了智能制造国家标准立项和智能制造标准化专项的实施，在推动智能制造发展方面发挥了积极作用。为了更好地落实国家相关政策，对接国外最新研究成果，按照《建设指南（2015年版）》提出的动态更新完善机制，国家智能制造标准化总体组适时启动了《建设指南》的修订工作。

1.2.1.1 国际国内形势

近年来，世界主要发达国家越来越重视标准化在推动智能制造发展中所发挥的重要作用。其中，德国机械及制造商协会联合相关机构共同发布了《中小企业工业4.0实践指导准则》，并在持续完善《工业4.0标准化路线图》，第3版于2018年3月发布。美国国家标准与技术研究院于2016年2月发布了智能制造标准生态，从产品、生产系统与业务3个维度展示了未来美国智能制造系统将依赖的标准体系。日本工业价值链促进会于2016年12月推出了工业价值链参考架构，并分别针对参考架构、信息物理制造平台以及生态系统框架进行了详细介绍。

在国际标准化组织中，为了推进全球智能制造技术体系的统一和协调，明确智能制造现有标准与实际需求之间的差距，开展智能制造案例研究，IEC/TC65与ISO/TC184联合成立了"智能制造参考模型"联合工作组（JWG21），旨在制定智能制造的统一模型和基础架构。IEC/SEG7于2017年4月发布了《智能制造架构和模型研究报告》，为下一步的标准化工作奠定了基础。

在我国，为了推动重点领域标准化突破，提升装备制造业质量竞争力，国家质量监督检验检疫总局、国家标准化管理委员会与工业和信息化部于2016年8月印发了《装备制造业标准化和质量提升规划》，指出用先进标准倒逼装备制造业转型和质量升级，实施智能制造标准化和质量提升工程。2016年9月，工业和信息化部与财政部印发了《智能制造发展规划（2016—2020年）》，对建设智能制造标准体系，开展标准研究与实验验证，加快标准制（修）订和推广应用提出了工作要求。

1.2.1.2　《建设指南（2015 年版）》发布以来的成效

基于"共性先立，急用先行"的原则，国家标准化管理委员会开辟了智能制造标准绿色通道，启动了一批智能制造基础通用标准和关键技术标准研制工作，以支撑产业发展。在工业和信息化部、国家标准化管理委员会与国家智能制造标准化协调推进组、总体组、专家咨询组以及相关标准委员会和机构的共同推动下，《建设指南（2015 年版）》发布以来，已发布的智能制造标准新增 22 项，已立项的智能制造相关标准达到 32 项，拟立项的标准预计达到 300 多项，已经基本完成初步建立智能制造标准体系的阶段性目标。

为了帮助行业理解和使用《建设指南（2015 年版）》，受工业和信息化部与国家标准化管理委员会委托，国家智能制造标准化总体组组织相关专家共同撰写了《〈国家智能制造标准体系建设指南（2015 年版）〉解读》与《智能制造标准化案例集》，并通过培训、咨询等手段推进标准宣贯与实施。

依托中德智能制造 / 工业 4.0 标准化工作组平台，国家智能制造标准化总体组已举行 5 次工作组会议。经过中德双方专家研究对比，中德双方提出了参考模型互认研究阶段性成果，并完成了 36 项标准互认。

1.2.2　编制原则

随着产业界对智能制造认识的不断深入，智能制造技术、产业的发展以及新模式、新业态的不断涌现，《国家智能制造标准体系建设指南（2018 年版）》（以下简称"《建设指南（2018 年版）》"）编制工作将遵从以下原则。

1. 坚持指导性的原则

《建设指南（2018 年版）》应能够为未来两年国家标准立项和综合标准化专项的设立提供依据，能够指导重点行业智能制造标准的研制，能够引导企业参与并提出重点标准。

2. 坚持可用性的原则

《建设指南（2018 年版）》应在指导标准研制的同时，注重标准验证和落地应用，构建满足产业发展需求、先进适用的智能制造标准体系。

3. 坚持特殊性的原则

《建设指南（2018 年版）》应体现智能制造的特殊性，应紧密围绕智能制造发展中遇到的"卡脖子"问题，智能制造标准化不是一个"大而全"的体系，具有明确边界和范围。

4. 坚持阶段性的原则

《建设指南（2018 年版）》应关注当前我国制造业在转型升级中的实际需求，综合考虑因科技发展而出现的新技术和新应用，满足未来两年我国智能制造标准体系建设的需要。

5. 坚持继承性的原则

《建设指南（2018 年版）》应在保持前一版总体框架与核心内容不变的基础上，开展修订工作，确保前后工作的协调一致。

1.2.3 编制过程

自 2017 年 7 月以来，《建设指南（2018 年版）》的编制工作经历了以下 6 个阶段。

1. 《建设指南（2018 年版）》修订工作启动

在《建设指南（2018 年版）》修订工作启动之前，国家智能制造标准化总体组对智能制造标准体系建设过程中存在的问题与最新智能制造标准化需求进行了调研和分析，形成了《建设指南》修订工作建议。2017 年 8 月 8 日，《建设指南（2018 年版）》修订工作启动会在北京召开。会上，国家智能制造标准化专家咨询组专家、总体组成员单位代表、相关标准化技术委员会代表、离散和流程行业代表根据《建设指南》修订工作建议深入讨论了《建设指南（2015 年版）》的修订空间,形成了修订原则与修订思路,确定了修订工作安排，并成立了《建设指南（2018 年版）》起草组与编辑组。

2. 《建设指南（2018 年版）》编制

2017 年 8 月 9 日至 11 日，国家智能制造标准化总体组组织编辑组召开封闭编辑会,依据启动会上形成的修订思路与修订原则,集中讨论并梳理了《建设指南（2015 年版）》总体要求、智能制造系统架构、智能制造标准体系结构图、智能制造标准体系框架、组织实施等内容中存在的问题，通过分工编制的方式形成了《建设指南（2018 年版）》（草案）。会后，围绕智能制造标准体系框架等内容中未解决的关键问题、未形成共识的问题，国家智能制造标准化总体组组织编辑组对草案进行了多轮讨论、修改与完善，最终形成了《建设指南（2018 年版）》（工作组讨论稿 v1.0 版）。

3. 《建设指南（2018 年版）》研讨

2017 年 9 月 15 日，国家智能制造标准化总体组组织召开了《建设指南（2018 年版）》专家研讨会。会上，工业和信息化部装备工业司与国家标准化管理委员会工业标准二部相关领导对《建设指南》修订工作提出了提升标准体系在未来几年标准立项中的指导性地位、注重与国际标准化成果的兼容性等具体要求。国家智能制造标准化专家咨询组专家就《建设指南（2018 年版）》（工作组讨论稿 v1.0 版）进行了深入讨论，并针对建设思路、智能制造系统架构、智能制造系统架构各维度与智能制造标准体系结构的映射关系，智能服务中运维服务标准的内涵等提出了具体修改意见。国家智能制造标准化总体组根据修改意见组织相关单位对《建设指南》进行了修改和完善，形成了工作组讨论稿 v2.0 版本。

4. 《建设指南（2018 年版）》行业意见征求

2017 年 9 月 30 日至 10 月 16 日，国家智能制造标准化总体组就《建设指南（2018 年版）》（工作组讨论稿 v2.0 版）向新一代信息技术、高档数控机床和机器人、航空航天装备、先进轨道交通装备、电力装备、生物医药及高性能医疗器械等智能制造细分领域的各重点行业征集意见，共收到 14 条修改意见（见附件 1-4）。经归纳、汇总和处理，形成了《建设指南（2018 年版）》（工作组讨论稿 v3.0 版）。

5. 《建设指南（2018 年版）》专家评审

2017 年 11 月 6 日，国家智能制造标准化总体组组织召开了《建设指南（2018 年版）》专家评审会。智能制造专家咨询委员会、相关科研院所、标准化机构有关专家对本次修订的内容以及标准体系结构进行了详细的讨论，并针对建设目标、建设思路、智能制造标准体系框架、重点建设标准、智能制造系统架构映射及示例解析等内容提出了评审意见。会后，国家智能制造标准化总体组对意见进行了整理和采纳，形成了《建设指南（2018 年版）》（征求意见稿）。

6. 《建设指南（2018 年版）》公开意见征求

2018 年 1 月 15 日至 2 月 14 日，工业和信息化部、国家标准化管理委员会就《建设指南（2018 年版）》（征求意见稿）联合向全社会征集意见，共收到了 37 条意见（见附件 1-5）。根据征集的意见，国家智能制造标准化总体组再次组织相关单位对《建设指南》进行了修改和完善。

2018 年 4—5 月，工业和信息化部再次组织了征求意见，共收到了 7 条意见（见附件 1-6）。根据征集的意见，国家智能制造标准化总体组召开意见处理研讨会，组织专家咨询组和相关单位共同对《建设指南》进行了进一步修改和完善。2018 年 7 月，对《建设指南》进行了最终确认后，向工业和信息化部提交了《建设指南》报批稿。

1.2.4 《建设指南（2018年版）》与《建设指南（2015年版）》的区别说明

1.2.4.1 总体要求方面的区别

《建设指南（2018年版）》与《建设指南（2015年版）》的区别（表1-1）

表1-1 总体要求方面的区别

	《建设指南（2015年版）》	《建设指南（2018年版）》	修改原因
指导思想部分	充分发挥标准在推进智能制造发展中的基础性和引导性作用，着力解决我国国情，又与国际接轨的智能制造标准体系为目标，强化标准的实施与监督，以跨行业、跨领域创新融合为手段，加强统筹规划与宏观指导，建立配套府主导与市场自主制定的标准协同发展，协调完善的新型标准体系。从基础共性、关键技术、重点行业三方面，构建由5+5+10类标准组成的智能制造标准体系架构，建立动态完善机制，逐步形成智能制造强有力的标准支撑	进一步贯彻落实《智能制造发展规划（2016—2020年）》（工信部联规[2016]349号）和《装备制造业标准化和质量提升规划》（国质检联[2016]396号）的工作部署，充分发挥标准在推进智能制造产业健康有序发展中的支撑和引领作用，针对智能制造标准跨行业、跨专业、跨领域的特点，立足国内需求，兼顾国际体系，建立涵盖基础共性、关键技术和行业应用等三类标准的国家智能制造标准体系。加强标准的统筹规划与实施的实施与监督，深化智能制造标准国际交流与合作，提升智能制造对标准的整体支撑作用，为产业发展保驾护航	—
基本原则部分	统筹规划，分类施策。统筹标准资源，优化标准结构，系统梳理国内智能制造相关标准，以满足智能制造发展需求为目标，制定完善的智能制造标准体系。聚焦产业发展重点领域，兼顾传统产业，结合行业应用水平和行业特点，形成智能制造重点应用标准，构建相互衔接、协调配套的标准体系。跨界融合，急用先行。智能制造是新一代信息技术与制造技术的融合，以及制造业不同环节的集成和互联，制定智能制造标准体系须进行跨行业、跨领域的集成创新。针对推进智能制造遇到的数据集成、互联互通等关键瓶颈问题，优先制定数据接口和通信协议等基础标准	按照《国家智能制造标准体系建设指南（2015年版）》中提出的"统筹规划，分类施策，跨界融合，急用先行，开放合作"原则，立足国情，面向基础共性标准，关键技术标准，行业应用标准，全面开展基础共性标准、关键技术标准、行业应用标准研究，进一步完善智能制造标准，加快制定标准（修）订，在制造业各个领域全面推广。同时，积极参与国际标准化组织活动，加强标准的创新发展与国际化，开展与发达国家和地区间的技术标准交流与合作，加强标准互认，共同制定国际标准	在继承《建设指南（2015年版）》的基础上，强调标准的宣贯实施和应用

续表

	《建设指南（2015年版）》	《建设指南（2018年版）》	修改原因
基本原则部分	立足国情，开放合作。结合我国智能制造标准基础差、行业发展不平衡等特点，充分考虑标准的适用性，加强制造具有自主知识产权的标准化的交流沟通，适时将我国自主知识产权的国家和国际标准上升为国际标准，同时，将适合我国制造业发展需求的国际标准适时转化为国家标准，建立合我国兼容性好、开放性强的智能制造标准体系	按照"共性先立、急用先行"的原则，制定安全、可靠性、检测、评价等基础共性标准，识别与传感、控制系统、工业机器人等智能装备标准，智能工厂设计、智能工厂交付、智能生产等智能工厂标准，大规模个性化定制、运维服务、网络协同制造等智能服务标准，人工智能应用、边缘计算等智能赋能技术标准，体系架构、网络技术等工业网络标准，机床制造、航天复杂装备云端协同制造，大型船舶设计工艺仿真与信息集成、轨道交通网络控制系统，新能源汽车智能工厂运行系统等行业应用标准，带动行业应用标准的研制工作。推动智能制造国家标准上升成为国际标准。	根据目前智能制造标准立项现状和最新技术发展趋势，调整了智能制造重点标准领域，强调行业标准的制定。同时，明确给出了未来2年的年度标准制（修）订计划
建设目标部分	到2017年，初步建立智能制造标准体系。制定60项以上智能制造重点标准，按照"共性先立、急用先行"的立项原则，制定参考模型、术语定义、标识解析、评价指标等基础共性标准和数据格式、通信协议等关键技术标准，探索制造重点行业智能制造标准，并率先在十大重点制造领域取得突破。推动智能制造国家标准上升成为国际标准，标准应用水平和国际化水平明显提高。到2020年，建立起较为完善的智能制造标准体系。制（修）订500项以上智能制造标准，基本实现基础共性标准和关键技术标准全覆盖，智能制造标准在企业得到广泛的应用验证，在制造业全领域推广应用，促进我国智能制造水平大幅提升。同时，我国智能制造标准国际竞争力水平显著提升	到2018年，累计制（修）订150项以上智能制造标准，基本覆盖基础共性标准和关键技术标准。到2019年，累计制（修）订300项以上智能制造标准，全面覆盖基础共性标准和关键技术标准，逐步建立起较为完善的智能制造标准体系。建设智能制造标准试验验证平台，提升公共服务能力，标准应用水平和国际化水平明显提高	

1.2.4.2 建设思路方面的区别（表 1-2）

表 1-2 建设思路方面的区别

序号	《建设指南（2015 年版）》	《建设指南（2018 年版）》	修改原因
1			—

续表

序号	《建设指南（2015年版）》	《建设指南（2018年版）》	修改原因
2	生命周期是由设计、生产、物流、销售、服务等一系列相互联系的价值创造活动组成的链式集合。生命周期中各项活动相互关联、相互影响。不同行业的生命周期构成不尽相同	生命周期是指从产品原型研发开始到产品回收再制造的各个阶段，包括设计、生产、物流、销售、服务等一系列相互联系的价值创造活动。生命周期的各项活动可进行迭代优化，具有可持续性发展等特点，不同行业的生命周期构成不尽相同。 （1）设计是指根据企业的所有约束条件以及所选择的技术来对需求进行构造、仿真、验证、优化等研发活动的过程； （2）生产是指通过劳动创造所需要的物质资料的过程； （3）物流是指物品从供应地向接收地的实体流动过程； （4）销售是指产品或商家从企业转移到客户手中的经营活动； （5）服务是指提供者与客户接触过程中所产生的一系列活动的过程及其结果，包括回收等	根据专家和行业反馈的意见和建议，修订了生命周期的含义，并明确了设计、生产、物流、销售、服务等5个环节的内涵与边界
3	系统层级自下而上共5层，分别为设备层、控制层、车间层、企业层和协同层。智能制造的系统层级体现了装备的智能化和互联网协议（IP）化，以及网络的扁平化趋势。具体包括： （1）设备层级包括传感器、仪器仪表、条码、射频识别、机器、机械和装置等，是企业进行生产活动的物质技术基础； （2）控制层级包括可编程逻辑控制器（PLC）、监控与数据采集（SCADA）系统、分布式控制系统（DCS）和现场总线控制系统（FCS）等； （3）车间层级实现面向工厂／车间的生产管理，包括制造执行系统（MES）等；	系统层级是指与企业生产活动相关的组织结构的层级划分，包括设备层、单元层、车间层、企业层和协同层。 （1）设备层是指企业利用传感器、仪器仪表、机器、装置等，实现实际物理流程并处理信息的层级； （2）单元层是指用于工厂内处理信息、实现监测和控制物理流程的层级； （3）车间层是实现面向工厂或车间的生产管理的层级； （4）企业层是实现面向企业经营管理的层级； （5）协同层是指企业实现其内部和外部信息互联和共享过程的层级	明确给出了系统层级结构的含义，同时修订了设备层、控制层、企业层和协同层的内涵的含义，将"控制"调整为"单元"，弱化了《建设指南（2015年版）》中对工业软件的提法

续表

序号	《建设指南（2015年版）》	《建设指南（2018年版）》	修改原因
3	（4）企业层级实现面向企业的经营管理，包括企业资源计划（ERP）系统、产品生命周期管理（PLM）系统、供应链管理（SCM）系统和客户关系管理（CRM）系统等； （5）协同层级由产业链上下同企业通过互联网络共享信息实现协同研发、智能生产、精准物流和智能服务等		
4	智能功能包括资源要素、系统集成、互联互通、信息融合和新兴业态等5层。 （1）资源要素包括设计施工图纸、产品工艺文件、原材料、制造设备、生产车间和工厂等物理实体，也包括电力、燃气等能源。此外，人员也可视为资源的一个组成部分。 （2）系统集成是指通过二维码、射频识别、软件等信息技术集成原材料、零部件、能源、设备等各种制造资源。由小到大实现从智能装备到智能生产单元、智能生产线、数字化车间、智能工厂，乃至智能制造系统的集成。 （3）互联互通是指通过有线、无线等通信技术，实现机器之间、机器与控制系统之间、企业之间的互联互通。 （4）信息融合是指在系统集成和通信技术，利用云计算、大数据等新一代信息技术，在保障信息安全的前提下，实现信息协同共享。 （5）新兴业态包括个性化定制、远程运维和工业云等服务型制造模式	智能特征是指基于新一代信息通信技术使制造活动具有自感知、自学习、自决策、自执行、自适应等一个或多个功能的层级划分，包括资源要素、互联互通、融合共享、系统集成和新兴业态等5层智能化。 （1）资源要素是指企业对生产时所需要使用的资源或工具进行数字化过程的层级； （2）互联互通是指通过有线、无线等通信技术，实现装备之间、装备与控制系统之间、企业之间相互连接功能的层级； （3）融合共享是指在互联互通的基础上，利用云计算、大数据等新一代信息通信技术，在保障信息安全的前提下，实现信息协同共享的层级； （4）系统集成是指企业实现智能装备到智能生产单元、智能生产线、数字化车间、智能工厂，乃至智能制造系统集成过程的层级； （5）新兴业态是企业为形成新型产业形态进行行业企业间价值链整合的层级	由于"智能功能"未能很好地体现IT技术对制造业的影响和引领作用，因此将"智能功能"改为"智能特征"，并明确给出了智能特征的含义；同时，根据制造业实施数字化、网络化、智能化改造的技术路线，调整了智能特征各要素之间的顺序及名称，修订了资源要素、系统集成、互联互通、信息融合和新兴业态的内涵与边界，同时将"信息融合"更新为了"融合共享"

续表

序号	《建设指南（2015 年版）》	《建设指南（2018 年版）》	修改原因
5	**C 行业应用**：新一代信息技术、节能与新能源汽车、海洋工程装备及高技术船舶、高档数控机床和机器人、航空航天装备、…… **B 关键技术** BC 智能服务：个性化定制、远程运维 BB 智能工厂：建议规划、智能设计、系统集成、智能管理、智能生产、智能物流 BA 智能装备：传感器及仪器仪表、人机交互系统、嵌入式系统、增材制造、控制系统、工业机器人 BD 工业软件和大数据：产品与系统、管理与服务、工业大数据、工业云 BE 工业互联网：体系架构、网络技术、资源管理、网络设备 **A 基础共性**：基础、安全、管理、检测评价、可靠性	**C 行业应用**：新一代信息技术、节能与新能源汽车、海洋工程装备及高技术船舶、高档数控机床和机器人、航空航天装备、先进轨道交通装备、…… **B 关键技术** BC 智能服务：大规模个性化定制、运维服务 BB 智能工厂：智能工厂设计、智能设计、智能物流、智能工厂建造、智能生产、集成优化、网络协同制造、智能工厂交付、智能管理 BA 智能装备：识别与传感、人机交互系统、控制系统、增材制造、工业机器人、数控机床及设备、智能工艺装备 BD 智能赋能技术：人工智能应用、工业大数据、工业软件、工业云、边缘计算 BE 工业网络：工业无线通信、工业有线通信 **A 基础共性**：AA 通用、AB 安全、AC 可靠性、AD 检测、AE 评价	（详见后文）

图例：嵌入式系统（已删除）　识别与传感（内容整合与修改）　数控机床及设备（新加入）

1.2.4.3 建设内容方面的区别（表 1-3）

表 1-3　建设内容方面的区别

序号	《建设指南（2015 年版）》	《建设指南（2018 年版）》	修 订 原 因
1	**A 基础共性** AA 基础 　AAA 术语定义 　AAB 参考模型 　AAC 元数据与数据字典 　AAD 标识 AB 安全 　ABA 功能安全 　ABB 信息安全 AC 管理 　ACA 信息安全管理体系 　ACB 两化融合管理体系 AD 检测评价 　ADA 测试项目 　ADB 测试方法 　ADC 测试设备 　ADD 指标体系 　ADE 评价方法 　ADF 实施指南 AE 可靠性 　AEA 过程标准 　AEB 技术方法	**A 基础共性** AA 通用 　AAA 术语定义 　AAB 参考模型 　AAC 元数据与数据字典 　AAD 标识 AB 安全 　ABA 功能安全 　ABB 信息安全 　ABC 人因安全 AC 可靠性 　ACA 工程管理 　ACB 技术方法 AD 检测 　ADA 测试项目 　ADB 测试方法 AE 评价 　AEA 评价方法 　AEB 指标体系 　AEC 实施指南 　AED 能力成熟度	在 "A 基础共性" 标准中，根据原有的流程将调整为二级标题顺序，AB 安全、AC 可靠性、AD 检测和 AE 评价。其中，"AA 基础" 改为 "AA 通用"，避免与一级标题 "A 基础共性" 重复；"AB 安全" 部分增加了 "ABC 人因安全"；去掉了《建设指南（2015 年版）》中的 "AC 管理" 部分；"AC 可靠性" 中增加了 "ACA 工程管理" 部分；"AE 评价" 中增加了 "AED 能力成熟度"

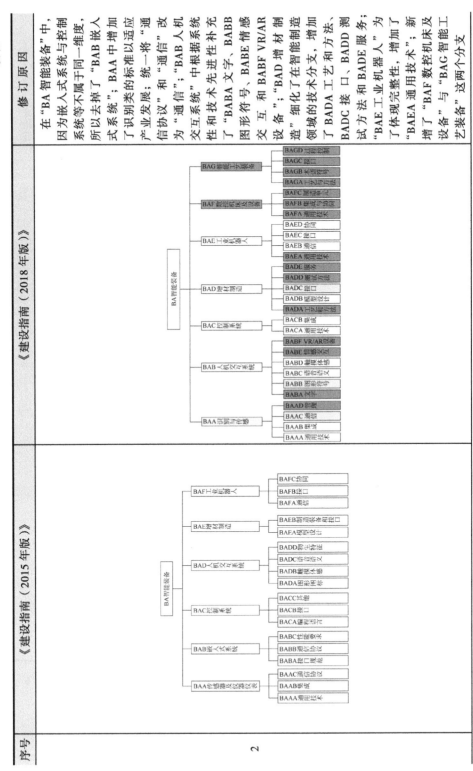

续表

序号	《建设指南（2015年版）》	《建设指南（2018年版）》	修订原因
3	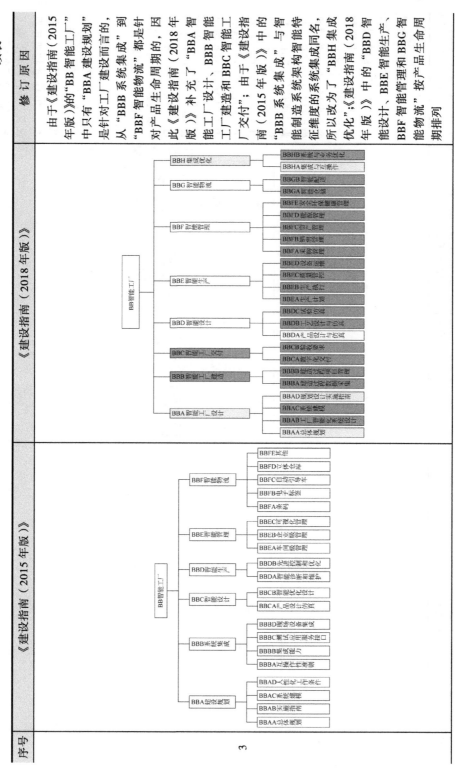		由于《建设指南（2015年版）》的"BB智能工厂"中只有"BBA建设规划"是针对工厂建设而言的，从"BBB系统集成"到"BBF智能物流"都是针对产品生命周期的，因此《建设指南（2018年版）》补充了"BBA智能工厂设计、BBB智能工厂建造和BBC智能工厂交付"；由于《建设指南（2015年版）》中的"BBB系统集成"与智能制造系统架构智能特征维度的系统集成同名，所以改成了"BBH集成优化"；《建设指南（2018年版）》中的"BBD智能生产、BBE智能管理和BBG智能物流"按产品生命周期排列

续表

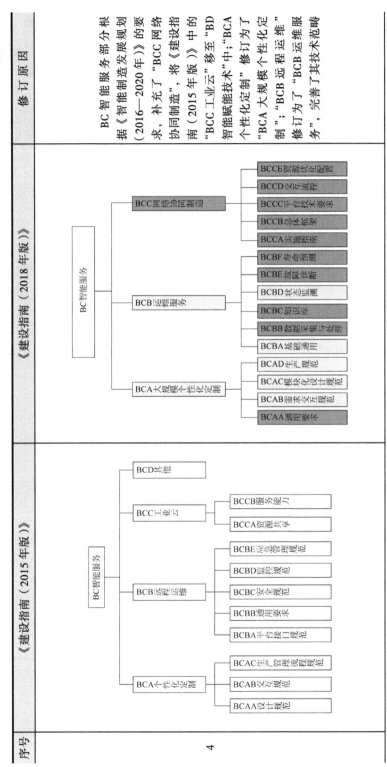

序号	《建设指南（2015 年版）》	《建设指南（2018 年版）》	修 订 原 因
4			BC 智能服务部分根据《智能制造发展规划（2016—2020 年）》的要求，补充了 "BCC 网络协同制造"，将《建设指南（2015 年版）》中的 "BCC 工业云"移至 "BD 智能赋能技术"中；"BCA 个性化定制"修订为了 "BCA 大规模个性化定制"；"BCB 远程运维"修订为了 "BCB 运维服务"，完善了其技术范畴

续表

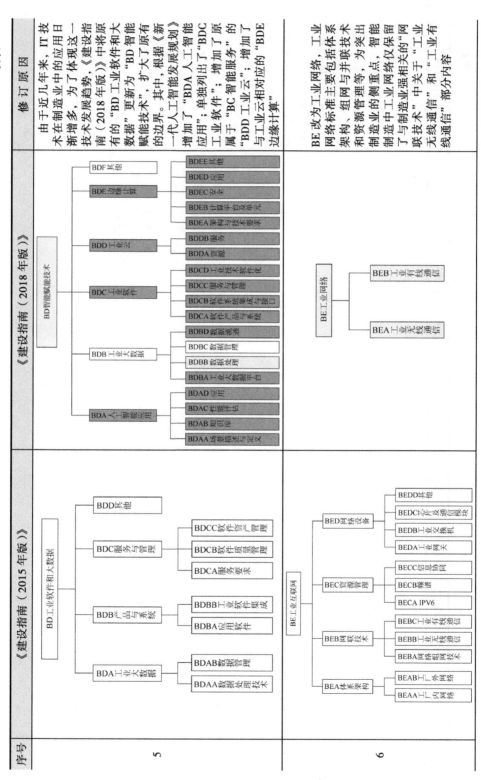

序号	《建设指南（2015年版）》	《建设指南（2018年版）》	修订原因
5			由于近几年来，IT技术在制造业中的应用日渐增多，为了体现这一技术发展趋势，《建设指南（2018年版）》中将原有的"BD工业软件和大数据"更新为"BD智能赋能技术"，扩大了原有的边界。其中，根据《新一代人工智能发展规划》增加了"BDA人工智能应用"；单独列出了"BDC工业软件"；增加了"BDD工业云"；增加了"BC智能服务"属于"BDD工业云"；与工业云相对应的"BDE边缘计算"
6			BE改为工业网络，工业网络标准主要包括网络体系架构、组网并资网技术和资源管理等，为突出制造业的侧重点，智能制造业中保留了与制造业强相关的"网联技术"中关于"工业有线通信"和"工业无线通信"部分内容

续表

序号	《建设指南（2015年版）》	《建设指南（2018年版）》	修订原因
7	体例： 是指……（介绍） 包括……（内容） 例如：智能工厂是以打通企业生产经营全部流程为着眼点，实现从产品设计到销售，从设备整体到企业资源管理所有环节的信息快速交换、传递、存储、处理和无缝智能化集成。智能工厂标准主要包括智能工厂建设规划、系统集成、智能设计、智能生产、智能管理和智能物流等6个部分。	体例： 用于……（目的） 解决……（问题） 包括……（内容） 其中重点标准是……（优先的标准） 例如：智能工厂标准用于规定智能工厂设计、建造和交付等建设过程和工厂内设计、生产、管理、物流及其系统集成等业务活动，针对流程、工具、系统、接口等应满足的要求，确保智能工厂建设过程规范化、系统集成规范化、产品制造过程智能化，指导系统与业务的优化。包括智能工厂设计、智能工厂建造、智能工厂交付、智能设计、智能生产、智能管理、智能物流、集成优化等8个部分，如图1-6所示，其中重点标准是智能工厂设计标准、智能工厂交付标准、智能生产标准和集成优化标准	明确了每部分标准的范围、目的和解决的问题
8	未给出重点建设标准	给出了重点建设标准专栏	—
9	未指出行业应用标准中的重点方向	指出了行业应用标准中的重点方向 例如：新一代信息技术领域重点标准有平板显示器接口标准、射频识别标准等。高档数控机床和机器人领域重点标准有机床制造标准、机床测试标准等	—

图例：　AA 通用 内容整合与修改　　ABC 人因安全 新加入

1.2.4.4 组织实施方面的区别（表 1-4）

表 1-4 组织实施方面的区别

序号	《建设指南（2015 年版）》	《建设指南（2018 年版）》
1	组建由工业和信息部与国家标准化管理委员会共同领导的国家智能制造标准化工作组，开展智能制造标准体系建设及规划	加强统筹协调。在工业和信息部、国家标准化管理委员会的指导下，积极发挥国家智能制造标准化协调推进组、总体组和专家咨询组的作用，开展智能制造标准体系建设及规划。充分利用现有多部门协调、军民融合等工作机制，凝聚各类标准化资源，扎实构建满足产业发展需求、先进适用的智能制造标准体系
2	建立动态更新完善机制，随着智能制造发展水平和行业认识水平的不断提高，每两年更新一次《国家智能制造标准体系建设指南》	实施动态更新。实施动态更新完善机制，随着智能制造发展水平和行业认识水平的不断提高，根据智能制造发展的不同阶段，每两年滚动修订《国家智能制造标准体系建设指南》
3	建立智能制造标准立项绿色通道，保障重点标准及时立项。设立专项财政资金，支持智能制造标准研制、试验验证平台建设及行业推广应用	加快标准研制。基于"共性先立，急用先行"的原则，依托智能制造标准绿色通道，加快国家和行业标准的制定；推动标准试验验证平台和公共服务平台建设，为标准的制定和实施提供技术支撑保障
4	充分发挥地方主管部门、行业协会和学会的作用，通过培训、咨询等手段推进标准宣贯与实施。依托中德智能制造/工业 4.0标准化工作组等平台，定期举办智能制造标准化论坛，组织产业开展深入交流合作	加强宣贯培训。充分发挥地方主管部门、行业协会和学会的作用，进一步发挥中外企业和标准化组织开展交流合作，通过各种手段加强标准的培训、宣贯工作，通过培训、咨询等手段推进标准宣贯与实施。用标准引领行业实现智能转型
5	积极参与国际标准化组织（ISO）、国际电工技术委员会（IEC）等相关国际标准化组织，推动具有自主知识产权技术的我国国际标准上升成为国际标准	加强国际交流与合作。加强与国际标准化组织的交流与合作，定期举办智能制造国际标准化论坛，组织中外企业和标准化组织开展交流合作，通过参与国际标准化组织（ISO）、国际电工技术委员会（IEC）等相关国际标准化组织的标准化工作，积极向国际标准化组织提供我国智能制造标准化工作的研究成果

1.2.4.5　附件方面的区别（表 1-5）

表 1-5　附件方面的区别

序号	《建设指南（2015 年版）》	《建设指南（2018 年版）》
1	未给出智能制造系统架构各维度与智能制造标准体系结构映射关系	给出了智能制造系统架构各维度与智能制造标准体系结构映射关系，并更新了示例
		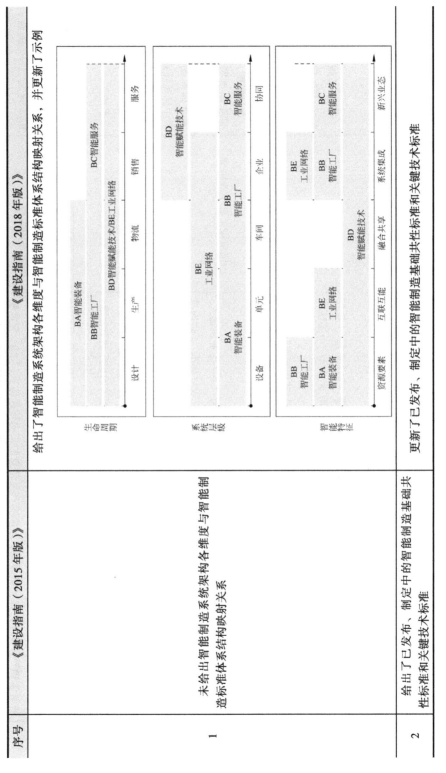
2	给出了已发布、制定中的智能制造基础共性标准和关键技术标准	更新了已发布、制定中的智能制造基础共性标准和关键技术标准

附件 1-4 行业意见汇总处理表

序号	意见内容	提议专家 / 单位	处理情况
1	"物理流程"定义没有说明。 "设备层"和"控制层"的定义没有"2015年版"清晰。"设备层"是用×××……实现"物理流程"的层级（组成）"控制层"是用×××……实现监测和控制"物理流程"的层级。 "设备层"中"并感知和操控物理流程"的描述最好去掉。否则与"控制层"中的"实现监测和控制物理流程"描述相似。或改成"并自感知和可操控物理流程"		部分采纳，已更新"设备层"与"控制层"的定义
2	在"……工业机器人等"中增加"数控机床及设备、修改为"……工业机器人、数控机床及设备等"；"智能设计标准"改为"智能产品和工艺设计标准"，指向更准确一些	中国机床工具工业协会	部分采纳，智能设计标准涵盖智能产品和工艺设计标准；在智能装备建设重点专栏中已单独列出了"数控机床及设备标准"
3	在"高档数控机床和机器人领域重点标准有……"增加"与智能制造相关的"，修改为"高档数控机床和机器人领域重点标准有与智能制造相关的机床制造标准、机床测试标准等"		采纳
4	"BBA智能工厂设计""BBB智能工厂建造""BBC智能工厂交付"应排在一行；"BBD智能设计""BBE智能生产""BBF智能管理"中除了产品追溯体系，还应有产品信息的正向传递体系；"BBG智能物流"是在智能工厂之下的，在"BCC网络协同制造"也存在智能物流问题	新型纺织机械	部分采纳，已修改，BBA智能工厂设计、BBB智能工厂建造、BBC智能工厂交付等标准的排列顺序

续表

序号	意见内容	提议专家/单位	处理情况
5	"工厂层"改为"企业层"；C重点行业中的"电力装备"更改为"能源装备"，包括火电、核电、水电、风电、太阳能以及石油、石化等装备，以改变石油、石化装备没有进入十大重点领域的尴尬历史	中国石油和石油化工设备工业协会	部分采纳，"工厂层"已修改为"企业层"
6	"与信息集成标准等"修改为"与信息集成标准、海洋石油装备互联互通和运维服务标准等"。因为海洋石油装备目前是海洋工程装备的一个最重要的领域和应用方向		采纳
7	"石化行业智能设备互联互通标准"修改为"石油石化行业智能设备互联互通、运维服务等标准"。因为只提石化下游的石化行业，而不提石油上游的石油勘探开发行业和石油中下游的油气集输行业不合适		采纳
8	"高速动车组智能工厂运行管理标准"原文后添加："轨道交通产品工业云与大数据相关标准、智能制造装备数据采集分析及应用标准等"	中车工业研究院有限公司	部分采纳，相关标准已列入智能装备、智能赋能技术标准等
9	缺少"生物医药及高性能医疗器械领域"的重点标准，建议增加："生物医药及高性能医疗器械领域重点标准有手术机器人性能检测及临床评价标准、康复机器人安全标准等"	中国医药生物技术协会助外科技术分会、中国生物医学工程学会医用机器人工程与临床应用分会、北京积水潭医院	采纳
10	缺少"生物医药智能制造"的重点标准，建议增加："生物医药智能制造领域重点标准"	中国医药生物技术协会	参阅

续表

序号	意 见 内 容	提议专家 / 单位	处 理 情 况
11	增加：生物医药及高性能医疗器械领域重点标准有医用机器人分类、基本安全和基本性能及测试方法标准等		部分采纳，已增加"医疗设备质量追溯标准"，其他标准不属于本行业智能制造标准
12	增加：生物医药及高性能医疗器械标准用于规范有关产品的分类标准、安全要求、接口标准、检测方法等方面的要求，确保产品安全有效，规范和促进国产自主创新产品发展。我国的生物医药和高性能医疗器械正处于快速发展时期，自主创新产品加快追赶国外产品，在个别领域取得了一定的领先优势，医用机器人是典型代表。医用手术机器人目前主要包括手术机器人、康复机器人和医用服务机器人等。其中手术机器人和康复机器人的IEC/ISO国际标准正在制定中。医用机器人的标准包括医用机器人分类、基本安全和基本性能及测试方法等	中国医药生物技术协会计算机辅助外科分会，北京天智航医疗科技股份有限公司	参阅
13	建议：围绕十大重点制造领域，同时兼顾传统制造业转型升级确定重点行业范围。依据基础共性标准和关键技术标准，首先在十大重点领域率先实现突破，并逐步覆盖全应用领域。各行业结合自身发展需求和智能制造技术水平，制定本行业的智能制造标准	中国重型机械工业协会	参阅
14	航天装备数字化双胞胎制造标准等。应解释双胞胎含义或采用双引号形式——"双胞胎"		采纳

附件 1-5　两部委联合公开征求意见汇总处理表

序号	意见内容	提议专家/单位	处理情况
1	建议在"测试项目标准用于指导智能制造装备和系统在测试过程中的科学排序和有效管理,包括……"中增加"设备安全"。修改后为:"测试项目标准用于指导智能制造装备和系统在测试过程中的科学排序和有效管理,包括……系统能效、电磁兼容、设备安全等测试项目标准。"	电子产品安全标准工作组	部分采纳,安全标准已列入基础共性标准
2	建议在"其他领域重点标准有家电行业空调产品信息集成数据接口标准、石油化工行业智能设备互联互通标准、纺织行业针织机械通信接口标准等。"增加"电池生产制造标准。修改后为:"其他领域重点标准有家电行业空调产品信息集成数据接口标准、石油化工行业智能工厂标准等、锂离子电池制造行业智能工厂标准等。"	工信部锂离子电池安全标准特别工作组	采纳,已处理
3	各位专家,个人对于新出台的《国家智能制造标准体系建设指南(2018年版)》有些个人意见。首先,对于(一)智能制造系统架构,维度上分为"生命周期"和"系统层级",设什么问题,但是在"智能特征"维度方面,"智能特征"是一个通用概念和定义吗?这个概念的"成熟度"有多少?能做多少人正确理解?它在业务、技术、管理等方面有什么具体的关联?它下面的5个子分类有一个严密的前后逻辑关系吗?与"生命周期"和"系统层级"相比,这个维度的"系统性"和"健壮性"是否稍弱了些? 其次,是在"智能特征"下面的5个子分类"资源要素""互联互通""融合共享""系统集成",这么分层的目的是要让使用者,先分别单独考虑"联通""共享""集成";然后再为了智能制造而形成的数据和信息,再次想办法"联通、共享、集成"吗?实际企业的操作是这样吗?(个人认为其实细分成3个层次就够了) 一方面,关于"互联互通""融合共享""系统集成",在实际业务操作中连通、共享、集成之间没有严重的业务范围重复吗?或者另一方面来说,在《指南》这个大方向性的指导性文件中,要求指导使用者在这个维度的"操作"上按照"联通起来没集成""共享起来没集成"层级,共享起来没集成"两个层次就够可以了)	佚名	参阅

续表

序号	意见内容	提议专家/单位	处理情况
3	《指南》中"融合共享"的定义"……指在互联互通的基础上，利用云计算、大数据等新一代信息通信技术，在保障信息安全的前提下，实现信息协同共享"，又是云计算的层级，又是大数据、又是云计算、又是其他巴拉巴拉（记住《指南》中为了逻辑严密，这里可以写的是"大数据"，没有其他巴拉巴拉）。 1. 现实中的"大数据"的范畴在智能制造或者决策支持上仅仅就是"共享"吗？会不会在指导用户的使用中出现问题？（用户想去用大数据统计分析或者决策支持，而标准里面只有共享内容。） 2. 如果"大数据"的范围比《指南》中的"工业用的大数据"范围大，那么遇到"工业用的大数据"。《指南》在"智能特征"这个维度上又把它在哪里定位？分成两种"大数据"或者不管它，这里自己先占上"大数据"这个概念的使用权，让后续使用者自己去切分概念？这都会对使用者造成混淆。（要么就叫作"工业数据共享"，讲的就是共享，还限制了共享这个层次，就不要使用"大数据"这个名词）。 第三，《指南》中将"工业互联网"划分到"互联互通"层级。那么《指南》中对"5. 工业互联网"的描述"……工业互联网是互联网和新一代信息技术与全球工业系统全方位深度融合集成所形成的产业和应用生态，是工业智能化发展的关键综合信息基础设施，包括网络、数据、安全等部分……"在本文件中，工业互联网主要是指网络部分……"——这里看似无懈可击，但实际应用中的一般用户，涉及工业互联网的标准制定和标准使用和应用的时候，按照《指南》的"在本文件中……主要是指网络部分……"的定义来理解和应用吗？——为了《指南》的维度划分把"工业互联网"剥离成为其"网络部分"，这种"转移概念"的做法，让普通的使用者情何以堪？那么不要用"工业互联网标准"一词了，何不直接叫"工业互通标准"更好，这种"转这里不是要讨论"工业互联网"在《指南》中归属的正确与否，而要说的是"维度"和逻辑上的设计，希望不要为了设置而设置，为了某一部分自己自圆其说，给使用者带来更多的困难（也带来更多的逻辑漏洞）。 以上是对《指南》维度划分和逻辑的合理性上提出的个人意见。至于建议，其实看到2015年版的时候曾经想过一些，但是时间过久到了就忘了就忘了，我就不班门弄斧了		

续表

序号	意见内容	提议专家/单位	处理情况
4	针对智能制造标准体系架构图： 修改"工业互联网关键技术"，原因是在智能制造系统架构里的互联网对应的标准的说明文字中也表明了工业互联网对应于智能互通要素；并且在智能制造标准互联网对应于智能特征维度中的互联网互通要素； 修改智能赋能技术——建议修改为智能特征中的融合共享要素； 能技术的说明即为智能赋能即为智能特征中的融合共享要素； 综合性建议——是否可以按照智能制造标准三维结构中的智能特征维度进行智能制造标准和标准体系结构中的关键技术分类？这样对应似乎更强，更可以体现智能制造系统架构三维结构的全面详细的理解，更便促进该指南对该维度的实践高度一致性。如此，也便于不同层面上的读者对该指南的全面理解和实施。应用和实施。	西安航天自动化股份有限公司	部分采纳，"智能使能技术"已修改为"智能赋能技术"
5	建议在"技术方法标准主要用于……可靠性保证与验证工作，包括可靠性设计、可靠性分析、可靠性评价等标准。"中增加"可靠性预计"和"可靠性增长。"修改后为："技术方法标准主要用于……可靠性保证工作，包括可靠性设计、可靠性预计、可靠性试验、可靠性增长、可靠性分析、可靠性评价等标准。"	全国电工电子可靠性与维修性标准化技术委员会	采纳，已处理
6	建议在智能装备标准相关章节中强调基于PC的控制系统在智能化装备及设备中的广泛应用。 基于PC的控制有助于更高效地实现设备智能化。	德国倍福自动化有限公司	参阅
7	建议在"控制系统标准"中的信息控制系统相关内容中增加基于PC的控制，引导中国的智能制造在智能设备/产线/车间和工厂研发时打牢高效、开放的控制基础，并同时提升设备性能，并同时为未来的功能完善和智能保证充分的扩展性 建议在"智能装备标准"中加入"智能工艺装备"；建议将"智能使能技术"修改为"智能赋能技术"	中国机械工业联合会秦泰第	采纳，已处理
8	建议在建设目标中增加高端工程机械可靠性仿真和协同制造的内容；建议将"设计、生产、管理、服务"改为"研发与工艺策划、生产制造、营销、服务"；建议将"自感知、自执行、自适应"改成"自感知、自学习、自决策、自执行、自分析、自判断、自决策、自执行"	徐工集团	部分采纳，已在行业应用目标部分中增加高端工程机械可靠性仿真和协同制造的相关内容

续表

序号	意见内容	提议专家/单位	处理情况
9	建议将系统层级"设备 单元 车间 企业 协同"改成"现场 控制 执行 管理 协同",因为现场要删除了设备还有工装、工具、刀具、原辅材料等;加入"装传感器 射频识别 网卡"等"使设备说话";第二个层级的意义,动词"控制"的意思;第三层次继续走向系统"自执行";第四层是使用管理,加上人工智能是向系统走,达到智能制造的多约束优化。第五层是协同中的统一体,达到智能制造的统一体。建议将"质量数据采集、在线质量监测和预警、质量档案及质量追溯……"改为"质量数据采集、可靠性工具或软件 FMEA、SPC 嵌入、质量追溯及质量分析与改进等质量管控标准"	徐工集团	部分采纳,可靠性标准已列入基础共性标准子体系
10	建议增加"建立典型工艺知识库、设备维护保养知识库、工程机械产品调试整修解决方案库等,用于人工智能判断"		部分采纳,知识库标准已列入人工智能应用标准
11	建议将"作业文件自动下发,协同生产,生产过程管理与优化,可视化监控与反馈,生产绩效分析、异常管理生产执行等标准"改为"作业文件自动下发,制造资源关联,生产过程可视化监控、生产状态清晰、生产绩效自动分析"		部分采纳,已修改
12	关于国家智能制造标准体系建设指南,给出了智能制造较为完整的体系架构,对于我国智能制造发展具有重要的引领和指导作用。存在如下建议,请参考。智能制造过程中,对于任何制造企业,产品检测是其中的重要环节,无论是设计还是生产过程,目前我国制造业的发展要求。为解决此问题,中国海洋大学和美的集团等单位,于 2016 年联合制定了 GB/T 33137—2016《基于传感器集成软件集成接口规范》,在此之前曾制定《IEEE-1851: Standard for Design Criteria of Integrated Sensor-Based Test Applications for Household Appliances》,合智能制造业中存在大量异构的产品监测系统,互联困难,导致管理和决策效率低下,不符这些标准,目前在海尔集团、美的集团等几十家的集团得到较大规模应用。根据编写标准体系的"坚持继承性的原则"和"坚持可用性原则",希望在标准体系中考感增加产品检测重要环节,并把 GB/T 33137—2016 和 IEEE-1851 标准纳入该标准体系建设指南当中,为我国的智能制造发展,发挥更大作用	中国海洋大学 郭忠文	部分采纳,检测标准已列入基础共性标准子体系

续表

序号	意见内容	提议专家/单位	处理情况
13	智能制造标准体系的建设是一项艰巨而繁杂的工程。智能制造涉及诸多产业、行业、企业、组织、产品，而产品包括系统、设备、模块、元器件和材料，不仅有硬件、中间还有软件、工艺、措施等，涵盖极其广泛而且深入。智能制造标准化是其与数据和基础工业并列的三大支撑之一，而相关标准一定要建设成为完备的体系，从而必然要进行顶层设计，层次递进，自顶向下，模块化，逐层分解直至每一个单个模块，落实到具体的标准。对于智能制造一定是智能制造系统架构，在系统层级维度方面，应该在设备之后有模块。因为每个模块必不可少而且不可分的元素和要素，智能制造的模块化必然是主流，其地位十分重要。模块的合义又已经不仅仅是传统意义上的中间过程结果，或者只是一种组件、部件之类，而且，要标准化规范和约束它们，必然是产品或设备。鉴于该架构中于下设备前已经使用了单元，因此第一个建议是把设备层级分解为两层：系统和模块。这里的系统涵盖系统意义上的系统、分系统、单位化产品的含义。第二个建议是把车间层级智能制造特点的更加精细除了模块化，模块化分解，单位化分解，模块化分解，车间单元即将消失，退出历史舞台。有了单元层级，造的趋势必然是单元与车间单元层级就不需要了		参阅
14	智能制造标准体系，必然要涉及四大认证体系：质量管理体系（QMS）、环境管理体系（EMS）、职业健康安全管理体系（OMS）和功能安全管理体系（SMS）。此外，还要重点考虑信息化和工业化融合管理体系。我认为这是智能制造标准体系建设顶层设计时必须要考虑的内容。其中，环境包括电磁环境（电磁场、静电、浪涌、电磁噪声、射频微波干扰、电磁脉冲防护、雷电、电磁攻击）、机械环境（震动、振动、机械噪声、摩擦、应力、温度、引力、湿度、压力、场）、电气环境（电压、电流、功率和能量、幅度、频率、温度和湿度、自然和人文环境、其管理体系不仅仅限于四大管理体系，却只有一处出现质量管理，而没有质量管理体系；同样，只有一处出现功能安全管理，却没有功能安全管理体系。在环境安全管理方面，没有出现环境管理体系，自然环境管理体系；同样，只有健康管理术语，也没有职业健康安全管理体系。而对于这四大管理体系，却应该统筹考虑。但是，根据指南内容，信息化和工业化融合管理体系，与上述四大体系一样，贯穿于智能制造各个层级、环节以及生命	成都工业学院傅林	部分采纳、安全标准、可靠性标准等已列入基础共性标准子体系

续表

序号	意见内容	提议专家/单位	处理情况
14	周期各个阶段。因此，第三个建议是应该在图 2 (以及图 6)① 中对这 5 个体系有详细的体现，而不应该仅仅只是在关键技术、智能工厂的管理中，如在图 6 智能工厂标准子体系中用一个笼统而不全面的"BBFE 安全环保健康管理"来表述和概括。同时，要把 GB/T 24001—2016《环境管理体系 要求及使用指南》、GB/T 19001—2016《质量管理体系 要求》、GB/T 20438.X (IEC61508.X)《电气/电子/可编程电子安全相关系统的功能安全》、GB/T 21109.X《过程工业领域安全仪表系统的功能安全》、GB/T 23001—2017《信息化和工业化融合管理体系 要求》、GB/T 28001—2011《职业健康安全管理体系》等，以及 GB/T 26125—2011《电子电气产品六种限用物质（铝、汞、镉、六价铬、多溴联苯和多溴二苯醚的测定》、GB/T 26572—2011《电子电气产品中限用物质的限量要求》等列入指南"附件 3：制定中的智能制造基础共性标准。要形成和基础技术标准"（以下简称列入指南）。第四个建议入指南。关于这五大体系中的具体标准，功能安全包括机械安全、电气安全、信息安全和环境安全等。仅就功能安全体系而言，因为信息也是物质，所以，与此处所列几个安全均是物理的，功能安全实际就是要保障物理安全。而在智能制造标准建设指南中，就连 GB/T 22080—2016《信息技术 安全技术 信息安全管理体系 要求》、GB 8898—2011《音频、视频及类似电子设备 安全要求》等均未列出，我认为不妥。另外，功能安全与可靠性、电磁兼容等是有交互和交叉的；而对于一个信息终端，比如方说，一个机器人，它工作不可靠了，或者伤人了，就不可以说它是安全的；也比如一个机器人，它制造成红信号泄漏了，更加不可以说它是安全的。因此，功能安全、可靠性、电磁兼容要统筹兼顾，并且结合热设计、综合规划	成都工业学院 傅林	部分采纳，安全标准、可靠性标准等已列入基础共性标准子体系
15	第五个建议是，电磁兼容标准体系，也应该在智能制造标准体系中成为一个完备的子体系。电磁兼容的重要性和关键性在工业 4.0 时代和智能制造体系中，已经愈发突出和显要。电磁兼容标准有基础、通用、产品和专用标准等几个层级，系统与人和环境、系统内部，模块、电线电缆、		部分采纳，电磁兼容标准已列入智能制造标准体系

---

① 在本书中为图 1-2、图 1-6。

续表

序号	意见内容	提议专家/单位	处理情况
15	元器件等，无不涉及；涵盖环境（电磁环境）中的各种可能电磁现象及其防护，诸如时变电磁场、静电、雷电、浪涌、电磁噪声、射频微波干扰、电磁攻击、电磁脉冲及其防护、频谱分配与规划等等；而且，电磁兼容与信号完整性、电源（地）完整性在智能制造，万物互联时代，极有可能牵一发而动全身，特别是应对可能发生的战争的经验和教训，以及不得不加以慎重考待、马虎不得。伊拉克战争、海湾战争等局部故事性提出的严峻挑战，我们必须正真总结，给出正确的解答。而在智能制造标准体系建设指南中，仅仅三处出现电磁兼容术语，列出了两个电磁兼容标准，音视频的应用肯定非常广泛，而音视频类信息设备，这是远远不够的。比如，音视频类信息设备，产品的电磁兼容性问题必然要被提上主要事议日程，然而，在指南中，就连 GB 9254—2008《信息技术设备的无线电骚扰限值和测量方法》这个标准也未列出，我认为不妥		部分采纳，电磁兼容相关标准已列入智能制造标准标准体系
16	智能制造，离不开各类智能仪器，包括机器人。因为严格地说，机器人本质就是一种智能仪器。因此，第六个建议是，指南中应该有指南中应该有该种仪器仪表体系的一席之地，但是 GB/T 6587—2012《电子测量仪器通用规范》未被指南列出。此外，机器人相关标准也很重要	成都工业学院 傅林	部分采纳，仪器仪表相关标准已列入识别与传感标准
17	第七个建议是，应该在指南中以及智能制造标准体系本身，给机器人一个类似于 GB/T 18305—2016《质量管理体系 汽车生产件及相关服务件组织应用 GB/T 19001—2008 的特别要求》那样的质量标准体系，同时规定编制类似于 IEC 14969 五大工具、手册、方法的支撑体系。说到仪器，我国的 GB 4943.X—2011《信息技术设备 安全》修改采用 IEC 60950 2005 版本，而 IEC 60950 已经在 2013 年发布 2.2 版本。同样 GB 8898—2011《音频、视频及类似电子设备安全要求》修改采用 IEC 60065 2005 版本，而 IEC 60065 已经于 2014 年换版。我国的 GB 4793.X《测量、控制和实验室用电气设备的安全要求》，还等同采用 2001 年版的 IEC 61010-X，而 IEC 61010 系列标准已于 2010 年后换版。因此，第八个建议是，对国际标准先进转化要及时，不能国际上转化要及时，它们国际上转化要做各种环境试验、实验，机器人体产品要做试验，这些试验、装置、装备，有可能要各种各样的成套设备和仪器，最为主要和重要的是，实验设备和仪器，所以 GB/T 32710.X—2016《环境试验试验仪器及设备及设备安全规范》应该列入指南		部分采纳，工业机器人标准已列入智能装备标准

续表

序号	意见内容	提议专家/单位	处理情况
18	智能制造离不开软件,因此,第九个建议是,软件工程相关标准在指南中应该成为一个完备的子体系,包括编程和建模语言、编码、能力成熟度模型、测试模型和方法等规范和标准。同时,把诸如GB/T 28169—2011《系统与软件C语言编码规范》、GB/T 33781—2017《可编程逻辑控制器软件开发通用要求》等列入指南。为了保证智能制造标准体系的完整性、适宜性、适用性等,应该遵从国家编制规则和指南,因此,第十个建议是:把GB/T 1.X、GB/T 20000.X以及GB/T 33719—2017《标准中融入可持续性的指南》、GB/Z 33750—2017《物联网 标准化工作指南》等列入工作指南		部分采纳、工业软件标准、可编程逻辑控制器标准已列入智能制造标准体系
19	智能制造也需要能力成熟度度量,第十一个建议是,类似于软件和信息系统安全的能力成熟度模型,编制《智能制造能力成熟度模型》标准。智能制造是一个系统工程,涉及诸多行业、领域、专业,已经而且还将不断涌现诸多专业术语、缩略语,因此第十二个建议是,制定一个《智能制造术语》标准。同时,把GB/T 33745—2013《机器人与机器人装备 词汇》、GB/T 12643—2013《物联网 术语》等列入工作指南	成都工业学院 傅林	部分采纳、GB/T 33745—2017《物联网 术语》、GB/T 12643—2013《机器人与机器人装备 词汇》已列入装备标准附件3
20	智能制造离不开互联网、大数据,第十三个建议是工业以太网(包括而不仅仅是工业以太网)和大数据都是设计出来的,因此第十四个建议是,智能制造离不开无线通信,尤其离不开无线通信及其无线通信网络的标准及其目形成完备的子体系。智能制造越来越依赖于远程供电、无线输电,因此第十五个建议是,在智能制造标准体系中纳入或者编制(或转化)相关标准,形成完备的子体系		部分采纳、工业大数据标准、工业互联网标准、无线通信标准已列入智能制造标准体系
21	智能制造体系中、一切性能,包括可靠性、维修性、安全性、环境适应性、保障性、电磁兼容性、测试性、创造性,都首先是设计出来的。而在设计过程中,评审是非常重要而且必不可少的环节,在我国制造业中仅列出GB/T 34071—2017《物联网总体系以及过程传感技术可靠性设计方法与评审》一个评审标准。此外,仿真在智能制造标准体系以及过程中的作用和地位也愈发重要,而指南中仅列出产品设计与仿真、工艺设计与仿真、试验仿真,还应该增加过程控制和仿真,在指南中,第十六个建议是,在智能制造标准体系之外,还要增加相应的工程技术规范、电路原理图设计工程规范,热设计工程规范等。第十七个建议是,如PCB设计工程规范,电路原理图设计工程规范,热设计工程规范等,以保障标准的实施		部分采纳、设计、评审和仿真相关标准已列入智能制造工厂标准等

续表

序号	意见内容	提议专家/单位	处理情况
22	建议将"形成智能装备、工业互联网、智能赋能技术、智能工厂、智能服务等五类关键技术标准"次序改为"形成智能装备、智能工厂、智能服务、工业互联网、智能赋能技术等五类关键技术标准"		采纳，已处理
23	建议将"BB 智能工厂对应智能特征维度的系统集成，BC 智能服务对应智能特征维度的新兴业态，BD 智能赋能技术对应智能特征维度的融合共享，BE 工业互联网对应智能特征维度的互联互通。"，改为"BB 智能工厂对应智能特征维度的资源要素和系统集成，BC 智能服务对应智能特征维度的新兴业态，BD 智能赋能技术对应智能特征维度的融合共享，BE 工业互联网对应智能特征维度的互联互通和系统集成。"		采纳，已处理
24	建议将"IP：互联网协议（Internet Protocol），IPv6：互联网协议第六版（Internet Protocol Version 6），IEC：国际电工委员会（International Electrotechnical Committee）"修改为"IEC：国际电工技术委员会（International Electrotechnical Committee），IP：互联网协议（Internet Protocol），IPv6：互联网协议第六版（Internet Protocol Version 6）"	中车株洲	采纳，已处理
25	建议增加"MBE：基于模型的企业（Model Based Enterprise）"		采纳，已处理
26	建议增加"SLA：服务级别协议（Service-Level Agreement）"		采纳，已处理
27	建议将"BB 智能工厂主要对应生命周期维度的设计、生产和物流，系统层级维度的车间和企业，以及智能特征维度的资源要素和系统集成；BC 智能服务对应生命周期维度的销售和服务，系统层级维度的新兴业态；BD 智能赋能技术对应生命周期维度的全过程，以及智能特征维度的协同，以及智能层级维度的企业和协同，以及系统层级维度的全过程"改为"BB 智能工厂主要对应生命周期维度的设计、生产和物流，系统层级维度的车间和企业，以及智能特征维度的资源要素和系统集成；BC 智能服务主要对应生命周期维度的销售和服务，系统层级维度的新兴业态；BD 智能赋能技术主要对应生命周期维度的全过程，系统层级维度的全过程；BE 工业互联网主要对应生命周期维度的所有环节"		采纳，已处理

续表

序号	意见内容	提议专家/单位	处理情况
28	建议将"CAD 位于智能制造系统架构生命周期维度的生产环节"改为"CAD 位于智能制造系统架构生命周期维度的设计环节"		采纳，已处理
29	建议将"附件 3：已发布、制定中的智能制造基础共性标准、关键技术标准和部分行业应用标准"改为"附件 3：已发布、制定中的智能制造基础共性标准、关键技术标准"		部分采纳，附件 3 已去掉行业应用标准
30	建议在附件 3 中 GB/T 7826—2012《系统可靠性分析技术 失效模式和影响分析（FMEA）程序》补充其对应的最新版 IEC 国际标准 GB/T 7826_IEC 60812：2018_IEC/TC56《系统可靠性分析技术 失效模式和影响分析（FMEA）程序》		采纳，已处理
31	建议将 20141010-T-339_IEC62308：2006_IEC/TC56《设备可靠性 可靠性评估方法》改为 GB/T 37079—2018_IEC 62308：2006_IEC/TC56《设备可靠性 可靠性评估方法》	中车株洲	采纳，已处理
32	建议将 GB/T 17178.1_ISO/IEC9646《信息技术 开放系统互连 一致性测试方法和框架》改为 GB/T 17178.1~17178.7_ISO/IEC 9646《信息技术 开放系统互连 一致性测试方法和框架》		采纳，已处理
33	建议将附件 3 中总序号 151~153、分序号 BB_36~38 相关条目纳入网络化制造范畴		采纳，已处理
34	建议将附件 3 中总序号 154、分序号 BB_39 相关条目纳入"基础共性_评价"		采纳，已处理
35	建议对应 P46 标准列举的最后一条增加 CK 其他 304_1 2016-1860T-YD《支持石化行业智能工厂的移动网络技术要求》制定中		参阅
36	建议确认国家智能制造标准化总体组的官方网站		采纳，已处理
37	经研究，对其中"三、建设内容"中"（三）行业应用标准"有关纺织行业的内容提出以下建议：原文中"纺织行业针织机械网络通信接口标准"的表述范围太过宽泛。根据纺织行业智能制造标准化工作的现状，建议修改为"纺织行业智能装备通信接口、系统集成与互操作等标准。"这样可与《纺织工业发展规划（2016—2020年）》以及《纺织工业"十三五"科技发展纲要》关于纺织智能制造的表述更接近，以更好地支撑纺织智能制造的发展	中国纺织工业联合会	采纳，已处理

附件1-6 工信部征求意见汇总处理表

序号	章	节	意见内容	提议单位	处理情况
一、整体意见					
1			信管局已将编制《工业互联网综合标准化体系建设指南》列入2018年工业互联网专项工作组工作计划，建议删除工业互联网相关内容	信管局	采纳。
2		全文	建议在指导思想和基本原则中贯彻《装备制造业标准化和质量提升规划》"军民融合、统筹发展"原则	军民结合司	不采纳。"军民融合、统筹发展"不属于《智能制造标准体系建设指南》基本原则，但在建设过程和组织实施时均会考虑军民融合需求
3			建议在具体标准的组织实施过程中注重军民融合。在基础共性和关键技术标准的制定中，充分调动军民优势力量，形成合力。在新一代信息技术、高档数控机床和机器人、航空航天装备等军民融合重点领域的行业应用标准制定中，充分征求军方意见	军民结合司	采纳。按照建议将指南修改为"充分利用现有多部门协调、多层级委员会协作、军民融合等工作机制，凝聚国内外标准化资源，扎实构建满足产业发展需求、先进适用的智能制造标准体系"
二、具体修改意见					
4		3.1.2 "安全标准"	建议将第12页中"信息安全标准用于保证智能制造领域相关信息系统及其数据不被破坏、更改、泄漏，包括软件运行，数据安全、信息安全、设备信息安全、网络信息安全、信息安全防护及评估"修改为"信息安全标准用于保证智能制造领域系统信息及其数据连续可靠地运行，包括软件安全、数据安全、信息安全、设备信息安全、网络信息安全、信息安全防护及评估等标准……"	信通院	部分采纳。按照建议将指南对应内容修改为"信息安全标准用于保证智能制造领域相关信息安全，其数据不被破坏、更改、泄漏，从而确保系统连续可靠地运行，同时应能对违法有害信息内容进行防范和控制，包括软件安全、数据安全、网络信息安全、设备信息安全、信息安全防护及评估等标准……"信息安全中关于互联网通用要求，该部分内容属于"信息内容安全"，不属于智能制造特定标准

续表

序号	章 节	意见内容	提议单位	处理情况
5	3.2.3 "资源管理标准"	建议将第 32 页 "适用于工业环境的无线频谱规划的频谱标准" 修改为 "工业互联网中无线电发射设备的技术要求、测试方法等标准"	无管局	部分采纳。该部分内容主要面向工业环境,将指南对工业环境的无线电发射设备改为 "适用于工业环境的无线电发射设备的技术要求、测试方法等标准"
6	附件 3:已发布、制定中的智能制造基础共性标准和关键技术标准	智能制造标准体系框架中 "A 基础共性" 标准第二大类 "AB 安全" 标准分为 "ABA 功能安全、ABB 信息安全和 ABC 人因安全" 三大类别,但在 "附件 3" 中缺少人因安全相关内容。由于智能制造涉及智能机器与人的新型人机协同工作模式,并可能引发社会伦理安全相关问题与风险,建议增加 "智能制造作业环境安全通用要求" 和 "智能制造人员职业健康安全通用要求" 两类标准立项。其中,环境安全包含智能装备与智能制造操作相关的电磁环境、电气环境、机械环境、自然和人文环境等同工作人员的职业健康安全管理要求,职业健康安全含工作人员工作中的职业健康有害因素识别、评估、预测和控制等安全管理制度与措施,在物理和精神层面对工作人员的身心健康进行保障	信通院	不采纳。附件 3 不是体现今后智能制造立项方向,而是梳理现有已发布、制定中的标准
7		在 "附件 3" 中的 "B 关键技术" 类的 "BA 智能装备" 标准体系中,建议增加 "工业机器人安全评测要求" 标准立项。工业机器人作为智能端设备,正在由自动化向智能化发展,由接受人类指挥或者按照预先编排的程序运行制造辅助装备,转向具有自动学习能力、具备更高层次自治能力的智能机器人,由此也会给智能制造系统导入诸多安全风险。基于这一趋势,需要制定工业机器人(尤其是智能机器人)的网络信息安全和应用安全评估与测试相关的评估与测试认证标准,指导该类智能装备的安全评估认证与测试认证工作	信通院	不采纳。附件 3 不是体现今后智能制造立项方向,而是梳理现有已发布、制定中的标准

第 2 章

基础共性标准

2.1 通用标准

1. 参考模型

智能制造是一个复杂的系统，需要一个相对复杂的系统架构来概括和凝练其主要环节和核心技术。系统架构是在某一环境中，用于描述实体以及实体间重要关系的一种抽象结构。通用的系统架构应该与具体标准、技术或其他实施细节无关，是由特定问题域中高度抽象化的概念、公理、关联组成的最小集合。构建智能制造系统架构的目的是提供一个基于共同概念、用于弱化不同执行差异的框架。智能制造系统架构意义在于构建出一个通用的概念化框架，将各种不同的实施方式纳入统一的标准化框架下，并以此为出发点，指导与建立面向不同应用的参考架构及系统模型，为标准化工作开展、实际应用系统规划建设、用例开发和试验验证的提炼总结提供参考基础。

2. 元数据

元数据是定义和描述其他数据的数据。元数据标准化范围主要涉及支持数据管理和交换规范化的标准化活动，主要覆盖：数据元素、数据结构以及相关概念；值域（如分类方案、代码表）；流程数据和行为数据；元数据管理工具的相关标准（如数据字典、数据仓库、信息资源字典系统、注册库）；元数据语义交换等。使用这些标准有助于理解和共享数据、信息和过程，从而支持如互操作性、电子商务以及基于模型和基于服务的开发。元数据国际标准化工作由 ISO/IEC JTC 1/SC 32（数据管理与交换分技术委员会）主导。国内标准化工作由全国信息技术标准化委员会管理。

3. 标识

标识是在全局范围内，用来无歧义、唯一地标识各类对象的值，以保证对象在通信或者信息处理过程中精准的定位和管理。标识标准化的范围主要涉及支持以各类对象为中心的数据管理和数据交互的标准化活动，主要覆盖：标识注册管理、系统解析、互操作与安全认证等标准以及相关概念。其中，注册管理标准主要涵盖对象标识符（object identifier，OID）的编号、分配、注册规程、运维管理等；系统解析主要涵盖 OID 标识解析系统建设规范、解析系统运营规程等；互操作标准主要涵盖基于 OID 的抽象语法、传输语法等；安全认证标准主要指遵从规范的对象标识技术和相关安全技术，采用公钥加密技术为各种应用提供安全支持基础技术的标准规范。使用这些标准将有助于围绕着数据传输、处理等过程进行精准的定义，从而支持如互操作性、电子商务以及基于模型和基于服务的开发。标识技术国际标准化工作由 ITU-T SG17 和 ISO/IEC JTC1 SC6 工作组共同主导完成，国内标准化工作目前由全国信息技术标准化委员会管理。

2.1.1 国内外产业现状

2.1.1.1 参考模型

1. 国外体系架构

由于系统架构对智能制造领域具有重要的指导和引领作用，世界各制造强国如美国、德国、日本和法国等都已经对智能制造的系统架构展开研究并取得一定成果。

1）美国

早在 2011 年美国就率先提出先进制造战略，并在 2013 年将工业互联网作为美国先进制造战略的重要内容。2015 年 1 月美国工业互联网联盟推出了工业互联网参考架构，并于当年 3 月联盟大会上发布文件《Engineering Engagement》（《工程参与》），将工业互联网参考架构进行了更新（图 2-1）。

2017 年 1 月 31 日，美国工业互联网联盟（Industrial Internet Consortium，IIC）宣布发布 1.8 版的工业互联网参考架构，基于 2015 年 6 月 17 日发布的 1.7 版本，融入了快速出现的新型 IIoT 技术、概念和应用程序。在 IIRA v1.8 中涉及的 IIoT 核心概念和技术适用于制造、采矿、运输、能源、农业、医疗保健、公共基础设施和几乎所有行业中的每种类型企业。除了 IIoT 系统架构师，IIRA v1.8 的简明语言及其对于价值定位的强调和实现运营技术（operational

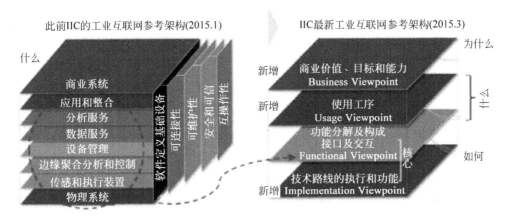

图 2-1　工业互联网参考架构 2015 年 1 月版本和 3 月最新版本比较

technology，OT）与信息技术（information technology，IT）的融合，使业务决策者、工厂经理和 IT 经理能够更好地了解如何从商业角度驱动 IIoT 系统开发（图 2-2）。

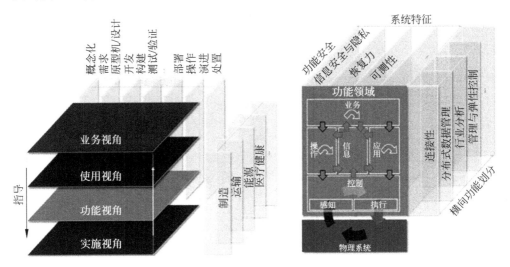

图 2-2　IIRA：架构视图（左）与功能域（右）

2）德国

为了提高德国工业的竞争力，在新一轮工业革命中占领先机，德国提出了"工业 4.0"概念，并在 2013 年上升为国家战略。德国工业 4.0 的核心内容可以总结为：建设一个网络（信息物理系统），研究两大主题（智能工厂、智能生产），实现三大集成（纵向集成、横向集成与端到端集成），推进三大转变（生产由集中向分散转变、产品由趋同向个性转变、用户由部分参与向全程参与转变）。2013 年 12 月，德国电气电子和信息技术协会与德国电工委员会联合发布《德国"工业 4.0"标准化路线图》，明确了参考架构模型、用例、基础、非功能属性、技术系统和流程的参考模型、仪器和控制功能的参考模型、技术和组织流程的参考模型、人类在工业 4.0 中的功能和角色的参考模型、开发流程和指标、工程、标准库、技术和解决方案等 12 个重点方向，并提出了具体标准化建议。2015 年 4 月，德国在汉诺威工业博览会上宣布启动升级版的"工业 4.0 平台"，并于同年 10 月底发布了《德国"工业 4.0"标准化路线图》2.0 版，其中第一次介绍了工业 4.0 参考架构模型（Reference Architecture Model of Industry 4.0，RAMI 4.0），对模型各层级关系和细节进行了规范，是工业 4.0 概念落地实施的指导性文件，架构的提出对标准化和应用等工作提供了参考（图 2-3）。

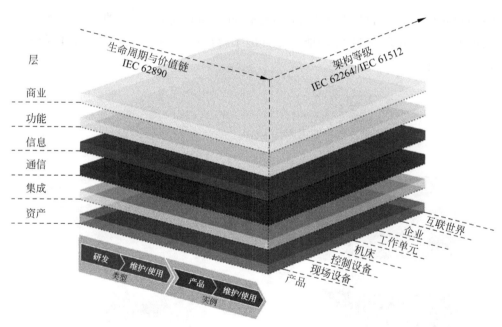

图 2-3　德国工业 4.0 参考架构模型示意图

3）日本

2016 年 12 月，日本工业价值链促进会基于日本制造业的现有基础，推出了智能工厂的基本架构——工业价值链参考架构（Industrial Value Chain Reference Architecture，IVRA）。分别针对参考架构、信息物理制造平台以及生态系统框架进行了详细介绍。

（1）借鉴我国系统架构，提出智能制造单元概念。IVRA 明显借鉴了我国智能制造系统架构的典型三维结构，在此基础上提出了一种可互联的智能制造单元（smart manufacturing unit，SMU）作为描述制造活动的基本组件，并从资产、活动、管理的角度对其进行了详细的定义。

（2）融入管理思想，突出价值属性。SMU 的建模方法，不是单纯地将智能制造技术对应至模型中，而是更多地融入了先进的管理思想（例如 PDCA 循环 ① 等），突出了 SMU 的资产价值属性，体现了伴随制造过程的价值变化。同时，兼顾制造的过程与结果，明确了人员在制造体系中的重要作用。

（3）借助通用功能模块展现制造价值链。从工程知识流、供应需求流和层次结构三个方面构建了通用功能模块（general function blocks，GFB），并在各流的交汇处实现了对 SMU 的功能定义。通过多个 SMU 的组合，不仅可以全方位地展现制造业产业链和工程链情况，也可以根据需要体现企业的单项优势。

（4）突出专家知识库的重要意义。在 GFB 的建模过程中，将工程 / 知识流作为一个单独维度论述，其中包括了市场营销和设计、建设与实施、制造执行、维护和修理、研究与开发过程中积累的专业知识和经验，突出了专家知识库对制造过程的重要影响。

（5）提供可靠的价值转移媒介。利用便携装载单元（portable loading unit，PLU），在保证安全和可追溯的条件下，实现了不同 SMU 之间资产的转移，模拟了制造活动中物料、数据等有价资产的转化过程，从而真实地反映了企业内和企业间的价值转换情况，充分体现了价值链的思想。

（6）坚持人员是制造过程中的关键因素。所构建的信息物理平台中，不仅能够实现物理设备和信息数据的实时有效关联，而且将人视为信息和物理世界映射过程中的重要元素，充分考虑了人在制造活动中的地位和作用，使"人员"有机参与到"制造活动"中，从而更贴切地描述具体工业场景。

（7）提出宽松标准框架。考虑到互联制造各环节接口的复杂性，IVRA 提出了宽松定义的标准结构。通过建立企业间的"宽松接口"，突破了"每个实例服从于一个标准"的传统模式限制。利用宽松定义的标准，企业可根据自身实际情况，从大量模型中选择出一种最为适合的模型，而不必为了遵守唯一的公共模型过多地改变业务流程，如此可令更多的开发者和企业接受并使用参考模型，形成良性循环。

工业价值链参考架构嵌入了"日本制造业"特有的价值导向，借鉴了精益制造、KAIZEN（持续改善）的经营思想等。

---

① PDCA 循环：又称戴明环。计划（plan）、执行（do）、检查（check）、处理（act），即质量管理的 4 个阶段。

IVRA 参考了我国智能制造系统架构、德国工业 4.0 平台的 RAMI4.0 的三维结构，将智能制造视为一种面向工业需求多样性和个性化的多个系统所组成的系统，提出一种可相互连接和通信的自主单元概念——智能制造单元（SMU），每个 SMU 可以从资产、活动、管理 3 个视角来进行判断（图 2-4）。

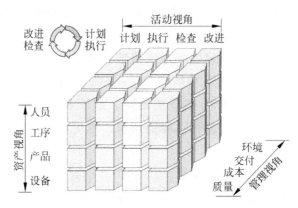

图 2-4　日本参考架构智能制造单元的 3 个视角

4）法国

法国未来工业联盟和德国工业 4.0 平台共同发布"智能制造标准框架" Industrie 4.0 / Industrie du Futur，要求横跨域边界、层次结构边界和生命周期阶段的系统集成呈现空前的程度。标准计划通过统一的安全规则创建一个安全的技术采购基础，促进各应用程序之间的互用性，保护环境、工厂、设备和消费者，同时通过标准化术语和定义为产品开发和相关方之间的沟通提供适应未来发展的保障。

其主要阐述了通用方法的 3 个行动领域：带有参考模型和库的标准；国际标准化机构中的德国和法国专家达成的共识；关注工业 4.0 组件概念、管理框架和智能制造架构。

智能制造标准框架促进标准化利益相关者对关注的各标准或标准化项目进行确定，其相关特征与潜在作用和其行业中的使用影响相关。Industrie 4.0 / Industrie du Futur 需要一组一致的标准，当今的大多数标准为专题型，详细信息由专门的委员会或联盟制定。通过结合各方面创建一个库，将呈现标准之间的依附性以及各标准的相关性，这将有利于确定修改的标准，或者开发新的交联标准。

核心项目是库，包含 IEC、ISO 和联盟的标准。大量现行标准需要通过多方面进行分析，以便掌握适当的内容，并生成附加值。这样可以确定标准之间的差异和冗余，做出标准化项目和标准的使用相关决策。任何新见解都需要适应可能还未知的新方面。需要采用 2D 表示法根据不同活动详细分析产品价值链中的标准框架，如图 2-5 所示。

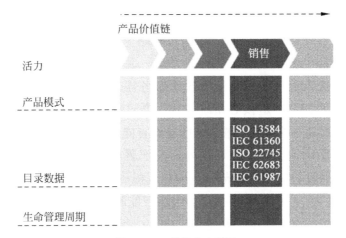

图 2-5　二维标准库框架

该框架提供了现行标准的映射和连接（图 2-6），例如 ISO/IEC 和实用标准，以便通过未来工厂数字模型描述行业组织（产品、生产、供应链、工业服务）。该框架介绍了一种分析过程：①列出了描述标准蓝图的方面；②从步骤①的独立方面中，提取标准或法律中相应的描述；③作为图形化表示，将这些标准映射到相关的模型中，以满足调研需求。这些图形表示允许理解问题并作出决策的可视化工具。可以从标准库中生成不同的图形表示。图形表示的类型取决于所需的调研角度。

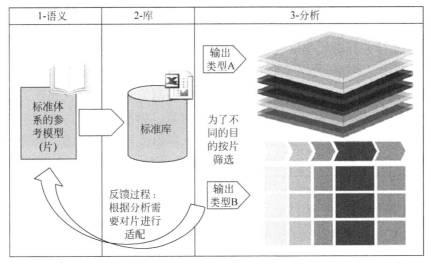

图 2-6　法国智能制造标准蓝图的框架

2. 国内体系架构

2015 年 12 月工业和信息化部、国家标准化管理委员会共同发布了《国家智能制造标准体系建设指南（2015 年版）》。在《建设指南（2015 年版）》中，智能制造系统架构是"第二章 建设思路"的重要组成部分。系统架构通过全面分析目前主流系统架构的构建方法，尤其是与智能制造密切相关的现有系统架构，深入分析智能制造的应用服务需求，提出自主创新的、符合中国制造业现状的智能制造核心系统架构；通过研究智能制造系统架构、价值链和产品生命周期 3 个维度的模型，推导出智能制造整体系统架构，从多角度、多维度阐释智能制造的本质内涵、外延及部署原则，为我国智能制造具体标准化工作的开展及智能制造示范试点的部署提供参考依据。

2016 年 11 月，在德国柏林召开的中德智能制造及生产过程网络化大会上，实现了中国智能制造系统架构和德国工业 4.0 参考架构模型的互认并提交参考模型国际标准提案。

基于中德智能制造 / 工业 4.0 标准化工作组平台，中德双方于 2017 年 12 月形成了《中国智能制造系统架构与德国工业 4.0 参考架构模型互认研究报告》。2017 年 12 月 5 日，该报告在中德智能制造 / 工业 4.0 发展与标准化国际交流报告会上正式发布。

2017 年 4 月，国际电工技术委员会标准管理局智能制造系统评估组（IEC/SMB/SEG7）形成了《智能制造架构和模型研究报告》。这是自 2014 年智能制造概念被提出以来，国际标准化组织第一次确定了智能制造的系统架构。我国智能制造系统架构与德国、美国、日本、法国等制造业大国提出的参考架构一同作为目前世界上主流的智能制造顶层设计被纳入该报告，实现了我国在智能制造国际标准化顶层设计上的突破，得到国际认可。

《国家智能制造标准体系建设指南（2018 年版）》中发布了 2018 年版的《智能制造系统架构》，该架构对 2015 年版《智能制造系统架构》进行了优化和完善，通过智能制造系统架构界定标准化对象、标准化范围；进一步阐述智能制造系统架构及其 3 个维度的关系，细化各维度要素的描述；明确了智能制造系统架构各维度与智能制造标准体系结构映射关系。

（1）对《智能制造系统架构》3 个维度中的智能功能维度进行了名称修改，智能功能修改为智能特征。

（2）对 3 个维度进行了明确的释义，如 2015 年版对系统层级释义为：系统层级自下而上共 5 层，分别为设备层、控制层、车间层、企业层和协同层。智能制造的系统层级体现了装备的智能化和互联网协议（IP）化，以及网络的扁平化趋势。2018 年版释义为：系统层级是指与企业生产活动相关的组织结构的层级划分，包括设备层、单元层、车间层、企业层和协同层。

（3）对 3 个维度的各要素重新进行了释义，如设备层级在 2015 年版中释义为：设备层级包括传感器、仪器仪表、条码、射频识别、机器、机械和装置等，是企业进行生产活动的物质技术基础。2018 年版中释义为：设备层级是指企业利用传感器、仪器仪表、机器、装置等，实现实际物理流程并感知和操控物理流程的层级。

（4）对系统层级和智能特征层级两个维度的 5 个层级的部分顺序和命名进行了优化，如系统层级的控制层修改为单元层；智能特征维度的信息融合层修改为融合共享；智能特征维度的层级顺序由资源要素、系统集成、互联互通、信息融合和新兴业态修改为资源要素、互联互通、融合共享、系统集成和新兴业态，使得层级顺序更趋合理。两个版本的系统架构对比如图 2-7 所示。

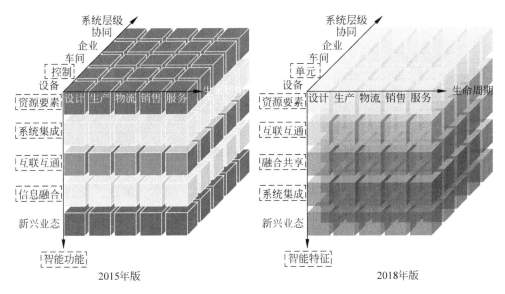

图 2-7　智能制造系统架构 2015 年版与 2018 年版对比

（5）在附件中，明确了智能制造系统架构各维度与智能制造标准体系结构映射关系，并更新了示例（图 2-8）。

2.1.1.2　元数据

目前，无论是在国外还是在国内，包括数据元素、值域、代码等在内的元数据技术应用较为广泛，而针对管理数据语义的元数据注册和元数据交换

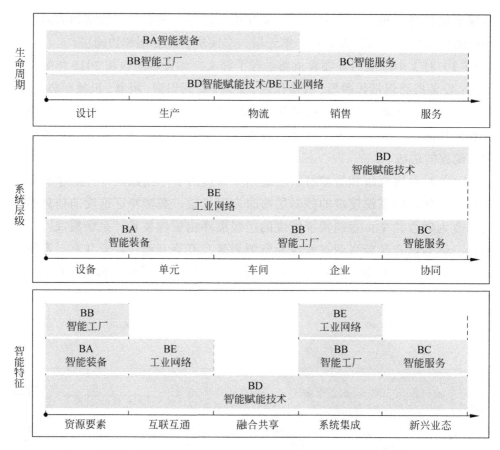

图 2-8 智能制造系统架构各维度与智能制造标准体系结构映射

等技术缺少相应的应用。我国在公共安全、卫生、烟草、邮政、交通、农业、林业、航空、民政、水利、石油天然气、铁路运输、船舶、广播电视、海洋、机械、金融、城镇建设、新闻出版、电力、核工业等 50 多个行业领域中已开展元数据的应用工作。

元数据在公共安全和卫生行业中的应用较为成熟。公共安全领域已经建立了公安数据元、公安信息代码、消防信息代码、道路交通管理信息代码、娱乐服务场所分类代码、指纹数据代码、报警统计信息管理代码、反恐怖信息管理代码、出入境管理信息代码、案（事）件现场勘验信息分类与代码、互联网公共上网服务场所信息安全管理系统信息代码等涉及公共安全各领域的元数据，适用于公共安全信息化建设、应用和管理。卫生领域也已建立了卫生信息数据元目录、疾病控制基本数据集、卫生信息数据元值域代码等适用于医药卫生领域卫生信息管理的元数据。

2.1.1.3　标识

1. OID 国际产业发展现状

国际上，OID 主要在以下与智能制造产业相关的领域中得到了广泛的应用和推广：

1）智能设备射频识别（radio frequency identification，RFID）感知技术

在 RFID 领域，OID 主要用于区别美国 EPC、韩国 Mcode、日本 Ucode 等技术，即通过采用基于 OID 的标识编码实现对于各类 RFID 应用对象的唯一标识。目前，该部分内容主要依托 ITU-T SG31 和 ISO/IEC JTC1 SC6 工作组的标准研制工作开展。

2）面向各类智能联网设备 / 系统管理

为简化大型联网设备的管理和数据获取，20 世纪 90 年代，研究人员研制成功了基于 OID 的设备 / 系统的管理系统，能够使网络管理员提高网络管理效能，及时发现并解决网络问题以及规划网络的增长。

3）智能设备 / 系统之间的安全认证

国际标准化组织围绕着信息安全系统中的身份认证问题开展了一系列的研究，发布了 ITU-T X.509 等一系列标准，形成了完善的公钥基础设施（public key infrastructure，PKI）。PKI 标准协议通过签发数字证书来绑定证书持有者的身份和相关的公开密钥，为用户获取证书、访问证书和宣告证书作废提供了方便的途径。同时利用数字证书及相关的各种服务（证书发布、黑名单发布等）实现通信过程中各实体的身份认证，保证了通信数据的机密性、完整性和不可否认性。

2. OID 国内产业发展现状

2007 年，我国成立国家 OID 注册中心，负责全球唯一标识符 OID 中国节点的注册、解析、管理以及国际备案工作，负责自主可控地实现各标识管理系统与其他网络通信、管理系统间的互联互通。截至 2017 年 9 月，国家 OID 注册中心已在中国顶级 OID 根下受理申请并开通顶级号码 240 个，涉及信息安全、重型机械、智能家电等多个智能制造应用领域。

2016 年，中国开放对象标识符（OID）应用联盟正式成立，主要工作是：①合作推动 OID 体系建设，包括 OID 领域标准研制、注册和解析系统开发、应用系统建设；②通过研讨交流、推广应用、标准制定、行业推动等形式，积极推进 OID 标识体系的应用推广；③支撑政府主管部门制定相关政策，推动 OID 标识体系的实施和应用推广；④创新产业投融资方式，探索推进 OID 应

用服务的新兴合作伙伴关系，共同做大做强 OID 的应用服务；⑤加强联盟的组织建设与会员管理。成立初期，联盟便吸纳了 50 多家成员单位，既包括了农业、林业、卫生计生委、交通、公安、商务、密码局、安监总局、供销总社、轻工协会等部委信息中心或直属单位，也包括了全国组织机构代码中心、工信部软件与集成电路促进中心、家电研究院、新闻出版研究院、中兴公司、阿里巴巴等企事业单位。

2.1.2 相关技术

2.1.2.1 参考模型

重点标准《智能制造 系统架构》。智能制造系统架构从生命周期、系统层级和智能特征 3 个维度对智能制造所涉及的活动、装备、特征等内容进行描述，主要用于明确智能制造的标准化需求、对象和范围，指导国家智能制造标准体系建设。智能制造系统架构标准规定了智能制造参考模型的范围和内容，以及生命周期、系统层级、智能特征 3 个维度之间的关系。

2015 年 7 月，由中国电子技术标准化研究院牵头，联合国内 8 家科研单位和企业开展了"智能制造系统架构标准与试验验证系统"项目工作。至 2017 年 6 月，完成并通过了《智能制造 系统架构》标准草案的制定。该标准草案已在家电、电器、机械、铸造、乳制品、石化和钢铁等行业实现了应用。《智能制造 系统架构》国家标准已于 2017 年 12 月 29 日立项，国标立项号为 20173704-T-604，目前正在研制中。

2.1.2.2 元数据

互联网、云计算、半结构化和非结构化数据使用、电子商务、语义计算、语义网、对象技术、数据隐私、XML、JSON、高级分析和大数据等技术都对元数据标准提出了标准化需求。

1. 可扩展标记语言（XML）

XML 元数据交换（XML metadata interchange，XMI），是统一建模语言 UML 模型中元数据的标准交换方式。XMI 是基于 XML 技术发展起来的一种标记语言，它继承了 XML 的所有特征。XML 元数据交换算法是使数据交换各方之间按共同规则描述元数据信息的 XML 模板文档，通过解析 XML 模板文档识别该元数据的信息，完成对元数据的存取交换功能，而无须知道各应用程序的元数据库结构信息等技术细节，提高了在通常的分布式对象环境和特殊的分布式开发环境汇总的元数据管理和元数据互操作性。

2. 资源描述框架（RDF）

资源描述框架（resource description framework，RDF），一种用于描述 Web 资源的标记语言，是一个处理元数据的 XML 应用。RDF 制定的目的主要是为元数据在 Web 上的各种应用提供一个基础结构使应用程序之间能够在 Web 上交换元数据，以促进网络资源的自动化处理。RDF 能够有各种不同的应用，例如在资源检索方面，能够提高搜索引擎的检索准确率；在编目方面，能够描述网站、网页或电子出版物等网络资源的内容及内容之间的关系等。

2.1.2.3　标识

与 OID 标识体系相关的通用基础技术主要涵盖注册管理、系统解析、互操作以及安全认证等技术：

（1）注册管理技术：主要包括 OID 的编号、分配、注册规程、运维管理等。

（2）系统解析技术：主要包括 OID 标识解析系统建设规范、解析系统运营规程等。

（3）互操作技术：主要包括基于 OID 的元数据注册管理、抽象语法、传输语法等。

（4）安全认证技术：主要指遵从规范的对象标识技术和相关安全技术，采用公钥加密技术为各种应用提供安全支持的基础技术。

2.1.3　标准化现状和需求

2.1.3.1　元数据

1. 国际标准标准化现状

元数据领域的国际标准由 ISO/IEC/JTC1 SC32 分技术委员会下设的 WG2 “元数据” 工作组负责制定，该分技术委员会的主要技术成果长期处在国际先进水平。目前发布的现行有效标准近 50 项，内容涉及信息资源词典系统（information resource directory system，IRDS）框架、元数据注册系统、数据元素值格式记法、互操作性元模型框架（metamodel framework for interoperability，MFI）、元数据注册互操作与绑定（MDR-IB）等。现行 ISO/IEC 国际标准见表 2-1。

表 2-1　现行 ISO/IEC 国际标准

序号	国际标准号	标　准　名　称
1	ISO/IEC 11179-1：2015	信息技术　元数据注册系统（MDR）　第 1 部分：框架
2	ISO/IEC 11179-2：2005	信息技术　元数据注册系统（MDR）　第 2 部分：分类
3	ISO/IEC 11179-3：2013	信息技术　元数据注册系统（MDR）　第 3 部分：注册元模型和基本属性
4	ISO/IEC 11179-4：2004	信息技术　元数据注册系统（MDR）　第 4 部分：数据定义形成
5	ISO/IEC 11179-5：2015	信息技术　数据元的规范与标准化　第 5 部分：命名原则
6	ISO/IEC 11179-6：2015	信息技术　元数据注册系统（MDR）　第 6 部分：注册
7	ISO/IEC 14957：2010	信息技术　数据元素值格式记法
8	ISO/IEC 19763-1：2015	信息技术　互操作性元模型框架（MFI）　第 1 部分：参考模型
9	ISO/IEC 19763-3：2010	信息技术　互操作性元模型框架（MFI）　第 3 部分：本体注册的元模型
10	ISO/IEC 19763-5：2015	互操作性元模型框架（MFI）　第 5 部分：过程模型注册元模型
11	ISO/IEC 19763-6：2015	互操作性元模型框架（MFI）　第 6 部分：注册概述
12	ISO/IEC 19763-7：2015	互操作性元模型框架（MFI）　第 7 部分：服务模型注册元模型
13	ISO/IEC 19763-8：2015	互操作性元模型框架（MFI）　第 8 部分：角色与目标模型注册元模型
14	ISO/IEC 19763-9：2015	互操作性元模型框架（MFI）　第 9 部分：按需模型选择
15	ISO/IEC 19763-10：2014	信息技术　互操作性元模型框架（MFI）　第 10 部分：核心模型和基本映射
16	ISO/IEC 19763-12：2015	信息技术　互操作性元模型框架（MFI）　第 12 部分：信息模型注册元模型
17	ISO/IEC 19763-13：2016	信息技术　互操作性元模型框架（MFI）　第 13 部分：表单设计注册的元模型
18	ISO/IEC 19773：2011	信息技术　元数据注册系统模块
19	ISO/IEC TR 20943-1：2003	信息技术　实现元数据注册系统（MDR）内容一致性的规程　第 1 部分：数据元素
20	ISO/IEC TR 20943-3：2004	信息技术　实现元数据注册系统（MDR）内容一致性的规程　第 3 部分：值域
21	ISO/IEC TR 20943-5：2013	元数据注册系统内容一致性获取　第 5 部分：语义元数据映射过程

序号	国际标准号	标 准 名 称
22	ISO/IEC TR 20943-6：2013	元数据注册系统内容一致性获取　第 6 部分：**本体生成框架**
23	ISO/IEC 20944-1：2013	信息技术　元数据注册互操作与绑定（MDR-IB）　第 1 部分：框架、通用词汇和通用一致性规定
24	ISO/IEC 20944-2：2013	信息技术　元数据注册互操作与绑定（MDR-IB）　第 2 部分：编码绑定
25	ISO/IEC 20944-3：2013	信息技术　元数据注册互操作与绑定（MDR-IB）　第 3 部分：API 绑定
26	ISO/IEC 20944-4：2013	信息技术　元数据注册互操作与绑定（MDR-IB）　第 4 部分：协议绑定
27	ISO/IEC 20944-5：2013	信息技术　元数据注册互操作与绑定（MDR-IB）　第 5 部分：概况
28	ISO/IEC　24707：2018	信息技术　通用逻辑（CL）：基于逻辑的语言族框架
29	ISO 5218：2004	信息技术　人的性别表示代码
30	ISO/IEC 9579：2000	信息技术　SQL 安全增强的远程数据库访问
31	ISO/IEC 6523-1：1998	信息技术　组织和组织各部分标识用的结构　第 1 部分：组织标识方式的标识
32	ISO/IEC 6523-2：1998	信息技术　组织和组织各部分标识用的结构　第 2 部分：组织标识方案的注册
33	ISO 9007：1987	信息处理系统　概念模式和信息库用的概念和术语
34	ISO/IEC 10027：1990	信息技术　信息资源词典系统（IRDS）框架
35	ISO/IEC TR 10032：2003	信息技术　数据管理参考模型
36	ISO/IEC 10728：1993	信息技术　信息资源词典系统（IRDS）服务接口
37	ISO/IEC TR 9789：1994	信息技术　数据交换用数据元素的组织和表示指南编码方法和原则
38	ISO/IEC 11404：2007	信息技术　通用数据类型 GPD
39	ISO/IEC 13238-3：1998	信息技术　数据管理　第 3 部分：IRDS 输出 / 输入设施
40	ISO/IEC 14662：2010	信息技术　开放 EDI 参考模型
41	ISO/IEC 19502：2005	信息技术　元对象设施（MOF）
42	ISO/IEC 19503：2005	信息技术　XML 元数据交换（XMI）
43	ISO/IEC TR 19583-22：2018	信息技术　元数据的概念和用法　第 22 部分：使用 19763-5 和 19763-10 的注册和映射开发过程
44	ISO/IEC TR 11179-2：2019	信息技术　元数据注册（MDR）第 2 部分：分类

近年来围绕着元数据注册、元数据的概念和用法、元数据注册系统互操作和绑定、本体论等技术 SC32 WG2 开展了多项国际标准的制定工作，正在制定

中的国际标准见表2-2。大数据的出现为该领域制定新标准或增强现有标准提供了新的需求。这些发展为制定元数据领域的标准（包括元数据模型、本体、注册、其他工具、支持新的数据类型、新的事物模型和新的数据存储接口等标准）提供了一系列的市场需求。因此未来围绕着大数据、社会分析以及下一代分析技术等所涉及的标准问题成为本领域下一步标准化工作的重点。

表 2-2　正在制定中的国际标准

序号	国际标准号	标　准　名　称
1	ISO/IEC DIS 11179-7	信息技术　元数据注册（MDR）第7部分：数据集注册元模型
2	ISO/IEC NP 11404	信息技术　一般用途的数据类型（GPD）
3	ISO/IEC PRF TR 19583-1	信息技术　元数据的概念和用法　第1部分：元数据概念
4	ISO/IEC NP TR 19583-2	信息技术　元数据的概念和用法　第2部分：元数据使用
5	ISO/IEC PDTR 19583-21	信息技术　元数据的概念和用法　第21部分：11179-3的SQL实现
6	ISO/IEC PDTR 19583-23	信息技术　元数据的概念和用法　第23部分：数据元素交换（DEX）
7	ISO/IEC PDTR 19583-24	信息技术　元数据的概念和用法　第24部分：MDR基本属性
8	ISO/IEC NP 19773	信息技术　元数据登记（MDR）模块
9	ISO/IEC NP 20944-1	信息技术　元数据注册系统互操作和绑定（MDR-IB）　第1部分：概述和介绍变更
10	ISO/IEC NP 20944-2	信息技术　元数据注册系统互操作和绑定（MDR-IB）　第2部分：编码变更
11	ISO/IEC NP 20944-3	信息技术　元数据注册系统互操作和绑定（MDR-IB）　第3部分：API（应用程序编程接口）变更
12	ISO/IEC NP 20944-4	信息技术　元数据注册系统互操作和绑定（MDR-IB）　第4部分：协议变更
13	ISO/IEC NP 20944-5	信息技术　元数据注册系统互操作和绑定（MDR-IB）　第5部分：总则
14	ISO/IEC DIS 21838-1	信息技术　顶层本体　第1部分：需求
15	ISO/IEC DIS 21838-2	信息技术　顶层本体　第2部分：形式本体论

2. 国内标准化现状

国内的元数据国家标准制定活动主要由全国信息技术标准化委员会（TC 28）负责推进。我国元数据标准大部分等同采用 ISO/IEC/JTC1 SC32 相关国际标准，实现了与国际先进标准的同步。目前已等同采用了互操作性元模型框架（MFI）、元数据注册（MDR）系统、实现元数据注册系统内容一致性的规程等多项系列标准。此外，我国根据实际的信息化建设需求，自主制定了一些包括电子政务、电子商务和教育领域在内的数据元标准。现行国家标准见表2-3。

表 2-3　现行国家标准

序号	国家标准号	标 准 名 称
1	GB/T 32392.1—2015	信息技术　互操作性元模型框架（MFI）　第1部分：参考模型
2	GB/T 32392.2—2015	信息技术　互操作性元模型框架（MFI）　第2部分：核心模型
3	GB/T 32392.3—2015	信息技术　互操作性元模型框架（MFI）　第3部分：本体注册元模型
4	GB/T 32392.4—2015	信息技术　互操作性元模型框架（MFI）　第4部分：模型映射元模型
5	GB/T 32392.5—2018	信息技术　互操作性元模型框架（MFI）　第5部分：过程模型注册元模型
6	GB/T 32392.7—2018	信息技术　互操作性元模型框架（MFI）　第7部分：服务模型注册元模型
7	GB/T 32392.8—2018	信息技术　互操作性元模型框架（MFI）　第8部分：角色和目标模型注册元模型
8	GB/T 32392.9—2018	信息技术　互操作性元模型框架（MFI）　第9部分：按需模型选择
9	GB/T 18787.3—2015	信息技术　电子书　第3部分：元数据
10	GB/T 30881—2014	信息技术　元数据注册系统（MDR）模块
11	GB/T 30880—2014	信息技术　通用逻辑（CL）：基于逻辑的语言族框架
12	GB/T 5271.4—2000	信息技术　词汇　第4部分：数据的组织
13	GB/T 5271.5—2008	信息技术　词汇　第5部分：数据表示
14	GB/T 5271.6—2000	信息技术　词汇　第6部分：数据的准备与处理
15	GB/T 18139.1—2000	信息技术　代码值交换的通用结构　第1部分：编码方案的标识
16	GB/T 18139.2—2000	信息技术　代码值交换的通用结构　第2部分：编码方案的登记
17	GB/T 16647—1996	信息技术　信息资源词典系统（IRDS）框架
18	GB/Z 18219—2008	信息技术　数据管理参考模型
19	GB/T 17962—2000	信息技术　信息资源词典系统（IRDS）服务接口
20	GB/T 18391.1—2009	信息技术　元数据注册系统（MDR）　第1部分：框架

续表

序号	国家标准号	标 准 名 称
21	GB/T 18391.2—2009	信息技术 元数据注册系统（MDR） 第2部分：分类
22	GB/T 18391.3—2009	信息技术 元数据注册系统（MDR） 第3部分：注册系统元模型与基本属性
23	GB/T 18391.4—2009	信息技术 元数据注册系统（MDR） 第4部分：数据定义的形成
24	GB/T 18391.5—2009	信息技术 元数据注册系统（MDR） 第5部分：命名和标识原则
25	GB/T 18391.6—2009	信息技术 元数据注册系统（MDR） 第6部分：注册
26	GB/T 17628—2008	信息技术 开放式edi参考模型
27	GB/T 18142—2017	信息技术 数据元素值表示 格式记法
28	GB/T 23824.1—2009	信息技术 实现元数据注册系统（MDR）内容一致性的规程 第1部分：数据元
29	GB/T 23824.3—2009	信息技术 实现元数据注册系统（MDR）内容一致性的规程 第3部分：值域
30	GB/T 28167—2011	信息技术 XML元数据交换（XMI）
31	GB/T 19488.2—2008	电子政务数据元 第2部分：公共数据元目录
32	GB/T 21063.3—2007	政务信息资源目录体系 第3部分：核心元数据

2.1.3.2 标识

1. 国际标准化现状

早在20世纪80年代，ISO/IEC、ITU等国际标准化组织便开始了OID标识机制的研究工作，陆续发布并完善了30余项标准，针对OID标识的命名规则、分配方案、传输编码、解析管理体系、应用等内容进行规范，实现正式、无歧义和精确的唯一标识机制来标识不同对象，具体如表2-4所示。

表2-4 国际相关标准列表

适用范围	标准编号	英文标准名称	中文标准名称
OID注册管理	ISO/IEC 9834-1 ITU-T X.660	Information technology: open systems interconnection procedures for the operation of OSI registration authorities: Part1: general procedures and top arcs of the international object identifier tree	信息技术 用于OSI注册机构运营的开放系统互连规程 第1部分：一般规程和国际对象标识符树的顶级弧

适用范围	标准编号	英文标准名称	中文标准名称
OID 注册管理	ISO/IEC 9834-2	Information technology: Open Systems Interconnection; procedures for the operation of OSI registration authorities: Part 2: registration procedures for OSI document types	信息技术　用于 OSI 注册机构运营的开放系统互连规程　第 2 部分：OSI 文档类型的注册规程
	ISO/IEC 9834-3 ITU-T X.662	Information technology: Open Systems Interconnection procedures for the operation of OSI registration authorities: Part3: Registration of Object Identifier arcs beneath the top-level arc jointly administered by ISO and ITU-T	信息技术　用于 OSI 注册机构运营的开放系统互连规程　第 3 部分：ISO 和 ITU-T 联合管理的顶级弧下的客体标识符弧的注册
	ISO/IEC 9834-4	Information technology; Open Systems Interconnection; procedures for the operation of OSI registration authorities: Part 4: register of VTE profiles	信息技术　用于 OSI 注册机构运营的开放系统互连规程　第 4 部分：VTE 架构的注册
	ISO/IEC 9834-5	Information technology: open systems interconnection procedures for the operation of OSI registration authorities: Part5: register of VT control object definitions	信息技术　用于 OSI 注册机构运营的开放系统互连规程　第 5 部分：VT 控制对象定义的注册
	ISO/IEC 9834-6 ITU-T X.665	Information technology: open systems interconnection procedures for the operation of OSI registration authorities: Part 6: registration of application processes and application entities	信息技术　用于 OSI 注册机构运营的开放系统互连规程　第 6 部分：应用进程和应用实体的注册
	ISO/IEC 9834-7	Information technology: open systems interconnection procedures for the operation of OSI registration authorities: Part7: assignment of international names for use in specific contexts	信息技术　用于 OSI 注册机构运营的开放系统互连规程　第 7 部分：在特定文本中使用的国际名称分配
	ISO/IEC 9834-8 ITU-T X.667	Information technology: Open Systems Interconnection procedures for the operation of OSI registration authorities: Part8: generation and registration of Universally Unique Identifiers (UUIDs) and their use as ASN.1 Object Identifier components	信息技术　用于 OSI 注册机构运营的开放系统互连规程　第 8 部分：通用唯一标识符（UUID）的生成和注册及其作为 ASN.1 对象标识符组件的应用

续表

适用范围	标准编号	英文标准名称	中文标准名称
OID 注册管理	ISO/IEC 9834-9 ITU-T X.668	Information technology: open systems interconnection procedures for the operation of OSI registration authorities: Part 9: registration of object identifier arcs for applications and services using tag-based identification	信息技术 用于 OSI 注册机构运营的开放系统互连规程 第9部分：面向使用基于标签识别的应用和服务的对象标识符弧的注册
OID 系统解析	ISO/IEC29168-1 ITU-T X.672	Information technology: open systems interconnection: part 1: object identifier resolution system	信息技术 开放系统互连 第1部分：对象标识符解析系统
OID 安全认证	ISO/IEC 9594-8 ITU-T X.509	Information technology – Open Systems Interconnection – The Directory: Public-key and attribute certificate frameworks	信息技术 开放系统互连 目录：公钥和属性证书架构
OID 对象描述与数据传输规则	ISO/IEC 8824-1 ITU-T X.680	Information technology: Abstract Syntax Notation One (ASN.1): specification of basic notation	信息技术 抽象语法标记一（ASN.1）：基本标记规范
	ISO/IEC 8824-2 ITU-T X.681	Information technology: Abstract Syntax Notation One (ASN.1): information object specification	信息技术 抽象语法标记一（ASN.1）：信息对象规范
	ISO/IEC 8824-3 ITU-T X.682	Information technology: Abstract Syntax Notation One (ASN.1): Constraint specification	信息技术 抽象语法标记一（ASN.1）：约束规范
	ISO/IEC 8824-4 ITU-T X.683	Information technology: Abstract syntax notation one (ASN.1): Parameterization of ASN.1 specifications	信息技术 抽象语法标记一（ASN.1）：ASN.1 规范的参数化
	ISO/IEC 8825-1 ITU-T X.690	Information technology: ASN.1 encoding rules: specification of basic encoding rules (BER),canonical encoding rules (CER) and distinguished encoding rules (DER)	信息技术 ASN.1 编码规则：基本编码规则（BER）、正则编码规则（CER）和非典型编码规则（DER）的规范
	ISO/IEC 8825-2 ITU-T X.691	Information technology: ASN.1 encoding rules: Specification of packed encoding rules (PER)	信息技术 ASN.1 编码规则：紧缩编码规则的规范
	ISO/IEC 8825-3 ITU-T X.692	Information technology: ASN.1 encoding rules: Specification of Encoding Control Notation (ECN)	信息技术 ASN.1 编码规则：编码控制记法（ECN）的规范

适用范围	标准编号	英文标准名称	中文标准名称
OID 对象描述与数据传输规则	ISO/IEC 8825-4 ITU-T X.693	Information technology: ASN.1 encoding rules: XML Encoding Rules (XER)	信息技术 ASN.1 编码规则：XML 编码规则（XER）
	ISO/IEC 8825-5 ITU-T X.694	Information technology: ASN.1 encoding rules: Mapping W3C XML schema definitions into ASN.1	信息技术 ASN.1 编码规则：W3C XML schema 定义到 ASN.1 的映射
	ISO/IEC 8825-6 ITU-T X.695	Information technology: ASN.1 encoding rules: registration and application of PER encoding instructions	信息技术 ASN.1 编码规则：PER 编码架构的注册和应用
	ISO/IEC 8825-7 ITU-T X.696	Information technology-ASN.1 encoding rules: Specification of Octet Encoding Rules (OER)	信息技术 ASN.1 编码规则：八位字节编码规则（OER）的规范
	ITU-T X.697	Information technology-ASN.1 encoding rules: Specification of JavaScript Object Notation Encoding Rules (JER)	信息技术 ASN.1 编码规则：JavaScript 对象标记编码规则的规范（JER）
OID 应用	ISO/IEC 15962	Information technology-Radio frequency identification (RFID) for item management-Data protocol: data encoding rules and logical memory functions	信息技术 用于目录管理的无线射频识别（RFID）数据协议：数据编码协议和逻辑存储功能
	ISO/IEC 15963	Information technology: radio frequency identification for item management-unique identification for RF tags	信息技术 用于目录管理的无线射频识别（RFID）RF 标签的唯一识别
	ISO/IEC 29177	Information technology-Automatic identification and data capture technique-Identifier resolution protocol for multimedia information access triggered by tag-based identification	信息技术 自动识别和数据获取技术 面向标签识别触发的多媒体信息接入的标识符解析协议
	ITU-T X.1500.1	Procedures for the registration of arcs under the object identifier arc for cybersecurity information exchange (2.48)	用于网络安全信息交换的对象标识符弧（2.48）的注册规程
	ITU-T X.660 supl.31（我国主导研制）	Guidelines for using object identifiers for the Internet of things	物联网中的对象标识符（OID）应用指南

2. 国内标准化现状

我国的 OID 国家标准制定活动主要由全国信息技术标准化委员会（TC 28）负责推进，主要由国家 OID 注册中心承担。国家 OID 注册中心在参考国际标准的基础上，结合我国的实际国情，完成和正在制定 30 余项与 OID 相关的国家标准、行业标准等，涵盖了注册操作规程、编号体系、解析系统、语法记法、应用等方面，形成了完整的技术体系，具体如表 2-5 所示。

表 2-5 相关国家标准列表

应用范围		标准编号/立项编号	标准名称
OID 注册管理		GB/T 17969 系列国家标准	信息技术 用于 OSI 注册机构运营的开放系统互连规程
		GB/T 26231—2017	信息技术 开放系统互连 对象标识符（OID）的国家编号体系和操作规程
OID 对象解析		GB/T 35299—2017	信息技术 开放系统互连 对象标识符解析系统
		GB/T 35300—2017	信息技术 开放系统互连 用于对象标识符解析系统运营机构的规程
OID 对象描述与数据传输规则		GB/T 16262 系列标准	信息技术 抽象语法记法一（ASN.1）
		GB/T 16263 系列标准	信息技术 ASN.1 编码规则
物联网技术	总体指南	GB/T 36461—2018	物联网标识体系 OID 应用指南
	RFID 技术	2009-1683T-SJ（行标在研）	基于互联网的射频识别标签信息查询与发现服务
	传感器技术	GB/T 30269.501—2014	信息技术 传感器网络 第 501 部分：标识：传感节点标识符编制规则
		20120545-T-469（国标报批）	传感器网络 标识 解析和管理规范
		20153386-T-469（国标在研）	信息技术 传感器网络 第 504 部分：标识：传感节点标识符管理规范
		20153382-T-469（国标在研）	传感器网络 第 806 部分：测试：传感节点标识符解析一致性测试技术规范
行业应用领域	智能制造	20170057-T-469（国标在研）	智能制造 对象标识要求
	商务流通	商办流通函 [2016] 828 号（行标在研）	信息化追溯标准体系结构
		商办流通函 [2016] 828 号（行标在研）	追溯终端数据接口规范
		2016-0413T-SJ（行标在研）	供应链二维码追溯系统数据接口要求
		2016-0411T-SJ（行标在研）	供应链二维码追溯系统标识规则
		2016-0412T-SJ（行标在研）	供应链二维码追溯系统数据格式要求

应 用 范 围		标准编号 / 立项编号	标 准 名 称
行业应用领域	新闻出版	GB/T 18787.4—2015	信息技术　电子书　第4部分：标识
	交通	20130078-T-469（国家标准报批）	交通运输　物联网标识规则
	林业	20160459-T-432（国家标准在研）	林业物联网　标识分配规则
		LY/T 2413.403—2016	林业物联网　第403部分：对象标识符解析系统通用要求
	农业	农业部2014年行标计划（报批）	农用二维码使用技术规范
	危险品	SJ/T 11532.2—2015	危险化学品气瓶标识用电子标签通用技术要求　第2部分：应用技术规范
	可穿戴设备	20153397-T-469（国标在研）	可穿戴产品分类与标识
	通信	YD/T 2795.1—2015	智能光分配网络　第1部分：光配线设施
	科学数据	20141194-T-469（国标报批）	信息技术　数据引用规范
	医疗卫生	WST 500—2016	电子病历共享文档规范
	电子文件	GB/T 33190—2016	电子文件存储与交换格式　版式文档
	防伪溯源	GB/T 34062—2017	防伪溯源编码技术条件
		DB15/T 867—2015	基于物联网的畜产品追溯应用平台结构

2.1.4　重点标准

2.1.4.1　元数据

1. GB/T 18391《信息技术　元数据注册系统（MDR）》系列标准

GB/T 18391《信息技术 元数据注册系统（MDR）》描述了数据的语义、数据的表示以及这些数据描述的注册。通过这些描述，可以找到语义的确切理解及数据的有用描述。

本标准的目的在于促进：

——数据的标准描述；

——组织内以及组织间对数据的一致理解；

——跨越时间、空间和应用对数据的重用和标准化；

——组织内和组织间数据的协同及标准化；

——数据成分的管理；

——数据成分的重用。

本标准共有6个部分。每部分旨在解决上述需求的一个方面。各部分简述如下：

——第 1 部分：框架。标准概述和基本概念。

——第 2 部分：分类。元数据注册系统中分类方案的管理。

——第 3 部分：注册系统元模型与基本属性。元数据注册系统基本概念模型，包括基本属性和关系。

——第 4 部分：数据定义的形式。给出了构成高质量数据元及其成分定义的规则与指南。

——第 5 部分：命名和标识原则。描述了如何为数据元及其成分建立命名的约定。

——第 6 部分：注册。规定了符合 GB/T 18391 的元数据注册系统注册过程的角色和要求。

2. GB/T 21063.3—2007《政务信息资源目录体系　第 3 部分：核心元数据》

GB/T 21063.3 规定了描述政务信息资源特征所需的核心元数据及表示方式，给出了各核心元数据的定义和著录规则。规定了 6 个必选的核心元数据和 6 个可选核心元数据，用以描述政务信息资源的标识、内容、管理信息，并给出了核心元数据的扩展原则和方法。只用于政务信息资源目录的编目、建库、发布和查询。

3. GB/T 19488.1—2004《电子政务数据元　第 1 部分：设计和管理规范》

该标准规定了电子政务数据元的基本概念和结构、电子政务数据元的表示规范以及特定属性的设计规则和方法，并给出了电子政务数据元的动态维护管理机制。适用于政府部门编制各种通用的或专用的数据元目录，并为建立数据元的注册和维护管理机制提供指导。

4. GB/T 19488.2—2008《电子政务数据元　第 2 部分：公共数据元目录》

该标准规定了电子政务中的通用数据元，主要包括人员、机构、位置、时间、公文、金融和其他各类公共数据元。适用于政府部门之间的信息交换与共享，也适用于政务部门用来编制各种专用的数据元目录。

2.1.4.2　标识

1. GB/T 26231—2017《信息技术　开放系统互连　对象标识符（OID）的国家编号体系和操作规程》

《信息技术　开放系统互连　对象标识符（OID）的国家编号体系和操作

规程》国家标准规定了我国 OID 编号体系、OID 命名语法、OID 的注册规程、OID 分支机构的授权申请规程和 OID 解析服务获取规程，有助于形成覆盖全国、自主管控、门类合理、全面服务的国家 OID 编号体系，并提供明确、规范的 OID 操作规程，指导用户方便地应用 OID。

2．GB/T 35299—2017《信息技术　开放系统互连　对象标识符解析系统》

该国家标准规定了对象标识符解析系统的建设要求，主要包括对象标识符解析系统的系统组成和整体架构、基于 DNS 的解析机制以及把与 OID 节点相关的各种应用定义信息插入 DNS 域文件的方法、对象标识符解析系统客户端的操作要求等内容，适用于指导各应用领域对象标识符解析系统的开发工作。

3．GB/T 35300—2017《信息技术　开放系统互连　用于对象标识符解析系统运营机构的规程》

该国家标准规定了对象标识符解析系统运营机构的能力管理及运营要求，适用于指导国家 OID 注册中心下一级运营机构的运营服务工作，支持各应用领域的技术研发企业，依据规范的要求建设 OID 解析系统，逐步构建起分布式部署、层次化解析的组织管理和运营体系。

4．GB/T 36461—2018《物联网标识体系 OID 应用指南》

该国家标准规定了适用于物联网的标识技术要求以及基于 OID 的物联网标识体系建设规程，主要包括面向物联网中对象的 OID 分配规范、解析系统部署机制以及建立标识管理机构及其运营规程，适用于指导为物联网标识体系中的管理对象分配 OID 标识，指导物联网应用标识管理体系建设，以及指导运营机构为物联网领域的组织提供标识解析服务和解析系统建设。

5．国标在研项目《智能制造　对象标识要求》（立项编号：20170057-T-469）

该国家标准研制项目主要规定了智能制造领域对象的标识分类、标识编码规则、标识存储规范等方面的要求，规范了智能制造领域中对象的标识管理和解析技术要求，适用于智能制造领域对象的标识体系建设，指导智能制造领域的行业 / 协会、其他机构等建立自身的对象标识解析体系。

6．国标在研项目《智能制造 制造对象标识解析体系应用指南》（立项编号：20173805-T-339）

该国家标准研制项目分析了适用于制造业的标识符使用要求，提出了面向制造业的标识解析系统总体要求，规定了标识解析工作流程以及面向设计、采购、制造、销售、服务、应用等各环节的标识解析体系应用指南，适用于指导为制造业标识解析体系中的管理对象分配对象标识符，指导制造业应用标识管理体系建设，以及指导运营机构为制造业领域的组织提供标识解析服务和解析系统建设。

2.2　安全标准

2.2.1　功能安全

1. 功能安全概念的提出

进入 21 世纪以来，全世界工业化的发展进入了一个新的阶段，工业发展与人、自然和环境之间的矛盾也愈发激烈。一方面更大规模、更大产量的生产现场或工业园区的不断聚集和出现，另一方面社会和环境对于工业事故和工业污染的容忍程度也愈发的敏感和难以接受。包括我国在内的世界上主要的工业化国家仍然事故频发，如墨西哥湾漏油事故和我国青岛管道破裂事故。控制系统作为整个工厂的核心和大脑，承担了主要的安全防护责任，反之由于控制系统本身的问题也更加容易导致事故的发生。为控制和应对这些由复杂电气／电子／可编程电子技术构成的系统问题，近 20 年来国际上对于工业控制系统的功能安全，以及相关的信息安全和可信性等方面提出了新的要求和理论，并逐渐在世界范围内的工业现场得到应用和实施。

国际上对于安全（safety）的基本定义是，避免对人体健康的损伤或人身伤害的不可接受风险，这种风险是直接或间接地由对财产或环境的破坏而导致的。而功能安全是整体安全的一部分，依赖于一个系统或设备对其输入的正确响应，它是通过一个特定的安全回路来保证安全。例如，为防止电机过热造成对人员的烫伤，在电机绕组上装一个热传感器，其可以在检测到电机温度过高时实现断电，这样的过热保护装置就是一个功能安全的例子。但另一方面如果用特制的绝缘材料来抵御高温就不是功能安全的例子（虽然这也是实现安全的一个例子，并能抵御同样的烫伤风险）。在功能安全技术体系中，其他几个关键概念包括：

安全功能（safety function）：针对特定的危险事件，为实现或保持电子单元控制（electronic unit control，EUC）的安全状态，由 E/E/PE 安全相关系统或其他风险降低措施实现的功能。在以上的例子中，温度检测过热保护就是一个安全功能。

安全完整性（safety integrity）：在规定的时间段内和规定的条件下，安全相关系统成功执行规定的安全功能的概率。安全完整性等级（safety integrity level，SIL）从某种意义上可以理解为对安全功能实现能力的概率要求，是一个综合化的指标，其中既有定性的技术措施也有定量的数值要求。其有四个等级，一到四逐渐升高。在以上例子中，过热保护回路的要求可能是 SIL3。

安全相关系统（safety-related system）：所指的系统应满足两项要求，一是执行要求的安全功能足以实现或保持 EUC 的安全状态；二是自身或与其他 E/E/PE 安全相关系统、其他风险降低措施一起，能够实现要求的安全功能所需的安全完整性。安全相关系统是整个功能安全研究的对象，即从软硬件的角度如何设计、开发、运行和维护安全相关系统。在以上例子中，组成过热保护回路的传感器、控制器和制动器等即是安全相关系统。当危险事件发生时，安全相关系统将采取适当的动作和措施，防止被保护对象进入危险状态，避免危及人身安全，保护财产不受损失。在不同应用领域，安全相关系统有不同的内涵和名称。例如，安全仪表系统（safety instrumented system）、关键控制系统（critical control system）、安全解决方案（safety solution）、故障安全系统（fail safe system）、连锁保护系统（interlock protection systems）等。这些系统或者用于减少危险事件发生的概率，或者用于减轻危险事件的影响，最终实现要求的安全目标。

功能安全的实现实际上涉及技术、管理等多方面内容，是通过对各类危险源形成有效控制与保护，避免或减少工业事故对公众和环境的影响，防止各类机械、器件、装备尤其是成套装置发生不可接受危险的技术。功能安全研究的对象是与人身财产安全密切相关的系统，一般包括安全控制系统与安全保护系统两大类，统称为安全相关系统。

2. 功能安全标准

对于功能安全技术，在已经发布实施的功能安全基础标准 GB/T 20438《电气、电子和可编程电子安全相关系统的功能安全》中，首次提出了电气/电子/可编程电子系统功能安全和安全完整性等级（SIL）的概念，并对于从产品/系统层面如何从全生命周期的角度达到功能安全给出了详细的要求和指南，奠定了电气/电子/可编程电子系统功能安全的理论和方法基础。在面向离散制造行业的功能安全标准 GB 28526《机械电气安全 安全相关电气、电子和可编程电子控制系统的功能安全》和 GB/T 16855《机械安全　控制系统有关安全部件》中，进一步规定了离散制造行业如何实现功能安全的要求。目前，功能安全技术标准已经广泛应用于石油、化工、冶金电力等行业，在民用领域相关的功能安全标准也已经形成，包括面向汽车电子行业的 GB/T 34590、面向电梯应用的 GB/T 35850 等。目前功能安全相关的标准体系如图 2-9 所示。

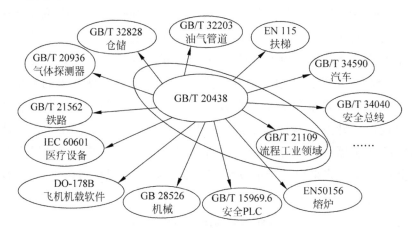

图 2-9　功能安全标准体系

3. 智能制造安全一体化

在智能制造新形势下，研究安全一体化保障体系，具有很大的实践指导意义。智能工厂 / 数字化车间中智能生产线 / 设备众多，控制策略更新灵活，无人化程度高、可定制性强，智能制造中的安全问题不断增长与恶化，对设备和系统的安全提出了更高要求。传统的功能安全和信息安全不再是孤立的事件，功能安全和信息安全之间的影响和交互越来越多，目前各个国际化标准组织也在制定相应的功能安全和信息安全协调标准，包括：

IEC/TC65/WG20"桥接功能安全和信息安全要求框架"工作组。工作组成立于 2016 年，主要目标是开发应用于工业自动化控制系统（IACS）的功能安全和信息安全协调建议。

ISA84 WG9"功能安全的信息安全问题"（Cyber Security Related to the Functional Safety Lifecycle）工作组。工作组完成了面向安全仪表系统的技术报告"功能安全生命周期的网络安全"，该标准的目标是：就工作过程和应对措施方面提供指南，以降低基本过程控制系统（BPCS）和安全仪表系统（SIS）的信息安全问题，从而达到所要求的风险准则。

IEC/TC44"机器安全——电子技术方法"工作组。工作组已经制定完成了标准"安全相关控制系统中与功能安全相关的信息安全"（Security Aspects Related to Functional Safety of Safety-related Control Systems），该标准的目标是考虑机器安全相关系统可能导致安全状态丧失的信息安全威胁和脆弱性问题。

IEC/TC45"核电仪表"工作组。工作组已经制定完成了标准"核电厂——仪表和控制系统——协调功能安全和信息安全的要求"（Nuclear Power Plants, Instrumentation and Control Systems, Requirements for Coordinating Safety and Cybersecurity）。该标准的目标是：建立要求和指南在核电仪控架构和系统中集成信息安全，并同时适用于功能安全；避免功能安全和信息安全要求之间的潜在冲突；识别综合两个安全时可能产生的妥协和兼容问题。

目前，我国正在制定《智能工厂 / 数字化车间安全一体化》相关标准，本标准为智能工厂 / 数字化车间安全一体化保障提供了基本的框架和思路，并给出了相应的管理和技术导则，对于功能安全和信息安全的协调问题也开展了相应的分析和处理。

本标准的目的是：

（1）优化整合智能工厂 / 数字化车间、网络和系统的安全规定，形成安全一体化生命周期模型，并按照该模型建立起一套严格的流程，以保证使用标准的各方可以将风险降低到可容忍的水平。

（2）预防和避免功能安全和信息安全规定之间可能的冲突，提出协调的基本原则和要求。

2.2.2　信息安全

党中央高度重视网络安全和信息化工作，习近平总书记在党的十九大报告中明确指出，"推动新型工业化、信息化、城镇化、农业现代化同步发展""加强基础设施网络建设""统筹推进各项安全工作"。2017 年 6 月，《中华人民共和国网络安全法》正式实施，包含工业信息系统在内的关键信息基础设施保护要求被明确提出。工业信息安全防护已成为国家关键信息基础设施安全防护的重要组成部分，成为我国工业化与信息化深度融合的重要保障，成为推进我国"网络强国"和"制造强国"规划实施的重要抓手。

2018 年，《智能制造标准体系建设指南》中明确提出要做好工业信息安全标准，"保证智能制造领域相关信息系统及其数据不被破坏、更改、泄露，从而确保系统能连续可靠地运行"。保障工业信息安全特别是智能制造领域信息安全已成为我国网络安全战略的重要组成部分，关系着生产安全、经济发展、社会秩序乃至国家安全，包括工业控制系统安全、工业互联网安全、工业大数据安全、工业云安全等领域。

2.2.2.1 法律法规和政策

1. 国外情况

1）美国

2003 年美国发布《保护网络空间的国家战略》以及《关键基础设施标识、优先级和保护》，明确了工控安全的部门分工、法律责任和重点领域。2006 年美国《国家基础设施保护计划》明确将工业控制系统纳入国家基础设施保护范畴。2009 年颁布《保护工业控制系统的战略》，涵盖能源、电力、交通等 14 个行业的工业控制系统信息安全。2013 年发布了《关于提高关键基础设施网络安全的行政命令》，进一步明确了联邦政府和私营部门在工控安全信息共享、分析的权利、责任和义务。2017 年签署《增强联邦政府网络与关键基础设施网络安全》的行政指令，要求采取一系列措施来增强联邦政府及关键基础设施的网络安全。

2）欧洲联盟（简称欧盟）

欧盟于 2007 年和 2013 年先后发布了《欧洲关键基础设施保护战略》和《工业控制系统网络安全白皮书》，指导欧盟各国加强工控安全的部门协作、能力建设和应急响应。

2. 国内情况

1）法律法规

2015 年 7 月，第十二届全国人大常委会通过了中华人民共和国第 29 号主席令，公布《中华人民共和国国家安全法》，其中第二十五条专门讨论了网络和信息安全工作，并重点强调了"关键基础设施和重要领域信息系统及数据的安全可控"。

2016 年 11 月，通过《中华人民共和国网络安全法》，全面阐述了我国网络安全战略和规划、网络安全运行的原则和要求，其中在第三章第二节，专门列出了"关键信息基础设施的运行安全"，系统阐述了重要工业行业和重要领域的网络安全运行要求。

2）政策文件

2011 年 9 月，工业和信息化部发布《关于加强工业控制系统信息安全管理的通知》（工信部 [2011] 451 号）文件，首次从国家层面对工业领域安全问题作出明确指示，包括：重点行业的工控信息安全相关技术、管理方法、企业安全防护水平评测等，该文件指导我国工业企业、设备服务商、运维厂商等持续开展面向工业领域的信息安全防护建设工作。

2012 年 6 月，国务院《关于大力推进信息化发展和切实保障信息安全的若干意见》（国发 [2012]23 号）明确要求：保障工业控制系统安全。加强核设施、航空航天、先进制造、石油石化、油气管网、电力系统、交通运输、水利枢纽、城市设施等重要领域工业控制系统的安全防护和管理，定期开展安全检查和风险评估。

2013 年 8 月，在国家发展和改革委员会发布的《关于组织实施 2013 年国家信息安全专项有关事项的通知》中，工控安全成为四大安全专项之一，国家在政策层面给予工控安全大力支持。

2015 年 12 月，工业和信息化部印发《2015 年工业行业网络安全检查试点工作方案的通知》（工信厅信软函 [2015] 788 号），该通知是为加强对企业工业控制系统网络安全工作的督促检查。

2016 年 5 月，国务院印发《关于深化制造业与互联网融合发展的指导意见》（国发 [2016] 28 号），要求实施工业控制系统安全保障能力提升工程，制定完善工业信息安全管理等政策法规，健全工业信息安全标准体系，建立工业控制系统安全风险信息采集汇总和分析通报机制，组织开展重点行业工业控制系统信息安全检查和风险评估。

2016 年 8 月，中央网络安全和信息化领导小组办公室、国家质量监督检验检疫总局和国家标准化管理委员会联合发布《关于加强国家网络安全标准化工作的若干意见》（中网办发文 [2016] 5 号），要求由全国信息安全标准化技术委员会（SAC/TC260）统一管理信息安全国家标准，加强"关键信息基础设施保护、工业控制系统安全等领域信息安全标准研制"。

2016 年 10 月，工业和信息化部印发《工业控制系统信息安全防护指南》（工信部信软 [2016] 338 号），以当前我国工业控制系统面临的安全问题为出发点，注重防护要求的可执行性，从管理和技术等方面明确工业企业工控安全防护要求，指导工业企业开展工控安全防护工作。

2017 年 8 月，工业和信息化部印发《工业控制系统信息安全防护能力评估工作管理办法》（工信部信软 [2017] 188 号），督促工业企业做好工业控制系统信息安全防护工作，检验《工业控制系统信息安全防护指南》的实践效果，综合评价工业企业工控安全防护能力。

2017 年 12 月，工业和信息化部印发《工业控制系统信息安全行动计划（2018—2020 年）》（工信部信软 [2017] 316 号），从提升工业企业工控安全防护能力、促进工业信息安全产业发展、加快工控安全保障体系建设出发，进一步明确了部门、地方和企业的责任和落实，部署五大能力提升行动，为下一步开展工控安全工作提供依据和指导。

2.2.2.2 标准化发展现状

1. 国际标准化现状

工控安全标准是落实国家信息安全政策的基础保障，是企业提升安全防护水平的重要依据，发达国家不断加强工控安全标准化体系建设（表 2-6）。围绕落实关键基础设施网络安全政策，美国制定了工控安全标准参考框架，引导企业建立安全防护策略和实施规范。围绕企业加强工控安全管理、健全安全策略、强化产品安全等，美国 NIST 发布了《工业控制系统信息安全指南》（SP800-82），IEC/ISA 共同制定了《工业过程测量与控制安全：网络与系统信息安全》系列标准（IEC 62443），促进企业提升了安全防护意识、管理水平和产品的安全可控。德、英等国针对工控安全管理、评估等内容制定了一系列安全标准。

表 2-6　国际上工业控制系统信息安全标准化组织情况

组织分类	组织名称	文件名称
国际组织	国际电工技术委员会（International Electrotechnical Commission，IEC）	电力系统控制和相关通信：数据和通信安全（IEC 62210）
		工业过程测量和控制的安全性：网络和系统安全（IEC 62443）
	仪表系统与自动化学会（Instrumentation, Systems, and Automation Society，ISA）	生产控制系统安全
美国	美国国家标准与技术研究院（National Institute of Standards and Technology，NIST）	工业控制系统安全指南（NIST SP 800-82）
		联邦信息系统和组织的安全控制建议（NIST SP 800-53）
		系统保护轮廓 - 工业控制系统（NIST IR 7176）
		中等健壮环境下的 SCADA 系统现场设备保护概况
		智能电网安全指南（NIST IR 7628）

组织分类	组织名称	文件名称
美国	北美电力可靠性委员会（North American Electric Reliability Council，NERC）	北美大电力系统可靠性规范（NERC CIP 002-009）
	美国天然气协会（American gas association，AGA）	SCADA 通信的加密保护（AGA Report No.12）
	美国石油协会（American Petroleum Institute，API）	管道 SCADA 安全（API 1164）
		石油工业安全指南
	美国能源部（United States Department of Energy，DOE）	提高 SCADA 系统网络安全 21 步
	美国国土安全部（United States Department of Homeland Security，DHS）	中小规模能源设施风险管理核查事项
		控制系统安全一览表：标准推荐
		SCADA 和工业控制系统安全
	美国核管理委员会（Nuclear Regulatory Commission，NRC）	核设施网络安全措施（Regulatory Guide 5.71）
英国	英国国家基础设施保护中心（Centre for the Protection of National Infrastructure，CPNI）和美国国土安全部（DHS）联合发布	工业控制系统安全评估指南
		工业控制系统远程访问配置管理指南
	英国国家基础设施保护中心（CPNI）	过程控制和 SCADA 安全指南
		SCADA 和过程控制网络的防火墙部署
荷兰	国际仪器用户协会（WIB）	过程控制域（PCD）- 供应商安全需求
法国	国际大型电力系统委员会（CIGRE）	电气设施信息安全管理
德国	国际工业流程自动化用户协会（NAMUR）	工业自动化系统的信息技术安全：制造工业中采取的约束措施（NAMUR NA 115）
挪威	挪威石油工业协会（OLF）	过程控制、安全和支撑 ICT 系统的信息安全基线要求（OLF Guideline No.104）
		工程、采购及试用阶段中过程控制、安全和支撑 ICT 系统的信息安全的实施（OLF Guideline No.110）
瑞典	瑞典民防应急局（MSB）	工业控制系统安全加强指南

2. 国内标准化现状（表 2-7）

表 2-7　国内工业控制系统信息安全标准化组织情况

序号	组织名称	标准名称	当前状态
1	全国电力系统管理及其信息交换标准化技术委员会（SAC/TC82）	GB/Z 25320.1—2010《电力系统管理及其信息交换 数据和通信安全　第 1 部分：通信网络和系统安全 安全问题介绍》	已发布
		GB/Z 25320.2—2013《电力系统管理及其信息交换 数据和通信安全　第 2 部分：术语》	已发布
		GB/Z 25320.3—2010《电力系统管理及其信息交换 数据和通信安全　第 3 部分：通信网络和系统安全 包括 TCP/IP 的协议集》	已发布
		GB/Z 25320.4—2010《电力系统管理及其信息交换 数据和通信安全　第 4 部分：包含 MMS 的协议集》	已发布
		GB/Z 25320.5—2013《电力系统管理及其信息交换 数据和通信安全　第 5 部分：GB/T 18657 等及其衍生标准的安全》	已发布
		GB/Z 25320.6—2011《电力系统管理及其信息交换 数据和通信安全　第 6 部分：IEC 61850 的安全》	已发布
		GB/Z 25320.7—2015《电力系统管理及其信息交换 数据和通信安全　第 7 部分：网络和系统管理（NSM）的数据对象模型》	已发布
2	全国工业过程测量、控制和自动化标准化技术委员会（SAC/TC124）	GB/T 26333—2010《工业控制网络安全风险评估规范》	已发布
		GB/T 26802.2—2017《工业控制计算机系统　通用规范　第 2 部分：工业控制计算机的安全要求》	已发布
		GB/T 33007—2016《工业通信网络　网络和系统安全　第 2-1 部分：建立工业自动化和控制系统安全程序》（等同采用 IEC 62443-2-1：2010）	已发布
		GB/T 35673—2017《工业通信网络　网络和系统安全　第 3-3 部分：系统安全要求和安全等级》（等同采用 IEC 62443-3-3：2013）	已发布
		GB/T 33008.1—2016《工业自动化和控制系统网络安全　可编程序控制器（PLC）第 1 部分：系统要求》	已发布
		GB/T 33009.1—2016《工业自动化和控制系统网络安全　集散控制系统（DCS）第 1 部分：防护要求》	已发布
		GB/T 33009.2—2016《工业自动化和控制系统网络安全　集散控制系统（DCS）第 2 部分：管理要求》	已发布

续表

序号	组织名称	标准名称	当前状态
2	全国工业过程测量、控制和自动化标准化技术委员会（SAC/TC124）	GB/T 33009.3—2016《工业自动化和控制系统网络安全　集散控制系统（DCS）第 3 部分：评估指南》	已发布
		GB/T 33009.4—2016《工业自动化和控制系统网络安全　集散控制系统（DCS）第 4 部分：风险与脆弱性检测要求》	已发布
		GB/T 30976.1—2014《工业控制系统信息安全　第 1 部分：评估规范》	已发布
		GB/T 30976.2—2014《工业控制系统信息安全　第 2 部分：验收规范》	已发布
3	全国电力监管标准化技术委员会（SAC/TC296）	GB/T 32351—2015《电力信息安全水平评价指标》	已发布
		GB/T 36047—2018《电力信息系统安全检查规范》	已发布
		《电力二次系统安全防护标准》（强制）	在研
4	全国信息安全标准化技术委员会（SAC/TC260）	GB/T 32919—2016《信息安全技术　工业控制系统安全控制应用指南》	发布实施
		GB/T 36323—2018《信息安全技术　工业控制系统安全管理基本要求》	已发布
		GB/T 36324—2018《信息安全技术　工业控制系统信息安全分级规范》	已发布
		GB/T 36466—2018《信息安全技术　工业控制系统风险评估实施指南》	已发布
		GB/T 36470—2018《信息安全技术　工业控制系统现场测控设备通用安全功能要求》	已发布
		《信息安全技术　工业控制系统安全检查指南》	报批稿
		《信息安全技术　工业控制系统网络审计产品安全技术要求》	报批稿
		《信息安全技术　工业控制系统专用防火墙技术要求》	报批稿
		《信息安全技术　工业控制网络安全隔离与信息交换系统安全技术要求》	报批稿
		《信息安全技术　工业控制系统网络监测安全技术要求和测试评价方法》	报批稿
		《信息安全技术　工业控制系统漏洞检测产品技术要求和测试评价方法》	报批稿
		《信息安全技术　工业控制系统产品信息安全通用评估准则》	报批稿

续表

序号	组织名称	标准名称	当前状态
4	全国信息安全标准化技术委员会（SAC/TC260）	《信息安全技术　数控网络安全技术要求》	报批稿
		《信息安全技术　工业控制系统信息安全防护能力评价方法》	征求意见稿
		《信息安全技术　工业控制系统安全防护技术要求和测试评价方法》	征求意见稿

上述工业控制系统信息安全标准是推进我国智能制造领域信息安全保障工作的技术基础，是实现工业系统安全分级、安全控制基线裁剪、安全控制措施实施以及安全测评检查的重要抓手。

（1）划分系统安全等级：综合考虑资产重要程度、受侵害后的潜在影响程度、需抵御的信息安全威胁程度等客观要素，对工业系统进行分类分级，为安全控制基线的建立和控制措施的选取提供依据。

（2）制定安全控制基线：基于工业系统信息安全等级划分的结果，选择相应的信息安全控制措施，形成信息安全管理要求、技术要求等安全控制基线。

（3）实施安全控制措施：根据目标系统安全需求，实施具体的安全控制措施，同时开展系统风险评估工作，根据评估结果，裁剪、补偿和补充目标系统的安全控制，形成适合的安全控制基线。

（4）开展安全测评检查：依据裁剪、补偿和补充后的系统安全控制基线，开展工业系统的检查和测评工作，持续监控安全控制措施的有效性。

2.2.2.3　重点领域和方向

1. 重点突破领域

持续完善工业信息安全标准体系，围绕工控安全防护能力评估、安全检查、安全审查等重点工作，从工业信息安全技术、安全管理、安全测评、安全运维与服务等维度，加快研制基础通用类安全标准，根据轻重缓急，研究制定工业控制系统关键产品安全测试标准，形成测试验证能力，提升相关产品的安全防护水平。

2. 关键发展方向

中国工业面临着升级转型的硬性需求与挑战，在保持工业经济总体平稳增长的同时，应加快促进互联网、大数据、人工智能和工业产业的深度融合，发展绿色制造、智能制造，走创新驱动发展道路，培育新型经济增长点，重点推动工业互联网平台安全、工业大数据安全等关键领域发展,为工业新技术、新应用保驾护航。

2.2.2.4　工作建议和展望

1. 下一步工作建议

积极参与网络空间国际规则和国际标准规则制定,提升话语权和影响力。积极参与制定相关国际标准并发挥作用,贡献中国智慧、提出中国方案。推动成熟的国家标准转化为国际标准,促进自主技术产品"走出去"。结合我国产业发展现状,积极采用适用的国际标准。

2. 发展前景与展望

一方面,统筹推进工业信息安全防护体系建设,提升全天候、全方位工业信息安全态势感知、系统防御和安全评估能力;另一方面,推动工业信息安全检测与认证技术发展,积极构建检测认证管理体系,是促进工业控制系统信息安全防护能力提升、保障智能制造领域基础设施网络建设顺利开展的必由之路。

2.2.3　人因安全

人因安全是一门与人员使用方式的设计过程有关的综合科学与技术。人因安全标准用于避免在智能制造各环节中因人的行为造成的隐患或威胁,通过合理分配任务,调节工作环境,提供人员能力,以保证人身安全,预防误操作等。人因安全应从系统性的角度去考虑,按照智能制造中不同的生命周期活动,其主要可划分为工作任务、工作环境、工作设备、人员能力、管理支持 5 个方面(图 2-10)。

1. 人因安全的系统性考虑

人因安全应结合生命周期活动的整体进行规划。人因安全应明确作为整体计划的一部分来执行,并在任何活动需要时与其他学科和过程相配合。人因安全活动计划应考虑:

(1)过去的经验和现在的实践,以识别相关的人因安全关注点;

(2)已有的人因安全研究、报告、导则和方法的适用性;

(3)不同学科、工作组、组织、系统层级间的协作,以确定和执行人因安全活动;

(4)执行人因安全活动需要的计划和工具的开发;

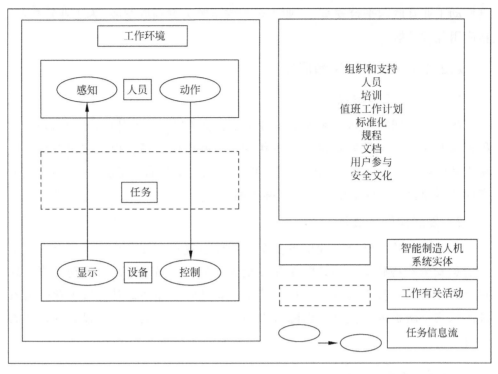

图 2-10　人因安全基本要素

（5）统筹考虑人因安全和其他智能制造生命周期活动间的协调。

在评价和修改现有计划或开展新设计时应持续考虑人因安全。由于人因安全的应用可能影响相互关联的智能制造生命周期活动，因此应尽早加以考虑。还应进行跟踪审查并制定计划，以保证人因安全执行的有效性。

2.　工作任务

为保证可靠的人员效能，在智能制造生命周期活动中应考虑以下方面。

（1）使用者的作用：智能制造系统中使用者的作用是通过人的活动和责任的实施达到系统安全和有效运行，这一过程可通过法规或标准，实体、环境或临时限制，或有运行经验证明的类似设计的先例来建立。人的效能应控制在绝大多数正常人的能力和范围内，能够比较容易地完成所要求的任务。

（2）任务负荷：任务负荷是人员的脑力和体力在连续工作时所承受压力的程度。在长期超负荷或欠负荷期间，人员更容易犯更多的错误和降低效能。对于重要的人员接口，可接受的任务负荷度应通过分析、试验和使用者反馈来确认。

（3）人员可靠性：环境、系统、设备和工作程序都可能影响人员失误的概率。人员可靠性涉及人员失误的原因、概率、后果和减少程度。人员可靠性与许多人因安全考虑有关，其应从人员的行为准则、任务反馈、适用性和错误以及检错和容错 4 个方面进行考虑。

3．工作环境

对于智能制造系统所处的物理工作环境，应在智能制造生命周期中加以关注。在各个方面，设计基础应关注预期在恶劣环境条件下连续工作的策略和保障。环境考虑应确保在所有必要的和预期的条件下，设计能适应人员并支持任务的执行。

（1）温度、气流和湿度：人的舒适度可由适当的温度、气流和湿度范围来界定，应考虑这些因素本身以及相互的影响。应通过环境控制和调节来保持空气的质量，使之适合预期的工作。可能的手段包括采暖、通风和空调。相关的专家应在必要的设计和评价过程参与讨论和评估。

（2）照度和音响：一个适宜的声光环境适合人员的生理和任务的执行，声光还有助于提高警觉性。在智能制造系统的设计过程中应考虑适当的声光强度、频谱和源的位置，并在安装后进行确认。同时，也应考虑照明与视觉效果之间、声音强度和听觉效果之间的相互作用。相关的专家应在必要的设计和评价过程中参与讨论和评估。

（3）人员安全和环境危害：应对工作场所进行辐射危害的控制。通常的方法是对警示、屏障、防护服和安全设备的使用进行培训。应由管理部门制定对应的安全要求和限制来控制威胁健康的媒介、毒素、物质和能量。应采取"合理可行尽量低"（as low as reasonable achievable，ALARA）的原则来管理这些危害因素。应在智能制造系统中明确预期的职业危害因素和等级，并提出控制的对策和保护措施。

4．工作设备

应为参与智能制造系统的人员提供适当的设备，提高系统适应的可靠性。在设备选取和应用的过程中应考虑如下方面。

（1）可用内容：应分别满足执行单个任务的需要，并从总体上满足执行全部任务的需要。这些内容应在设计文件中予以体现，应进行适用性验证。

（2）适合的方式：应根据人员特性、任务需求、设施的标准和便利化以及其他的人因安全指导来选取显示和控制手段的方式。这些内容应在设计文件中予以体现，描述选取方式的清晰度、简单性和协调性，应进行适用性验证。

（3）可操作性：设备整体上应允许在实际使用情况下有效执行必要任务。

性能要求应对必要任务和可操作性原则进行规定，应进行适用性验证。

（4）可维修性和可试验性：除了生产活动之外，智能制造系统的停运、维修和试验等活动也应从人因安全和适用性的角度予以考虑。可从如下几个方面进行：设备搬运和摆放活动的空间要求；设备易于接近、移出、拆卸、重新组装和安装；为避免在役设备移出和复原的影响而增设的缓冲装置；防止设备误组装和误安装的屏障。

（5）可靠性和故障：对于智能制造系统中不能完全消除的故障，设计中应考虑人对故障的认知，并对故障作出响应。此时，应考虑设备的可靠性和人员可靠性的相互影响，这可能包括：智能制造系统使用者如何确定一个系统或设备已经失效；当确定系统失效时，智能制造系统使用者如何响应。为了增强整体的可靠性，应对智能制造系统使用者提供适当的培训和资质认定，以降低对系统和设备故障进行错误响应的可能性。

5. 人员能力

不同人员存在着个体差异，在人因安全的范畴内，应对普通多数人员的行为能力进行考量，并提出合适的要求。这些能力范围可以包括以下方面。

（1）生理限制：对于耗费体力和重复程度高的某些手动任务，应考虑人体的生理局限，包括能力、耐力、移动范围和用力大小。同时，还需要结合具体的环境考虑，因为环境因素可能带来特殊的限制要求。

（2）人体测量学：在智能制造系统环境场所中的布置应在可达距离、座位高度、视线和物理空间方面适合相关使用者的人体尺寸。不同人群（基于年龄层、性别、族群和其他因素）人体测量学数据会有很大变化，因此在设计规范中应给出适用的人体测量学数据，使工作场所的尺寸能适应较多的预期人员（例如90%为目标）。同时，应将这些信息提供给招聘部门知晓。

（3）感觉：视听设备的输出等级、强度应明显高于绝对感应阈值，低于公认的容许限制。同时，有效信号和预期噪声水平之间的差异或者两个有效信号之间的差异应明显高于相应的感应阈值，确保有显著的差异。应采取适当的防护措施以防止强光或音量过大。

（4）认知：应考虑智能制造系统使用者的认知特点和限制，这可能包括短期记忆量的多少；长期记忆量很大，但回忆不可靠；决策会表露个性差异和保守性。

（5）知识和能力：智能制造系统的使用者应具备满足或超过相应任务要求的知识和能力，这些可通过技术培训和资质认定程序来达到目标。

6．管理支持

管理支持是人因安全中重要的环节，考虑到人的不可控性，通过制度和早期干预，有助于提升人员可靠性。

（1）人员编制：智能制造系统的使用者应通过选拔、培训和资质认定，并满足数量上的需求。

（2）培训：应有对应的程序来保障运行智能制造系统的人员获得足够的培训和资质认定。

（3）值班工作计划：对于连续长期运行的智能制造系统，应考虑人的生理和行为可能被值班工作所影响。对于不适应的工作时间，人员可能出现易犯困、易紧张、易犯错的情况。因此，需要从如下几个方面予以考虑，应对这些问题，包括：制定合理的值班计划、警示性帮助、值班交接的考虑。

（4）标准化：在设备设计、技术文件和培训材料等不同阶段或文件中应使用统一的约定和标准用语（术语和缩写等）。同时，应考虑尽可能避免与现有约定和公众认知相冲突，具有局域性统一约定和标准用语。

（5）规程：制定完善的规程，并与经过培训和资质认定程序的人员知识能力相适应。考虑内容包括：如何完成任务、避免错误的方法、特定动作和预期响应的基准。制定的规程应通过验证予以确认。

（6）文档：确保技术手册、规程、标准等相关技术文件，在智能制造系统调试完成并投运后保持版本最新的状态，应采用行政手段进行控制。

（7）使用者参与和验收：智能制造系统及其运行信息通常最切合实际的信息来源是使用者，应尽可能找使用者输入，关注使用者所想，向使用者提供反馈，征求使用者的可接受性。在重要的变化过程和需要评价时要求使用者加入，保证智能制造系统的有效性和可接受性。

（8）沟通和协调：在体系建设中应考虑建立并维持保障（例如，电话、喇叭、防噪耳塞、通道、家具、工作空间等）和工作习惯，以提供所有运行模式下有效的任务支持。

（9）企业文化：应建立良好有效的价值文化，通过培训等适当强化，减少期望行为的障碍（例如，担心报复），预防或阻止不期望的行为（例如，不安全）。

7．人因安全的实施

重要人员接口的典型人因安全活动表现为如下 5 个部分：

（1）计划：应该建立适当的计划大纲，目的是：

——支持一个贯穿智能制造系统全生命周期的人因安全的系统方法；

——支持人因安全与总体计划和智能制造系统过程的一体化；

——使人因安全活动、范围、责任、里程碑和交付规范化；

——在开发早期即应用人因安全，以减少不必要的过程反复；

——提供人因安全符合性和有效性审查的基础。

而计划大纲应至少包含如下信息：

——人因安全责任的组织；

——所实施人因安全活动的选择和相互关系；

——明确的实施进程；

——人因安全内容筛选和排序的方法；

——确定所建立规章制度的过程、分析和成果；

——确定人因安全成果的控制和维护方法；

——处理人因安全偏差的过程；

——适用的参考资料。

（2）分析：在智能制造的全生命周期都适用分析，分析结果应可访问、安全和可用。其可能包含：

——需求和限制评价；

——功能分析；

——任务分析；

——人员可靠性分析；

——操作员时间响应分析；

——折中分析。

（3）规范书：应用于智能制造不同生命周期，并指导下游活动的开展，给出下游活动的详细描述和限制。其涵盖的内容包括：

——设计指导和约定；

——规程编写导则；

——设计基准；

——控制功能分配；

——要求（包括设计要求、采购要求、性能要求和环境要求）；

——实施。

（4）试验和评价：为智能制造系统提供证明或改进、比较可选设计、评价一个最终设计的可接受性。其过程中应包含：

——方法和准则；

　　——审查和意见；

　　——模型、实体模型和样机；

　　——动态模拟；

　　——交付的可接受性（包括验证内容、格式验证、适用性确认）。

　　（5）运行和维护：该过程跨越了智能制造系统的大部分生命周期，是一个有计划的活动。实施过程中应注意如下要点：

　　——配置和变更控制；

　　——智能制造系统和（或）组织趋势；

　　——运行经验评价；

　　——规程的开发和维护；

　　——培训和资质认定；

　　——生命周期变更和退役；

　　——人因安全偏差处理。

　　通常这个过程顺序向下，但是在智能制造系统的实际生命周期过程中，允许多样化的存在。

2.3　可靠性标准

　　可靠性是产品在规定的条件下和规定时间内完成规定功能的能力，是产品质量特性的重要组成部分。随着智能制造的迅速发展，智能装备对可靠性的需求愈发强烈，国产智能装备可靠性问题也愈加突出。一方面，由于制造业的组织管理模式向扁平化管理、协同化设计开发以及柔性化生产的转变，传统的可靠性管理技术难以满足智能装备发展的需求；另一方面，智能装备信息化与自动化等特点也对可靠性设计与分析以及可靠性试验与评价等技术提出了新的要求。目前，智能装备的可靠性问题已经成为制约我国智能制造发展的主要瓶颈之一。可以说，加强智能制造可靠性工作、提高智能装备可靠性水平是贯彻我国制造强国规划"质量为先"方针的重要举措，是夯实智能制造发展基础的关键要素，是国产智能装备在激烈的国内外市场竞争中处于不败之地的重要保障，是我国智能制造产业发展安全自主可控的基础。因此，在推动智能制造发展的同时，也要开展智能装备可靠性提升工作。首先，在智能制造行业中加强可靠性管理，普及可靠性工程，全面提升我国智能装备的可靠性水平；然后，结合智能装备的特点，突破可靠性关键技术，进一步满足智能制造发展的需要；最后，建立健全智能制造可靠性标准，用于指导智能制造可靠性工作的开展。

2.3.1　可靠性技术

工业发展历程表明，制造模式和观念的革新将对可靠性提出不同要求。在工业发展的"机械化"时代，机械生产代替了手工劳动，但是由于设备功能单一、工业化程度不高，可靠性问题并不突出。进入 20 世纪，电力驱动产品的大规模生产和控制系统的广泛应用带动"电气和自动化"时代的来临，人们发现大部分设备的故障与其使用时间有密切关系，直到第一个可靠性指标在航天领域的诞生，促进了古老的事后维修向基于可靠性统计的"定期维修"的转变，显著提升了产品的使用可靠性。到了 60 年代，工业装备的结构和功能越来越复杂，人们发现大量设备故障表现出明显随机性，基于大数定律的可靠性指标已不能完全描述产品的可靠性特性。学者们开始关注故障机制的研究，故障诊断技术飞速发展，可靠性设计分析和试验验证等技术体系也逐渐完善。随着通信、传感和信息技术在 80 年代的迅猛发展，工业进入"信息化"时代，基于状态监测的使用可靠性和面向全生命周期的可靠性管理等技术也逐渐被提出。90 年代后，高端装备在现代工业中占据了重要地位，由于其维修成本的居高不下，可靠性和维修维护开始演变为一种新型服务模式，可靠性也逐渐从技术问题转变为管理问题。当前，智能制造成为工业发展的主要趋势，也将引领和带动可靠性技术的发展。

可靠性技术经过几十年的发展，目前已经形成较为成熟的技术体系。可靠性技术主要包括可靠性工程管理技术、可靠性设计与分析技术、可靠性试验与评价技术三部分。可靠性工程管理技术包括可靠性要求、可靠性管理、综合保障管理、生命周期成本管理等技术。可靠性设计与分析技术主要包括可靠性分配、可靠性预计、故障模式影响及危害性分析、故障树分析以及可靠性仿真分析等技术。可靠性试验与评价技术包括环境应力筛选、可靠性强化试验、可靠性加速试验以及可靠性评价等技术。其中，可靠性要求、可靠性管理、可靠性分配、可靠性预计、故障模式影响及危害性分析、故障树分析、环境应力筛选、环境适应性试验等技术发展成熟，是可靠性专业的基础技术，可以根据智能装备的需求和特点对相关可靠性技术进行完善。而综合保障管理、生命周期成本管理、可靠性仿真分析以及可靠性加速试验等技术正是针对目前高端装备需要发展起来的，是实施智能制造需要重点发展的技术方向。

2.3.1.1　可靠性工程管理

可靠性工程管理就是从系统的观点出发，对产品全生命周期中的各项可靠性工程技术活动进行规划、组织、协调、控制与监督，以实现既定的可靠性目标，并保持生命周期费用最省。工程经验证明，要做好可靠性工作，实现和提高产品的可靠性水平，可靠性工程管理是重中之重，其对有效开展可靠性工作具有十分重要的意义。

1.　可靠性要求

提出和确定可靠性定量定性要求是获得可靠产品的第一步，只有提出和确定了可靠性要求才有可能获得可靠的产品，才有可能实现将可靠性与性能、费用同等对待。因此，确定的可靠性要求必须被纳入新研或改型产品的研制总要求，在研制合同中需要有明确的可靠性定量定性要求。

可靠性要求包括可靠性定性要求和可靠性定量要求。可靠性定性要求是为获得可靠的产品，对产品设计、工艺、软件及其他方面提出的非量化要求，如采用成熟技术、简化设计、模块化、规范化、降额设计和热设计等要求。可靠性定量要求通常包括任务可靠性要求和基本可靠性要求，如用于设计的平均故障间隔时间（mean time between failure，MTBF）、反映使用要求的平均维修间隔时间（mean time between maintenance，MTBM）、平均致命性故障间隔时间（mean time between critical failures，MTBCF）以及任务可靠度 $R(t)$ 等。

2.　可靠性管理

可靠性管理包括以下 5 个方面的内容：

（1）建立可靠性工作组。确定产品可靠性工作组织管理方式和人员保障，保证所需的可靠性工作人力资源需求和执行可靠性工作的权利空间，保障产品可靠性工作能够得到落实。可靠性工作组应负责全过程的可靠性工作。

（2）制定可靠性工作计划。全面规划产品全生命周期的可靠性工作，制订并实施可靠性工作计划，以保证可靠性工作顺利进行，确保产品满足合同规定的可靠性要求。

（3）对研制方、转承制方和供应方的监督与控制。对研制单位、研制单位对转承制方和供应方的可靠性工作应进行监督与控制，必要时采取相应的措施，以确保承制方、转承制方和供应方交付的产品符合规定的可靠性要求。

（4）可靠性评审。按计划进行可靠性要求和可靠性工作评审，在重大节点检查可靠性工作开展和完成情况，及时对质量问题进行整改，并纠正工作中存在的偏差，以实现规定的可靠性要求。

（5）建立故障报告、分析和纠正措施系统（failure report analysis and corrective action system，FRACAS）。建立故障报告、分析和纠正措施系统，保证故障信息的正确性和完整性，确立并执行故障记录、分析和纠正程序，审查重大故障、故障发展趋势、纠正措施的执行情况和有效性，防止故障的重复出现，从而使产品的可靠性得到增长。

3. 综合保障管理

综合保障技术将从信息管理、交互使用、健康管理、主动维护等4个方面对智能装备使用阶段可靠性加以保障，建立智能装备使用阶段的可靠性保障工作体系。

（1）全生命周期信息管理，包括智能装备从设计、制造、安装、使用等全生命周期以及元器件、零部件、子系统相关的数据和文档管理。

（2）电子手册及相关报告编制，包括智能装备的交互式电子手册（interactive electronic technical manual，IETM），故障报告、分析及纠正措施系统，六性分析报告等。

（3）故障预测和健康管理，即在远程状态监控的基础上，实现智能故障诊断和故障预测，实现智能装备的健康管理。

（4）主动维护管理，包括智能装备定期维修计划、视情维修方案和事后维修措施等详细指导，进一步确定车间级的备件优化方案。

4. 全生命周期成本管理

全生命周期成本（life cycle cost，LCC）是指产品在有效使用期间所发生的与该产品有关的所有成本，它包括产品设计成本、制造成本、采购成本、使用成本、维修保养成本、废弃处置成本等。产品生命周期成本管理立足于产品的使用需求，从全生命周期的角度对产品进行成本分析、控制、权衡和优化。生命周期成本管理包括生命周期成本模型建立、生命周期成本评价、生命周期成本与可靠性指标权衡分析、生命周期成本优化等技术。

2.3.1.2 可靠性设计与分析

国内外设备开发经验表明，产品的可靠性首先是设计出来的，产品可靠性分析结果是进行可靠性设计的重要依据。认真做好产品的可靠性设计与分析工作，是提高和保证产品可靠性的根本措施。

1. 可靠性分配

可靠性分配就是将产品规定的总体可靠性指标，自顶向底，由上到下，从整体到局部，逐步分解，分配到各系统、分系统及设备。也就是上一级产品对其下一级产品的可靠性定量要求，并将其写入相应的研制合同中，是一个演绎分解的过程。可靠性分配的目的就是使各级设计人员明确其可靠性设计要求，根据要求估计所需的人力、时间和资源，并研究实现这些要求的可能性及办法。如同性能指标一样，可靠性指标是设计人员在可靠性方面的一个设计目标。可靠性分配的实施流程如图 2-11 所示。

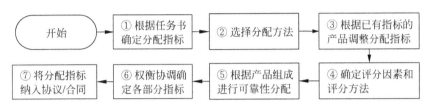

图 2-11　可靠性分配的实施流程

2．可靠性预计

可靠性预计是在设计阶段对系统可靠性进行定量的估计，是根据历史的产品可靠性数据、系统的构成和结构特点、系统的工作环境等因素估计组成系统的部件及系统可靠性。系统的可靠性预计是根据组成系统的元件、部件的可靠性来估计的，是一个自下而上、从局部到整体、由小到大的一种系统综合过程。可靠性预计的实施流程如图 2-12 所示。

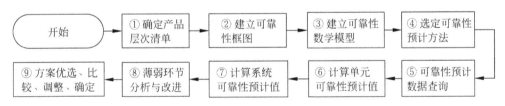

图 2-12　可靠性预计的实施流程

3．故障模式影响及危害性分析

故障模式影响及危害性分析（failure mode effects and criticality analysis，FMECA）是分析产品所有可能的故障模式及其可能产生的影响，并按每个故障模式产生影响的严重程度及其发生概率予以分类的一种归纳分析方法，是属于单因素的分析方法。FMECA 由故障模式及影响分析（failure mode and effect analysis，FMEA）、危害性分析（criticality analysis，CA）两部分组成。只有在进行 FMEA 基础上，才能进行 CA。FMECA 的实施流程如图 2-13 所示。

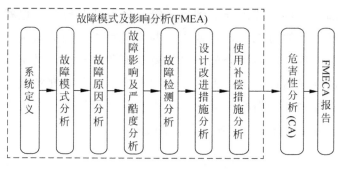

图 2-13 FMECA 的实施流程

4．故障树分析

故障树分析（fault tree analysis，FTA）运用演绎法逐级分析，寻找导致某种故障事件（顶事件）的各种可能原因，直到找到最基本的原因，并通过逻辑关系的分析确定潜在的硬件、软件的设计缺陷，以便采取改进措施。故障树分析除了用于改进设计，还可用于查找故障线索、开展事故分析等。故障树分析是以系统故障为导向对系统自上而下的诠释，属于多因素分析。故障树分析的实施流程如图 2-14 所示。

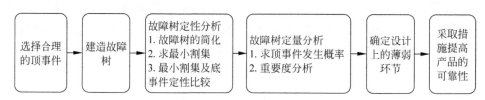

图 2-14 故障树分析的实施流程

5．可靠性仿真分析

可靠性仿真分析是通过仿真的方法在智能装备设计阶段对其数字样机进行功能和性能的分析，得到可靠性分析结果，从而指导智能装备的再设计与优化。该技术手段可以有效解决传统可靠性试验与评估方法因需要大量新研产品进行试验而造成的工作耗时长、成本高的问题。可靠性仿真分析是一种利用多学科知识进行集成仿真的分析方法，涉及有限单元法、传热学、结构力学、多体系统动力学、疲劳力学、统计数学、失效物理学等学科。常见的可靠性仿真分析方法有热应力仿真分析、机械应力仿真分析、失效物理可靠性仿真分析、耐久性仿真分析、寿命预测仿真分析等。

2.3.1.3　可靠性试验与评价

产品的可靠性是设计和制造出来的，也是试验出来的。可靠性试验工作贯穿于产品的全生命周期，是评价产品寿命与可靠性的一个重要手段，是可靠性工程的重要组成部分。

环境应力筛选（environment stress screening，ESS）是一种通过向电子产品施加合理的环境应力和电应力，将其内部的潜在缺陷加速成为故障，并通过检验发现和排除的过程。其目的是为了发现和排除产品中不良元器件、制造工艺和其他原因引入的缺陷所造成的早期故障。环境应力筛选是一种工艺手段。通常地，环境应力筛选至少应在分机层次上进行，也可依次在模块、单元和分机3个层次的产品上分别进行。根据对象的层次，筛选流程通常将温度循环、随机振动、高温老化进行有序组合，各类对象的环境应力筛选实施流程如图2-15所示。

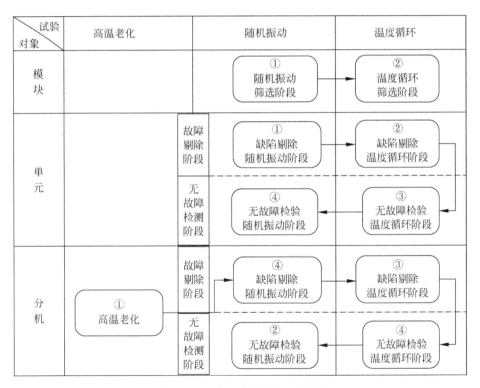

图 2-15 环境应力筛选的实施流程

（1）可靠性强化试验（reliability enhancement testing，RET）通过施加一种高于产品规范规定的环境应力来快速地激发产品的缺陷，以及暴露产品设计的薄弱环节，找到并提高产品的工作极限和破坏极限，同时，通过对试验过程中出现的故障和失效的机制进行分析，采取改进措施，从而达到尽早地发现缺陷并改正缺陷的目的。可靠性强化试验包括低温步进应力、高温步进应力、快速温度循环、振动步进应力、综合环境应力等步骤，其实施流程如图 2-16 所示。

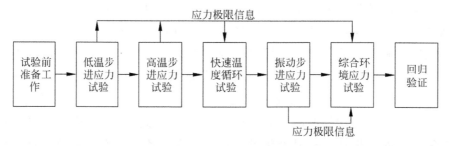

图 2-16　可靠性强化试验的实施流程

（2）可靠性加速试验是一种在给定的试验时间内获得比在正常条件下更多信息的方法，它是通过采用比正常使用中所经受的环境更为严酷的试验环境达到快速评价产品可靠性指标和寿命指标的目的。相对传统试验，加速试验通常因具有较大的加速效应，能够大大缩短传统试验时间，可以在短短几百小时内完成上万小时的可靠性指标评价和寿命指标评价，从而提高了试验效率，降低了试验成本，是解决高可靠、长寿命产品可靠性指标评定的有效方法。可靠性加速试验包括可靠性加速寿命试验和可靠性加速退化试验。

（3）可靠性评价应根据产品类型、自身特点和评价指标特点，通过实验室可靠性试验、现场使用可靠性统计分析、内外场相结合可靠性评估、基于产品层次信息的可靠性综合评价以及基于多源信息的可靠性综合评价等方法进行可靠性评价。

2.3.2　标准化现状和需求

2.3.2.1　国外可靠性标准化现状

1965 年国际标准开始将可靠性标准引入，宣告可靠性工作进入规范化。最初可靠性发源于电子产品，因此国际电工技术委员会（IEC）首先成立了电子元件和设备可靠性技术委员会（TC56）。随着科技进步和产品可靠性要求的提升，出现了维修性和维修保障性的概念，因此技术委员会在原有的基础上将维修性的相关内容引入，同时可靠性的对象也不再局限于电子产品，开始向机械产品方向延伸。1973 年，根据技术委员会的内容变化，将委员会名称调整为可靠性与维修性技术委员会。随着对可靠性和维修性理解的逐步深入，提出了可信性的概念，即可靠性和维修性的综合评价。也因此在 1991 年，将委员会名称改为可信性技术委员会。

　　在标准体系的顶层框架中，可靠性定义归属为广义可靠性概念，在电子信息领域技术标准体系框架中是一系列相关的通用基础标准，顶层编号为0102。标准体系框架中的广义可靠性是一组与时间相关的质量特性，其中包含了可靠性、维修性、维修保障性等技术内涵。根据国际通用的电工电子技术标准术语（IEC 60050），一组与时间相关的质量特性可用集合性术语"可信性"来表示。因此，广义可靠性与可信性的内涵是一致的。

　　在 TC56 成立初期，由于当时可靠性的工作对象狭窄、工作内容也相对片面，因此工作还未成体系，按照标准划分临时标准工作组进行编制工作。但是随着科技的发展，可靠性的地位也逐步上升，受到工程界普遍的关注。可靠性的对象逐渐丰富，系统逐渐复杂，还包括软件、网络等特殊的非硬件系统，并且产品更新速度快也促使着相关标准的迅速更新。因此根据可靠性标准的需要, TC56 在编制工作上采取了按专业划分工作组的方式。当前有 4 个工作组：可信性名词术语工作组（WG1）、可信性技术工作组（WG2）、管理和系统工作组（WG3）和信息系统工作组（WG4），每个工作组还根据标准制（修）订任务和专业分工的需要下设若干项目组和维护组。

　　目前, TC 56 的标准体系框架如图 2-17 所示。

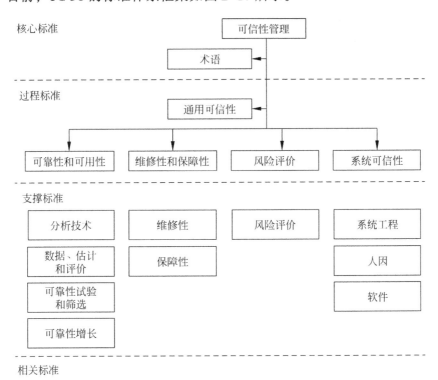

图 2-17　TC 56 的标准体系框架

IEC/TC 56 可信性标准体系的框架可分为 4 个层次，从而促进可信性的应用和项目实施。具体包括：

（1）核心标准：核心标准提供整体的可信性管理指南，并为可信性应用提供标准框架。术语包括关于可信性的基本定义，为可信性管理提供支撑。部分可信性标准可能包括仅适用于该标准的具体的定义。

（2）过程标准：过程标准集中于可信性主要方面的应用过程，以促进项目可信性的实施和达成其他组织目标。过程标准具有一般性，与可信性特征相关或与风险管理和可信性的系统方面相关。它们的目的是为了协助可信性方法和技术实施的相关过程。通用可信性包括寿命周期费用和可信性规范等。

（3）支撑标准：支撑标准主要集中于过程组的具体方法和技术。可靠性和可用性标准主要是用于建模和分析、统计分析方法、可靠性试验及筛选和可靠性增长。维修性标准包括维修性研究、测试性以及验证，保障性标准主要包括维修和维修管理、基于可靠性的维修、维修保障协议和综合后勤保障。风险评估标准为分析风险提供支撑工具，如 FMEA 和 HAZOP 以及项目风险。系统可信性方面标准，主要由涉及系统和网络的可信性工程和规范的那些指南构成，它还包括人因和软件可靠性。

（4）相关标准：相关标准所包括的那些标准并不是由 IEC/TC 56 制定的，但目前包含在 TC 56 网站的标准列表中，是用于参考的目的。

IEC/TC 56 可信性部分国际标准如表 2-8 所示。

表 2-8　IEC/TC 可信性部分国际标准

序号	标 准 号	标 准 名 称
1	IEC 31010: 2019	Risk management—Risk assessment techniques
2	IEC 60300-1: 2014	Dependability management—Part 1: Guidance for management and application
3	IEC 60300-3-1: 2003	Dependability management—Part 3-1: Application guide-Analysis techniques for dependability—Guide on methodology
4	IEC 60300-3-2: 2004	Dependability management—Part 3-2: Application guide-Collection of dependability data from the field
5	IEC 60300-3-3: 2017	Dependability management—Part 3-3: Application guide-Life cycle costing
6	IEC 60300-3-4: 2007	Dependability management—Part 3-4: Application guide-Guide to the specification of dependability requirements

序号	标　准　号	标　准　名　称
7	IEC 60300-3-5: 2001	Dependability management—Part 3-5: Application guide-Reliability test conditions and statistical test principles
8	IEC 60300-3-10: 2001	Dependability management—Part 3-10: Application guide-Maintainability
9	IEC 60300-3-11: 2009	Dependability management—Part 3-11: Application guide-Reliability centred maintenance
10	IEC 60300-3-12: 2011	Dependability management—Part 3-12: Application guide-Integrated logistic support
11	IEC 60300-3-14: 2004	Dependability management—Part 3-14: Application guide-Maintenance and maintenance support
12	IEC 60300-3-15: 2009	Dependability management—Part 3-15: Application guide- Engineering of system dependability
13	IEC 60300-3-16: 2008	Dependability management—Part 3-16: Application guide-Guidelines for specification of maintenance support services
14	IEC 60605-2: 1994	Equipment reliability testing—Part 2: Design of test cycles
15	IEC 60605-4: 2001	Equipment reliability testing—Part 4: Statistical procedures for exponential distribution-Point estimates, confidence intervals, prediction intervals and tolerance intervals
16	IEC 60605-6: 2007	Equipment reliability testing—Part 6: Tests for the validity and estimation of the constant failure rate and constant failure intensity
17	IEC 60706-2: 2006	Maintainability of equipment—Part 2: Maintainability requirements and studies during the design and development phase
18	IEC 60706-3: 2006	Maintainability of equipment—Part 3: Verification and collection, analysis and presentation of data
19	IEC 60706-5: 2007	Maintainability of equipment—Part 5: Testability and diagnostic testing
20	IEC 60812: 2018	Failure modes and effects analysis (FMEA and FMECA)
21	IEC 61014: 2003	Programmes for reliability growth
22	IEC 61025: 2006	Fault tree analysis (FTA)
23	IEC 61070: 1991	Compliance test procedures for steady-state availability
24	IEC 61078: 2016	Reliability block diagrams
25	IEC 61123: 1991	Reliability testing-Compliance test plans for success ratio
26	IEC 61124: 2012	Reliability testing-Compliance tests for constant failure rate and constant failure intensity

序号	标 准 号	标 准 名 称
27	IEC 61160: 2005	Design review
28	IEC 61163-1: 2006	Reliability stress screening—Part 1: Repairable assemblies manufactured in lots
29	IEC 61163-2: 1998	Reliability stress screening—Part 2: Electronic components
30	IEC 61164: 2004	Reliability growth-Statistical test and estimation methods
31	IEC 61165: 2006	Application of Markov techniques
32	IEC 61649: 2008	Weibull analysis
33	IEC 61650: 1997	Reliability data analysis techniques-Procedures for comparison of two constant failure rates and two constant failure (event) intensities
34	IEC 61703: 2016	Mathematical expressions for reliability, availability, maintainability and maintenance support terms
35	IEC 61709: 2017	Electric components-Reliability-Reference conditions for failure rates and stress models for conversion
36	IEC 61710: 2013	Power law model-Goodness-of-fit tests and estimation methods
37	IEC 61882: 2016	Hazard and operability studies (HAZOP studies)-Application guide
38	IEC 61907: 2009	Communication network dependability engineering
39	IEC 62198: 2013	Managing risk in projects-Application guidelines
40	IEC 62308: 2006	Equipment reliability-Reliability assessment methods
41	IEC 62309: 2004	Dependability of products containing reused parts-Requirements for functionality and tests
42	IEC 62347: 2006	Guidance on system dependability specifications
43	IEC 62402: 2019	Obsolescence management
44	IEC 62429: 2007	Reliability growth-Stress testing for early failures in unique complex systems
45	IEC 62502: 2010	Analysis techniques for dependability-Event tree analysis (ETA)
46	IEC 62506: 2013	Methods for product accelerated testing
47	IEC 62508: 2010	Guidance on human aspects of dependability
48	IEC 62550: 2017	Spare parts provisioning
49	IEC 62551: 2012	Analysis techniques for dependability-Petri net techniques
50	IEC 62628: 2012	Guidance on software aspects of dependability

序号	标　准　号	标　准　名　称
51	IEC 62673: 2013	Methodology for communication network dependability assessment and assurance
52	IEC 62740: 2015	Root cause analysis (RCA)
53	IEC 62741: 2015	Demonstration of dependability requirements-The dependability case
54	IEC TS 62775: 2016	Application guidelines-Technical and financial processes for implementing asset management systems
55	IEC 62853: 2018	Open systems dependability
56	IEC TR 63039: 2016	Probabilistic risk analysis of technological systems-Estimation of final event rate at a given initial state

2.3.2.2　国内可靠性标准化现状

相比于国外，我国的可靠性工作起步较晚，1982 年"全国电工电子产品可靠性与维修性标准化技术委员会"（简称可标委）成立，这也是我国对口 IEC/TC56 的专业技术标准化组织。该技术委员会原由国家标准化管理委员会（SAC）管理。技术委员会的秘书处自成立以来，一直挂靠在"工业和信息化部电子第五研究所"（即"中国电子产品可靠性与环境试验研究所"，CEPREI，亦称"中国赛宝实验室"）。

从成立日起，可标委就积极跟踪和参与 IEC/TC56 国际标准的制定与修订工作，并承担了国家标准化管理委员会可靠性与维修性领域的国家标准（GB）的制定任务。我国电工电子产品的可靠性与维修性标准，大部分是通过等同采用 IEC/TC56 国际标准编制而成的。到目前为止，推荐使用的国家标准（GB）共有 30 余份（表 2-9），而由此产生的部标、行标和企标则不计其数。多年来这些标准对指导和推动我国可靠性与维修性工作的开展发挥了非常积极的作用，并产生了极大的经济与社会效益。

表 2-9　电子产品可靠性与维修性线性的部分国家标准

序号	标　准　号	标　准　名　称
1	GB/T 15174—2017	可靠性增长大纲
2	GB/T 15647—1995	稳态可用性验证试验方法
3	GB/T 34986—2017	产品加速试验方法
4	GB/T 34987—2017	威布尔分析

续表

序号	标 准 号	标 准 名 称
5	GB/T 35320—2017	危险与可操作性分析（HAZOP 分析） 应用指南
6	GB/T 36467—2018	可靠性增长　特定复杂系统的早期失效应力试验
7	GB/T 36615—2018	可信性管理　管理和应用指南
8	GB/T 36657—2018	可信性管理　应用指南　可信性要求规范指南
9	GB/T 37079—2018	设备可靠性　可靠性评估方法
10	GB/T 37080—2018	可信性分析技术　事件树分析（ETA）
11	GB/T 37084—2018	光电检测仪器可靠性通用要求
12	GB/T 37407—2019	应用指南　系统可信性工程
13	GB/T 5080.1—2012	可靠性试验　第 1 部分：试验条件和统计检验原理
14	GB/T 5080.2—2012	可靠性试验　第 2 部分：试验周期设计
15	GB/T 5080.4—1985	设备可靠性试验　可靠性测定试验的点估计和区间估计方法（指数分布）
16	GB/T 5080.5—1985	设备可靠性试验　成功率的验证试验方案
17	GB/T 5080.6—1996	设备可靠性试验　恒定失效率假设的有效性检验
18	GB/T 5080.7—1986	设备可靠性试验　恒定失效率假设下的失效率与平均无故障时间的验证试验方案
19	GB/T 5081—1985	电子产品现场工作可靠性、有效性和维修性数据收集指南
20	GB/T 6992.2—1997	可信性管理　第 2 部分：可信性大纲要素和工作项目
21	GB/T 7289—2017	电学元器件　可靠性　失效率的基准条件和失效率转换的应力模型
22	GB/T 7826—2012	系统可靠性分析技术　失效模式和影响分析（FMEA）程序
23	GB/T 7827—1987	可靠性预计程序
24	GB/T 7828—1987	可靠性设计评审
25	GB/T 7829—1987	故障树分析程序
26	GB/T 9414.1—2012	维修性　第 1 部分：应用指南
27	GB/T 9414.2—2012	维修性　第 2 部分：设计和开发阶段维修性要求与研究
28	GB/T 9414.3—2012	维修性　第 3 部分：验证和数据的收集、分析与表示
29	GB/T 9414.5—2018	维修性　第 5 部分：测试性和诊断测试
30	GB/T 9414.9—2017	维修性　第 9 部分：维修和维修保障

2.3.2.3　可靠性标准化需求

智能制造作为各种先进制造技术和信息技术的融合，涉及技术广、行业多，相关可靠性标准较为分散。围绕智能制造发展需要，开展智能制造可靠性标准建设，有利于摸清智能制造可靠性标准现状，梳理和整合可靠性标准资源，进一步了解各相关行业可靠性工作现状，为加强智能制造可靠性工作提供支撑。

智能制造是新兴的制造模式，从各个维度都有不同的可靠性工作需求，亟须顶层可靠性基本要求配合分层可靠性实施细则等标准规范产业发展。从生命周期角度需要结合智能制造的工作和组织模式，研究设计、生产、使用、管理、物流和服务的全生命周期各环节的可靠性工作流程及标准，从产业链角度需要材料、元器件、零部件、设备、生产线、车间、制造系统等方面的可靠性标准。从产品层级角度需要设备层级（包括传感器、仪器仪表、条码、射频识别、机器、机械和装置等）、控制层级（包括可编程逻辑控制器、数据采集与监视控制系统、分布式控制系统和现场总线控制系统等）、生产线层级（流程型、离散型）、车间层级、协同层级（包括协同研发、智能生产、精准物流和智能服务等）等方面的可靠性标准。

随着智能制造产业的不断发展，在工业化和信息化深度融合的情况下，企业发展关注点的内涵和外延已得到极大的扩展，企业转型升级所需解决的问题也已突破传统企业所处行业的局限，数字化、网络化、智能化的纵向延伸，设计、生产、服务、管理的横向集成给企业和产品带来了大量的新变革。通过智能制造可靠性标准建设，建立健全智能制造可靠性标准体系，一是有助于政府管理部门全面掌握智能制造标准发展情况，充分发挥标准引领的作用；二是有助于帮助企业围绕自身产品发展需要，快速、准确地获取相关可靠性标准资源。具体而言，可靠性标准化需求主要包括基础标准、技术标准、试验测试标准、过程指南标准等 4 个方面的标准。

1.　基础标准

基础标准是整体可靠性工作构建的边界要素、管理流程，以及各种可靠性标准衔接配套的接口，主要包括术语定义、工作要素等。当前的基础标准基本可以涵盖智能制造的相关内容，但是针对智能制造产品的新概念、新要求，还需要进一步的完善，提出完全适用于智能制造领域的可靠性概念体系。

2.　技术标准

就技术标准而言，针对智能装备一般性的要求，采用传统的可靠性技术方法标准是基本能够满足要求的，但针对智能装备的系统复杂性，软硬综合性来讲，则需要寻求新的可靠性标准。

（1）系统可靠性标准研究：智能制造是涵盖整个产业链的，因此需要以数字化车间 / 智能工厂整体可靠性为主要对象进行研究，提出相关的可靠性指标要求、分析方法、设计指南、评价方法等标准。

（2）软件可靠性标准研究：智能制造的一个显著特点就是软件的可靠性重要程度至关重要，因此需要以软件可靠性为主要对象进行研究，提出相关的可靠性指标要求、分析方法、设计指南、评价方法等标准。

（3）软硬件综合可靠性标准研究：在软件可靠性和硬件可靠性研究的基础上，以嵌入式软硬件高度融合的智能装备 / 产品可靠性为主要对象进行研究，提出相关的可靠性指标要求、分析方法、设计指南、评价方法等标准。

（4）故障预测及健康管理标准研究：需要建立针对智能装备的 PHM 标准，实现智能装备的实时监控、自我诊断的能力。

3．试验测试标准

相比于传统的产品，智能装备具有高可靠、使用环境复杂的特点，这也对产品的试验测试产生了更高的要求。

（1）高可靠试验标准研究：以数控系统、机器人等具有高可靠要求的智能装备为主要研究对象，提出相关的可靠性仿真试验、可靠性加速试验、可靠性强化试验、可靠性增长试验等，为高可靠产品的快速评价、设计试验等提供较低成本的快速试验方法。

（2）复杂环境可靠性试验标准研究：以复杂环境为研究对象，提出多应力耦合的试验技术和方法、复杂环境的模拟仿真试验技术的相关标准。

4．过程指南标准

过程指南标准化需求是主要针对可靠性工程管理过程，包括管理流程和管理对象两个方面。随着价值链的开放化和设计开发的协同化，要求管理流程不再局限于单一的设计生产流程，而更关注供应商可靠性控制、系统开发、柔性生产模式下的可靠性工程管理标准的制定，同时针对智能制造模式下的新型组织和工作流程，建立可靠性工作通用要求顶层工程管理标准。而管理对象面临的数据信息量将会剧增，所以需要重点针对典型智能制造过程以及智能装备的故障信息的收集和交换机制、数据格式以及分析方法开展相关标准的制定，同时建立支撑标准使用的智能制造典型故障信息数据平台。

2.4　检测标准

2.4.1　集成和互联互通标准

1.产业现状

近年来,随着工业信息化、工业互联网的快速发展,系统集成与互联互通相关技术的市场得以高速发展,从事此行业的企业数量也在快速增加,市场规模快速增长,潜力巨大。由于信息系统集成服务技术含量高,技术水平参差不齐,当前行业系统集成与互联互通的检测评价标准还很欠缺,在一定程度上影响了行业的发展。

国际上,工业互联网标准化国际标准化组织 ISO 中的 TC184 是工业自动化领域的核心标准化组织之一,在系统集成等方面影响力较大。目前 TC184 的 WG10 工作组正在推进服务机器人模块化、人机协同安全等标准制定。2014 年,ISO/IEC JTC1/SWG3 规划特别工作组成立了智能机器专题组,计划从虚拟个人助理、智能顾问和先进的全球工业系统 3 个领域开展标准化预研。德国于 2013 年 12 月发布《"工业 4.0"标准化路线图》,提出有待标准化的 12 个重点领域,包括体系架构、用例、概念、安全等交叉领域、流程描述、仪器仪表和控制功能、技术和组织流程、数字化工厂等。2015 年 4 月发布的《工业 4.0 实施战略》为工业 4.0 概念提供直观展示,同时也将需要制定的标准数量进一步聚焦到网络通信标准、信息数据标准、价值链标准、企业分层标准等。国际上对于工业互联网、系统集成与互联互通的产业推进态度非常积极,通过标准项目制定、测试床项目推进产业发展。

我国于 2016 年 2 月也成立了工业互联网产业联盟,通过技术标准制定、测试床项目等推动工业互联网测试验证等,推动技术产品及应用创新。

2.技术现状

伴随着新型电器技术、控制技术、人机界面显示技术、网络存储技术、信息识别技术的需求,新型的网络和通信技术、软件技术、云计算、物联网、大数据技术的快速发展,使得系统集成与互联互通相关技术的市场得以高速发展,技术上发展具有网络化、服务化、体系化、融合化的趋势。网络化趋势进一步打破了市场竞争的区域、国别界限,全面呈现出全球性竞争态势。服务化趋势促进了产业的服务模式、商业模式变革,加快了产业结构调整,推动了产业转型和升级。操作系统、数据库、中间件和应用软件在系统集成中相互渗透，向更加综合、广泛的一体化平台的新体系演变，硬件与软件、内容与终端、应用与服务的一体化整合速度加快。未来软件和信息技术服务业将围绕主流软件平台体系构造产业链，市场竞争从单一产品的竞争发展为基于平台体系的产业链竞争，基于产品、信息、客户的资源整合平台及其商业模式创新成为产业核心竞争力。

国际上，美国工业互联网联盟（Industrial Internet Consortium，IIC）正在推动工业互联网标准化，IIC 由美国通用电气公司（GE）联合美国电话电报公司（AT&T）、思科公司、国际商业机器公司（IBM）和英特尔公司于 2014年 3 月发起，由对象管理组织（OMG）管理，其中参考架构、测试床、应用案例是 IIC 关键工作抓手。IIC 正以参考架构为引领，通过企业自主设立的应用案例组织垂直领域应用探索，支持建立测试床提供验证支撑，并借助其他标准组织力量，推动工业互联网加快落地。

2015 年 2 月我国工信部发布《智能制造综合标准化体系建设指南（征求意见稿）》，智能制造检测评价的系统集成与互联互通相关的多项标准立项及研制工作已经启动。整体上，我国工业互联网标准化还处于刚刚起步阶段，在工业互联网技术、产业发展方面需要营造良好的国际国内环境。

3. 标准化现状

1）国际标准化现状

IIC 十分重视测试在工业互联网中的应用，目前已构建了超过 20 个工业互联网测试床（test bed）。其中，与信息集成与互联互通直接相关的包括面向现有传感器的智能制造互联互通测试床（smart manufacturing connectivity for brown-field sensors test bed）、工厂自动化平台即服务测试床（factory automation paas test bed）、智能工厂网络测试床（smart factory web test bed）等。

ISO 与 IEC 等国际化标准组织较早开展了智能制造测试相关研究工作，形成了如 IEC/SMB/SEG7（智能制造系统评估组）最终报告、IEEE P2413 物联网体系框架等研究成果，但未见相关测试标准成果的发布。

2）国内标准化现状

目前，我国已发布十余项与智能制造信息集成与互联互通检测相关的标准，如表 2-10 所示。涉及的主要标准委员会包括全国自动化系统与集成标准化技术委员会（SAC/TC159）、全国工业过程测量、控制和自动化标准化技术委员会（SAC/TC124）、全国信息技术标准化技术委员会（SAC/TC28）等。

表 2-10　我国已发布智能制造信息集成与互联互通检测标准表

序号	标　准　号	标　准　名　称
1	GB/T 18272.1~18272.8	工业过程测量和控制　系统评估中系统特性的评定
2	GB/T 22270.1~.22270.4	工业自动化系统与集成　测试应用的服务接口
3	GB/T 25459—2010	面向制造业信息化的 ASP 平台测评规范
4	GB/T 25483—2010	面向制造业信息化的企业集成平台测评规范
5	GB/T 25919.1~25919.2	Modbus 测试规范
6	GB/T 25921—2010	电气和仪表回路检验规范
7	GB/T 25928—2010	过程工业自动化系统出厂验收测试（FAT）、现场验收测试（SAT）、现场综合测试（SIT）规范
8	GB/T 26327—2010	企业信息化系统集成实施指南
9	GB/T 26335—2010	工业企业信息化集成系统规范
10	GB/T 27758.1~22758.3	工业自动化系统与集成　诊断、能力评估以及维护应用集成
11	GB/T 29265.501—2017	信息技术　信息设备资源共享协同服务　第 501 部分：测试
12	GB/T 34047—2017	制造过程物联信息集成中间件平台参考体系
13	GB/T 26857.4—2018	信息技术　开放系统互连　测试方法和规范（MTS）测试和测试控制记法　第 3 版　第 4 部分：TTCN-3 操作语义

同时，基于国家智能制造综合标准化体系的建设，相关单位已完成了《工业物联网　网络传输实时性要求及测试方法》标准的制定。另有《工业机器人故障诊断信息互联互通要求》等数个信息集成检测基础标准正在制定中。

3）信息集成与互联互通检测的标准化需求

目前，智能工厂有很多信息系统包括企业资源计划（ERP）、制造执行系统（MES）、产品全生命周期（PLM）系统、物流系统（WMS）、自动化过程控制系统（PCS）等，如何消除系统之间的障碍，国内外企业研发了很多如企业总线、数据仓库 ETL[①] 等产品和技术试图解决这一难题，但技术标准上没有统一，操作层面上系统之间的融合和互联互通遇到很多困难，标准化的信息互联互通标准是解决这些问题的迫切需求。

信息系统集成与互联互通检测认证的标准化需求主要如下：

（1）接口检测标准需求：各系统间的信息集成与互联互通是智能制造的核心特征，目前智能制造领域中广泛应用中间件实现不同系统间的信息集成，

---

① ETL：extract-transform-lood，抽取—转换—加载，是将业务系统的数据经过抽取，清洗转换之后加载到数据仓库的过程。

中间件相关的信息技术国家标准已经发布，但对中间件性能、可靠性、接入能力等测试标准亟待完善，是当前制约信息集成与互联互通的主要瓶颈。同时，对于智能制造中常用的关系数据库、数据字典、云平台等技术，其在智能制造领域中的测试标准也需要编制与完善。

（2）信息互联互通性能检测标准：对于工业物联网、工业云等典型应用案例，对其性能测试的标准已开展研究，需要进一步完善，重点关注的测试内容包括组网速度、带宽、稳定性、交换的数据表等内容。

（3）信息互联互通应用检测标准需求：智能化的应用是智能制造信息集成与互联互通的最终目的，如产业链协同管理、预测性维护、个性化定制等。对具体应用案例中不同组网架构、信息流模型的测试方法也需要充分考虑，编制相应标准。

2.4.2　系统能效标准

1．系统能效检测的定义和范围

系统能效检测是利用专业的设施设备，对目前能源使用的状态以及能源利用水平进行系统的检测，通过实时采集的智能电表、水表和气表等计量器具数据进行统计、分析。

系统能效检测的项目边界包括用能企业在生产过程中对能源使用的现状、能源消费结构和流程、用能设备的运行效率以及产品的综合能耗，具体如下：

1）能源管理现状

能源管理情况主要包括：企业能源管理方针和目标制定情况、企业能源管理机构和责权的分配、企业能源文件管理内容、企业能源统计管理要求、主要耗能设备和工序的能源消耗定额管理以及相关能源的对标管理。

2）能源消费结构及能源流程

对能源使用的情况以及能源的流向进行分析，建立能源流程图（图2-18）。

3）用能设备运行效率

通过能源的使用流程以及专业设备的检测，分析每个用能环节中所使用设备的具体能效水平。

4）产品综合能耗

针对不同产品种类建立能源实物量的平衡网络，检测不同产品的单位产品能耗，分析产品能效水平，具体如表2-11所示。

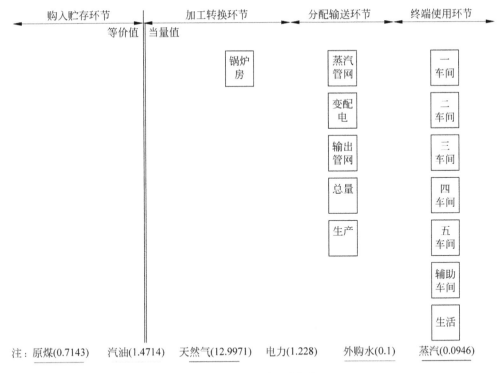

图 2-18　企业能源流程图

表 2-11　企业能源实物量平衡表

部门名称	序号	D	E	F	G	H	I	J	K	L
		原煤	汽油	电力		蒸汽	自产水		产量	计量
					...			...	（产值）	单位
		t	t	kW·h		t	t			
期初库存	1									
收入量	2									
消费总量	3									
拨出量	4									
期末库存	5									
盘盈或盘亏	6									
企业	7									
非生产系统	8									
外供和生活	9									
⋮										
生产系统	10									

续表

部门名称	序号	D 原煤	E 汽油	F 电力	G ...	H 蒸汽	I 自产水	J ...	K 产量（产值）	L 计量单位
		t	t	kW·h		t	t			
产品 A	11									
产品 B	12									
产品 C	13									
产品 D	14									
⋮										
辅助系统	15									
辅助	16									
照明	17									
运输	18									
⋮										
转换系统	19									
蒸汽	20									
自产水	21									
⋮										
损耗	22									
折标系数	23									
能源单价	24									

2．系统能效检测的分类

1）能源分类

（1）电力：建立完善的电力计量系统，利用智能电表对供配电系统的电力分布进行统计汇总；利用现场测试精密仪器对供电电源质量进行测量，包括电压偏差、频率偏差、三相不平衡度、电源谐波、日负荷率等。

（2）热力：建立完善的热力计量系统，实时监测热力能源（包括天然气、蒸汽等）使用的情况，并对监测数据进行汇总分析。

（3）水：建立完善的水计量系统，通过对用水总量、排水量、回收水量以及漏水量的统计，分析水资源利用水平。

（4）其他气体、液体和固体能源：针对其他不同能源选择相对应的计量器具，对其购进和使用量进行统计，分析能源利用的水平。

2）设备类型分类

按主要用能设备类型分为变压器系统、空调系统、水泵系统、风机系统、空压机系统、其他用途电机系统、照明系统、热力系统、整理系统（表 2-12）。

表 2-12　用能设备类型一览表

系 统 分 类	设 备 种 类	主要消耗能源
变压器系统	变压器、调压器等	电力
空调系统	分体式空调、中央空调、变制冷剂流量多联式（VRV）空调系统等	电力、水
水泵系统	给水泵、排水泵、工艺水泵、冷却水泵、冷媒水泵、消防水泵、热水泵、增压泵等	电力、水
风机系统	送气风机、锅炉送风机、锅炉引风机、盘管风机、冷却风机、空调箱风机等	电力、风能
空压机系统	活塞式、螺杆式、离心式、磁悬浮等	电力、压缩空气
其他用途电机系统	电梯、起重机、搅拌机、输送带电机、粉碎机、球磨机、轧机、压机等	电力
照明系统	白炽灯、三基色节能灯、金卤灯、高压钠灯、LED 等	电力
热力系统	电阻炉、远红外烘箱、高频感应炉、中频感应炉、电弧炉、锅炉、热水器	电力、热能（蒸汽、天然气）、水
整理设备	电镀、电解、变流设备，整流设备、直流电源、UPS、电焊机等	电力

3. 现有能效检测技术 / 项目的方法 / 标准 / 依据

目前，传统的能效检测技术和方法针对用能设备相关检测较多，但整体用能系统，如工艺生产线、末端能耗实际使用量等能效检测方法较少。

现有的技术和检测方法如表 2-13 所示。

表 2-13　现有技术和检测方法

序号	检测项目	检测方法标准	检测仪器仪表
1	用电量	GB/T 16664—1996《企业供配电系统节能监测方法》	智能电表
		GB/T 8222—2008《企业设备电能平衡通则》	
		GB 17167—2006《用能单位能源计量器具配备和管理通则》	
		GB/T 3485—1998《评价企业合理用电技术导则》	
		GB/T 13462—2008《电力变压器经济运行》	
		GB/T 6422—2009《用能设备能量测试导则》	

序号	检测项目	检测方法标准	检测仪器仪表
1	电能质量	GB/T 12325—2008《电能质量 供电电压偏差》	三相电能质量分析仪；Fluck-435/UNI
		GB/T 15945—2008《电能质量电力系统频率偏差》	
		GB/T 15543—2008《电能质量 三相电压不平衡》	
		GB/T 14549—1993《电能质量 公用电网谐波》	
		GB/T 16664—1996《企业供配电系统节能监测方法》	
2	总用水量	GB/T 12452—2008《企业水平衡测试通则》 GB/T 7119—2018《节水型企业评价导则》	水表、手持式超声波液体流量计、精密数字压力表、机械通风干湿表
	新水量		
	耗水量		
	排水量		
	漏失水量		
	循环水量		
	串联水量		
	重复利用水量		
	工艺水回用量		
3	天然气消耗量	GB 17167—2006《用能单位能源计量器具配备和管理通则》 GB/T 2588—2000《设备热效率计算通则》① GB/T 3486—1993《评价企业合理用热技术导则》 NB/T 47035—2013《工业锅炉系统能效评价导则》	计量器具
	蒸汽使用量		
4	能源消耗量	GB 17167—2006《用能单位能源计量器具配备和管理通则》	计量器具
5	变压器系统	GB/T 13462—2008《电力变压器经济运行》	计量器具
	空调系统	DB31T 255—2003《集中式空调（中央空调）系统节能运行与管理技术要求》	计量器具
	水泵系统	GB/T 13466—2006《交流电气传动风机（泵类、空气压缩机）系统经济运行通则》 GB/T 16666—2012《泵类液体输送系统节能监测》 GB/T 13469—2008《离心泵、混流泵、轴流泵与旋涡泵系统经济运行》 GB 32284—2015《石油化工离心泵能效限定值及能效等级》	计量器具

---

① 已废止，目前暂无新标准。

序号	检 测 项 目	检 测 方 法 标 准	检测仪器仪表
5	水泵系统	GB 32031—2015《污水污物潜水电泵能效限定值及能效等级》 GB 32030—2015《井用潜水电泵能效限定值及能效等级》 GB 32029—2015《小型潜水电泵能效限定值及能效等级》 GB 19577—2015《冷水机组能效限定值及能效等级》	计量器具
	风机系统	GB/T 13466—2006《交流电气传动风机（泵类、空气压缩机）系统经济运行通则》 GB/T 15913—2009《风机机组与管网系统节能监测》 GB/T 13470—2008《通风机系统经济运行》 GB 19761—2009《通风机能效限定值及能效等级》	计量器具
	空压机系统	GB 19153—2009《容积式空气压缩机能效限定值及能效等级》 GB/T 13466—2006《交流电气传动风机（泵类、空气压缩机）系统经济运行通则》 GB/T 16665—2017《空气压缩机组及供气系统节能监测》	计量器具
	其他用途电机系统	GB 18613—2012《中小型三相异步电动机能效限定值及能效等级》	计量器具
	照明系统	GB 19044—2013《普通照明用自镇流荧光灯能效限定值及能效等级》 GB 19043—2013《普通照明用双端荧光灯能效限定值及能效等级》 GB 19415—2013《单端荧光灯能效限定值及节能评价值》 GB 29144—2012《普通照明用自镇流无极荧光灯能效限定值及能效等级》	照度表、计量器具
	热力系统	GB/T 2588—2000《设备热效率计算通则》 GB/T 3486—1993《评价企业合理用热技术导则》 NB/T 47035—2013《工业锅炉系统能效评价导则》	计量器具
	整理设备	GB/T 24566—2009《整流设备节能监测》	计量器具

4. 智能制造环境下的系统能效检测平台框架及功能

智能制造的目的在于提高资源生产效率和能源利用效率，这就要求针对不同行业、不同企业提供个性化的能源管理方案，即在生产过程中，持续优化资源利用，降低能源消耗，减少排放。同时，能源"十三五"规划主要任务：高效智能，着力优化能源系统，实施能源生产和利用设施智能化改造，推进能源监测、能量计量、调度运行和管理智能化体系建设，健全能源标准、统计和计量体系，修订和完善能源行业标准，构建国家能源大数据研究平台，综合运用互联网、大数据、云计算等先进手段，加强能源经济形势分析研究和预测预警，显著提高能源数据统计分析和决策支持能力。

能源管理既是一个战略问题，作为企业 IT 战略中的一个重要部分，通过能源信息化来实现企业的战略目标；同时企业生产管理也迫切需要能源管理系统、能源管理体系规范企业能源管理现状。

能源管理的核心是能源数据的加工利用，需要与 MES、ERP、公用能源系统、设备管理、环境等系统进行数据交互。能源管理是动态变化的，即能源不是自动产生的，而是因为机器设备的运转而带来的，受产量的变化而变化。除此以外，影响能源性能变化的因素还有人、机、料、法、环、管理等。互联网时代客户的个性化定制在带来生产模式巨大变化的同时，能源消耗也因之而大幅变化。种种因素交织在一起，使得能源管理变得复杂起来。

在这样的背景下，能源管理需要从粗放式走向精益化和智能化。这主要体现在：把能源性能的提升、能源效率的提升放在第一位；以能源性能指标如单品单耗指标为核心；注重闭环管理，通过人和技术实现能源性能的最大化。

总的来说，基于各种能耗指标来动态衡量管理绩效，最终通过人和技术的共同改进、PDCA 闭环管理，实现能源性能的整体提升。这被称为精益化的能源管理。

能源数据是反映设备运转和车间生产状况的最真实有效的一个数据，因此，能源数据是工业大数据的一个重要维度。

首先，通过数据建模和智能分析，让"能源数据说话"，从而实现能源数据价值利用的最大化。比如，可以用能耗数据来统计运行时间、生产停机频率和停机时间，以分析设备的可用性；还可以通过设备能耗数据来分析和评价工人工作量和工作效率。

其次，应用 AI 技术和自动化技术，来自动控制设备运转。比如，通过与 ERP、MES 的融合建立全厂能源优先生产模型（区别于订单优先），当订单交付不是很紧迫的情况下，自动切换到能源优先模型，以能源消耗最小化来安排生产。而当订单需要紧急交付时，再自动切换到订单优先模型，调整设备工作模式，保证能源安全、足量供应。

综上所述，能源数据如何获得便成为智能制造背景下能源管理的关键。应用信息化技术建设数字化能源能效检测管控系统、实现能耗在线监测，实时、准确地把握重点行业、重点企业及关键工序的能耗，不仅是企业实现精细化节能管理、促进节能降耗的必然要求，也是各级主管部门把握能源消费趋势、加强能耗预测预警、科学制定产业政策的前提和基础，更是推动工业转型升级和绿色发展、构建资源节约型和环境友好型工业体系的内在要求。

智能化的能效检测作为能效评估手段，应运而生。

1）基于智能制造环境下的检测系统与传统检测手段的区别

基于智能制造环境下的检测系统与传统检测手段的区别，如表 2-14 所列。

表 2-14　智能制造环境下的检测系统与传统检测手段的区别一览表

序号	关键点	传 统 检 测	基于智能制造环境下的检测系统
1	检测仪表	不具备数据采集接口的机械表或单一功能的便携式测试仪表	具备远程通信功能的智能仪表
2	数据采集难度	按照相应的现场测试方法，针对某一特定的测试需求，找到某一特定的配电柜、管路或系统进行局部的数据采集，采集难度根据测试的能源介质、设备体系、现场测试条件，其困难程度不一	无需受限于测试方法、能源介质、现场条件，通过在各个环节安装相应的智能仪表，对耗能量、流量、压力等参数进行数据采集，仪表无需反复拆卸、安装，理论仪表覆盖率达 100%
3	数据的瞬时性	按天或月进行抄表的数据或针对某一特定需求的周期性数据	实时采集，在线监测，数据的瞬时性可达到秒或毫秒间隔
4	数据的完整性	通过现场检测采集的数据，需进行事后的二次分析或人工追溯	具备完整的数据库，通过历史数据和实时数据查询、统计，形成能源报表及试图功能
5	数据的同步性	现场工况实时变化，若需对耗能量、流量、压力、温度等不同参数进行检测，通过人工的数据记录，其数据采集的同步性较低，无法真实地反映系统运行工况	根据不同功能的智能仪表，配合信息化平台，通过设置相同的数据采集间隔，达到数据采集的同步
6	数据的在线对标	无	根据相关行业、设备、系统的能效指标（如用能单耗、产品单耗等），通过事先的基准值录入，结合实时采集的数据，实时动态地展示能源的变化趋势、排序情况和对标结果，实现能效在线对标评估

序号	关键点	传 统 检 测	基于智能制造环境下的检测系统
7	数据的优化分析管理	无	建立能源介质产耗预测模型，掌握用能单位主要能源介质未来产耗变化趋势，实时分析能源利用水平，将优化分析后的能耗问题追溯到车间或班组，实现精细化管理

2）智能制造系统能效检测平台

智能制造系统能效检测平台，如图 2-19 所示。

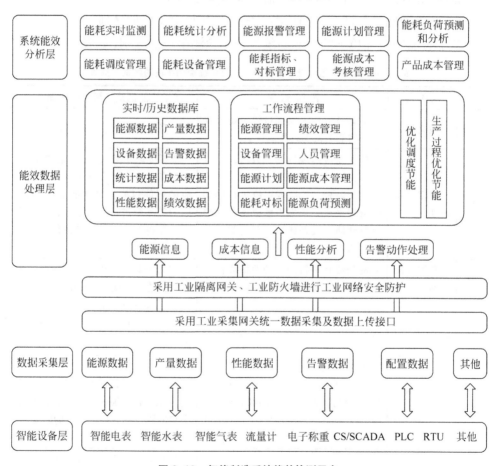

图 2-19　智能制造系统能效检测平台

（1）智能设备层：采用智能检测设备，检测各类一次、二次能源介质及主要用能设备用能情况，包括智能电表、智能水表、智能气表、流量计、电子称重等。这些智能设备支持过 RS232、RS422、RS485、电台、电话轮巡拨号、以太网、无线多种链路和设备进行通信，产品内置多种采集和转发规约，可搭建无人值守站和"黑匣子"，为能源管理系统数据分析提供可靠真实的基础数据。

（2）数据采集层：数据采集层采用工业采集网关。利用"物联网"技术将企业大量分散的生产设备连接起来，并将所有子系统能耗、控制等多种信号和参数，传输至能效管理平台的数据库平台中。

（3）能效数据处理层：采用企业级实时数据库系统，可实时、在线监测能耗数据，为能效管理平台提供基础的能耗数据汇总与海量数据归档存储，保证能耗数据的实时性、准确性、有效性。

（4）系统能效分析层：系统能效检测平台与 MES、ERP 系统进行信息交互，通过丰富的报表、曲线、棒图、饼图等多种形式展现各项管理功能。用户可通过 B/S 方式访问平台。

3）智能工厂能源计量器具配备要求

智能工厂中的能效检测包括输入工厂边界的一次能源、二次能源，数字化车间及产线用能情况，主要用能系统及重点用能设备能耗。

能效检测平台与 MES、ERP、公用能源系统、设备管理、环境等系统进行数据交互。为每一种产品建立一个单耗标准，基于单耗目标来管理人和生产过程。过程中有 3 个步骤，首先是建立指标，其次是衡量绩效，最后是纠正偏差。通过改变人的行为，改变工厂管理习惯、操作习惯，达到能源性能改进；通过工艺的改造、设备改造达到节能的目标。

工业企业主要用能系统如图 2-20 所示。

图 2-20　工业企业主要用能系统图

工业企业主要用能的系统能效检测，传统方法主要用检测仪器仪表实时监测设备的能源用量来计量，而后逐渐用系统的方法来统筹计量。目前工业企业主要通过现场实时采集的智能电表、水表和气表等计量器具进行统计、分析数据。随着智能制造的兴起，在智能制造环境下系统能效检测的方法、范围、模式等标准不同，迫切需要系统能效检测标准的统一。

5. 智能制造环境下拟开展的系统能效检测标准研究与制定

面对智能制造环境下对系统能效检测的需求，为了对系统能效检测所需检测装备、计算方法、信息安全、信息交互、监管评价、能源交易等各方面进行统一规范，拟从能源互联网、计量设备、计量采集、智能工厂/数字化车间能效检测、软件平台、高端智能装备、用能系统开展系统能效检测标准研究与制定（表 2-15）。

表 2-15　智能制造环境下系统能效检测标准研究与制定一览表

序号	标 准 名 称	备　注
1	能源互联网能源转换标准	能源互联网
2	能源互联网能源交易标准	
3	能源互联网能源数据交易标准	
4	能源大数据信息安全要求	
5	能源计量器具一般要求	计量设备类
6	能源数据采集要求	计量采集类
7	智能工厂/数字化车间能源计量器具配备要求	智能工厂/数字化车间能效检测
8	智能工厂/数字化车间能效计量与检测要求	
9	智能工厂/数字化车间能源审计技术要求	
10	智能工厂/数字化车间能源利用率计算及评价通则	
11	单位产品能源消耗限额计算要求	
12	智能制造环境下系统能效检测平台一般要求	软件平台
13	智能制造环境下系统能效检测平台信息交互要求	
14	智能制造环境下系统能效检测平台评价要求	
15	高端智能装备能效检测通则	设备
16	高端智能装备能源利用率计算及评价通则	
17	××用能系统能效检测通则	用能系统
18	××用能系统能源利用率计算及评价通则	

2.4.3　电磁兼容标准

2.4.3.1　电磁兼容定义

国际电工技术委员会（IEC）标准对电磁兼容的定义为：系统或设备在所处的电磁环境中能正常工作，同时不会对其他系统和设备造成干扰。

电磁兼容（electromagnetic compatibility，EMC），各种电气或电子设备在电磁环境复杂的共同空间中，以规定的安全系数满足设计要求的正常工作能力，也称电磁兼容性。它的含义包括：

（1）电子系统或设备之间在电磁环境中的相互兼顾；

（2）电子系统或设备在自然界电磁环境中能按照设计要求正常工作。

2.4.3.2　电磁兼容分类

电磁兼容通常包括电磁干扰（electromagnetic interference，EMI）及电磁耐受性（electromagnetic susceptibility，EMS）两部分。

电磁干扰从传播途径上，可分为两种：传导干扰和辐射干扰。

沿着导体传播的干扰称为传导干扰，其传播方式有电耦合、磁耦合和电磁耦合。

通过空间以电磁波形式传播的电磁干扰称为辐射干扰，其传播方式有近区场感应耦合和远区场辐射耦合。此外，传导干扰与辐射干扰还可能同时存在，从而形成复合干扰。

2.4.3.3　智能制造电磁兼容性标准的需求

1. 智能制造电磁兼容环境特点

智能制造是基于新一代信息通信技术与先进制造技术深度融合，智能制造从系统层级可以分为设备层、单元层、车间层、企业层和协同层。

智能制造的系统层级存在互联互通、云计算、大数据等新一代信息通信技术，而贯穿于设计、生产、管理、服务等制造活动的各个环节，具有自感知、自学习、自决策、自执行、自适应等功能的新型生产方式的实现无一不依靠电子电气零部件及产品。

智能制造电磁兼容环境具有以下特点：

（1）智能制造环境中电子电气部件和设备数量大、品种多；

（2）智能制造环境中电子电气部件和设备逐步向高频（各类数字控制电路会生产高频数字噪声）、高速、高精度、高可靠性、高灵敏度、高密度（小型化、大规模集成化）、大功率（开关电源和变频调速电路）、小信号运用、复杂化（部分终端执行机构可能也会带来大的骚扰，如电焊机、紧固电批等）等方面的需要发展（例如，各类电机及其驱动电路，会对外生产大量电磁骚扰发射，包括传导和辐射发射）；

（3）有线、无线等通信技术在智能制造中的广泛应用，其产生的电磁环境十分复杂，会向外部产生大量的电磁干扰（可能存在各类电源电缆和信号传输导线，成为良好的辐射发射天线）。

2. 电磁干扰的危害性

电磁干扰不仅会破坏或降低电子设备的工作性能、设备的互连性，轻者影响设备的精度，严重的会造成误操作或死机，而且对暴露在电磁环境中的公众有更高的风险，甚至造成安全问题。

3. 智能制造电磁兼容性标准的需求

1）需要补充覆盖智能制造的环境的电磁兼容标准

目前我国电磁兼容标准体系和国际上基本相同，由基础标准（basic standards）、通用标准（generic standards）、产品类标准（product-family standards）和产品标准（product standards）4 个层次构成，每个层次都包含电磁兼容两个方面的标准：发射和抗扰度。通用标准又进一步按产品未来的使用环境将标准要求（限值）分为 A 类（工业区）和 B 类（居住区和商业区及轻工业区）。产品和产品类标准通常是在基础标准和通用标准基础上的更为详尽的技术规范，往往优先于通用标准被采用。一般来说，标准层次越低，规定得越详细、明确，针对性就越强，标准的包容性越大，适用范围越广，通用性越强，但现有电磁兼容测试标准均基于传统工业环境建立，无法适应目前智能制造电磁环境的复杂程度，以及环境中系统层级各类产品的技术特点。

2）针对智能制造系统需要补充检测相关标准

（1）现有电磁兼容测试方法标准基于标准的测试场地，与智能制造现场的测试环境差异性较大，测试结果对于产品应用的实际问题无法模拟体现；

（2）测试频段范围没有覆盖目前智能制造场景下互联互通、新一代通信技术的频率范围，对无线接收设备的抗扰度等级设定不明确；

（3）现有标准是基于单一零部件和产品的测试，缺乏系统级测试的方法。

2.4.3.4　电磁兼容测试标准的制定方向

智能制造环境具有近距离、密集化、智能自动化、无线通信全覆盖的特点，以下 4 个方向的电磁兼容测试标准急需制定：

1）智能工厂的电磁环境的评估标准

结合智能工厂中设备的安装及应用对智能工厂的电磁环境评估分析，应对智能制造工厂的电磁环境中控制公众暴露的电场、磁场、电磁场的场量限值、测量方法、测量设备、测量位置等方面制定电磁环境的评估标准。

2）智能工厂中智能装备的电磁兼容检测标准

对智能装备按照产品特性进行分类，结合产品的使用特点和其工作特点对测试场地、测试项目、测试方法等方面进行规范，如工业机器人等。重点对以下几个方面开展标准制定：

（1）标准实验场地测试标准：结合智能制造电磁环境，研究各类产品在标准实验场进行电磁兼容测试的产品工作状态、测试项目、测试方法、测试限值、抗扰度性能判据要求。

（2）现场测试标准：设备连接后成系统化，实验室无法系统测量，应从现场测试或风险评估来对智能制造系统或装备进行测试或评估。研究现场测试或者评估的选择，测试方法、测试限值、评价方法等标准，为提升大型系统设备的电磁兼容性提供支撑。

3）无线接收设备的测试标准

智能制造环境设备互联中，无线通信占了很大一部分，无线接收设备普遍存在，同时设备的稳定会直接影响安全，应对无线接收设备的测试、天线的性能参数、天线端口抗干扰评估、天线测试场地的要求、天线性能测试方法等方面进行研究，为无线的可靠性连接提供支撑。

4）系统级电磁兼容性标准

系统内部的分系统、设备和部件之间应是电磁兼容性的，以满足系统工作性能的要求。影响系统内电磁兼容性的主要因素是耦合。耦合方式有电线间电感、电容、电场和磁场耦合，还有系统内公共阻抗耦合及天线与天线间耦合。根据智能制造环境特点，研究系统级试验项目、试验方法，并利用风险评估的技术对系统进行评定，为提升系统的电磁兼容性提供支撑。

从电磁环境的评估分析、智能装备的电磁兼容标准研究、无线接收设备的测试、系统级电磁兼容性的研究等方面补充智能制造环境中的电磁兼容测试标准的相关研究，有利于提升智能制造电子电气领域产品和系统的可靠性，从而确保智能制造的健康发展。

2.5　评价标准

我国正在积极推进传统制造业的转型升级，通过智能制造评价，不仅可分析我国智能制造发展现状和水平，还可以通过科学的评价方式帮助企业找到实施智能制造的有效路径。智能制造是一项系统工程，涉及企业的发展战略、人员、技术、资源等重要因素，因此需要构建科学的评价标准，来指导企业开展智能制造评价，帮助企业提升核心竞争力，有效促进我国制造企业转型升级。

一方面帮助企业进行自我评估与诊断，通过评价使制造企业了解自身发展现状，发现目前存在的问题和瓶颈，识别能力短板，找准定位，明确发展目标和实施路径，合理配置资源，使有限的投资发挥最佳效果，促进企业智能制造水平持续提升。另一方面，智能制造评价可实现对企业的智能化水平进行横向比较，为主管部门提供参考，为优化智能制造扶持政策、完善行业管理体系提供决策参考，有利于推动智能制造的整体发展。

2.5.1 产业现状

1. 智能制造评价国外产业发展现状

德国机械设备制造业联合会（Verhand Deutschen Marchinen and Anlagenban，VDMA）于 2015 年 11 月发布工业 4.0 就绪度模型，使用 6 个维度及 18 个二级指标对德国机械装备企业的工业 4.0 进行程度开展评价。2016 年美国标准技术研究所（NIST）发布智能制造系统就绪度评估预研报告。2017 年发布工业 4.0 成熟度指数，用于帮助企业诊断智能制造现状、识别改进方向，加快数字化转型升级。有关各国研究情况见表 2-16。

表 2-16 国外相关研究对比表

发 布 机 构	名 称	主 要 内 容	评 价 对 象	评 价 目 的
德国机械设备制造业联合会（VDMA）	工业 4.0 就绪度 Industry 4.0 Readiness IMPULS Studies	工业 4.0 就绪度模型给出了 6 个等级，从战略与组织、智能工厂、智能运营、智能产品、数据驱动服务和雇员 6 个维度，以及细分的 18 个二级指标对企业实施评价	机械和装备工程领域企业	了解德国的机械制造工业处于工业 4.0 的哪一阶段；成功实施工业 4.0 须具备的条件和具体改进措施。侧重智能技术的应用
德国国家工程院等	工业 4.0 成熟度指数——管理企业的数字化转型 Industry 4.0 Maturity Index-Managing the Digital Transformation of Companies	工业 4.0 成熟度指数给出了 6 个发展阶段，从资源、信息系统、文化和组织结构 4 个结构域，每个结构域的 2 个原则，研发、生产、物流、服务、销售 5 个功能域对企业实施评价	制造企业全过程	促进企业数字化转型，实现"敏捷"企业

发 布 机 构	名　　称	主 要 内 容	评价对象	评 价 目 的
美国国家标准与技术研究院（NIST）	智能制造系统就绪度评估预研报告 Smart Manufacturing System Readiness Assessment	报告阐述了生产制造系统的 6 个等级，主要对组织成熟度、信息系统成熟度、绩效管理成熟度和信息互联成熟度 4 个方面和流程、人事、软件系统、输出数据格式、关键绩效指标、关键绩效指标关系等细分项目实施评价	生产制造系统	本质上是对企业 ICT 整合就绪度的评估模型，重点关注技术手段成熟度

2. 智能制造评价国内产业发展现状

各地经信主管部门以及行业协会等为评价所属地区企业、行业智能制造能力水平，遴选智能制造试点示范，判断后续的扶植方向与力度，也纷纷出台智能工厂/车间、数字车间等评价准则，如《北京"智造 100"工程实施方案》《江苏省示范智能车间申报条件》《智能制造评价办法（浙江省 2016 版）》《河南省智能工厂评价细则（2016）》《合肥市智能工厂和数字化车间认定管理办法（试行）》等。各地方对于区域性智能制造评价有迫切需求，分别出台相关评价准则，但是由于评价依据不一致，无法实现横向对比，不能开展有效的数据分析。有关情况见表 2-17。

表 2-17　国内相关研究对比

发布机构	名　　称	主 要 内 容	适 用 对 象	评估的价值
北京市	《北京"智造 100"工程实施方案》	设置评价指标，遴选示范项目	北京市辖区范围内智能制造企业	支持传统优势产业实施智能制造技术改造
江苏省	《江苏省示范智能车间申报条件》	设置评价指标，评价遴选示范项目	江苏省辖区范围内智能制造企业	评选出一批智能制造基础好、行业示范带动作用强的车间作为省级示范智能车间，并进行奖补
浙江省	《智能制造评价办法(浙江省 2016 版)》	提出离散型智能制造、流程型智能制造、网络协同型智能制造、大规模智能化定制型智能制造、远程运维服务型智能制造五大模式的定量评价标准	省辖区范围内智能制造企业	评价制造企业智能制造水平

157

发布机构	名　　称	主要内容	适用对象	评估的价值
河南省	《河南省智能工厂评价细则（2016）》	设置评价指标，评价智能工厂水平	河南省辖区范围内智能制造企业	支持传统优势产业实施智能制造技术改造
河北省	《2016年智能工厂和数字化车间试点示范评定》	设置评价指标，评价遴选示范项目	河北省辖区范围内智能制造企业	树立省内行业标杆，加快推进制造业智能化转型
合肥市	《合肥市智能工厂和数字化车间认定管理办法（试行）》	设置评价指标，评价遴选示范项目	合肥市辖区范围内智能制造企业	提升企业智能化发展水平，促进工业经济转型升级
常州市	《常州市智能工厂（车间）认定办法》	设置评价指标，评价遴选示范项目	常州市辖区范围内智能制造企业	评选示范企业，授牌表彰，在全市范围内推广经验
宿迁市	《宿迁市企业示范智能车间认定办法（试行）》	设置评价指标，评价遴选示范项目	宿迁市辖区范围内智能制造及应用企业	评选示范企业，授牌表彰，在全市范围内推广经验
中国电子技术标准化研究院	《智能制造能力成熟度模型（试行稿）》	提出了实现智能制造的核心要素、特征和要求，划分为5个等级，并规定了各能力域的要求	各级主管部门、制造企业、智能制造解决方案提供商	帮助制造企业评估智能制造发展现状、找到差距，并为下一步实施改进提供路径和方法
中国经济信息社	《全球智能制造发展指数报告》	基于对评价对象理解和认识，对全球22个国家的智能制造发展指数进行评价	美国、日本、德国、韩国、英国、中国、瑞典、瑞士、芬兰、法国等22个国家	为业界及时提供专业化信息和科学决策依据，助力我国制造业加快迈向"中国智造"

2.5.2　相关技术

智能制造评价主要指对制造企业进行全方位评价，涉及企业的战略、人员、资源、技术等要素以及企业各制造环节应用领域开展评估，用以持续提升企业智能制造能力水平。目前用于智能制造评价的方法主要包括以下三类：

1）基于智能制造能力成熟度模型的评价方法

智能制造能力成熟度评价方法是过程改进评估方法。此方法是依据智能制造能力成熟度模型要求，与企业实际情况进行对比，了解企业当前智能制造实施的过程，科学计算出企业设计、生产、物流、销售、服务等过程的具体分值，得出智能制造能力水平等级。评价过程中针对每一项成熟度要求设置不同的问题，专家需要现场取证，通过证据和"问题"进行比较，根据对问题的满足程度来进行打分。这种评价方法有利于企业发现差距，识别企业的过程弱项和强项，结合组织的智能制造战略目标，可寻求改进方案，提升智能制造水平。

2）基于评价指标体系的定量评价方法

基于评价指标的评价方法是定量的评价方法，具有客观性强、适用程度高的特点，适用于对直接经济效益进行评价。这类评价方法在指标体系的构建阶段非常关键，应具有一定的实用性和适用性，整个指标体系的构成必须围绕综合评价目的逐级展开。设计评估指标体系时，要有科学的理论作为指导，使评估指标体系能够在概念和逻辑结构上严谨、合理，并有针对性。这类评价方法除了指标体系外，主要包括计算公式、指标公式、计算模型等。

3）专家评估法

专家评估法是以该领域专家的主观判断为基础的一类评价方法，主要包括评分法、类比法、相关系数法等具体方法。专家评估法具有操作简单、直观性强、效率高的特点，可以用于定性或定量经济效益指标的评估。

2.5.3　标准化现状和需求

1. 标准化现状

目前，我国智能制造评价类标准已发布和制定中的有 20 项，涉及设备检测、安全评价、系统特性评价、系统验收测试、系统集成和互联互通测试、工业网络协议测试、智能制造关键技术特性测试、智能工厂评价、智能制造能力评价等领域，已发布和制定中的主要智能制造评价标准见表 2-18。

表 2-18　我国目前已发布和制定中的主要智能制造评价标准

序号	标 准 号	标 准 名 称
1	GB/T 17178.1—17178.7	信息技术　开放系统互联　一致性测试方法和框架
2	GB/T 18272.1—18272.8	工业过程测量和系统评估中系统特性的评定
3	GB/T 29247—2012	工业自动化仪表通用试验方法
4	GB/T 18271.1—18271.4	过程测量和控制装置　通用性能评定方法和程序
5	GB/T 25928—2010	过程工业自动化系统出厂验收测试（FAT）、现场验收测试（SAT）、现场综合测试（SIT）规范
6	GB/T 25919.1—25919.2	Modbus 测试规范
7	GB/T 26857.4—2018	信息技术　开发系统互联测试方法和规范（MTS）测试和测试控制记法　第 3 版　第 4 部分：TTCN-3 操作语义
8	20150010-T-604	智能传感器　性能评定方法

续表

序号	标 准 号	标 准 名 称
9	2015139-T-604	增材制造技术　主要特性和测试方法
10	YD/T 2252—2011	网络与信息安全风险评估服务能力评估方法
11	20173534-T-339	智能制造能力成熟度模型
12	20173536-T-339	智能制造能力成熟度评价方法
13	20162635-T-519	基于模型的航空装备研制　企业数字化能力等级评价
14	20151585-T-469	产品几何技术规范（GPS）基于数字化模型的测量通用要求
15	20173706-T-604	智能工厂　安全监测有效性评估方法
16	20170058-T-469	服务机器人功能安全评估方法
17	GB/T 34942—2017	信息安全技术　云计算服务安全能力评估方法
18	20173706-T-604	智能工厂　安全监测有效性评估方法
19	20173979-T-604	智能工厂　工业自动化系统时钟同步、管理与测量通用规范
20	20173984-T-604	智能工厂　工业控制异常监测工具技术要求

2. 标准化需求

我国在积极推进智能制造标准体系的建设，大力开展有关智能制造基础标准规范和关键技术标准的研制。作为一家制造企业更关注的是如何让企业成功转型为"智造"企业，首先需要了解何为"智造"，在企业转型升级的过程中，又该如何逐步实现企业的既定目标，这些是企业现阶段迫切需要解决的难点问题。应该充分发挥标准引领的作用，建成一套统一的标准来解决制造企业的实际问题。这套标准要能够指导企业看清现状、确认目标，引领企业规划实施线路，指导服务商提供最优的解决方案。

目前需要研究制定的重点标准涉及智能装备的检测评价类标准、工业软件测试标准、平台评价标准、工业网络检测评价标准、智能制造能力评价标准、智能制造实施指南等一系列应用标准。

3.1 智能装备标准

3.1.1 识别与传感

传感是与外界环境交互的重要手段和感知信息的主要来源，作为信息时代的感知层，是海量数据的接收和传递信息的入口，是万物互联的重要基础。物联网、云计算、大数据、人工智能应用的兴起，推动传感技术由单点突破向系统化、体系化的协同创新转变，大平台、大生态主导核心技术走向态势明显，并成为各国科学技术布局的战略高地。识别技术已经发展成为由条码识别技术、二维码识别技术、射频识别技术、生物特征识别技术、智能优化算法等组成的综合技术，自动识别技术在工厂生产数据采集、监控、数据传递等方面具有巨大的应用潜力，并正在向集成化、柔性化、社会化应用的方向发展。本章将介绍智能制造形势下识别与传感的产业现状、相关技术和标准化现状与需求。

3.1.1.1 产业现状

1. 识别产业

从全球的范围来看，条码技术凭借其在信息采集上灵活、高效、可靠、成本低廉的特点，逐渐成为现代社会最常见的信息管理手段之一，目前已成为物流仓储、产品溯源、工业制造等信息化系统建设中必不可少的基础设备。美国政府是射频识别（RFID）技术应用的积极推动者，在其推动下美国在 RFID 标准的建立、相关软硬件技术的开发与应用领域均走在世界前列；欧洲 RFID 标准追随美国主导的 EPCglobal[①] 标准，在封闭系统应用方面，欧洲

[①] EPC global：国际物品编码协会与美国统一代码委员会的一个合资公司，是一个受业界委托而成立的非营利组织。

与美国基本处在同一阶段。从全球产业格局来看，目前 RFID 产业主要集中在
RFID 技术应用比较成熟的欧美市场。在市场需求和技术发展的双重推动下，
国外生物特征识别产业进入快速发展的时期，2017 年全球生物特征识别产业
的市场规模已经超过 150 亿美元。根据国际生物特征识别集团的报告，预计
未来几年内生物特征识别市场将保持年均 22.3% 的增速。

从我国产业发展现状来看，近年来，在国务院"互联网 +"战略下，"O2O"、
物联网等领域得到了极大的发展，进一步推动了条码识别产业的发展。我国
条码技术主要应用在零售、物流、仓储、产品溯源以及工业制造等领域。随
着制造强国战略的实施，我国工业制造领域将迎来新一轮生产设备自动化、
智能化的升级改造进程，带动包括条码识读设备在内的各类智能生产设备投
资。从产业链上看，RFID 的产业链主要由芯片设计、标签封装、读写设备的
设计和制造、系统集成、中间件、应用软件等环节组成。目前我国还未形成
成熟的 RFID 产业链，产品的核心技术基本还掌握在国外公司的手里，尤其是
芯片、中间件等方面。中低、高频标签封装技术在国内已经基本成熟，产品
应用广泛，目前处于完全竞争状况；超高频 RFID 技术门槛较高，国内发展较
晚，技术相对欠缺。经过近几年的稳步成长，生物特征识别技术产业进一步
发展壮大，国内生物特征识别产业正在从民间自发成长阶段，逐渐转向为以
政府相关部门积极引导、科研机构密切支持、产业部门大力推动的全方位发
展阶段，目前，生物特征识别技术与其他战略新兴产业密切结合，相关硬件
技术和软件算法蓬勃发展，在各项生产生活中的应用领域进一步扩大，如在
智能制造领域被用于人机交互与身份认证。

2. 传感产业

为在工业 4.0/ 智能制造时代继续维持领先地位，欧美日等都把传感器及
仪器仪表技术列为国家发展战略。美国国家长期安全和经济繁荣至关重要的
24 项技术中有 6 项与传感器直接相关。日本的"国家支柱技术十大重点战略
目标（2005—2015 年）"中，有 6 项与传感器及智能化仪器仪表技术有关。
日本工商界人士甚至声称"支配了传感器技术就能够支配新时代"。与发达国
家相比，我国传感器行业发展相对落后，国内传感器需求，尤其是高端需求
严重依赖进口，国产化缺口巨大，国产化需求迫切。随着智能制造、物联网、
自动化产业的发展，为传感器产业带来新的发展机遇和挑战。我国"十二五"
期间，提出突破九大关键智能基础共性技术，推进八项智能测控装置与部件
的研发和产业化，提升八类重大智能制造装备集成创新能力，促进在国民经

济六大重点领域的示范应用推广,其关键点和难点均集中在传感器、仪器仪表和控制系统上。在政策的号召下,我国智能传感器产业圈也在稳步向中高端升级。面对"十三五"期间大力发展的"智能"领域,必将为传感器产业,特别是智能传感产业带来更好的发展机遇,如图 3-1 所示。

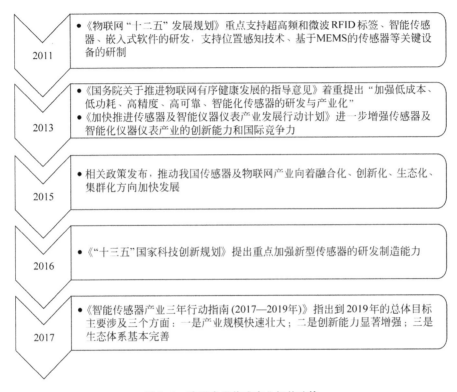

图 3-1 我国发展传感产业相关政策

根据中国信通院的数据统计,2015 年智能传感器已取代传统传感器成为市场主流(占 70%),2016 年全球智能传感器市场规模达 258 亿美元(1710 亿元人民币),预计 2019 年将达到 378.5 亿美元,年均复合增长率 13.6%。中国传感器产业近几年来一直持续增长,增长速度超过 15%。通过科技攻关、联合开发、合资合作和引进技术、消化吸收、实现国产化等多种形式,行业整体综合技术水平达到发达国家 20 世纪 90 年代中后期水平。我国的传感器产业已经形成从技术研发、设计、生产到应用的完整产业体系,共有 10 大类 42 小类 6000 多种传感器产品,中低档产品基本满足市场需求,产品品种满足率在 60%~70%,并逐步向中高端升级,开发了一批技术水平达到或接近国际先进水平的产品。图 3-2 反映了智能制造相关应用领域据不完全统计使用的

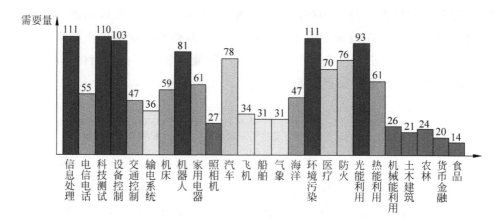

图 3-2　智能制造相关领域的传感器产品种类

传感器产品种类。

根据《智能传感器产业三年行动指南（2017—2019 年）》的要求，到 2019 年我国智能传感器产业规模将达到 260 亿元，主营业务收入超 10 亿元的企业 5 家，超亿元的企业 20 家，实现产业生态较为完善，涌现出一批创新能力较强、竞争优势明显的国际先进企业，技术水平稳步提升，产品结构不断优化，供给能力有效提高。

面对国际上传感产业规模迅速扩大、寡头垄断不断加强的趋势，我国传感产业若想把握好工业 4.0/ 智能制造时代新的发展机遇，急需解决国产产品稳定性、可靠性和一致性差的问题；强化标准的引导，国家和企业要重视标准的制定；统筹我国传感器产业布局，注重与国家重大专项与重点工程衔接。

3.1.1.2　相关技术

1．识别技术

1）条码及二维码识别技术

条码是通过将宽度 / 大小不等的多个黑条 / 块和白条 / 块按照一定的编码规则排列，以表达一组信息的图形标识。而条码信息的读取主要通过识读设备中的光学系统对条码进行扫描，再通过译码软件将图形标识信息翻译成相应的数据，从而实现对条码所包含信息的读取。根据扫描及译码方式的差异，条码识别技术主要包括激光扫描技术和影像扫描技术两大类，其中激光扫描系统由扫描系统、信号整形、译码三部分组成，影像扫描技术可进一步分为线性影像扫描技术和面阵影像扫描技术。

2）射频识别（RFID）技术

RFID 芯片设计与制造技术的发展趋势是芯片功耗更低，作用距离更远，读写速度与可靠性更高，成本不断降低。芯片技术将与应用系统整体解决方案紧密结合；RFID 标签封装技术将和印刷、造纸、包装等技术结合，导电油墨印制的低成本标签天线、低成本封装技术将促进 RFID 标签的大规模生产，并成为未来一段时间内决定产业发展速度的关键因素之一；RFID 读写器设计与制造的发展趋势是读写器将向多功能、多接口、多制式、模块化、小型化、便携式、嵌入式方向发展。同时，多读写器协调与组网技术将成为未来发展方向之一。

3）生物特征识别技术

在生物特征识别技术实现的过程中有很多软硬件方面的问题需要解决，关键技术包括生物特征传感器技术、生物信号处理技术、生物特征处理技术、活体检测技术、生物特征识别系统性能评价技术。其中传感器、信号处理以及特征处理技术与生物特征识别系统的性能直接相关，决定了生物特征识别系统的准确性，活体检测技术从安全性的角度出发考量了生物特征识别系统对假体的抗攻击能力，性能评价技术为生物特征识别系统各方面的性能指标评估给出了合理的指导及规范。

2. 传感技术

放眼国内外传感技术的发展趋势，都将随制造业的数字化、网络化和智能化趋势而升级，实现元器件与元器件之间、元器件与系统之间的连接和信息传输。由创新驱动发展，采用新材料、新机制、新结构的传感技术研发活跃，实现了向高性能、高可靠性、高适应性，以及集成化、微型化、智能化、网络化等方向发展。

1）高性能

高性能主要体现在产品具有高的测量精度和丰富的功能。

现场检测仪表的高性能基于检测技术的发展和新一代传感器的成熟。新型硅传感器、金属电容传感器、复合传感器、光纤传感器、科氏力传感器等新型传感器的研发使现场仪表的精度提高 1~2 个档次。数字技术与传感器技术的结合使新一代高性能现场仪表成熟完善，智能化和网络化技术使智能传感器具有运算、控制、补偿、通信等传统传感器难以实现的丰富功能。

2）高可靠性

传感器是智能制造过程获取信息的重要工具，在工业生产、国防建设和科学技术领域发挥着巨大的作用，国外将其"高可靠性"作为重要发展方向。

国外领先企业开始提供保修期长达 10 年、使用期不需调整维修的产品，并提出"终身保修""本质无损"等概念。而我国传感器技术最突出的发展瓶颈就是可靠性问题。高可靠性的实现首先源自原理和结构设计的创新。除此之外，大量产品的高可靠性基础是成熟的核心技术、精密加工和特殊加工工艺以及严格的质量和生产管理。智能化技术和现场总线技术的推广采用为传感器自校准、自诊断提供了解决方案，并有条件实现预防性维护，明显提高了设备的运行可靠性。

3）高适应性

新原理、新技术、新材料的应用使传感器显著提高了对复杂工况条件和环境的适应性。耐高温、高压、高压差以及强冲刷、强辐射、多相流、非接触检测、无损检测等产品的出现解决了绝大部分用户的现场检测"难题"。高量程比、模块化结构、红外技术、无线通信、自校正、自适应、自诊断等技术的发展应用使得传感器操作应用便捷，劳动强度降低、备品备件减少。智能制造数字化、智能化、网络化的实现使众多测量联络快捷，操作简化，功能设置灵活，实时聚合集成，促进软件研发及其功能发挥，使测量控制系统与企业经营管理系统紧密结合，形成管控一体化，从工艺流程的底层开始实现工业企业的信息化。测量设备和现场总线技术、智能设备管理技术的结合将使工业自动化领域发生变革，极大地提高传感器对大型复杂工程的综合适用性，并与数字工厂的经营、管理和技术发展趋势相适应。

4）集成化、微型化、智能化、网络化

在集成化、微型化方面，微机电系统（micro-electromechanical system, MEMS）传感器是目前智能化程度最高的传感器。MEMS 技术是在传统半导体材料和工艺基础上，微米操作范围内，在一个硅片上将传感器、机械元件、致动器与电子元件结合在一起的技术，是目前前沿微型传感器的主流方案。在网络化方面，当前国际上各种总线技术、工业以太网技术、无线通信技术都在传感设备上得到广泛应用，具有我国自主知识产权的 EPA 等工业通信协议、WIA-PA 和 WIA-FA 等无线通信协议也开始在智能化仪器仪表中应用。最具代表性的是无线传感器网络，它是一种新型的信息获取和处理技术，能够协作地实时监测、感知和采集网络分布区域内的不同监测对象的信息，被认为将对人类社会的生产、生活方式产生重大影响。在智能化方面，物联网、云计算、大数据、人工智能等技术的兴起，也在推动传感技术由单点突破向系统化、体系化、智能化的协同创新转变。

3.1.1.3　标准化现状与需求

1．识别标准现状

国际上，条码及二维码、射频识别技术相关标准制（修）订工作主要由 JTC1/SC31 自动识别和数据采集技术分技术委员会负责完成，其下设 4 个工作组。WG1 为数据载体工作组，在 2015 年，WG1 发布了对二维码验证器符合性标准的定期更新；WG2 为数据语法工作组，该工作组的工作重点在于数据的结构，可以在自动识别和数据采集设备中进行编码；WG4 为射频识别工作组，其涉及 RFID 的所有方面，包括应用和空中接口、安全性、实现和符合性，截至 2018 年 4 月，共发布标准 19 项；WG8 为应用工作组，负责自动识别和数据采集在典型应用场景中的相关标准制定。生物特征识别的国际标准化工作主要由 ISO/IEC JTC1/SC37（生物特征识别标准化分技术委员会，成立于 2002 年）负责，其主要任务是在不同的生物特征识别应用和系统之间实现互操作和数据交换，从而对生物特征识别相关技术进行标准化，其工作组设置情况如表 3-1 所示。截至 2018 年 4 月，JTC1/SC37 已发布 121 项国际标准和技术报告，在研标准 32 项。

表 3-1　ISO/IEC JTC1/SC37 工作组设置情况

工　作　组	名　　　称
WG1	生物特征识别词汇汇编
WG2	生物特征识别技术接口
WG3	生物特征识别数据交换格式
WG4	生物特征识别功能体系结构及相关轮廓
WG5	生物特征识别测试和报告
WG6	生物特征识别司法和社会活动相关管理

在我国，按照国家标准化委员会的职能划分，自动识别协会设在中国物品编码中心。中国物品编码中心于 2003 年 3 月制定完成了二维条码标准体系，给出了我国二维条码标准体系的总体框架，以作为规划、计划我国二维条码技术与应用标准的基础和依据。2005 年成立"电子标签标准工作组"。目前，工作组共有 159 家成员单位。秘书处设在中国电子技术标准化研究院，工作组下设 7 个专题组：总体组、标签与读写器组、频率与通信组、数据格式组、信息安全组、应用组、知识产权组，现行国家标准 13 项、现行电子行业标准 5 项。目前从事的主要标准化活动有商务部酒类电子追溯与防伪标准制定、内蒙古畜产品追溯地方标准制定。

目前国内开展生物特征识别相关标准的标准化组织主要是全国信息技术标准委员会生物特征识别分技术委员会（TC28/SC37），分委会成立以来，发布国家标准 27 项，行业标准 3 项，正在制订的国家标准 16 项。标准化工作主要围绕图像数据、应用接口、系统应用以及性能测试 4 个方向进行。目前国内已完成对诸如指纹、人脸、虹膜等典型模态的识别设备通用规范、数据交换格式、样本质量等标准的研制，同时还建立了指纹检测平台，可依据已制定的符合性测试方法相关标准完成对指纹识别产品的标准符合性测试。随着 DNA、步态等新兴模态识别技术的发展以及互联网金融等应用场景的增多，亟需制定 DNA 数据质量、呈现攻击检测、安全评估及安全防范等标准，支撑生物特征识别产业发展。

2. 传感标准现状

智能制造对传感器及仪器仪表提出了更高的要求，需实现高性能、高可靠性、高适应性，并向集成化、微型化、智能化、网络化等方向发展，在其基本功能以外具有数字通信和配置、优化、诊断、维护等附加功能，具有感知、分析、推理、决策、控制能力。在 IEC/SMB 所更新的 17 项 IEC 潜在新技术领域的内容中，第 14 项就是智能传感器（intelligent sensors），并明确指出归口 IEC/TC65。为此，SC65B 在相关方面开展了多项标准制（修）订工作。关于智能传感器的定义，IEC 特别征求了中国专家的建议。

2013 年 5 月，国家电网公司、中国科学院沈阳自动化研究所和机械工业仪器仪表综合技术经济研究所联合向 IEC MSB（市场战略局）提交了"物联网：无线传感网络（wireless senors network，WSN）"提案。基于此，来自中国、德国、法国、日本、美国的专家成立项目组，共同完成了白皮书的撰写工作，并于 2014 年 11 月由 IEC 正式发布。白皮书的主要内容包括：评估各方面对 WSN 的应用需求；回顾 WSN 的现有技术，展示 WSN 系统的应用实例；预测相关技术和市场的发展趋势，总结潜在应用；建立 WSN 标准框架，提出需要制（修）订的标准。

如上一节所述传感器的发展趋势之一是"高可靠性"，但国际上目前并没有专门针对测控设备及系统的可靠性标准。为此，机械工业仪器仪表综合技术经济研究所的丁露博士作为召集人在 IEC/TC65 中成立 AHG2"自动化设备及系统可靠性特别工作组"。奥地利、加拿大、中国、德国、法国、意大利、日本、韩国 8 个国家共委派 12 名专家参加了该工作组，梳理现有标准并制定针对自动化设备，特别是传感器及仪器仪表的可靠性标准。该项目 2018 年 5

月已正式形成 CD 稿。

我国仪器仪表行业的现有标准约有 2000 项，其中 30% 为传感器标准或直接相关的技术标准，这些标准由仪器仪表行业的 12 个相关标准委员会制定，如 SAC/TC124、SAC/TC103、SAC/TC104、SAC/TC122、SAC/TC338 等。与智能制造密切相关的传感技术国家标准主要包括 GB/T 33905《智能传感器》系列标准、GB/T 30269《信息技术　传感器网络》系列标准、GB/T 34069—2017《物联网总体技术　智能传感器特性与分类》等，正在修订中的国家标准主要包括《物联网总体技术　智能传感器接口规范》《智能传感器 检查和例行试验导则》《智能传感器术语》《智能传感器 性能评定方法》《物联网总体技术　智能传感器可靠性设计方法与评审》等。

3. 标准化需求

拟建立的智能制造传感器及仪器仪表标准体系如图 3-3 所示。

在通用技术、集成、通信、管理 4 个方面，有待制定的识别与传感标准主要包括标识及解析、数据编码与交换、系统性能评估等通用技术标准；信息集成、接口规范和互操作等设备集成标准；通信协议、安全通信、协议符合性等通信标准；智能设备管理、产品全生命周期管理等管理标准。

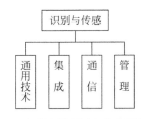

图 3-3　智能制造识别与传感标准体系

3.1.2　人机交互系统

人机交互（human-computerInteraction，HCI）是用户与系统之间的信息交换，它主要包括用户到系统和系统到用户的信息交换两部分。系统可以是各种各样的机器，也可以是智能电视机、智能手机以及计算机系统和软件。用户可以借助操纵杆、数据服装、眼动跟踪器、位置跟踪器、数据手套、压力笔等各类穿戴设备，用手势、声音、姿势或身体的动作、眼睛甚至脑电波等向系统传递信息，同时，系统通过各类机器、显示器、音箱等输出或显示设备给人提供信息。理想状态下，人机交互将不再需要依赖机器语言，在没有键盘、鼠标以及触摸屏等中间设备的情况下，随时随地实现人机的自由交流，从而实现人们的物质世界和虚拟网络的最终融合。

人机交互作为智能制造领域的核心内容之一，将进一步促进智能制造企业开展更大跨度的资源集成，实现远程定制、异地设计、协同生产、就地加工与服务，推动企业的生产组织模式及商业与服务模式等发生根本性的变化。下面将介绍智能制造形势下人机交互的产业现状、相关技术和标准化现状与需求。

3.1.2.1　产业现状

随着人机交互在计算机容量、网络技术、图形技术、多媒体技术、新型输入输出设备、解析算法以及处理软件方面的迅速发展，人机交互在智能制造领域的应用从过去人不断地适应机器发展到了技术不断适应人的互动，从键盘输入、手柄操作、屏幕仪表显示等，发展到语音、手势、触摸、体感，甚至脑电波输入或控制等新模式。目前，人机交互已经应用在产品设计、设备控制、现场控制、物流等智能制造的方方面面。例如，应用于可穿戴式计算机、隐身技术、浸入式游戏等的动作识别技术；应用于虚拟现实、遥控机器人及远程医疗等的触觉交互技术；应用于呼叫路由、家庭自动化及语音拨号等场合的语音识别技术；应用于广告、网站、产品目录、杂志效用测试的眼动跟踪技术。此外，随着人机交互解决方案供应商不断地推出各种创新技术，眼睛虹膜、掌纹、笔迹、步态、语音、唇读、人脸等人类特征的研发应用也正受到关注，多通道的整合也是国内人机交互的热点，未来我国人机交互系统将在智能制造领域获得更为广泛的应用。今后的人机交互应用和发展将具有一些新的特点：

（1）智能客服机器人的发展应用将呈现出快速增长的势头，并逐步开始在电信运营商、金融服务等行业形成产业规模。中国移动、中国电信等公司已经从 2010 年开始陆续出台了关于在线客服智能机器人的相关技术和业务规范。Siri 模式的出现，更是带动了包括各类移动终端厂商、智能家电 / 家居厂商、车联网相关厂商加入这个产业链中。在这个产业链条当中，智能人机交互技术、智能知识库、语义库构建技术、语音技术，将得到充分地发展和应用。

（2）"人机融合"将成为未来中国制造业的发展趋势。由于互联网、云计算等信息技术的发展，制造业服务化的转型已经使智能制造贯穿整个产品的生命周期，人的智慧已经融入其中，不再是简单的"机器换人"的概念，人与机器人之间的合作成为最佳的生产组合，把机器人可以承受艰苦工作的承载能力与人类的智慧有机地结合在一起，将会大大提高制造的效率以及安全水平。戴姆勒—克莱斯勒公司已经成功地实现了"人—机手拉手"的工作。装配工人只需利用一个操作杆就可以完成仪表的安装、机器人工作速度的调节和机器人工作方向的转换。这种新型的机器人控制方式在梅赛德斯 C 级轿车的生产中已经得到了验证。此外，在斯图加特市的 C 级轿车生产厂中，机器人全自动地从零部件运输车中取出沉重的弹簧减振器，并将其放置到装配工位上。整个过程全都是由装配工利用一个操纵杆来完成的。如果在全自动化的生产过程中让机器人躲避装配工人也许是件非常不经济的事情。

尽管人机交互技术逐步应用到智能制造的各个层面，但是当前人机交互的应用还存在两个方面的制约：一是大部分人机交互仍未摆脱传统的交互模式，在大部分设备中，人机交互的主体依然是 WIMP（Windows、Icons、Menus、Pointers）方式，即使是目前的智能手机采用触控的方式依然没有超出 WIMP 的交互模式范畴；二是多通道新型交互模式依然存在着稳定性和自然度的问题，在融合语音、视觉、生理、体感参数等多通道信息情况下的人机交互，面临着各个通道信息识别稳定性的问题，由于识别结果的不稳定导致人机交互的体验感变差。

3.1.2.2　相关技术

人机交互主要研究人和计算机之间的信息交换，主要包括人到计算机和计算机到人的两部分信息交换，是人工智能领域的重要外围技术。人机交互是与认知心理学、人机工程学、多媒体技术、虚拟现实技术等密切相关的综合学科。传统的人与计算机之间的信息交换主要依靠交互设备进行，主要包括键盘、鼠标、操纵杆、数据服装、眼动跟踪器、位置跟踪器、数据手套、压力笔等输入设备，以及打印机、绘图仪、显示器、头盔式显示器、音箱等输出设备。人机交互技术除了传统的基本交互和图形交互外，还包括语音交互、视觉交互、触觉交互、情感交互、体感交互及脑机交互等技术，以下对几种与智能制造关联密切的典型交互手段进行介绍。

1.　语音交互

语音交互是一种高效的交互方式，是人以自然语音或机器合成语音同计算机进行交互的综合性技术，结合了语言学、心理学、工程和计算机技术等领域的知识。语音交互不仅要对语音识别和语音合成进行研究，还要对人在语音通道下的交互机制、行为方式等进行研究。语音交互过程包括四部分：语音采集、语音识别、语义理解和语音合成。语音采集完成音频的录入、采样及编码；语音识别完成语音信息到机器可识别的文本信息的转化；语义理解根据语音识别转换后的文本字符或命令完成相应的操作；语音合成完成文本信息到声音信息的转换。作为人类沟通和获取信息最自然便捷的手段，语音交互比其他交互方式具备更多优势，能为人机交互带来根本性变革，是大数据和认知计算时代未来发展的制高点，具有广阔的发展前景和应用前景。

2. 视觉交互

视觉交互（vision-based interaction）技术是在人机交互中采用计算机视觉作为有效的输入模态，探测、定位、跟踪和识别用户交互中有价值的行为视觉线索，进而预测和理解用户交互意图并作出响应。这种技术可以支持人机交互中的一系列的功能，如：人脸检测、定位和识别（确定场景中的人数、位置和身份等）；头和脸部的跟踪（用户的头部、脸部的位置和方向）；脸部表情分析（用户表情状态：微笑、大笑、皱眉、说话、困乏等）；视听语音识别（协助判断用户说话内容）；眼睛注视跟踪（用户的眼睛朝向）；身体跟踪（用户身体的位置，身体的动作等）；手跟踪（确定用户手的位置、二维或三维模型、手的结构等）；步态识别（识别人的走路、跑步的风格）；姿势、手势和活动识别等，最终实现人与机器的"行为交互"（behaviour interaction）。

3. 触觉交互

触觉交互已成为人机交互领域的最新技术，其可借助人的触感，产生一种虚拟现实的效果。触碰可以产生多种不同的感受，包括轻碰、重碰、压力、疼痛、颤动、热和冷，因此人工模拟这些感受的方式也各异。触觉交互技术已经开辟了多种可能的应用领域，包括虚拟现实、遥控机器人、远程控制、工作培训、基于触觉的三维模型设计等。

4. 情感交互

情感是一种高层次的信息传递，而情感交互是一种交互状态，它在表达功能和信息时传递情感，勾起人们的记忆或内心的情愫。传统的人机交互无法理解和适应人的情绪或心境，缺乏情感理解和表达能力，计算机难以具有类似人一样的智能，也难以通过人机交互做到真正的和谐与自然。情感交互就是要赋予计算机类似于人一样的观察、理解和生成各种情感的能力，最终使计算机像人一样能进行自然、亲切和生动的交互。情感交互已经成为人工智能领域中的热点方向，旨在让人机交互变得更加自然。目前，在情感交互信息的处理方式、情感描述方式、情感数据获取和处理过程、情感表达方式等方面还有诸多技术挑战。

5. 体感交互

体感交互是个体不需要借助任何复杂的控制系统，以体感技术为基础，直接通过肢体动作与周边数字设备装置和环境进行自然的交互。依照体感方式与原理的不同，体感技术主要分为三类：惯性感测、光学感测以及光学联合感测。

体感交互通常由运动追踪、手势识别、运动捕捉、面部表情识别等一系列技术支撑。与其他交互手段相比，体感交互技术无论是硬件还是软件方面都有了较大的提升，交互设备向小型化、便携化、使用方便化等方面发展，大大降低了对用户的约束，使得交互过程更加自然。目前，体感交互在游戏娱乐、医疗辅助与康复、全自动三维建模、辅助购物、眼动仪等领域有了较为广泛的应用。

6. 脑机交互

脑机交互又称为脑机接口，指不依赖于外围神经和肌肉等神经通道，直接实现大脑与外界信息传递的通路。脑机接口系统检测中枢神经系统活动，并将其转化为人工输出指令，能够替代、修复、增强、补充或者改善中枢神经系统的正常输出，从而改变中枢神经系统与内外环境之间的交互作用。脑机交互通过对神经信号解码，实现脑信号到机器指令的转化，一般包括信号采集、特征提取和命令输出 3 个模块。从脑电信号采集的角度，一般将脑机接口分为侵入式和非侵入式两大类。除此之外，脑机接口还有其他常见的分类方式：按照信号传输方向可以分为脑到机、机到脑和脑机双向接口；按照信号生成的类型，可分为自发式脑机接口和诱发式脑机接口；按照信号源的不同还可分为基于脑电的脑机接口、基于功能性磁共振的脑机接口以及基于近红外光谱分析的脑机接口。脑机接口是 21 世纪最热门的前沿学科之一，涉及生物医学工程、信息科学、材料科学、自动化控制以及认知科学等领域，对医疗康复、人工智能、军事训练等产生了越来越深远的影响。

3.1.2.3 标准化现状与需求

人机交互系统标准主要用于规范人与信息系统多通道、多模式和多维度的交互途径、模式、方法和技术要求，解决包括工控键盘、操作屏等高可靠性和安全性交互模式，语音、手势、体感、虚拟现实/增强现实（VR/AR）设备等多维度交互的融合协调和高效应用的问题。人机交互系统标准包括工控键盘布局等文字标准；智能制造专业图形符号分类和定义等图形标准；语音交互系统、语义库等语音语义标准；单点、多点等触摸体感标准；情感数据等情感交互标准；虚拟显示软件、数据等 VR/AR 设备标准。

目前，国际上 ISO/IEC JTC1 下设 SC35 用户界面分委会，主要在优先满足不同文化和语言适应性要求的基础上，制定信息和通信技术（ICT）环境中的用户界面与人机交互规范，并为包括具有可访问需求或特殊需求的人群在内的所有用户提供服务接口标准化支持。目前已发布键盘布局、图形、手势、远程控制台等国际标准 70 项。我国人机交互领域标准化工作主要在全国信息技术标准化技术委员会（SAC/TC28）下开展，主要涉及其下设的图形图像和数据采集分技术委员会（TC28/SC24）、用户界面分技术委员会（TC28/SC35）和生物特征识别分技术委员会（TC28/SC35），已发布手势、增强现实、虚拟现实、图形图像、可穿戴设备、智能语音、语义、情感交互、指纹识别、人脸识别和虹膜识别等领域国家标准 70 余项。

在智能制造领域，人机交互在制造业还处于发展的起步阶段，人机交互相关标准也亟待制定和完善。目前在新型人机交互、语义库、交互设备等方面的标准需求仍很大，在智能制造产品设计和控制操作领域，各种人机交互的图标、语音等命令、对象和属性的定义不清、种类繁多，特别是像工控显示图标没有统一规范，能在制造业广为应用的语音输入、语音反馈、语音控制、语音导航等缺少统一的命令定义。因此，智能人机交互需要进行工业控制领域人机交互的图标的框架、命令、注册管理等标准的制定，语音的框架、互联网服务和语音语义库等标准的制定，对新人机交互模式需要进行触摸、手势等方面的标准研究制定。这些人机交互标准对于提高工业产品的智能化和服务化水平具有十分重要的作用。

3.1.3　控制系统

随着计算机技术、网络通信技术和控制技术的发展，传统的控制领域正经历着一场前所未有的变革，诸如机器视觉、人工智能、时间敏感网络（TSN）等的推广应用，催生了控制系统的新变革，涉及控制方法、数据采集及存储、人机界面及可视化、通信、柔性化、智能化、控制设备集成、时钟同步、系统互联等方面的创新。目前国内外常见的控制系统包括可编程逻辑控制器（PLC）、可编程自动控制器（PAC）、分布式控制系统（DCS）、现场总线控制系统（FCS）、监控与数据采集（SCADA）系统等。本节将介绍控制系统的产业现状、相关技术、标准化现状和需求。

3.1.3.1　产业现状

经过多年的发展，控制系统在控制规模、控制技术和信息共享方面都有巨大的变化。在控制规模方面，控制系统由最初的小系统发展成现在的大系统；在控制技术方面，控制系统由最初的简单控制发展成复杂或者先进控制；在信息共享方面，控制系统由最初的封闭系统发展成现在的开放系统。

PLC 是智能制造中应用最广泛的控制系统，随着制造强国战略的不断推进，工艺要求、节能要求和自动化水平的提升都会在国内长期存在，这些都将支撑 PLC 市场处于持续增长状态。目前，PLC 市场基本是欧美和日本企业垄断，其中欧美企业在大型和中型 PLC 市场凭借其领先的技术优势、完善的销售和服务网络，占有绝对垄断地位，而日本企业在小型 PLC 市场占有优势。国内也已有较强实力的公司开始拓展 PLC 业务，并在市场上有了一定声音。

PAC 融合了 PLC 和 PC-based 各自的优点，将 PC 强大的计算能力、通信处理、广泛的第三方软件与 PLC 可靠、坚固、易于使用等特性最佳地结合在一起。中国市场对于 PAC 系统表现了很强的接受能力，目前已有多个厂家提供符合 PAC 定义特征与性能的产品。

DCS 是流程工业实现自动控制的核心，是智能工厂建设的基础。近年来，国产 DCS 在石化、电力、化工、建材、制药等行业的应用都实现了跨越式发展，在工业自动化系统市场中占有相当高的比例。随着国家经济发展，DCS 逐步向高端、大型、联合控制和注重后续维护的方向发展。

FCS 在应用方面国内与国外大致相同，即在流程工业自动化领域应用现场总线比较少，而在制造业、能源电力、交通、水利、环保等自动化领域，现场总线的应用发展已有所突破，但同时也存在着国际标准中各类总线标准共存的局面，短时间内难以统一。

SCADA 系统广泛应用于油田、天然气、水利、能源管理、市政、烟草、煤矿等生产调度中心、能源管控中心、远程维护中心、企业数据中心的部署与建设，能较好地实现生产过程控制与自动化调度。SCADA 系统在离散制造业数字化车间的应用越来越广泛。

3.1.3.2　相关技术

最近几年，传统自动化技术与 IT 技术加速了融合的进程，控制系统已广泛采用 TCP/IP 标准网络协议，工业实时以太网已经被工业自动化领域广泛接受，IT 技术快速进入工业自动化系统的各个层面，改变了自动化系统长期以来不能与 IT 技术同步增长的局面。工厂企业的信息化，可以实现智能工厂从设备、单元、车间、企业到协同等系统层级的信息无缝集成，使得过程控制系统（PCS）与制造执行系统（MES），以及企业资源计划系统（ERP）有机地融为一体，并能通过互联网完成远程维护与监控。这种不可阻挡的发展趋势随之也带来了工业网络的安全问题，如何保证工业网络的机密性、完整性和可用性成为工业自动化系统必须考虑的一个重要问题。

1. PLC

当今 PLC 实际上已经发展成一类通用工业控制器，除了最初的逻辑控制功能，还具备了运动控制、过程控制功能，并支持开放的各类通信协议和工业网络、互联网接入、与云端服务平台的连接。新一代 PLC 主要表现为微型、小型 PLC 功能明显增强，集成化能力增强，行业应用定制化等技术特点。

2．PAC

PAC 包括 PLC 的主要功能和扩大的控制能力，以及 PC-based 控制中基于对象的、开放数据格式和网络连接等功能。PAC 的技术特点主要表现为以下几个方面：

（1）提供通用发展平台和单一数据库，以满足多领域自动化系统设计和集成的需求；

（2）一个轻便的控制引擎，可以实现多领域的功能，包括逻辑控制、过程控制、运动控制和人机界面等；

（3）允许用户根据系统实施的要求在同一平台上运行多个不同功能的应用程序，并根据控制系统的设计要求，在各程序间进行系统资源的分配；

（4）采用开放的模块化的硬件架构以实现不同功能的自由组合与搭配，减少系统升级带来的开销；

（5）支持 IEC 61158 现场总线规范，可以实现基于现场总线的高度分散性的工厂自动化环境；

（6）支持工业以太网标准，可以与工厂的 MES、ERP 系统轻易集成；

（7）使用既定的网络协议、程序语言标准来保障用户的投资及异构网络的数据交换。

3．DCS

应用于智能制造的 DCS 将突出智能性和系统性，并日益与生产、管理过程的其他环节集成，实现高效率、高可靠性的现场控制。DCS 具有自主性、协调性、在线性、实时性、高可靠性、适应性、灵活性、可扩充性与友好性等特点。

通常 DCS 应用是一种纵向分层的网络结构，自上而下依次为过程监控层、现场控制层和现场设备层。各层之间由通信网络连接，层内各装置之间由本级的通信网络进行通信联系。

4．FCS

FCS 作为智能设备的联系纽带，把挂接在总线上作为网络节点的智能设备连接为网络系统，并进一步构成自动化系统，实现基本控制、补偿计算、参数修改、报警、显示、监控、优化及管控一体化的综合自动化功能。这是一项以智能传感器、控制、计算机、数字通信、网络为主要内容的综合技术。

5．SCADA

SCADA 系统涉及组态软件、数据传输链路、工业隔离安全网关，其中工业隔离安全网关是保证工业信息网络的安全，工业上大多数都要用到这种安全防护性的网关，防止病毒入侵，以保证工业数据、信息的安全。

SCADA 系统一般为客户/服务器（C/S）体系结构。在这个体系结构中，服务器与硬件设备通信，进行数据处理和运算，而客户端用于人机交互，如用文字、动画显示现场的状态，并可以对现场的开关、泵、阀门等进行操作。

SCADA 系统具有如下特点：

（1）软件平台模块化设计，可根据需求新增、裁减或组合模块/服务；

（2）软件平台支持二次开发，提供 I/O 驱动开发接口、流程图控件嵌入、操作面板、脚本、报表逻辑等；

（3）数据开放性：实时数据（OPC、ODBC 数据源）、历史数据（ODBC 数据源、SQL 连接），均可以通过相应的数据库连接驱动，输入关系型数据库；第三方程序可通过 OPC、ODBC、API、DDE 等接口接入；

（4）全系统支持多域结构，域内支持 C/S 模式，域间支持交叉或包容管理；

（5）支持工业电视视频数据的接入和显示；

（6）内置基于 C/S 网络的 SNTP 时钟同步机制，支持 GPS 的时钟同步；

（7）具备对仪表的远程诊断和系统自诊断功能；

（8）具有大容量的高速逻辑控制能力；

（9）具有灵活的网络拓扑连接方式，可支持星型、总线型、环型和菊花链型等多种有线和无线连接方式。

3.1.3.3　标准化现状与需求

由于控制系统产品构成的复杂性及受相关技术快速发展的影响，目前几类主要控制系统产品除 PLC 外，均没有完善的产品标准，随着智能工厂、数字化车间的推进，控制系统产品标准的编制日趋紧迫。

有待制定的控制系统标准主要包括数据交换、特征与分类、性能评定、可靠性要求、智能化要求等通用技术标准，时钟同步、接口、功能块、设备集成、互操作性等集成标准，现场总线、工业以太网、工业无线、安全通信、高可用通信、符合性等通信协议标准。应建立如图 3-4 所示的智能制造控制系统

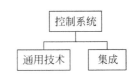

图 3-4　智能制造控制系统标准体系

标准体系。

1. PLC

目前国际上最重要的 PLC 标准是 IEC（国际电工技术委员会）/SC65B（工业过程测量控制和自动化技术委员会测量和控制设备分技术委员会）制定的 IEC 61131《可编程序控制器》系列标准，该标准包括了 9 个部分，对应转化的国家标准为 GB/T 15969《可编程序控制器》系列标准。

已发布的 PLC 标准主要包括：

GB/T 15969.1—2007《可编程序控制器　第 1 部分：通用信息》

GB/T 15969.2—2008《可编程序控制器　第 2 部分：设备要求与试验》

GB/T 15969.3—2005《可编程序控制器　第 3 部分：编程语言》

GB/T 15969.4—2007《可编程序控制器　第 4 部分：用户导则》

GB/T 15969.5—2002《可编程序控制器　第 5 部分：通信》

GB/T 15969.6—2015《可编程序控制器　第 6 部分：功能安全》

GB/T 15969.7—2008《可编程序控制器　第 7 部分：模糊控制编程》

GB/T 15969.8—2007《可编程序控制器　第 8 部分：编程语言的应用和实现导则》

GB/T 33008.1—2016《工业自动化和控制系统网络安全　可编程序控制器（PLC）　第 1 部分：系统要求》

制定中的 PLC 标准主要包括：

20171654-T-604《可编程序控制器　第 9 部分：小型传感器和执行器的单点数字通信接口（SDCI）》

2. DCS

目前国际标准和国家标准都没有专门针对 DCS 产品的系列技术标准，在智能制造的环境下，急需制定 DCS 产品的通信接口、设备要求与试验、编程语言、功能安全等方面的技术标准。此外，还应建立标准来指导企业用户评价 DCS 产品和安全应用 DCS 产品。

已发布的 DCS 标准主要包括：

GB/T 33009.1—2016《工业自动化和控制系统网络安全　集散控制系统（DCS）　第 1 部分：防护要求》

GB/T 33009.2—2016《工业自动化和控制系统网络安全　集散控制系统（DCS）　第 2 部分：管理要求》

GB/T 33009.3—2016《工业自动化和控制系统网络安全　集散控制系统

（DCS）　第 3 部分：评估指南》

GB/T 33009.4—2016《工业自动化和控制系统网络安全　集散控制系统（DCS）　第 4 部分：风险与脆弱性检测要求》

3. FCS

IEC 极为重视现场总线标准的制定，早在 1984 年就成立了 IEC/TC65/SC65C/WG6 工作组，开始起草现场总线标准。经过几十年的努力，已制定了 IEC 61784《工业通信网络行规》系列标准和 IEC 61158 系列标准，并且一直在不断修订过程中。目前，上述两个标准已转化为我国国家标准。

已发布的 FCS 标准主要包括：

GB/T 20171—2006《用于工业测量与控制系统的 EPA 系统结构与通信规范》

GB/T 27526—2011《PROFIBUS 过程控制设备行规》

GB/T 20540.1—20540.6《测量和控制数字数据通信　工业控制系统用现场总线　类型 3：PROFIBUS 规范》

GB/T 19582.1—19582.3《基于 Modbus 协议的工业自动化网络规范》

GB/T 25919.1—25919.2《Modbus 测试规范》

GB/T 29910.1—29910.6《工业通信网络　现场总线规范　类型 20：HART 规范》

4. PAC

目前国际标准和国家标准都没有明确专门针对 PAC 的系列技术标准。

5. SCADA

目前国际标准和国家标准都没有明确专门针对 SCADA 的系列技术标准。

3.1.4　增材制造

增材制造（俗称 3D 打印）是相对于减材制造和等材制造，以三维模型数据为基础，通常采用材料逐层堆积的方式来制造零件或实物的工艺，是典型的新兴技术领域，其核心是数字化、智能化制造与材料科学的结合，已成为引领科技创新和产业变革的关键技术之一，是制造业转型升级、提质增效的重要驱动力。

3.1.4.1　产业现状

全球增材制造产业正处于蓬勃发展的初始期，且后劲十足。据美国增材制造技术咨询服务协会（Wohlers）年度报告显示，在 1988—2015 年的 27 年间，全球增材制造产业发展迅猛，年复合增长率实现 26.2%，其中 2012—2014 年更达到了 33.8%，2016 年，全球增材制造行业市场规模达到了 60.63 亿美元，2018 年达到 125 亿美元。预计未来 10 年，全球增材制造产业仍将处于高速增长期，发展潜力巨大，到 2020 年全球产值有望达到 1100 亿美元（图 3-5）。麦肯锡预测，到 2025 年全球增材制造产业可能产生高达 2000 亿~5000 亿美元经济效益。全球制造、消费模式开始重塑，增材制造产业将迎来巨大的发展机遇。

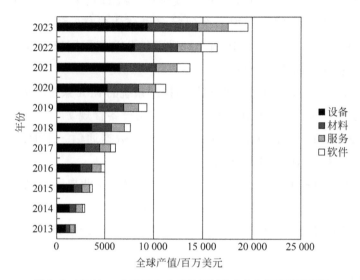

图 3-5　Wohlers（2017）全球增材制造产业市场规模及预测

近年来，美国、德国等主要发达国家以发展先进制造业、抢占科技创新制高点为目标，制定了发展增材制造的国家战略和具体推动措施，大力推进增材制造技术研究和产业应用。我国正处于由工业大国向工业强国迈进的关键时期，《国家创新驱动发展战略纲要》将发展增材制造作为重要战略任务之一，在政策的引导和市场的驱动下，我国增材制造快速发展，虽然取得了一些可喜成果，涌现了一批高水平技术企业，还逐渐出现了一些产业园区，但总体与国际相比仍有较大差距。以增材制造系统出货量为例，据不完全统计，最近 30 年间，美国和欧洲增材制造系统出货量大概占据全球总量的 65%，而中国仅占不到 5%，无论是产品质量、市场规模还是产业化程度，我国增材制造都处于"跟跑"阶段。

3.1.4.2　相关技术

增材制造技术通常是逐层累加的过程，可以直接将数字模型快速制造成三维实体零件，实现真正的"自由制造"。与传统制造技术相比，增材制造技术具有柔性高、无模具、周期短、不受零件结构和材料限制等优点,在航天航空、汽车、电子、医疗、军工等领域得到了广泛应用。近年来,我国相继发布《国家增材制造产业发展行动计划(2015—2016 年)》《增材制造产业发展行动计划(2017—2020 年)》,以及增材制造和激光制造国家重点研发计划专项,为我国增材制造的产业化发展指明了方向。

1. 高性能材料研发与制备

在增材制造的各种工艺中,原材料对制品的成型和使用性能将起到决定性的影响。根据材料的化学组成,可分为金属材料、无机非金属材料、有机高分子材料、生物材料等。开展增材制造高性能材料研发与制备,提升增材制造专用材料品质和性能稳定性,突破一批增材制造专用材料,是目前需要进一步突破的技术瓶颈,也是我国增材制造发展关键共性技术的一大重点任务。

2. 产品设计优化

增材制造因其基于三维数据模型直接堆积材料加工的工艺原理,给设计理论带来了新的发展机遇。一方面,突破了传统制造约束的设计理念,为结构自由设计提供可能;另一方面,超越传统均质材料的设计理念,为功能驱动的多材料、多色彩和多结构一体化设计提供新方向。

3. 高质量、高稳定性增材制造装备

增材制造装备是高端制造装备重点方向,在增材制造产业链中居于核心地位。增材制造装备制造包括制造工艺、核心元器件和技术标准及智能化系统集成。面向装备发展需求,应重点研究装备的系统集成和智能化。

4. 增材制造材料工艺与质量控制

增材制造实质上是一个积少成多、化零为整的制造过程,在此过程中,通常会发生一系列的物理和化学变化,原材料之间的结合是关键,对构件成形质量有重要影响,主要体现在零件性能和几何精度上,通过材料、工艺、检测、控制等多学科交叉,提升制件质量。

3.1.4.3 标准化现状与需求

国际上,主要从事增材制造的标准组织包括 ASTM F42 及 ISO/TC 261,其中,ASTM F42 成立于 2009 年,目前发布标准 18 项、在研标准 20 项;ISO/TC261 成立于 2011 年,目前发布标准 7 项、在研标准 16 项,均处于工作初期阶段。与之相比,我国高度重视增材制造标准化工作,尤其是最近几年,出

台了一系列重要举措，强化对增材制造标准化工作的顶层设计和支持力度，并推动我国成为 ISO/TC 261 的 P 成员国，成立全国增材制造标准化技术委员会（SAC/TC562），全面统筹推进增材制造领域国际、国内标准化工作。这些工作，为我国增材制造标准化工作的发展奠定了坚实基础，支撑我国增材制造标准化取得一批重要成果。

1. 标准制（修）订工作推动有力

（1）发布 4 项国家标准。GB/T 35351—2017《增材制造 术语》、GB/T 35352—2017《增材制造 文件格式》、GB/T 35021—2018《增材制造 工艺分类及原材料》、GB/T 35022—2018《增材制造 主要特性和测试方法 零件和粉末原材料》4 项国家标准已正式发布。该 4 项国家标准积极对标国际，首次统一了我国增材制造方面的基本术语和定义，明确界定了与世界主要国家相统一的增材制造材料挤出、定向能量沉积等七大主流工艺的分类方法，给出了具有一定引领性的增材制造文件格式（AMF）要求，明确了 7 类工艺的基本原理及其所使用的原材料种类，规范了增材制造零件和粉末原材料的主要特性和测试方法，对促进我国增材制造的规范化发展具有重要意义。与此同时，也为制定更多的增材制造标准、建立和完善增材制造标准体系奠定了基础。

（2）在研 8 项国家标准。除上述已发布的 4 项国家标准外，还有 8 项增材制造国家标准在制定过程中。其中，云服务平台模式规范、产品设计指南、塑料材料粉末床烧结工艺规范等 3 项国家标准正在征求意见；材料挤出成形工艺规范等 5 项国家标准成功立项，各项在研标准均在稳步推进。

（3）国际标准化工作取得实质性进展。我国首次提出的国际标准提案《信息技术 3D 打印和扫描 增材制造服务平台架构》经过 ISO/TC261 年会多次讨论及 ISO/IEC/JTC1 电话会议，已经由中国和韩国共同上报至 ISO/IEC/JTC1 申请立项。该项增材制造国际标准的提出，对提升我国增材制造国际标准影响力，以标准支撑我国增材制造技术和服务"走出去"，具有重要意义。

2. 标准体系持续优化完善

标准体系是标准化工作的蓝图，是系统开展标准化工作的基础和依据。2017 年，SAC/TC562 积极跟踪研究 ISO/TC 261、ASTM F42、CEN/TC 438 等国际国外增材制造标准组织最新研究成果，结合我国增材制造技术和标准化工作已经形成的基础和特点，进一步对增材制造技术标准体系进行了完善，提出了涵盖增材制造术语等基础共性标准簇、典型增材制造工艺标准簇、增材制造专用材料标准、典型增材制造设备标准簇以及增材制造服务标准簇在内的增材制造标准体系。体系包含了基础共性的国家和行业标准、具有先导性的团体标准，将为我国今后构建增材制造新型标准体系，开展增材制造标准化工作，以标准带动我国优势增材制造技术、产品和服务走出去起到指导作用。

我国增材制造标准化工作虽然取得了一定成果，但面对当下增材制造产业发展的机遇与挑战，仍需开展更多标准化工作及创新，发挥标准的规范和引领作用，促进增材制造产业健康发展。

1）建立新型增材制造标准体系

在做好国家标准等政府主导制定标准工作的基础上，研制一批具有引领性的团体标准，在增材制造领域推动形成政府主导制定标准与市场自主制定标准协调发展的新型标准体系，不断增强标准有效供给，用团体标准补充增材制造国家标准的缺位，用高水平团体标准引领产业发展。

2）加强增材制造国际标准化工作

持续强化增材制造领域国际交流合作，积极参与国际标准制（修）订工作，积极推进我国增材制造优势技术和标准转研制为国际标准，不断提升中国增材制造标准的质量水平和影响力，打造中国增材制造标准品牌。

3）建立科技成果转化为技术标准机制

建立增材制造科技成果快速转化为技术标准机制，对重要创新成果的市场化潜力、产业化前景进行可行性分析，推动一批增材制造新技术、新方法、新材料、新工艺快速转化为标准，包括国际标准、国家标准、行业标准、团体标准等，重点形成跨领域、成套标准，注重标准对技术创新和产业化的引领，推动优质增材制造创新技术推广应用。

3.1.5　工业机器人

3.1.5.1　产业现状

1）机器人行业发展势头较好，销售量增长较快

根据国际机器人联合会统计，中国自 2013 年开始成为全球工业机器人第一大市场的位置，制造业"机器换人"需求旺盛，预计仍将保持快速增长，截至 2016 年我国工业机器人累计安装量为 34.9 万台，保有量约 30 万台。如图 3-6 所示，2017 年中国工业机器人累计安装量约为 45 万台，相对 2016 年的增长率为 22%，中国既是全球最大的工业机器人市场，也是全球增长最快的市场。

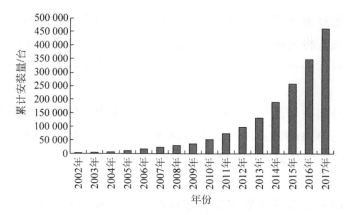

图 3-6　2002—2017 年中国工业机器人累计安装量情况

　　根据中国机器人产业联盟关于中国国产机器人的统计数据，受益于相关政策的扶持和传统产业转型升级的拉动，2016 年国产工业机器人在中国工业机器人市场份额比例高达 32.8%，国产工业机器人销售总量超过 35 200 台，国产工业机器人同比增长 32% 左右。

　　2018 年 1 月 22 日，统计局公布了国内 2017 年全年工业机器人产量，2017 年工业机器人累计生产超过 13 万套，累计增长 68.1%，其中 12 月产量为 12 682 套，单月同比增长 56.5%（图 3-7）。2018—2020 年，将是中国工业机器人产业发展最重要的 3 年，最后 3 年的发展将直接关系到《机器人产业发展规划（2016—2020 年）》目标的达成。

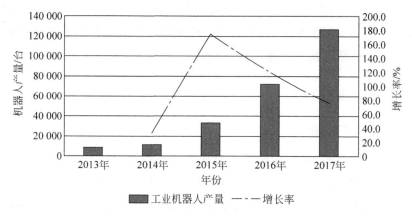

图 3-7　2013—2017 年国内工业机器人产量

　　随着国内、国际品牌纷纷扩产，新开工工厂将在 2019 年实现量产，OFweek 行业研究中心认为，未来 3 年，国内工业机器人产量在目前基础上还会翻番，到 2020 年国内工业机器人产量或将超过 25 万台。

根据 OFweek 行业研究中心数据统计，从应用情况来看，汽车是工业机器人在国内最大的应用行业，比亚迪、吉利、上海通用、上海大众、广州本田、长安福特及奇瑞等多个国内外领先汽车制造商的生产线上都已广泛应用了工业机器人。

2016 年汽车行业是中国工业机器人应用最广泛的领域，占比达到 38%；随后是 3C、金属制造、塑料及化学制品、食品烟草饮料，占比分别约为 21%、15%、8%、1%。相比 2015 年，汽车、3C 市场占比分别增长 1%、3%，其他行业变动较小，预计未来汽车、3C 占比领先的格局将持续，3C 的占比有望进一步提升（图 3-8）。

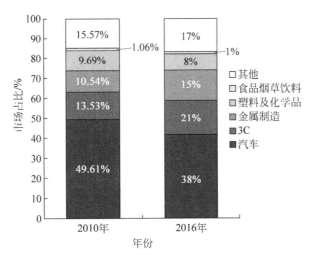

图 3-8　2010—2016 年中国工业机器人下游应用领域分布

中国工业机器人旺盛的市场需求，同时也带来了行业过热的迹象。目前，重点发展机器人产业的省份有 20 多个，机器人产业园区 50 余个。近两年，机器人企业数量从不到 400 家迅速增至 1000 余家，产业链相关企业超过3400 家，但多集中于中低级市场。

根据前瞻产业研究院发布的《2018—2023 年中国教育机器人行业发展前景预测与投资规划分析报告》数据，截至 2016 年末国内机器人相关企业数量达到 3393 家，如图 3-9 所示，其中山东省聚集了 241 家机器人厂商，仅次于广东、江苏、上海、浙江，是竞争较为激烈的区域。

2）工业机器人设计能力急需提高，对数字化设计仿真环境需求迫切

我国工业机器人正向设计能力缺乏、关键零部件的生产和制造能力的限制、系统可靠性和成本等问题，一直没有形成具有一定规模的工业机器人产业，

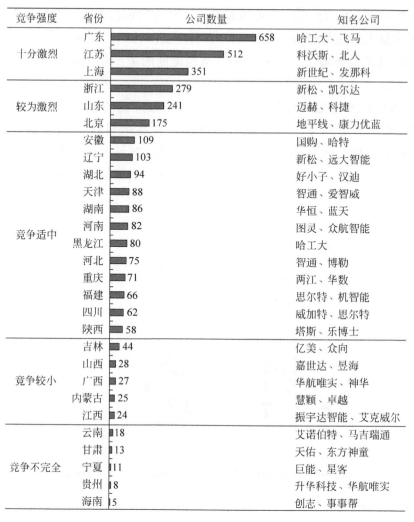

竞争强度	省份	公司数量	知名公司
十分激烈	广东	658	哈工大、飞马
	江苏	512	科沃斯、北人
	上海	351	新世纪、发那科
较为激烈	浙江	279	新松、凯尔达
	山东	241	迈赫、科捷
	北京	175	地平线、康力优蓝
竞争适中	安徽	109	国购、哈特
	辽宁	103	新松、远大智能
	湖北	94	好小子、汉迪
	天津	88	智通、爱智威
	湖南	86	华恒、蓝天
	河南	82	图灵、众航智能
	黑龙江	80	哈工大
	河北	75	智通、博勒
	重庆	71	两江、华数
	福建	66	思尔特、机智能
	四川	62	威加特、思尔特
	陕西	58	塔斯、乐博士
竞争较小	吉林	44	亿美、众向
	山西	28	嘉世达、昱海
	广西	27	华航唯实、神华
	内蒙古	25	慧颖、卓越
	江西	24	振宇达智能、艾克威尔
竞争不完全	云南	18	艾诺伯特、马吉瑞通
	甘肃	13	天佑、东方神童
	宁夏	11	巨能、星客
	贵州	8	升华科技、华航唯实
	海南	5	创志、事事帮

图 3-9 2016 年主要省份工业机器人产量（单位：套）

尤其在大负载工业机器人方面，不仅其设计基本依靠国外相关开发平台，在维护、更新、改造方面对国外的依赖也相当严重，受制于人，因而急需建立工业机器人设计开发环境，有效地降低工业机器人设计门槛，并进一步弥补传统的工业机器人设计方法的不足。

工业机器人的传统设计方法采用串联和反复的流程，其主要步骤包含任务分析、技术调研、方案评审、计算选型、绘制草图、草图评审、机械设计、图纸审核、工业机器人试制、检验等 10 个阶段。工业机器人的传统设计方法与经典的机械设计流程相符，符合通用的机械产品生产流程，但其存在以下弊端：未进行动力学设计，容易出现设计过于保守或者过于前卫的问题；一般不进行设计阶段的仿真验证，从而增加出现较大设计失误的概率；工业机器人的末端误差由各个尺寸链误差叠加而成，往往会出现对制造公差要求过于高或者低的现象，难以平衡生产成本和定位精度之间的矛盾。工业机器人设计开发环境主要涉及运动学/静力学分析、动力学分析、有限元分析、控制系统设计、设计优化分析以及数字化工厂仿真等关键技术的攻关。另外在 CAD/CAE 系统集成阶段，需要解决接口统一、通用互换、兼容性、升级换代等问题，及时严格统一和有效控制。设计开发平台还需要考虑为运行在集成设计平台上的各种第三方软件模块提供统一的数据交换接口。将工业机器人现代设计方法、专家专有知识和专业知识库与 CAD/CAE 软件平台相融合，进而形成包含支持上述机器人设计仿真任务的设计开发平台，目前仍有大量问题需要解决，这对于我国工业机器人企业与 CAD/CAE 软件企业来说，既是挑战也是机遇，在这一阶段将工业机器人设计开发平台作为我国 CAD/CAE 软件产业和工业机器人产业未来数十年可持续发展的突破口之一，是我国工业机器人正向设计能力提升与突破的迫切需求。

3.1.5.2 相关技术

1）机器人操作系统接口和中间件技术

机器人操作系统接口技术描述机器人实时操作系统应提供的应用编程接口，为机器人应用软件的开发与部署提供便利，以提高通过机器人软件模块建立的机器人应用程序的可移植性，能够对各种机器人功能部件提供统一设备管理接口和对各种机器人软件部件提供统一的中间件接口。机器人中间件技术研究适用于机器人软件开发领域的一个组件模型和一些重要的基础服务，帮助解决机器人系统内部固有的软硬件复杂性和异构性问题，也就是在机器人系统的各个功能构件间提供互操作性、兼容性和复用性的一个中间机制。机器人中间件技术使得机器人系统的开发从传统的封闭式的模式转变为开放式的、面向综合和集成的模式。

2）机器人数字化仿真开发环境技术

针对工业机器人领域对产品造型、设计知识积累和重用、系统灵活定制等方面的需求，对工业机器人三维 CAD 设计关键技术研究，攻克一系列制约我国自主知识产权三维 CAD 系统发展的关键技术，包括高性能几何造型内核、知识驱动的设计导航以及开放的应用开发平台等技术。开发机器人关键构件、轻量化结构及材料的拓扑优化设计软件模块，以软件组件和专家数据库知识的形式集成到平台中，为机器人设计者和用户提供软件开发平台，可以通过建立与实际机器人性能一致的仿真机器人，为机器人的功能构件以及应用程序的开发与部署提供便利，以提高整个机器人模块化开发流程的工作效率。

3）物联网环境下的机器人技术

物联网具有感知、信息传递、智能分析与决策等特征。通过感知，相当于给工业机器人增加感知能力，具有了视觉、触觉甚至味觉；通过网络化信息传递、智能分析决策，使得机器人的智能程度得到提升。物联网环境下的机器人控制包括感知、信息传递、智能分析与决策等方面，机器人控制系统结构分为物理层、感知层、反应层、动作层、规划层和使命层等。物联网环境下的多机器人主要包括多机器人系统在物联网环境下的体系结构、感知技术、任务规划和路径规划以及协调、协作策略等方面。机器人自动化生产线基于全新的物联网理念，应用传感器技术、RFID 技术、条码标签技术等，实时采集生产过程中的装配数据与检测数据，将生产过程中的人、物、数据流集成整合，实现生产过程中的产品定位、数据追踪、历史追溯等。

3.1.5.3 标准化现状和需求

1）中国工业机器人标准化现状

国际标准组织（ISO）是最早进行机器人标准化研究的国际标准化组织，ISO/TC184/SC2 "机器人与机器人装备"（Robots and Robotic Devices）工作范围主要负责应用于工业和特定非工业环境的、可自动控制的、可编程的、可操作的机器人及在多轴、固定或移动情况下可编程的机器人装备领域的标准化工作。2016 年 ISO/TC184/SC2 由 SC 上升为 TC，编号为 ISO/TC299，工作范围为除了玩具和军用机器人以外的所有机器人技术及其应用的标准化工作。北京机械工业自动化研究所是 ISO/TC299 的国内对口单位。全国自动化系统与集成标准化技术委员会（编号 SAC/TC159）是国内与国际标准化组织 ISO/TC184 对口的标准委员会，国内机器人标准化工作的归口单位为 SAC/TC159/SC2 标准委员会，秘书处在北京机械工业自动化研究所。TC159/SC2 从 1983并开始就进行机器人的标准化工作。当前我国现行机器人国家标准体系中含标准 47 项，标准体系相对完整。已经发布的国家标准和行业标准 26 项。在标准的发布数量上和范围上与各发达国家相比都名列前茅。截至 2017 年底，ISO/TC184/SC2 发布的国际标准已全部转化为国家标准，机器人领域国际标准的采标（采用国际标准的简称）率是 100%。待批准发布的标准和正组织制（修）订机器人相关标准有 13 项，主要包括教育机器人安全要求、工业机器人模块化设计规范、模块化机器人高速通用通信总线性能、码垛机器人通用技术条件等。另外，各种工业机器人通用技术条件等整机标准具有中国特色。近年来，配合国家项目，开发机器人模块化系列标准，正在全面推向国际。SAC/TC 159/SC2 已经成立机器人模块化、医疗机器人及服务机器人工作组，并进行相应国家标准的制定和国际标准的跟踪，SAC/TC46 也成立了家用机器人工作组，相应的国家标准也是由苏州科沃斯机器人有限公司主导起草。新成立的特种作业机器人工作组，正在制定相应的词汇等基础标准。另外在工业机器人领域，安全标准会持续得到修订，各类工业机器人的测试方法标准也会陆续出台。

2）中国工业机器人标准化需求

在中国，工业机器人产业的现状稍滞后于标准发展，尤其是精度较高的机器人功能部件对外依存度高，成本和精度是中国工业机器人产业需要解决的主要问题，希望机器人模块化标准，尤其是功能部件标准能助推中国工业机器人产业化的发展。另外，各个应用领域的机器人检测标准也将完善。

当前，ISO 和 IEC 政策鼓励发展中国家参加国际标准的制定。中国积极参加国际标准的制定符合 ISO "提高发展中国家对标准化的认知和能力"战略规划。中国应该抓住这个难得的契机，推动中国自主知识产权的国家标准成为国际标准，培养一批机器人领域的标准化人才，最大限度地争夺机器人国际标准化领域的话语权。

3.1.6　智能工艺装备

智能工艺装备就是指以制造工艺为主要服务对象的智能装备。例如，针对基础制造工艺铸造、焊接、锻压及热处理技术等为服务对象的智能工艺装备。而智能工艺装备标准主要包括成形工艺和方法标准；工艺术语、工艺符号、工艺文件及其格式、存储、传输、数据处理标准；成形工艺装备接口标准；工艺过程信息感知、采集、传输、处理、反馈标准；工艺装备状态监控、运维标准。主要用于规范智能工艺装备系统中铸造、塑性成形、焊接、热处理与表面改性、粉末冶金成形等热加工成形工艺装备相关技术、方法、工艺，确保成形制造与智能工艺装备系统的协调一致。

3.1.6.1　产业现状

目前我国以新型传感器、智能控制系统、工业机器人、自动化成套生产线为代表的智能工艺装备产业体系已经初步形成，一批具有自主知识产权的智能工艺装备实现突破，工业自动化控制系统、仪器仪表、数控机床、工业机器人、传感器、复合材料和精密陶瓷材料等部分智能工艺装备产业领域销售收入超过几百亿元。

智能工艺装备标准在我国几近空白，最主要的原因是智能工艺装备的关键技术和装备自己能力还不够强。目前我国智能工艺装备产业发展的主要问题是：

（1）智能工艺装备技术体系不完善，除个别领域外，大多数关键节点上原始创新匮乏。

（2）智能工艺装备中长期发展战略技术路线图不清晰，可执行性差。国家层面对智能工艺装备行业缺乏资源优化配置和政策协调。

（3）高端制造装备对外依存度高。智能工艺装备技术是以信息技术、自动化技术与先进制造技术全面结合为基础的，我国目前在这些技术的集成平台上，与世界一流水平差距依然较大，几乎所有高端装备的核心控制技术（包括软件和硬件）严重依赖进口。

（4）产业规模小，缺乏具有国际竞争力的骨干企业。而且大多集中在单纯制造业，缺乏在工程承包、维修改造、备品备件供应、设备租赁、再制造等方面的增值服务能力。

3.1.6.2 相关技术

根据中国政府规划，智能制造装备业包括：高档数控机床与基础制造装备，智能控制系统，智能专用装备，自动化成套生产线，精密和智能仪器仪表与试验设备，关键基础零部件、元器件及通用部件，等等。简单说，智能制造装备业以传感器、智能控制系统、数控机床、工业机器人、自动化成套生产线和精密仪器仪表等相关技术与产品为代表。

3.1.6.3 标准化现状与需求

智能工艺装备标准还非常缺乏，即便有些相关标准也是基于自动化或数字化建立起来的。因此，智能工艺装备标准需求重点在以下几个方面。

（1）识别与传感标准：标识及解析、数据编码与交换、系统性能评估等通用技术标准；信息集成、接口规范和互操作等设备集成标准；通信协议、安全通信、协议符合性等通信标准；智能设备管理、产品全生命周期管理等管理标准。

（2）控制系统标准：控制方法、数据采集及存储、人机界面以及可视化、通信、柔性化、智能化等通用技术标准；控制设备集成、时钟同步、系统互联等集成标准。

（3）工业机器人标准：集成安全要求、统一标识及互联互通、信息安全等通用技术标准；数据格式、通信协议、通信接口、通信架构、控制语义、信息模型、对象字典等通信标准；编程和用户接口、编程系统和机器人控制间的接口、机器人云服务平台等接口标准；制造过程机器人与人、机器人与机器人、机器人与生产线、机器人与生产环境间的协同标准。

（4）数控机床及设备标准：智能化要求、语言与格式、故障信息字典等通用技术标准；互联互通及互操作、物理映射模型、远程诊断及维护、优化与状态监控、能效管理、接口、安全通信等集成与协同标准；智能功能部件、分类与特性、智能特征评价、智能控制要求等制造单元标准。

（5）智能工艺装备标准：成形工艺和方法标准；工艺术语、工艺符号、工艺文件及其格式、存储、传输、数据处理标准；成形工艺装备接口标准；工艺过程信息感知、采集、传输、处理、反馈标准；工艺装备状态监控、运维标准。

3.2 智能工厂标准

智能工厂是以打通企业生产经营全部流程为着眼点，充分利用自动化技术和信息技术交互融合等新一轮高技术革命带来的新的解决方案，通过数据互通、柔性制造、人机交互、复杂系统及信息分析等手段，实现从产品设计到销售，从设备控制到企业资源管理所有环节的信息快速交换、传递、存储、处理和无缝智能化集成。智能工厂建设是推动制造业向新的商业模式及应用模式全方位转型升级的关键推手，建设智能工厂是让中国企业顺应先进的技术发展趋势、融入国际产业体系的必然选择，也是企业提升竞争力和自身发展的内在要求。

3.2.1 智能工厂产业现状

1. 智能工厂国外产业发展现状

近年来，全球各主要经济体都在强力推进制造业的发展，很多优秀制造企业都开展了智能工厂建设实践。例如，西门子安贝格电子工厂实现了多品种工控机的混线生产；FANUC 公司实现了机器人和伺服电机生产过程的高度自动化和智能化，并利用自动化立体仓库在车间内的各个智能制造单元之间传递物料，实现了最高 720 小时无人值守；施耐德电气实现了电气开关制造和包装过程的全自动化；美国哈雷戴维森公司广泛利用以加工中心和机器人构成的智能制造单元，实现大批量定制；三菱电机名古屋制作所采用人机结合的新型机器人装配生产线，实现从自动化到智能化的转变，显著提高了单位生产面积的产量。

2. 智能工厂国内产业发展现状

随着工业4.0、工业互联网、物联网、云计算、大数据、社交网络、智能化设备、机器社区等新一轮产业变革和技术革命的快速兴起，现代工业信息化发展已迈入建设智能工厂的历史新阶段。为了紧抓这一发展机遇，在国家部署实施制造强国战略布局的背景下，企业加快推进信息技术与工业技术不断融合，一系列新模式、新业态、新特征日益凸显。

我国在航空、航天、船舶、汽车、家电、轨道交通、食品饮料、制药、装备制造、家居等各行各业对生产和装配线进行自动化、智能化改造，以及建立全新的智能工厂的需求十分旺盛，当前涌现出成都数字化工厂、海尔集团、美的集团等智能工厂建设的样板。

但是，我国制造企业在推进智能工厂建设方面，还存在诸多问题与误区，如行业对智能工厂认知程度不同，建设水平分化差距较大；智能工厂建设的系统性规划不足，全生命周期价值创造力有待增强。智能工厂建设是一项复杂的系统性工程，涉及研发设计、生产制造、仓储物流、市场营销、售后服务、信息咨询等各个环节，需要企业立足于围绕产品的全生命周期价值链，实现制造技术和信息技术在各个环节的融合发展；对外技术依存度仍然较高，国内智能装备市场国产化率仍较低，安全可控能力有待进一步提升等。

3.2.2 智能工厂关键技术

智能工厂为实现多个数字化车间的统一管理与协同生产，将车间的各类生产数据进行采集、分析与决策，并将优化信息再次传送到数字化车间，实现车间的精准、柔性、高效、节能的生产模式。

数据在智能工厂的智能设计、生产、管理和服务过程中，应承载工厂内各个层次之间以及同一层次的各个功能模块和系统之间的信息。数据的交互应通过连接各个功能模块的通信网络完成，其内容应服从于智能工厂系统集成建设和运营的需要。数据的格式和内容定义遵从通信网络和执行层、资源层的各应用功能模块的协议。数据的一致性和连贯性应将工厂的建设规划、产品的智能设计、生产管理、物流、服务等环节组织成有机整体。

智能工厂的基本要求包括：

1）数字化要求

数字化是智能工厂的基础。应对工厂所有资产进行标准的数字化描述和数字化模型的建立，使所有资产都可在整个生命周期中被平台识别、交互、实施、验证和维护，同时能够实现数字化的虚拟产品开发和自动测试，以适应工厂内外部的不确定性（部门协调、客户需求、供应链变化等）。

2）互联互通要求

在数字化的基础上，智能工厂应建有连续的、相互连接的计算机网络、数控设备网络、生产物联/物流网络和工厂网络，从而实现所有资产数据在整个生命周期上价值流的自由流动，打通物理世界与网络世界的连接，实现基于网络的互联互通。

3）智能化要求

智能工厂应具有能够感知和存储外部信息的能力，即整个制造系统在各种辅助设备的帮助下可以自动地监控生产流程，并能够及时捕捉到产品在整个生命周期中的各种状态信息，对信息进行分析、计算、比较、判断与联想，实现感知、执行与控制决策的闭环。

4）能效要求

智能工厂应能够实现车间协同，上下游协同，从而达到精准生产或调度现有资源、减少多余成本与浪费；同时具备能效管理功能，缩短生产节拍，提升产能，降低成本，创建具有适应性、资源效率的工厂。

智能工厂的关键技术包括建设规划、智能设计、智能生产、智能管理、智能物流、集成优化。

1.　建设规划

1）智能工厂总体规划及优化设计

智能工厂设计用于规定智能工厂的规划设计，确保工厂的数字化、网络化和智能化水平。包括智能工厂的基本功能、设计要求、设计模型标准等总体规划标准；智能工厂物联网系统设计、信息化应用系统设计等工厂智能化系统设计标准；虚拟工厂参考架构、工艺流程及布局模型、生产过程模型和组织模型等系统建模标准；形成智能工厂规划设计要求所需的工艺优化、协同设计、仿真分析、设计文件深度要求、工厂信息标识编码等实施指南标准。

2）智能工厂建造

智能工厂建造是指智能工厂建设和技术改造过程，通过智能工厂建造过程的控制与约束，确保智能工厂建设质量、建设周期、建设成本等预定目标的实现。包括建造过程数据采集范围、流程、信息载体、系统平台要求等建造过程数据采集标准；满足集成性、创新性要求，促进智能工厂建设项目管理科学化、规范化的建造过程项目管理标准。

3）智能工厂交付标准

智能工厂交付标准用于规定智能工厂建设完成后的验收与交付，确保建成的智能工厂达到预定建设目标，交付数据资料满足智能工厂运营维护要求。包括交付内容、深度要求、流程要求等数字化交付标准；智能工厂各环节、各系统及系统集成等竣工验收标准。

2. 智能设计

智能设计是以满足客户需求为目标，采用数字化设计、基于大数据/知识工程的设计以及仿真优化，设计涵盖产品全生命周期，用模型和结构化文档描述和传递产品设计结果，保证产品的功能、性能、可制造性、可靠性，缩短新产品研制和制造周期，降低成本。智能设计包括产品的性能定义、结构设计、制造工艺设计、检验检测工艺设计、试验测试工艺设计、维修维护工艺设计。

1）智能设计的关键要素

（1）数字化设计：应从设计源头采用数字化设计，保证产品生命周期的数字化信息交互，定义各项活动信息类型和属性，实现信息的高效利用，满足各阶段对信息的不同需求。

（2）仿真优化：在产品设计、工艺设计、试验设计等设计各阶段，以及在产品生命周期各阶段反馈的信息，针对不同目标开展仿真优化，保证和提升产品对设计需求的符合性，产品的可靠性、可制造性和经济性。

（3）面向生命周期的设计：在设计阶段，应充分考虑产品制造、使用、服务、维修、退役等后续各阶段需求，实现产品设计的最优化。

（4）大数据/知识工程：采集产品生命周期各阶段的数据，建立产品大数据，形成和丰富知识工程，在大数据和工程知识支撑下，实现对需求的快速智能设计和仿真优化，在功能、性能、质量、可靠性与成本方面提供最优产品。

2）基本设计要求

（1）数字化设计。按 GB/T 24734—2009 标准开展产品数字化设计，建立产品数字化样机，利用数字化模型完整表达产品信息，并将其作为产品制造过程中的唯一依据，实现结构设计、工艺设计、制造、检验检测、试验测试等的高度集成和数据源的唯一。

（2）仿真优化。产品仿真优化按 GB/T 26101—2010 标准执行，采用基于模型的系统工程方法，根据产品设计各个阶段、各个目标开展仿真优化。

（3）模块化设计。采用模块化设计，保持模块在功能及结构方面具有一定的独立性和完整性，考虑模块系列未来的扩展和向专用、变型产品的辐射，以满足不同需求和产品的升级。

（4）自上而下的设计。性能定义由总体性能、部件性能到零件性能自上而下逐层分解，首先确定总体性能参数，再分解到部件、组件性能参数，直到分解到零件的性能参数。

结构设计由总体布局、总体结构、部件结构到部件零件的自上而下、逐步细化，首先确定整体基本参数，然后是整体总布置、部件总布置，最后是零件设计和绘图。

工艺设计由总体装配、部件装配、组件装配到零件制造逐层分解，确定工艺分界面，逐级传递。

（5）面向制造和装配的设计。在产品设计中，充分考虑现有制造和装配能力，保证产品具有良好的可制造性和可装配性，使产品以最低的成本、最短的时间、最高的质量制造出来。

以特征技术为手段，建立面向制造和装配的结构模型，在特征模型基础上建立设计流程，实现特征知识及工艺推理的集成，支持设计中的信息表达和智能决策。

（6）设计标准化。对设计流程、方法、产品定义、数据和知识的标准化、规范化，实现设计标准化和 CAD 属性信息传递的定义，通过设计标准化、规范化，实现产品生命周期内信息准确传递，设计效率的提升。

3）高级设计要求

（1）面向产品全生命周期的并行/协同设计。在产品设计阶段就考虑到产品全生命周期/全寿命历程的所有环节，将所有相关因素在产品设计分阶段得到综合规划和优化，产品设计以客户需求为输入，设计产品的功能、性能和结构，以及设计产品的规划、设计、零件制造、装配、销售、运行、使用、维修保养、直到回收再用处置的全生命周期过程。

多学科数据和知识统一管理，实现边设计、边分析，设计、仿真、制造、试验的闭环。考虑全生命周期的并行设计，考虑产品设计约束的同时引入后续相关过程约束，产品设计与其后续相关过程在同一时间框架内并行处理，对产品设计及其后续相关过程进行统一协调和管理。

基于知识的、统一模型的分布式异步、同步协同设计，有效控制设计界面和接口，缩短产品设计周期，降低产品开发成本，提高个性化产品开发能力。

（2）基于大数据/知识工程的设计与优化。建立产品全生命周期的、全流程的、系列化的大数据和知识工程，包括材料、设计、仿真、制造、装配、检验检测、试验验证、使用维护、退役等数据和知识工程，以支持基于知识工程的智能设计。

以特征技术为手段，建立产品数字化模型，在特征模型基础上建立设计流程，实现特征知识及推理的集成，支持设计中的信息表达和智能决策。

利用制造和装配数据及知识、产品全生命周期数据及知识，开展产品仿真优化和再设计，持续提升产品设计、可靠性、安全性、可制造性、可检测性，持续提升工艺设计、检验检测设计的成熟度，提升质量稳定性，降低成本。

（3）动态优化设计。根据客户需求的动态变化信息、产线制造、产品全生命周期反馈的实时动态数据，基于知识工程和可利用的技术能力，开展产品仿真优化和再设计，持续优化产品设计、工艺设计、试验设计，提升产品功能、性能、可靠性、制造性，降低成本。需要解决实时性与安全性的矛盾。

3. 智能生产

智能生产的关键要素包括：

（1）信息资源互通：在实现数字化车间信息化基础上，完成以数字化车间为基础单元的信息接口标准化，从而实现整个工厂的信息集成，使各工厂与车间、车间与车间之间的数据资源可被有效共享。

（2）建立服务总线：通过建立服务总线，连接上层资源及生产管理层（如厂级 ERP、厂级 PLM、厂级 MES），并与下层的数字化车间相贯通。

（3）协同制造体系：应用仿真优化、大数据等先进技术，对全工厂的物料、生产、质量、成本、交期等进行预测、优化，提高各数字化车间之间的协同制造能力，实现全工厂智能、柔性、集成的生产协同。

在车间信息标准化和信息集成的基础上，累积、训练、不断完善生产随机概率模型，构建以工厂、车间为仿真对象，组建生产过程仿真系统。通过采集和调整车间仿真要素（如人员、机器、控制器等）的行为和交互数据，归纳和提炼工厂整体运行和策略演化机制，并结合厂级 MES，达到优化厂内资源配置、动态生产作业调度、改进生产管理策略、辅助规划车间和工厂布局优化等。

生产车间需通过企业服务总线（enterprise service bus，ESB），以实时、动态的方式向工厂信息中心提供计划达成率、生产进度、工艺及质量、能耗、物料消耗、设备故障（预）诊断、设备利用率、人力资源等足够体量的数据，提供给生产过程仿真优化系统进行全工厂生产过程及状态的分析优化。

应用生产过程仿真系统，采用智能算法及机器学习等技术或方法，针对车间和工厂的历史生产、产品、资源、管理等数据复现历史生产行为，并分析数据间关联关系及目标优化主要影响因素，挖掘问题本质，同时辅助提升质量管理、突破工艺瓶颈、优化生产流程、减少库存及提高运输能效等。其分析过程还需与实时生产数据结合，根据数据关联影响，预测车间生产异常，为实现实时预警和工厂整体作业调度提供数据依据。

根据产品设计平台所提供的原材料、配件、外购零部件等物料数据，零部件、半成品、成品等产品数据，以及成品目标、工艺特性等技术数据，结合企业资源计划平台提供的客户订单，经过 ERP 的 MRP 运算产生工厂生产工单。结合优化分析结果，以实现柔性化的生产流程为目的，向各车间自动分配生产任务及执行计划，并监控、管理、调整各个车间的生产进度，同时对各类生产资源进行实时、动态的调配。从产品设计到工艺分配，从客户订单到生产工单，从生产排产到生产执行，从分析反馈到设计改进，形成一个工厂级的闭环的优化流程。

4．智能管理

1）车间级管理

制造执行管理（MES）是制造企业车间级管理的核心载体，是实施企业敏捷制造战略和实现智能工厂的基本技术手段。在智能制造环境下的企业生产具有了新的特点，这要求企业的车间级管理也有相应的特点。一方面，智能制造环境下的制造执行管理系统必须建设成一系列开放的生产单元，通过与外界的协作接口，实现网络联盟企业之间的信息交流。另一方面，车间自身的管理和车间内的通信等也有了新的要求。

MES 能够与企业的其他制造信息系统相连接，从而提供高效的企业管理功能，制造执行以生产行为信息为核心，为企业决策系统提供直接的支持，由于在企业信息化改造初期，统筹规划考虑不全面，工厂可能会从不同的软件供应商购买适合自己的 MES 模块，或将车间现有的各种管理系统集成为 MES 功能的一部分，其结果导致许多工厂的 MES 实际上是一个大杂烩。每个系统都有各自的处理逻辑和数据库以及数据模型和通信机制。又因为 MES 应用常是要满足关键任务的系统，这样的系统就很难随技术的更新而进行升级。

因此，从总体上看，车间级制造执行管理系统技术研发应充分考虑全局，提供通信协议和接口，可与 ERP 等企业级经营管理系统集成，满足企业生产和经营的管理控制一体化需求，实现精益生产、智能管控。

2）企业级管理

企业级管理技术实现了企业内外部管理的数字化、最优化和知识化，提高了企业管理的水平。根据现代企业管理技术与先进制造模式的发展趋势，未来的制造企业管理技术的覆盖面、组织形式、经营管理模式、优化方法与技术、支撑平台与工具等都将发生很大的变化：在覆盖面方面，企业管理所涉及的范围越来越广，系统集成度越来越高；在组织形式方面，面向过程的多功能项目组和跨企业的敏捷虚拟企业组织形式将成为发展的主流；在经营管理模式方面，适合未来全球化市场竞争和基于知识的新产品竞争的并行工程与敏捷虚拟企业管理模式、适合于市场需求个性化的大批量定制生产模式等将是发展的主要趋势。

3）可视化管理技术

为强化制造工厂生产管理工作，提升现场管理水平，培育自主型员工，优化现场工作环境，可视化管理技术随着精益生产方式的产生而产生，经过多年发展，可视化管理技术已从事后管理逐渐变成事前管理，目前该技术被广泛应用于各行各业包括日常生活，成为衡量企业工厂智能管理水平的一项重要指标。

5. 智能服务

智能服务是智能工厂服务化的重要功能。智能服务是在对产品全价值链的分析和智能工厂全系统集成的基础上提供的服务，其关键要素如下：

（1）售后服务：能提供基于资源的服务和基于能力的服务。能通过创新服务模式提供资源、能力的增值服务。

（2）远程运维服务：利用信息化手段，对产品实现在不同地域之间的运维服务。

（3）全生命周期服务：智能工厂应将研发设计、生产制造、物流、销售、运行维护等流程向外延展为服务，为客户交付服务解决方案。

根据工厂信息系统（CRM、SCM）所提供的客户质量、满意度反馈的适量数据，具有产品远程运维体系还需结合远程采集的质量数据，运用质量分析引擎智能分析、判断产品质量问题，并将结果及时反馈给设计、生产环节，以不断循环优化产品设计及生产模式。

6. 智能物流

智能物流是智能服务重要环节，智能物流系统是在生产设备和被处理对象间建立沟通纽带，按照生产数据要求，将被处理对象送到相应的位置，具有智能感知、智慧控制的特点，人对系统的干预和决策将大幅减少。未来智能物流系统负责生产设备和被处理对象的衔接，在系统中起到了承上启下的作用。

1）自动识别技术

自动识别技术具有准确性、高效性、兼容性等特点，可与信息系统无缝集成，是智能物流重要的支撑技术之一。条码或者电子标签可以唯一地标识物品，通过同计算机技术、网络技术、数据库技术等的结合，可以在物流的各个环节上跟踪货物，实时掌握物品的动态信息。应用自动识别技术，可以实现缩短作业时间、改善盘点作业质量、增大配送中心的吞吐量、降低运转费用、实现可视化管理、迅速准确传送信息等目标，获得预期的效益。条码技术是目前物流领域中自动识别技术的应用主流。RFID 技术对比于条码技术具有识别距离灵活、数据容量大、抗污染能力强、耐久性、可重复使用和信息安全等优势，随着 RFID 技术日趋成熟和成本不断降低，抗金属标签已经应用于制造企业生产线上，也将逐步成为智能物流中物料信息存储的主要载体。

2）智能仓储技术

自动化立体仓库（AS/RS）是制造企业广泛使用的智能物流存储设备，也是智能物流的核心，它由立体货架、有轨巷道堆垛机、出入库托盘输送机系统、尺寸检测条码阅读系统、通信系统、自动控制系统、计算机监控系统、计算机管理系统以及其他如电线电缆桥架配电柜、托盘、调节平台、钢结构平台等辅助设备组成的复杂的自动化、智能化系统。立体仓库目前正逐渐向高动态应用的方向发展，对仓库存储量的要求越来越高，拣选、输送以及出入库频率等要求也越来越高，因此，堆垛机高速运行和高精度定位、智能跟踪调度、状态全面监控和可视化、信息系统综合集成以及系统稳定性等是智能仓储中的关键技术。

3）智能配送技术

智能工厂的物流侧重于物流系统与生产线的对接，满足生产线的物流需求、提高生产效率，所以智能配送技术在智能物流中非常重要。智能化输送与搬运系统主要有各式输送机、自动导引小车（automated guided vehicle，AGV）、轨道式自动导引车（rail guided vehicle，RGV）、轨道穿梭车、机器人和其他自动搬运设备。自动化输送设备已经发展成熟，如空中输送系统、单（双）链辊道输送机、网带输送机、分拣输送机、带式输送机、皮带输送机、链式输送机、螺旋输送机、刮板输送机、胶带输送机、滚筒输送机、悬挂输送机、振动输送机、移动式输送机、伸缩式输送机等。智能化输送设备是比自动化输送设备更先进、生产效率和数控精度更高，具有感知、分析、推理、决策和控制功能，可以将传感器及智能诊断和决策软件集成到输送机中，使输送工艺能适应输送环境和输送过程的变化，我国的高端智能输送机严重依赖进口，是未来发展的重要方向之一。智能分拣核心技术包括基于深度学习的机器视觉、任务级编程模型、自主环境感知、自动逻辑推演、智能路径规划等，我国高速分拣设备、高速分流 / 合流设备等仍落后于欧美国家，需要进口大量核心部件，缺乏自主知识产权。

7. 集成优化

1）软件互操作技术

软件互操作是一种软件具有的能力，在工业生产线上指使得分布的控制系统和设备通过相关信息的数字交换，能够协调生产运作，从而完成产品制造过程的生命周期全部内容。传统上互操作为了达到"平台或编程语言之间交换和共享数据"的目的，需要包括硬件、网络、操作系统、数据库系统、应用软件、数据格式、数据语义等不同层次的互操作，问题涉及运行环境、体系结构、应用流程、安全管理、操作控制、实现技术、数据模型等。在智能制造的环境下，软件互操作技术被赋予了新的更深层次的技术内涵，软件互操作的目的是解决管理思想、管理方法与管理系统之间的应用互动。方法是用工具集（建模工具、模型库管理工具、模型分析工具、配置工具、报表工具和组件库管理工具等）实现企业管理模式、管理方法与 ERP 等软件系统的基于结构化表达的紧密连接，并作为管理模式、管理方法应用到企业实际管理事务中去的技术实现途径。提高企业的软件互操作度可以使组织在买卖交易市场中的交易成本降到最低，它对于更好地控制物流、交流信息和降低成本有利。

2）集成能力描述技术

业务系统、工程工具以及控制系统（电气、测量和控制技术）之间的信息交换能够顺利运行，数据能够得到充分处理和利用，就需要它们之间的信息交换和信息的应用进行明确界定，进一步对集成能力进行定位。因此，研究如何定义和描述众多自动化资产的通用数据结构、元素和集成能力，并通过创建属性列表来准确描述设备类型、设备安装和操作集成环境，以实现信息交换数字化、自动化和智能化。

3）集成接口技术

当今，随着计算机处理能力的增强及各种新技术的出现，分布在异地环境下的许多组件管理起来混乱，出现诸多的不兼容现象，协同分布的多个模块相互不理解，严重影响系统的执行效率，造成信息交换困难。由于接口结构一般是通用结构，且具有独立于模块的功能，基于自身的特点和规律，易于将其作为一个系统，运用系统观点，进行全面分析、统筹规划，开展相对独立的研究与开发。为了实现集成信息的有效共享，国际许多标准化组织和企业开发出了不同的接口标准，包括网络编程接口标准如 CORBA、COM/DECOM、CGI、ServLet、ISAPI 等，数据库编程接口标准如 ODB、JDBC、ADO 等，产品信息接口标准如 STEP、XML 等。

然而，信息集成接口技术的发展遇到了很多瓶颈问题，由于各种应用系统之间的数据结构、功能和应用环境的差异，从而难以进行信息交流，结果使企业的信息共享程序降低。鉴于传统文件管理技术是手工化，即使应用 CAD/CAM 系统也不可避免重复性，造成信息传递速度缓慢。现使用的大型关系数据库，不易实现对 CAD/CAM 过程的集成和支持，无法实现各类以 CAD/CAM/CAPP 为基础的信息集成。实际工作中经常需要使用多种设计和分析辅助工具，但各种辅助设计、分析、管理工具之间无法方便地交换信息。这样，各个独立的信息化平台之间形成了"信息化孤岛"，于是产生了新的问题，就是如何实现 CAD/CAM/CAPP、PDM、ERP、CIMS 等现代设计、管理手段之间的互操作和异构、异地之间的信息共享。因此，研究在应用系统集成技术上引入接口协议层，提供一个可靠的支持环境，又为信息的交换和传递提供了一个通道，可缩短研制周期，为选配模块和系统方案的更改提供灵活性，使系统构成具有柔性，具有良好的可维护性；扩大应用范围及实现商品化，方便统一管理、调度，从而提高组件间的通信质量和效率。

4）现场设备集成技术

在工业现场控制系统和设备中，往往集成了许多由各个制造商提供的型号、规格与性能各异的现场仪表设备。这种多样性虽然带给用户最大范围的灵活性，但在设备安装、版本管理以及在系统设计、维护与诊断过程中设备的操作等方面将增加越来越多的费用。只有运用开放的、标准化的现场设备集成技术，使不同制造商的设备以统一的方式集成到控制系统中，才能够迎接这种挑战。

5）协同优化技术

智能工厂不仅要实现面向产品设计、生产、销售、物流、服务等产品全生命周期各环节的业务流程优化，还要全面实现操作与控制的优化、销售与生产协同优化、设计与制造协同优化、生产管控协同优化、供应链协同优化等。在优化方法与技术方面,支持企业诊断与过程重组的企业模型及建模方法、建模工具和仿真工具将进一步发展；在支撑平台与工具方面，未来的计算机网络、企业集成平台与集成框架、数据仓库与数据挖掘工具等将为企业管理信息系统提供高性能、强功能的技术支撑。基于订单驱动的协同制造、基于模型的协同系统工程等协同技术和模式将支持企业实现资源优化配置，提升核心业务能力和市场竞争能力。

3.2.3 标准化现状与需求

1. 智能工厂建设

目前，工厂规划由专业设计企业根据生产纲领并依据相关的国家法律法规以及建设标准开展设计，设计过程中按照各设计企业自身标准进行，设计人员依靠个人经验与知识开展设计工作。设计过程是否采用了建模、仿真分析、参数化设计等新技术是设计企业根据市场需求与行业竞争选择采用。设计企业最终交付给工厂的交付物,一般是以图纸为代表的设计成果。设计输入文件、过程文件并未包含在设计成果交付物中，与工厂运行管理息息相关的信息并未有效地从设计企业传递到工厂。为规范工厂设计过程，提高设计水平，建议设计企业积极利用各种新技术、新手段开展工厂设计，推广工厂建模、仿真分析、参数化设计、协同设计等新技术应用，制定应用标准、实施指南和新的设计成果交付标准规范，推动智能工厂的规划设计工作。

工厂规划建设领域已有大量标准，对工厂工艺生产、储运、安全卫生、环境保护和节约能源等方面作了具体规定，比如《机械工业工程建设项目设计文件编制标准》。但对智能工厂的基本功能、设计要求、设计模型等标准并未确立。一些行业集中度高、信息化需求强烈的行业为规范工厂信息系统的工程设计，促进工厂信息系统技术先进、安全可靠、经济合理、节能环保，制定并发表了工厂信息系统设计规范，例如 GB/T 50609—2010《石油化工工厂信息系统设计规范》，但大部分行业并未制定并实施类似的信息系统设计规范。为推进信息模型技术在工厂规划设计中的应用,逐步制定了信息模型标准，比如 GB/T 51362—2019《制造工业工程设计信息模型应用标准》。

工厂规划设计中有关工艺流程及布局的标准主要依据建筑业和其他行业的标准规范，例如：SH 3011—2011《石油化工工艺装置布置设计规范》、HG 20546—2009《化工装置设备布置设计规定》，但缺少基于模型进行的工艺流程模型和布局模型的建模标准，针对生产过程和组织模型的建模标准也未制定。今后需完善工艺流程模型和布局模型的建模标准以及生产过程和组织模型的建模标准，为智能工厂基于模型布局化设计方法提供基础。

构建人性化的工作条件，涉及工厂布局、设备布局、照明环境、噪声环境、振动环境、毒物环境、热环境等人与环境的因素；也涉及作业岗位、作业空间、作业场地、险情和非险情声光信号、险情视觉信号、视野、操纵器、心理负荷等人与设备的因素。对工厂人性化工作条件的设计，目前还没有系统的标准体系，但人与环境和人与设备因素均有相应的国家标准。后续需要制定工厂人性化工作条件的设计标准，改变当前标准不统一、分散的现状。

关于智能工厂建设方面，目前《智能工厂建设导则　第 1 部分　物理工厂智能化系统》《智能工厂建设导则　第 2 部分　虚拟工厂建设要求》和《智能工厂建设导则　第 4 部分 智能工厂设计文件编制要求》等标准正在制定中。除了智能工厂的规划设计标准外，智能工厂的建造和交付，也需要通过标准给出具体要求，所以智能工厂建造过程的数据采集标准、项目管理标准和数字化交付标准、竣工验收标准都是未来几年的工作重点，确保智能工厂建造过程中的控制与约束，建设完成后满足预定目标和运营维护要求。

2. 智能工厂运营

智能制造是基于数字化、网络化、智能化等新一代信息技术，贯穿设计、生产、物流、销售、服务等产品全生命周期制造活动各个环节，具有信息深度自感知、智慧优化自决策、精准控制自执行等功能。完善的业务智能化解决方案是囊括智能设计、智能生产、智能管理、智能物流等多方位智能制造核心技术的集合。

当前面临工业转型升级需求，工业企业都逐步意识到在产品全生命周期内必须充分利用数字化、网络化、智能化等新一代信息技术，才能实现对产品、过程、资源及组织实施高效、敏捷、可重构、集成、协同优化管理，初步形成业务智能化的雏形，并在 CAD/CAE/CAM、PDM/PLM、MES、ERP、CRM、SCM 等技术基础上，应用自动感知、数据处理与分析、边缘计算等技术形成整体解决方案，并反映在具体的技术标准中。

1）智能设计

国际上智能设计方面的标准主要有 ISO 16792《数字化产品定义数据准则》

和 OMG 公布的《PDM Enabler 标准》。

为了满足日益增长的三维模型上直接标注，取代在二维绘图中标注的需求，美国率先制定了 ASME 标准。在国际知名企业和软件公司的共同推动下，国际标准化组织于 2006 年底制定出 ISO 16792 标准，ISO 16792 标准明确了产品定义数据集所应包含的内容、规范了对设计模型的要求、定义了尺寸公差表示规则，并且规定了基准应用方面的要求。相对于二维 CAD 环境中的标注，三维标注清晰直观，无须严苛的训练，工程师、车间工人、管理人员都容易理解。可以说三维标注的国际标准出台以后，为机械制造业彻底摆脱图纸提供了可能性。PDM Enabler 标准作为 PDM 领域的第一个国际标准，由许多 PDM 领域的主导厂商参与制订，如 IBM、SDRC、PTC 等公司。PDM Enabler 的公布标志着 PDM 技术在标准化方面迈出了崭新的一步。PDM Enabler 基于 CORBA 技术就 PDM 的系统功能、PDM 的逻辑模型和多个 PDM 系统间的互操作提出了一个标准。

我国根据国内制造业的需求，也采用了 ISO 16792 系列标准，制定了 GB/T 24734《技术产品文件　数字化产品定义数据通则》系列标准。GB/T 33222—2016《机械产品生命周期管理系统通用技术规范》是我国自主制定的 PLM 标准，规定了机械产品生命周期管理系统的体系结构、功能要求、平台要求、集成要求和实施要求。智能制造专项实施以来，我国制定了 GB/T 36252—2018《基于模型的航空装备研制 数字化产品定义准则》等共 6 个标准，是我国首个 MBD 系列标准，规定了基于模型的航空装备研制的数字化产品定义的数据及内容和要求，数据交换的原则和要求，产品数据技术包的内容、组织和要求，产品数据发放和接收原则、方式、介质和流程。

2）智能生产

国际上智能生产方面的标准主要有 IEC/ISO 62264《企业控制系统集成系列标准》和 ISO 22400《制造运行管理关键性能指标系列标准》。IEC/ISO 62264 系列标准是由 ANSI/ISA-95 系列标准转化而来的，该标准定义了功能层次模型，描述了制造运行管理（第 3 层）及其活动，制造运行管理层和企业层之间的接口、功能以及交换信息。在广大制造企业中具有较大的影响力，企业系统与控制系统的集成是制造企业实现智能工厂的核心支撑技术。ISO 22400 系列标准中定义了生产过程中的关键绩效指标（KPI）。为了提高制造资源的生产率，通过关键性能指标，工业自动化系统和控制设备提供的关于工艺、设备、操作员、材料的信息，可更有效用于提供重要的反馈意见。该标准提供了一种可用于应用程序之间的对生产率工具进行分类的手段。

我国积极采用了这两项系列标准，并根据我国制造企业的现状与需求，制定了 GB/T 32830《装备制造业　制造过程射频识别》系列标准，规定了在装备制造业中标签、读写器和应用接口的要求等。制定了 SJ/T 11666《制造执行系统（MES）规范》系列标准，该系列标准中还按照机加工、石化、冶金、造船等行业分别制定了 MES 软件功能规范。虽然这些标准提供了很好的信息化标准基础，但是这些标准还不能称为智能生产标准，我国目前急需制定生产过程中事件处理、可视化计划调度、全周期质量管控、制造工艺知识、协同制造等标准。

3）智能管理

国际供应链协会在 1996 年底发布了供应链运作参考模型（SCOR），该供应链运作参考模型适合于不同工业领域，是第一个跨不同行业的供应链标准流程参考模型，亦是供应链管理的通用语言和流程诊断工具。SCOR 将供应链界定为计划、采购、生产、配送、退货五大流程，并分别从供应链划分、配置和流程元素 3 个层次切入，描述了各流程的标准定义、对应各流程绩效的衡量指标，提供了供应链"最佳实施"和人力资源方案。运用 SCOR 可以使企业内部和外部用同样的语言交流供应链问题、客观地评测其绩效、明确供应链改善目标和方向。我国结合国内制造业的现状制定了 GB/T 25109《企业资源计划》系列标准以及 GB/T 35128—2017《集团企业经营管理信息化核心构件》、GB/T 35133—2017《集团企业经营管理参考模型》、GB/T 35121—2017《全程供应链管理服务平台参考功能框架》等标准。智能管理是通过建立各环节和领域的信息应用平台，推进数据与流程的紧密融合，有机结合信息集成和组织变革，形成基于流程驱动的精细化智能管理模式。因此，闭环一体化运营管控规范、基于产业链协同的智能管理标准是智能管理标准的工作方向。

4）智能物流

国际上目前的物流标准主要集中在托盘标准和 EDI 标准上，国内工厂物流技术也有相关标准对代码标识、容器、搬运设备及技术、仓储设备及技术等方面作了具体规定。关于智能物流的标准发布了 GB/T 32827—2016《物流装备管理监控系统功能体系》、GB/T 32828—2016《仓储物流自动化系统功能安全规范》等，但是对智能物流自动仓储系统、自动输送系统、数据字典以及网络架构等方面标准并未确立，急需制定以规范智能工厂物流系统的建设与部署。

5）集成优化

集成优化是使用一致的语法和语义共享和交换信息，满足通用接口中应用特定的功能关系，协调使能技术和业务应用之间的关系，保证信息的共享和交换。

系统集成是支撑智能制造发展的最主要的技术之一。企业应用集成的范围越来越大，从产品设计到销售，从供应商到客户，从设备控制到企业资源管理，信息交换和集成渗透到每一个环节，信息化的高效率和高效益，是在互通、互联、互操作的前提下获得的，协调技术和应用之间的关系，保证信息的共享和互联互通，很关键的条件是相关技术标准。目前国际上有 ISO 15745《开放系统应用集成框架》、ISO/IEC 62264《企业控制系统集成》、ISO 15746《先进控制与优化集成》、ISO 18435《诊断、能力评估和维护应用的集成》、ISO 16100《制造软件互操作》、ISO 11354《制造企业过程互操作》等标准，这些包括信息和数据格式等的接口标准解决了系统的可集成性、可扩展性、可交互性和可维护性。我国也在系统集成方面，努力制定符合我国工业需求的集成标准，如《企业资源计划（ERP）/制造执行系统（MES）/过程控制系统软件互联互通接口规范》《物流系统与生产环境的集成与互联互通标准》和《物流信息集成接口要求》等标准。通过这些标准将实现各层数据之间的互联、互通、互操作问题，但是还不能使智能工厂发挥其智能化的最高效果。因此，迫切需要制定各业务流程的优化标准、操作与控制的优化标准、销售与生产协同优化、设计与制造协同优化、生产管控协同优化、供应链协同优化等业务优化标准，从而实现智能工厂的集成优化运营。

这些标准的制定与实施将为我国企业智能工厂的建设和发展起到重要的支撑和推动作用。

3.3　智能服务标准

3.3.1　大规模个性化定制

随着生活经济水平的提高和消费水平的提升，消费者对产品的个性化定制需求越来越迫切，同质化严重的产品很难为消费者带来更多的品质感、身份感与归属感，品牌的价值在价格战中难以彰显，消费者无法从中对产品产生足够的情感认同。随着互联网技术、柔性制造技术、现代物流的推广和普及，个性化定制服务已经深入各行各业，未来的生意将是用户改变世界而不是企业向用户出售，消费者可以借由互联网平台，按照自己的需求决定产品、定制产品。面对多样化的客户需求和不断细分的市场，大规模定制作为一种新的生产模式受到学术界和工业界越来越多的关注。大规模个性化定制是指基于新一代信息技术和柔性制造技术，以模块化设计为基础，以接近大批量生产的效率和成本提供能满足客户个性化需求的一种智能服务模式，贯穿需求交互、研发设计、计划排产、柔性制造、物流配送和售后服务的全过程。

3.3.1.1 发展现状

1. 国外发展现状

1）相关政策文件

2013 年 4 月，德国提出"工业 4.0"战略，作为德国国家高科技发展战略之一，面向的是未来很长一段时间的工业发展趋势，并把灵活的、大规模的个性化定制作为"工业 4.0"战略的关键要素。2015 年 4 月，法国启动"未来工业"计划，其方向是与德国工业 4.0 平台实现"自然对接"，并将大规模个性化定制作为"新工业法国"战略的核心之一。2016 年 2 月，美国国家标准与技术研究院（NIST）在智能制造系统标准环境扫描报告中提出，大规模个性化定制是智能制造系统的主要特征之一，智能制造系统的关键要素包括产品的创新性和定制化。2016 年 12 月，日本发布了工业价值链参考框架（industrial value chain reference architecture，IVRA），虽然没有明确提出大规模个性化定制模式，但也表述了由订单驱动的制造模式。

2）探索与实践

从 20 世纪 80 年代开始，国外一些制造商开始尝试采用大规模定制模式，力求以接近大批量生产的成本和效率来提供满足客户个性化和定制化需求的产品。大规模定制在 90 年代得到快速发展，许多产品（包括汽车、自行车、计算机、家电、软件、通信器材、建筑与装饰、汽轮机、仪器仪表、服饰、眼镜、玩具、体育用品、书籍、音像制品、陶瓷、家具、食品等）被成功地定制。到 21 世纪初，美国包含定制产品或服务的订单已经占到了 36%；在英国，购买定制汽车的客户已从 90 年代初的 25% 增加到了 75%。许多制造企业和服务企业，如惠普、丰田汽车、戴尔、耐克、摩托罗拉、美泰、宝洁、微软等成功地实施了大规模定制模式，取得了巨大的成功。大规模定制为这些企业带来了超额利润和竞争优势，并逐渐成为其核心竞争力。例如，戴尔的用户可以按照自己的需求来定制自己想要的电脑，通过 CPU、内存、硬盘等来组装成自己想要的配置的电脑，甚至外观的颜色、图案等也都可以自行选择。哈雷摩托基于现有生产线通过大规模应用物联网技术、传感器技术，能够柔性制造，最终实现一条生产线可以生产不同品类、样式的摩托车，进而满足用户的个性化需求。

3）标准化

目前，尚无与大规模个性化定制直接相关的已发布的国际标准。IEEE 正在积极推进这方面标准的制定，中国电子技术标准化研究院、海尔集团、研祥智能科技股份有限公司、中国海洋大学、珠海伊斯佳科技股份有限公司等单位共同向 IEEE 提报了《大规模个性化定制通用要求规范》（*Guide for General requirements of Mass customization*，项目编号：P2672）IEEE 标准提案，并于 2017 年 12 月 7 日正式获批立项。目前，IEEE 大规模个性化定制工作组（IEEE/C/SAB/MC_WG）已召开多次标准研讨会推动相关标准研制工作。

2. 国内发展现状

1）相关政策文件

2016 年 4 月，工业和信息化部发布的《智能制造试点示范 2016 专项行动实施方案》及《智能制造试点示范项目要素条件》中明确大规模个性化定制为 5 种智能制造新模式之一，并作为重点行动推进工作。同期，工业和信息化部、发展改革委、科技部、财政部联合发布的《智能制造工程实施指南（2016—2020 年）》中也明确培育、推广包括大规模个性化定制在内的智能制造新模式。

2）探索与实践

目前，国内已有多个行业的企业开始加强大规模个性化定制模式的应用与推广，并取得了一系列进展，例如海尔集团、青岛酷特智能股份有限公司、佛山维尚家具制造有限公司、重庆长安汽车股份有限公司、厦门金龙联合汽车工业有限公司、星期六股份有限公司、珠海伊斯佳科技股份有限公司、研祥智能科技股份有限公司、红领集团等。

具体而言，海尔集团内部针对定制搭建起一套适用于大规模定制的流程和机制，从用户交互、方案设计、模块研发、虚拟验证，到样机制造、预约预售、生产制造、交付体验的全新系统化业务流程，定制生产整个产品生产周期为 3~7 天，产品交付周期目前可以达到 7~15 天，生产效率在整体的运营效率方面也获得了大幅提升。佛山维尚家具制造有限公司通过整合仓库管理、财务管理、生产管理、采购管理、销售管理等内部管理流程，实现了自制板式家具均可按需定制，包括卧房家具、书房家具、儿童房家具、客餐厅家具、厨房家具等，以充分满足消费者的全屋家具产品个性化定制需求。研祥智能科技股份有限公司以产品设计数据流为主线，通过三维产品模块化设计和仿真、工艺设计，建立产品配置数据库和工艺参数数据库，并将最终的设计、工艺文档和程序通过网络信息体系投入智能设备端进行加工和生产，实现了特种计算机的大规模个性化定制研发与生产。红领集团为了实现西装的定制化，建立了覆盖人体 99% 的正装版型数据库，拥有超过 3000 亿个版型，实现了消费者对面料、款式的自主选择。

3）标准化

目前，《智能制造 大规模个性化定制 术语》《智能制造 大规模个性化定制 通用要求》《智能制造 大规模个性化定制 需求交互规范》《智能制造 大规模个性化定制 设计规范》《智能制造 大规模个性化定制 生产规范》等五项拟立项国家标准已根据国家标准化管理委员会决定公开征求意见，服装、家电、家具、白酒等行业也已经在研或发布多项大规模个性化定制行业标准或团体标准。例如，团体标准《家电业大规模定制通用技术规范》由家电业智能制造创新联盟标准于 2017 年 6 月发布，首个服装定制国家标准—— GB/T 35447—2017《服装定制通用技术规范》于 2017 年 12 月正式发布，团体标准《全屋定制木（制）家具》由上海市化学建材行业协会于 2018 年 3 月 15 日开始实施，《全屋实木定制家居产品标准》《全铝定制家居产品标准》等行业标准也已分别于 2017 年 11 月与 2018 年 3 月启动研制。这些标准为保证定制产品的质量，保护消费者利益，引导和规范大规模个性化定制相关智能制造产业的发展提供了标准支撑，具有明显的社会效益。

3.3.1.2 相关技术

大规模个性化定制的关键技术主要集中在交互、设计和生产三部分。应用大规模个性化定制的关键技术，实现其要求的具体功能，是实现大规模个性化定制模式的关键。

1）交互部分

交互部分主要包括需求交互环节，涉及的关键技术包括：能够实现售前客户需求交互及售后客户服务交互的用户交互平台搭建，能够准确获取用户的个性化需求的数据存储、清洗、挖掘和分析等，客户信息、订单等数据的管理。基于上述技术，企业能够在交互环节准确获取客户需求，为后续生产及物流环节提供支撑。

2）设计部分

设计部分主要包括设计研发环节，涉及的关键技术包括：可实现产品模块化设计的产品模块化数据库搭建，产品模块变型设计，基于数字化形式实现的产品模块个性化组合。基于上述技术，企业能够在设计环节依据客户需求实现产品设计，提升设计效率，缩短产品设计时间，简化设计流程，并能够实现对现有模块化数据库的不断更新与扩充。

3）生产部分

生产部分主要包括物料采购、计划排产、柔性制造和物流配送环节，涉及的关键技术要求包括：可实现供应商资源整合与用户需求快速响应的物料采购平台搭建，基于信息化系统的生产过程中各种生产资源均衡，柔性制造以及在物流配送环节中对产品的可追溯性实现等。基于上述技术，企业能够按照订单需求进行小批量、多频次的物料采购，在不同的生产瓶颈阶段给出优化的生产排程计划，实现快速排程并对需求变化做出快速反应，最终满足客户对按单配送、交付方式和交付期限的个性化需求。

3.3.1.3　标准化需求

大规模个性化定制的业务流程包括需求交互、设计研发、物料采购、计划排产、柔性制造、物流配送和售后服务等环节，同时覆盖了设备、控制、车间、企业、协同等系统层级。由于企业的生产由订单驱动，大规模个性化定制模式中的销售环节前置，其业务流程、涉及的关键系统等均与大规模生产相比存在较大的差异，从而提出了现有标准无法满足的标准化需求。

1）通用要求

相对于大规模生产，大规模个性化定制涉及的业务流程、各业务流程之间的数据流、产生数据流的关键系统、必需的基础软硬件配套设施等尚有待明确，因此，需要制定通用要求方面的标准，梳理大规模个性化定制的定义、业务流程、关键技术要求、系统功能要求和数据要求等，界定大规模个性化定制的标准化范围，指导制造企业开展个性化定制服务。

2）需求交互规范

大规模个性化定制模式以客户为中心并通过订单驱动，从客户需求交互开始，经过需求的分析后，把客户的个性化定制信息传递到模块化设计环节，按照客户的个性化定制信息进行产品设计，产品设计完成并进行工艺设计后，进入柔性制造环节进行制造，产品制造完成后交付客户形成闭环。需求交互作为大规模个性化定制的基础环节，通过制定该方面标准，规范大规模个性化定制交互涉及的方式、界面、数据要求，为企业准确获取客户需求提供帮助。

3）模块化设计规范

模块化设计是高效实现客户个性化需求的必要手段，也是确保客户定制后产品质量合格的重要环节。因此，有待制定模块化设计方面标准，明确智能制造大规模个性化定制模块化设计的基本原则、系统要求、产品验证和过程要求，指导企业整合内部设计资源，梳理设计流程与原则，在满足客户需求的同时提升产品的安全性、可靠性等。

4）生产规范

大规模个性化定制生产的首要目标是具有柔性和快速响应能力，这一目标的实现以低成本和满足质量要求为约束条件，实现用户个性化和批量生产的有机结合，以批量的效益进行定制产品的生产，以柔性生产方式构建生产体系。通过制定生产方面的标准，规范面向大规模个性化定制的智能制造企业的生产体系结构、生产管理要求、数据要求、关键方法等，为企业实际开展个性化定制产品的生产提供解决方案、参考与思路。

3.3.2　运维服务

制造行业的维保现状是使用者不能监测到设备的参数，无法掌握设备部件的变化趋势，从而不能预测设备故障，每当设备故障发生时，无法判断故障原因，服务工程师在不能第一时间得到故障信息、不能看到设备状态、不清楚设备的历史动作时，无法做出正确的维保方案，只有到现场后才能诊断。在这样的维保过程中，故障的修复时间长、售后效率低等管理问题就无法避免。

究其原因，不外乎两点：一是制造设备绝大部分属于非智能设备；对于部分自动化设备、半自动化设备的数据还不能完全采集，或者即便数据能够采集，但没有形成大数据；还有一些企业的设备甚至是纯手动操作的机械设备，不能自动产生数据，需要靠人工测量、记录、填写；缺乏数据的支撑，设备的诊断修复时间就不得不延长。二是设备服务商在提供服务时，往往都是被动性的，对设备的状态不是特别了解（缺少历史数据以及当前状态信息），接到维保需求时，需要到现场查看后才能进行分析，再制订计划，进行维保实施，服务周期长；几乎所有的维保服务都需要服务商必须到现场才能进行维保实施。

而随着制造行业迈入智能制造，传统模式下的维保方式带来的弊端越来越鲜明。从发展速度最快的 IT 运维行业吸取经验，建立制造行业的远程运维，解决制造企业的后顾之忧成为了智能制造发展过程中不可忽视的工作。制造业远程运维的发展是智能制造发展的基础，智能制造的发展也是制造行业远程运维发展的驱动器，二者相辅相成。

3.3.2.1　远程运维服务发展现状

在发达国家，制造服务业产值平均占整个国家总产值的 50% 左右；在制造服务化程度最高的美国，制造与服务融合型企业占制造企业总数的 58%。欧美发达国家装备制造企业依托技术创新，大力发展远程运维服务模式，抢占产业高附加值环节，使得其产业分工始终处于高端位置。比如全世界 53 家航空公司近 2000 架飞机装备了且正使用波音的远程运维服务——飞机健康管理系统（仅服务收入每年在 2000 万美元以上）；全球最大的航空发动机制造商罗尔斯—罗伊斯公司，大力推行远程运维服务——发动机健康管理系统（engine health management，EHM），通过服务合同绑定用户，增加服务型收入。

目前国外世界 500 强制造企业，根据企业自身的特点探索大型工业设备的远程运维方案，英国罗尔斯—罗伊斯航空发动机公司和西门子为代表的大型工业设备制造商等，通过改变运营模式，扩展大型工业设备的维护、租赁和数据分析管理等服务，成功转型升级为"服务型制造"。国内企业也在纷纷进行服务型制造的转型升级，远程运维是其中一种重要的服务模式，如国家电网、龙源电力和三一重工等，逐步对其企业的大型工业设备进行物联网监测和远程运维。但是，总的来说，我国大型工业设备的远程运维起步时间不长，和国外先进水平相比，整体水平也不够高。中国有中小工业企业 30 多万家，占中国工业企业的 97.4%。中小企业的信息化基础薄弱，信息化成本太高、信息化及智能化的投入和产出时间周期长、大数据分析及物联技术等专业能力不足成为企业开展远程运维服务创新的"拦路虎"。

3.3.2.2 远程运维服务标准

远程运维服务标准用于指导企业开展远程运维和预测性维护系统建设和管理，通过对设备的状态远程监测和健康诊断，实现对复杂系统快速、及时、正确诊断和维护，进而基于采集到的设备运行数据，全面分析设备现场实际使用运行状况，从而为设备设计及制造工艺改进等后续产品的持续优化提供支撑。远程运维服务标准包括基础通用、数据采集与处理、知识库、状态监测、故障诊断、寿命预测等标准。

基础通用标准将规定远程运维的系统架构和功能要求。远程运维系统由设备层、传输层、数据层和服务层构成。设备层是指设备本身带有信息采集功能和通信功能的智能设备，或者设备加装信息采集器，并且具有通信功能，可将采集信息传输至远端远程运维平台。传输层是指通过公用网络和专用网络连接现场设备。数据层包括数据处理、数据存储、数据管理和数据发布。服务层是指通过 PC 终端或移动终端设备可获得远程运维服务，远程运维服务包括状态监测、故障诊断、故障告警、故障预警、备件管理、健康管理和预测性维护等服务。

数据采集与处理标准规范远程运维的监控对象、监控技术和监控人员管理要求等。远程运维监控的受体，包括智能设备、非智能设备或 PLC 系统等控制系统。设备监控是远程运维的基础，监控内容包括设备的运行数据、健康数据和运行的外部环境数据等。状态监测可能有多种形式，可以利用永久性安装、半永久性安装或便携式的测量仪器。监控的可行性要考虑几个问题，包括是否容易接近、所需的数据采集系统的复杂性、要求的数据处理的水平、安全要求、费用以及是否有监控或控制系统已在测量所关注的参数。

无论要求连续或是周期采样，都应当考虑监控的时间间隔。监控间隔主要取决于设备类型，同时也受设备运行周期、费用和关键性等因素的影响。对于稳态工况，数据采集速率应足够快，能在工况改变前捕捉到完整的数据集。对于瞬态工况，可能需要高速数据采集。大多数情况下，用于设备监控的参数要求准确性不必像其他测量中要求的绝对准确。用数值趋势分析的方法更有效时，测量的可重复性比测量的绝对准确性更重要。

故障诊断是通过设备运行状态信息数据，基于行业知识库采用数据分析可以准确获知故障的类型和位置，并对故障恢复提出工作建议的服务。

故障告警将根据设备运行状态信息的异常，通过某种方式发出告警信息，并且根据告警的级别确定告警信息的发送范围。

故障预警是基于设备运行状态历史信息，利用行业知识库实现对即将大概率发生的故障发出预警信息，并且根据预警级别确定预警信息的发送范围。

健康管理是根据设备运行状态信息，基于行业知识库对设备的运行情况进行分析，同时对设备的使用寿命给出健康、亚健康、故障和报废的结论，同时也对如何提高设备使用寿命给出下一步建议。

备件管理保证设备维修的需要，不断提高设备的可靠性、维修性和经济性。

预防性维护为消除设备失效和生产计划外中断的原因而制定的措施。

1．《远程运维状态监测技术要求》标准

本标准规定了远程运维状态监测的概述、设备监测参数或信息的制定、远程运维状态监测系统和检测方法要求以及数据收集与分析。

状态监测是启动远程运维服务过程也是所有设备和环境的历史数据和现状数据的来源。

通过监控和监测设备的运行状态，远程运维平台记录监测数据，对于需要进行远程运维的设备，平台应生成远程运维服务指令，设备或者运维人员

根据指令进行运维，同时远程运维平台监控运维过程，及时反馈运维情况。

以下是标准中的远程运维状态监测流程（图3-10）：

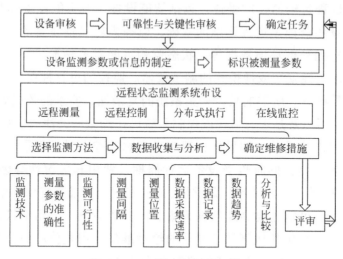

图 3-10　远程运维状态监测流程

设备监测参数或信息的制定：列表并清楚标识所有设备及相应系统，根据这些信息确定监测参数。

远程状态监测系统：包括远程测量、远程控制、分布式执行、在线监控。

监测方法要求：包括监测技术、测量参数的准确性、监测可行性、测量间隔、测量位置等规定。

数据收集与分析要求：包括数据采集速率、数据记录、数据趋势、分析与比较等要求。

2. 《远程运维故障诊断技术要求》标准

本标准规定了远程运维的故障的分类与分级、故障诊断模型以及诊断技术要求。

故障诊断是判断设备故障状态，判定设备后续是否需要维护以及如何维护的依据。

图3-11显示远程运维故障诊断模型。

故障分类分级：包括故障发展过程、故障性质、故障外因、风险灾难分级、故障知识库。

故障诊断模型：包括本地故障诊断、远程监控诊断、远程专家会诊。

故障诊断技术要求：包括故障预警、智能诊断、诊断结论与预报、改善诊断结论和（或）预报的置信度。

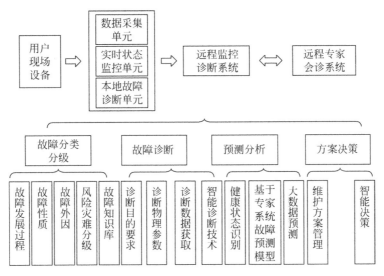

图 3-11　远程运维故障诊断模型

3.3.2.3　预测性维护

　　智能制造是制造技术和信息技术的结合，随着"工业 4.0"等计划的提出，已成为带动产业转型升级的重要推动力。智能制造升级需要匹配预测性维护能力的同步提升。预测性维修通过传感技术在线或离线监测设备运行状态，并在早期故障诊断的基础上通过预测模型估计故障发展趋势或剩余使用寿命来安排维修活动，能够最大化零件工作效率，消除不必要维护工作，延长设备使用寿命。预测性维护作为最具效率的维护策略，越来越受到广泛的关注和研究。下面将介绍智能制造形势下预测性维护的产业现状、相关技术和标准化现状与需求。

1.　产业现状

　　智能制造的发展把新兴产业的培育和发展与传统产业的升级结合起来，且对于深化制造业与互联网融合，强化实体经济的基础具有重要而深远的影响。由工业机器人和大型数控机床组成的智能工厂，是信息技术与自动化技术的深度集成，也是智能制造的重要载体之一，如何避免意外停机、保证智能工厂的生产效率是智能制造领域的一个热点问题。

　　20 世纪 90 年代末，美国在民用工业领域引入了视情维修，经过不断完善，已发展到预测性维护阶段，目前已被广泛应用于汽车、民用飞机、桥梁、复杂建筑、核电站等重要设备和工程设施的监测与健康管理中。预测性维护技术能诊断系统的潜在故障并提前对其进行保护，因此可有效提高智能设备的功能,提高可靠性和可用性。然而,目前预测性维护技术仍存在一些瓶颈问题,严重影响了预测性维护技术在工业领域的应用。例如,对实际系统的研究不够充分,预测模型不能充分反映设备特性;关键设备的数字化和信息化程度低,积累的数据不能有效支持各种数据驱动算法;深度学习等算法的潜力还没有得到充分的探索等。另外,如何将预测维护的结果融入生产过程的运行维护管理中,以及如何评估预测维护的有效性仍然是一个迫切的问题。

目前,不同高校和机构对预测性维护展开了广泛研究。中国定期召开国际和国内会议,召集研究人员讨论预测性维护的最新进展,如中国振动工程学会每两年举办一次中国机械状态监测、诊断和维护会议。多年来,在清华大学、北京航空航天大学、中国工程院、机械工业仪器仪表综合技术经济研究所等大学和研究机构开展了类似的研究活动,其中大部分针对特定的领域,很少涉及全面和多样化的研究,因此,多学科交叉和知识融合是非常必要的。在工业领域,一些传统公司在大型建筑 / 桥梁健康管理、大功率电机监控等领域经营数据采集,调节监控和故障诊断等业务;近年来陆续出现一些利用人工智能、大数据分析和云计算技术来开发高效算法的新兴创业公司。在工业 4.0/智能制造时代,针对预测性维护领域会涌现出一大批数据驱动型公司,将推进预测性维护技术的不断发展与进步。

2. 相关技术

预测性维护整体功能性结构保持相对固定,组件当前状态的确定需要使用传感技术来实现,基于此,可以进行健康状态计算和条件状态评估,按照故障严重程度进行诊断和预测并采取维修、维护活动。

1)传感技术

装备当前的状态需要传感技术来实现。为了获取最具代表性的机械状态信息,传感技术应包括传感模式和传感器布置策略两个关键问题。根据传感参数与机器状态之间的相互关系,这些传感技术可以分为直接传感和间接传感两种方法,二者优缺点如表 3-2 所示。

表 3-2　机床上直接传感技术和间接传感技术的比较

种　类	传感技术	优　点	缺　点
直接传感	显微镜、CCD 相机、电阻、放射性同位素	准确,可获得工具条件的直接指标	成本高,受操作环境的限制,主要用于离线或间歇性监控
间接传感	切削力、振动、声音、声波发射、温度、主轴功率、排量	更简单,成本更低,适合实际应用中的连续监测	获得机械条件的间接指标

一般而言，制造设备上的传感器越多，获得的综合信息越能更好地代表设备的状况。然而工程实际中，传感器的数量通常有限且受到成本、安装等问题的影响，因此，需要对有限的传感器进行优化以获得尽可能多的设备信息。优化策略包括但不局限于启发式算法、经典优化和组合优化方法。

2）状态监测

状态监测是利用直接或间接传感功能，对装备运行过程中的信息进行采集，并执行必要的预处理操作，如过滤、数据校正、消除叠加趋势等，然后通过将测量或计算的状况和状态与阈值或参考值相比较来进行评估。评估可以使用数值处理算法，如线性回归、卡尔曼滤波器以及机器学习和数据挖掘领域常见的算法，也可应用数据驱动型算法，如神经网络、决策树和支持向量机等。

由于广泛的功能多样性，为计算出的条件状态提供统一的解释方式是非常重要的。一种合适的方法是将条件状态映射到一定的数值范围，并以阈值或参考值表示，通过部件的聚合实现整个设备或系统的状态评估。

3）故障诊断

故障诊断的范围包括机器、电子、通信网络等，它们的使用方法略有不同。故障诊断可细分为故障检测、故障定位、故障隔离和故障恢复。故障诊断方法可按照定性/定量的方式进行分类，也可以分为基于分析模型的方法、基于定性经验知识的方法和基于数据驱动的方法三类，如图 3-12 所示。故障诊断的相关方法也可应用于状态监测过程，基于数据驱动的方法也可用于寿命预测。

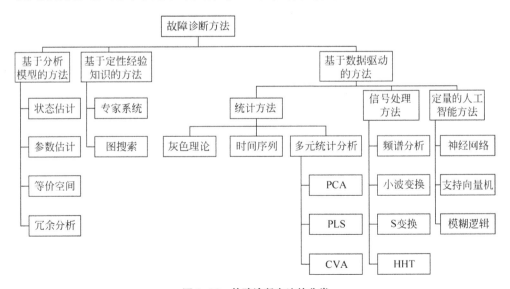

图 3-12 故障诊断方法的分类

4）故障预测

故障预测基于监测和评估数据来预测设备或系统的故障和剩余寿命。剩余寿命研究可分为两种：一种是估计或预测平均剩余寿命，另一种是计算剩余寿命的概率分布。

影响设备寿命的因素很多，例如在制造、装配、测试等环节的影响，运行工况和维护环境变化以及维护人员的水平和责任等。故障预测基本流程如图 3-13 所示。

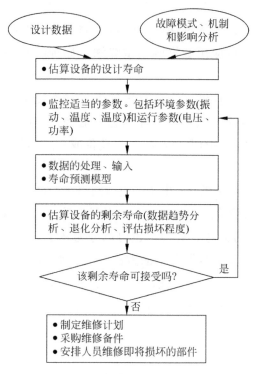

图 3-13 故障预测的基本流程

信号与信息处理单元是故障预测系统的核心。随着传感器、微处理器、非易失性存储器、电池技术和无线通信网络技术的发展，故障预测模型将变得更加智能和实用。

5）维护管理

维护管理是实施机器维护计划的基本任务。预测性维护决定了退化预计从当前状态发展到功能故障的速度，并提供经济、高效的维护策略。图 3-14 显示了机器的成本、故障时间和可靠性之间的关系，能够精确预测系统故障时间和系统可靠性的预测性维护能够为制定经济的维护计划提供有用的信息。

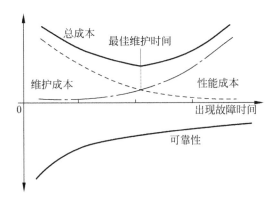

图 3-14 机器的成本、故障时间和可靠性之间的关系

除此之外，预测性维护还需要考虑组织维护所需的资源类型，包括人员、备件、工具和时间。维护管理的主要内容是计划、实施、检查、分析（plan，do，check，act，PDCA）的闭环控制。由于应用程序的整体安排，最佳维护时间并不总是可以实现的，因此，需要将其整合到生产运营管理（manufacturing operations management，MOM）中，以达到持续改进生产效率、控制质量和节约成本的目的。

MOM 软件的典型功能包括 APS、MRP、MES、WHM、APC、OEE、APQP、SPC/SQC、Historian 等，其中 MES 处于核心地位。标准 IEC 62264 定义了适用于 MOM 的结构、功能区域、活动、对象和属性。使用此标准，预测性维护解决方案可以使用标准化的接口和处理访问 MOM 的相关功能组件。

3. 标准化现状与需求

随着不同生产和应用领域对产品可靠性要求的提高，智能制造对预测性维护提出了更高要求。目前，预测性维护已经在军工和航空航天领域取得了一些研究成果和应用案例。从标准化的角度来看，ISO、IEEE、MIMOSA、SAE、FAA 和美国军方等在不同领域制定了相关标准和规范。

ISO 的标准化工作集中在机械领域，形成了《机械状态监测与诊断（CM&D）》系列标准，如 ISO 2041：2009《机械振动、冲击和状态监测 - 词汇》、ISO 13372：2012《机器状态监测与诊断 - 词汇》等，该组织对预测性维护做了大量的、系统性的工作，是该领域的领导者。IEC/TC65 是国际智能制造标准化的核心组织，组织国际专家制定了《状态监测标准》《生命周期管理标准》《智能设备管理标准》等。其他国际组织也制定了相关的各项标准，例如 SCC20 标准化协调委员会负责 IEEE 标准化工作、MIMOSA（机械信息管理开放标准联盟）开发了 OSA-CBM 和 OSA-EAI 标准等。机械工业仪器仪表综合技术经济研究所联合德国专家成立项目组，共同完成了白皮书的撰写工作，制定了《预测性维护标准化路线图》。另外，首个关于预测性维护的国家标准《智能服务　预测性维护　通用要求》正在研制和立项过程中。

目前，预测性维护技术已经相对成熟，并且拥有大量的最佳实践，但预测性维护的国际标准尚未制定，整个预测性维护框架标准体系尚未完全建立。标准化组织的工作与行业背景存在一定的相关性，标准化工作会有一定的重叠，在智能制造和工业 4.0 的背景下，新的技术如大数据分析和人工智能等，仍然没有得到相应的反映。

国际上在预测性维护和健康管理领域的研究主要集中在航空、航天、船舶、武器等高科技装备的生产和应用领域。这些领域的产品的复杂性和可靠性很高，因此需要一个系统的、清晰的预测性维护分析和指导，克服理论研究与实际应用之间的代沟。随着人工智能、大数据和云计算等新技术的快速发展，同时为了更好地适应智能制造的需求，未来的预测性维护标准化应该允许这些技术进行简单集成，从而实现其应用。

3.3.3　网络协同制造

随着 2015 年我国推出制造强国战略，制造业需要将整个价值链融合在产品周期中进行组织和管理，使商业模式、上下游服务和组织工作重新串联起来，形成有机协同的整体。为了实现供应商、制造商和客户之间的实时交互，解决各业务环节之间的信息互联互通问题，需要对网络协同制造标准体系进行研究。

网络协同制造标准体系考虑供应链网络系统设备智能化、流程交互智能化、资源和平台的集成与协同需求，同时考虑供应链全生命周期活动制造服务集成和业务协同的智能服务需求以及整体安全要求，并使之标准化、规范化，图 3-15 为网络协同制造标准体系。

网络协同制造标准体系包括基础共性、实施指南、总体框架、业务交互流程、资源优化配置和平台技术要求等标准。基础共性标准用于规范网络协同制造系统的基础共性要求，包括术语、信息编码、标识解析和安全标准；实施指南标准用于指导网络协同制造产品生产过程中开展具体实施工作；总体框架标准主要用于规范网络协同制造的总体性、指导性等要求，包括体系架构、信任机制、运营服务和评估咨询标准；业务交互流程用于规范网络协同制造核心业务流程、子业务流程和业务交互流程标准；资源优化配置标准

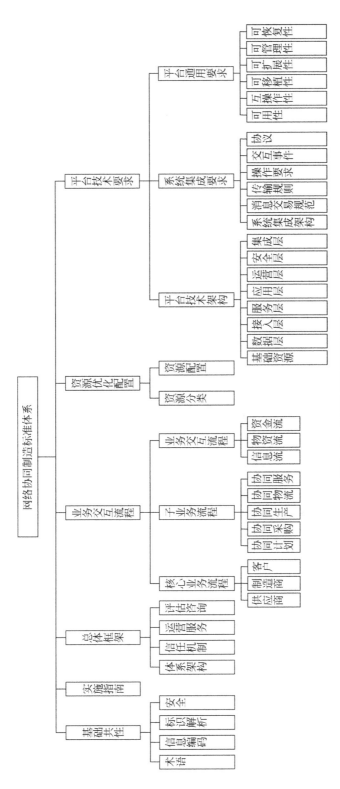

图 3-15 网络协同制造标准体系

包括资源分类和资源配置标准；平台技术要求标准包括平台技术架构、系统集成要求和平台通用要求标准。

3.3.3.1　基础共性标准

基础共性标准分为术语标准、信息编码标准、标识解析标准和安全标准等 4 个部分。

术语标准用于统一网络协同制造系统的主要概念认识和规定网络协同制造领域所用的相关技术用语；信息编码标准包括信息分类与编码基础标准、企业资源和经营管理信息编码标准、产品信息编码标准等；标识解析标准包括产品 / 设备 / 系统的标识编码与解析、标识载体、标识管理结构及功能要求等方面标准；安全标准包括信息安全标准和功能安全标准，信息安全标准主要用于规范网络协同制造系统中信息采集、数据传输、系统接口、设备自身信息等安全要求，功能安全标准包括供应链网络协同制造系统中的设备安全、网络安全、控制安全、应用安全、数据安全等标准。

3.3.3.2　实施指南标准

实施指南标准用于指导网络协同制造产品生产过程中开展具体实施工作。

3.3.3.3　总体框架标准

总体框架标准包括体系架构、信任机制、运营服务和评估咨询等标准。体系架构标准用于统一网络协同制造标准化的对象、边界、各部分的层级关系和内在联系；信任机制用于规范网络协同制造系统中影响相互信任关系的各部分及其之间的关系管理机制，包括可信校验标准、区块链信任模型、协同制造信任场景分类等标准；运营服务标准包括运维服务规范、监控管理规范、金融服务管理规范、增值运营管理规范等标准；评估咨询标准用于规定系统中不同对象的评估方法及评估指标，包括评估指标体系和认证评估方法。

3.3.3.4　业务交互流程标准

网络协同制造业务交互流程标准用于指导企业持续改进和不断优化网络化制造资源协同云平台，针对制造过程不同的阶段和需求，分别侧重跨企业协同和工厂内部的生产制造过程，通过高度集成企业间、部门间创新资源、生产能力和服务能力等技术手段和应用模式，开展跨企业、跨专业、跨地域的网络协同制造，实现生产制造与服务运维信息高度共享、资源和服务的动态分析与柔性配置水平显著增强。

1．核心业务流程标准

网络协同制造核心业务流程包括协同计划、协同采购、协同生产、协同物流和协同服务五大核心环节，平台支撑整个网络协同制造全业务流程。其中协同计划是指计划供应链，包括计划采购、计划生产、计划物流和计划退货；协同采购包括库存产品、订单生产产品和工程定制产品的采购；协同生产包括库存生产、按订单生产和工程定制；协同物流包括库存产品、订单生产产品、工程定制产品和零售产品的配送；协同服务包括原材料退回和产品退回两部分。图 3-16 为网络协同制造核心业务流程。

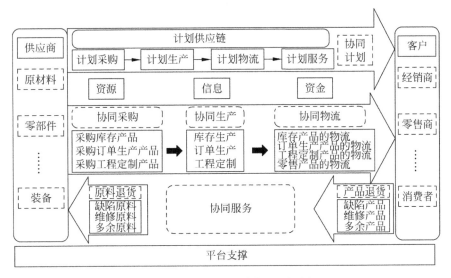

图 3-16　网络协同制造核心业务流程

2．业务子流程标准

网络协同制造业务子流程标准包括协同计划、协同采购、协同生产、协同物流和协同服务五大部分。

1）协同计划

协同计划包括制造或采购决策的制定、供应链结构设计、长期生产能力与资源规划、企业计划、产品生命周期决定、生产正常运营的过渡期管理、产品线管理以及基础设施计划的管理。评估企业整体生产能力、总体需求计划以及针对产品与分销渠道进行库存计划、分销计划、生产计划、物料及生产能力计划。

2）协同采购

协同采购包括接收物料和产品的业务流程，制定供应商和原材料的接收，进行供应商评估、采购运输管理、采购品质管理、采购合约管理、进货运费条件管理、采购零部件的规格管理要求，规范原材料仓库、运送和安装管理流程。

3）协同生产

协同生产包括按库存生产、按订单生产和工程定制。规定网络协同生产的业务流程，制定安排制造活动、发放原材料、制造和测试、包装、产品库存、产品交配送等要求，制定工程变更、生产状况、产品质量管理、现场制造进度、制造能力计划与现场设备管理等要求。

4）协同物流

协同物流包括订单管理、产品库存管理、产品运输安装管理和配送支持业务四部分。

（1）订单管理。包括订单输入、报价、客户资料维护、订单分配、产品价格资料维护、应收账款管理、授信、收款与开立发票等。

（2）产品库存管理。包括存储、拣货、按包装明细将产品包装入箱、制作客户特殊要求的包装与标签、整理确认订单、运送货物等。

（3）产品运输安装管理。包括运输方式安排、出货运费条件管理、货品安装进度安排、安装与试运行等。

（4）配送支持业务。包括配送路线决策制定、配送存货管理、配送品质的掌握和产品的进出口业务等。

5）协同服务

协同服务包括原材料的退回和产品的退回。

（1）原材料退还给供应商包括与商业伙伴沟通、准备好文件资料及原材料实体的返还与运送等；

（2）接受并处理从客户返回的产品包括与商业伙伴的沟通、同时准备文件资料及产品实体返回、接受和处理等，建立一套完善的从客户手中回收残次品、从下游厂商手中回收过剩产品的机制。

3．各业务交互流程标准

业务交互流程包括网络协同制造中供应商、制造商和客户之间物资流、信息流和资金流交互要求，如图 3-17 所示。

1）供应商与制造商之间业务交互

供应商与制造商之间业务交互主要发生在协同计划、协同采购、协同生产和协同服务 4 个环节。

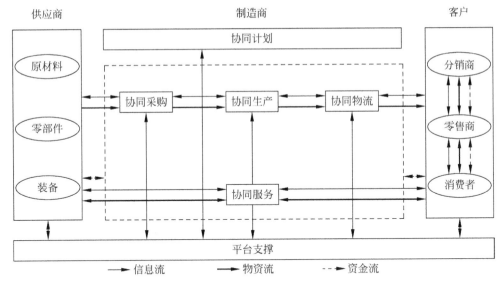

图 3-17 网络协同制造业务交互流程

（1）协同计划环节包括原材料、零部件和装备采购需求数据、库存数据、分销数据、生产能力数据、交付时间、预算等数据；

（2）协同采购环节包括供应商评估、订单数据、配送数据、运输路线、运输工具、采购品质管理数据、采购合约、交付时间、原材料转化等；

（3）协同生产环节包括发放原材料、制造和测试、包装、产品库存、产品配送等信息交互；

（4）协同服务环节包括结算付款、日程安排、售前咨询和退换货服务等信息。

2）制造商与客户之间业务交互

制造商与客户之间业务交互主要发生在协同物流和协同服务两个环节。

（1）协同物流环节主要交互订单数据、库存数据、包装数据以及运输方式工具安排、安装与试运行等信息；

（2）协同服务环节主要交互售前咨询、退换货数据、交付数据和付款数据等信息。

3.3.3.5 网络协同制造资源优化配置

1. 资源分类

从网络协同制造的业务流程角度，协同制造的资源可分为供应资源、计划资源、采购资源、生产资源、物流资源、服务资源和用户资源，如表 3-3 所示。

表 3-3　协同制造资源类别表

一 级 标 题	二 级 标 题	三 级 标 题
供应资源	物能资源	原材料、能源等
	信息资源	供应商相关信息
		市场信息
计划资源	物能资源	分项计划软件
		全局计划软件
	信息资源	供应品周期
		设计信息及周期
		生产相关信息及周期
		采购相关需求
	人力资源	计划管理人才
采购资源	物能资源	供应商管理系统
		采购软件资源
	信息资源	市场信息
		采购管理信息
		原材料质量信息
	人力资源	采购管理人才
		市场人才
生产资源	物能资源	网络设施
		生产设备
		生产管理相关软件
	信息资源	生产技术信息
		生产管理信息
		生产工艺信息
		产品质量信息
	人力资源	生产管理人才
		生产技术人才
物流资源	物能资源	配送软件系统
		配送相关硬件
	信息资源	市场分布信息
		配送管理信息
	人力资源	配送管理人才

一 级 标 题	二 级 标 题	三 级 标 题
服务资源	物能资源	服务软件系统
	信息资源	市场维护信息
		维修售后技术
		产品质量记录及反馈
	人力资源	服务管理人才
		售后技术人才
		市场人才
用户资源	信息资源	市场信息
		用户信息

1）供应资源

供应资源包括与供应相关的物能资源和信息资源。其中，物能资源包括生产辅助资源供应商的物料、能源等资源以及半成品（模块）供应商和零部件供应商的生产设备（含硬件设备和软件系统）、能源、原料、工艺资源等；信息资源包括供应商相关信息和市场信息。

2）计划资源

计划资源包括与计划相关的物能资源、信息资源和人力资源。其中物能资源包括计划所用的相关软件；信息资源包括供应品、设计、生产、采购的总体计划数据；人力资源主要包括计划管理的相关人才。

3）采购资源

采购资源包括与采购相关的物能资源、信息资源和人力资源。其中物能资源包括采购所用的相关软件及供应商管理系统；信息资源包括市场信息、采购管理信息、原材料质量信息；人力资源包括采购管理人才和市场人才。

4）生产资源

生产资源包括与生产相关的物能资源、信息资源和人力资源。其中物能资源包括网络设施、生产设备、生产管理相关软件等资源；信息资源包括生产技术信息、生产管理信息、生产工艺信息和产品质量信息等资源；人力资源主要包括生产管理人才和生产技术人才等资源。

5）物流资源

物流资源包括与配送相关的物能资源、信息资源和人力资源。其中物能资源包括配送所用的相关软件及相关硬件等资源；信息资源包括市场分布信息、配送管理信息等资源；人力资源主要包括配送管理人才。

6）服务资源

服务资源包括与服务相关的物能资源、信息资源和人力资源。其中物能资源包括服务所用的相关软件系统；信息资源主要包括市场维护信息、维修售后技术、产品质量记录及反馈等资源；人力资源主要包括服务管理人才、售后技术人才、市场人才等资源。

7）用户资源

用户资源主要是信息资源，包括与用户相关信息，如市场信息和用户信息。

2. 网络协同制造资源配置

网络协同制造资源配置标准主要包括资源层次维、资源关联维和资源分类维以及数据库信息访问接口标准、服务访问接口标准和配置访问接口标准。

1）资源层次维

资源层次维包括联盟层、企业层、车间层、单元层和设备层，明确网络协同制造各类资源所属层次结构，体现制造资源的构成颗粒度。

2）资源关联维

资源关联维包括时间关联、空间关联、顺序关联和控制关联，用于指导网络协同制造各个资源类及资源层之间的关联关系。

3）资源分类维

资源分类维是通过将具有共同属性或特征的制造资源归并为一起，采用统一标准的分类方法，使协同制造资源在描述和理解上具有一致性，包括供应资源、采购资源、计划资源、生产资源、配送资源、服务和用户资源。

4）数据库信息访问接口标准

数据库信息访问接口标准是根据不同的数据库选用不同的适配器，访问数据库中的数据。

5）服务访问接口标准

服务访问接口标准是访问内部资源中的服务或外部的服务。

6）配置访问接口标准

配置访问接口标准是从配置文件中获取 / 保存配置对象。

3.3.3.6 网络协同制造平台技术要求

1. 平台技术架构

网络协同制造平台架构包括基础资源层、接入层、数据层、服务层、应用层、集成层、安全层、运营层，如图 3-18 所示。

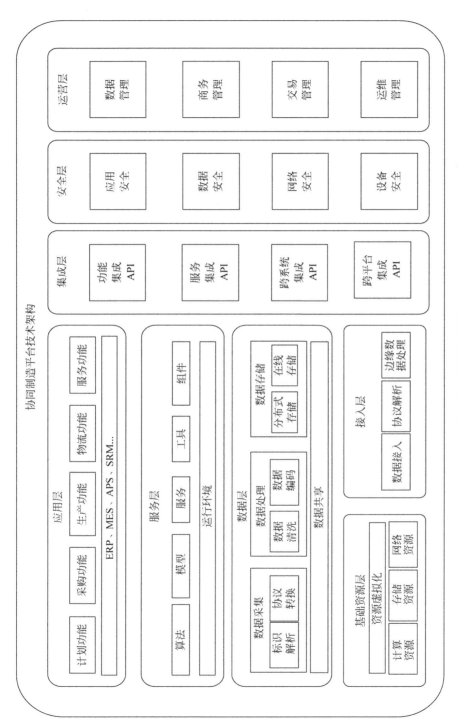

图 3-18 平台技术架构

1）基础资源层

基础资源层为整个网络协同制造平台提供计算资源、存储资源和网络资源，并通过资源虚拟化的方式进行资源配置。计算资源功能组件包括物理处理器和内存，负责执行和保持大数据系统其他组件的软件；存储资源功能组件为大数据系统提供数据持久化能力；网络资源功能组件是指网络资源负责数据在基础设施组件之间的传送。

2）接入层

接入层为网络协同制造平台提供工业设备和其他制造资源的管理和接入。数据接入功能组件是指通过各类信息手段接入不同设备、系统和产品，采集海量数据；协议解析功能组件是指通过协议转换技术实现多源异构数据的互识；边缘数据处理功能组件通过利用边缘计算设备实现底层数据的汇聚处理。

3）数据层

数据层负责对网络协同制造平台的数据进行管理。数据采集功能组件是指对工业现场的数据进行感知、识别和传输；数据处理功能组件是指对来自工业现场的各种数据进行采集、解析、转换、转发、实时处理等操作；数据存储功能组件是指面向不同种类数据和不同应用目标，将处理后的数据以不同的方式存储；通过区块链技术保障数据的安全和可信。

4）服务层

服务层为应用层提供支撑。算法建模功能组件是一系列解决问题的清晰指令，指用系统的方法描述解决问题的策略机制；模型功能组件是知识、经验的复用封装；服务是指提供各类应用实现的服务；工具是指实现各类应用的手段、载体等；组件是指实现各类应用的中间件；运行环境是实现算法、模型、服务、工具、组件的运行载体。

5）应用层

应用层面向特定行业、特定场景提供各类网络协同制造应用。计划功能是指实现计划预测、计划生成、计划下达等任务；采购功能是根据预测性数据、实际数据进行采购；生产功能是根据计划实现敏捷设计、柔性制造等功能；物流功能是实现产品的配送和仓储；服务功能是面对客户进行销售及后期维护；ERP、MES、APS、SRM 等通过不同系统之间的配合使用实现网络协同制造平台上的各项应用。

6）集成层

集成层实现网络协同制造平台跨功能层集成能力和跨平台集成能力。功能集成 API 功能组件提供与平台应用层上各项功能之间协同工作的接口；服务集成 API 功能组件提供与服务提供者环境中运行的服务的连接，是实现服务虚拟化的重要方面，可以使服务的位置和实现细节对服务组件不可见；跨系统集成 API 功能组件提供包括 ERP、MES、APS、SRM 等系统之间的数据输入输出集成；跨平台集成 API 功能组件提供包括不同平台之间的接口、协议，实现不同平台之间的互操作。

7）安全层

安全层负责网络协同制造平台的安全防护和管理。应用安全功能组件提供应用程序使用过程和结果的安全；数据安全功能组件提供为数据处理系统建立和采用的技术和管理的安全保护，保护硬件、软件和数据不因偶然和恶意的原因遭到破坏、更改和泄露；网络安全功能组件提供网络系统的硬件、软件及其系统保护，避免破坏、更改、泄露，保证系统连续、可靠、正常地运行和网络服务不中断；设备安全功能组件要确保主机服务器、存储阵列、交换机/路由器及机房等物理设施的安全。

8）运营层

运营层负责网络协同制造平台的日常运营。数据管理功能组件存储资源分配、操作日志、备份与数据恢复；商务管理功能组件提供平台交易、商务运营等的管理模式；交易管理功能组件提供工业互联网平台产生的服务交易涉及数据安全、金融流通等重要流程管控；运维管理组件提供帮助企业建立快速响应并适应企业业务环境及业务发展的 IT 运维模式。

2. 系统集成

1）系统集成架构

本架构可作为企业 ERP、MES、APS、SRM 等应用系统与本网络协同制造平台集成时的开发、评测、数据交互依据。基础数据主要包括订单预测信息、产品定义信息、生产能力信息、质量信息、仓储信息；业务数据主要包括采购信息、生产运行信息、维护运行信息、质量运行信息、库存运行信息。

2）消息交易规范

消息头包含了消息接收方用来处理消息的必要信息，通常包括发送方的地址或地址代码、确认的要求和指示、消息的创建日期和时间。消息头的数据用于通信的应用层，如指示消息处理所需的确认。

3）传输规则

ERP、MES、APS 等系统之间相互数据传输时，由于传输时机的不确定性，导致数据传输的频次以及数据量具有不确定性。因此，提出相应的传输规则。

4）操作

ERP、MES、APS 等系统交互时，考虑到系统实施时间的不同步以及供应商的不一致性，提出对系统之间的集成时，基础数据以及业务数据的操作性。

5）交互事件

ERP、MES、APS 等系统交互时，通过事件的方式来处理某些突发状况。

6）协议

ERP、MES、APS 等系统之间的数据传输网络协议基于 HTTP 或者 TCP、IP，考虑到传输的数据量以及形式，建议采用类似 JSON、XML、数据库表、SOAP 以及 RESTful 等数据传输协议。

3．平台通用要求

平台通用要求包括平台的可用性、可操作性、可移植性、可扩展性、可管理性以及可恢复性。

1）可用性

平台在一段约定的时间内执行其功能的能力。

2）互操作性

平台功能组件间、平台与接入终端、平台与平台之间等能够进行信息共享、交换的能力。

3）可移植性

平台服务客户能在不同平台提供者之间，以低成本和最小中断时间来迁移应用和数据的能力。

4）可扩展性

平台必须具有高度的可扩展性，在面临大量产品、交易伙伴、协同关系、使用者及协同互动时仍可正常运作。

5）可管理性

平台所有的部分都需要易于管理维护，须考虑的包括定制化方案、软件升级、不兼容及故障停摆所造成的成本损失。

6）可恢复性

平台必须在软件及通信基础架构上具有快速恢复能力。

3.4　智能赋能技术标准

3.4.1　人工智能应用

智能制造是基于新一代信息通信技术与先进制造技术深度融合，贯穿于设计、生产、管理、服务等制造活动的各个环节，具有自感知、自学习、自决策、自执行、自适应等功能的新型生产方式。人工智能技术与制造业的深度融合，以智能制造为主攻方向，通过着力突破人工智能技术与智能制造领域融合的关键核心技术，研发智能产品及智能互联产品、智能制造使能工具与系统、智能制造云服务平台，推广新型制造模式，不断推进制造全生命周期活动的智能化。

3.4.1.1 发展现状

1. 国外发展现状

1）相关政策文件

随着人工智能的热度日渐升温，各国政府均意识到了人工智能领域发展的重要性，并将人工智能作为夺取新一轮竞争制高点的重要抓手，围绕人工智能制定了相关策略、规划，积极推动人工智能相关技术研究，促进人工智能产业发展。

2013 年美国启动创新神经技术脑研究计划（BRAIN），由美国国立卫生研究院（NIH）、国家科学基金会（NSF）、美国国防高级研究计划局（DARPA）、白宫科技政策办共同推动。2016 年 5 月，美国国家科学技术委员会下属的技术委员会成立了机器学习和人工智能分委会（MLAI）。2016 年 10 月，白宫发布《为人工智能的未来做好准备》和《国家人工智能研究与发展策略规划》。《国家人工智能研究与发展策略规划》称该跨越联邦政府协调的人工智能规划将有助于美国利用人工智能计划的全部潜能来强化经济及改善社会，并明确指出要开发广泛应用的人工智能标准，加快标准制定工作，以跟上性能快速发展和人工智能应用领域不断扩大的步伐。同时，美国国防高级研究计划局（DARPA）长期进行相关智能语音技术的研发，已取得的基础性研究成果逐步融入其军事系统。

欧盟主要以项目方式促进人工智能发展，先后启动了人脑计划和机器人研发计划。欧盟于 2013 年提出了人脑计划（human brain project，HBP），欧盟和参与国将在 10 年内提供近 12 亿欧元经费，是全球最重要的人类大脑研究项目。该计划旨在通过计算机技术模拟大脑，建立一套全新的、革命性的生成、分析、整合、模拟数据的信息通信技术平台，以促进相应研究成果的应用性转化。欧盟委员会（简称欧委会）与欧洲机器人协会（Eu Robotics）于 2013 年底合作提出了 SPARC 民用机器人研发计划。欧委会将在"地平线 2020 计划"中出资 7 亿欧元，欧洲机器人协会出资 21 亿欧元共同资助 SPARC 计划。欧盟希望通过 SPARC 计划的实施，促进欧洲 2020 年将增值制造业的百分比恢复到

20%，促进欧洲机器人行业的发展及创新并保持其在工业机器人技术中的全球地位，利用机器人技术推动欧盟 27 国 GDP 增长约 800 亿欧元。

2016 年 5 月，欧盟法律事务委员会发布《就机器人民事法律规则向欧盟委员会提出立法建议的报告草案》；同年 10 月，发布研究成果《欧盟机器人民事法律规则》，提出成立欧盟人工智能监管机构、推进标准化工作和机器人的安全可靠性等多项立法建议。

2015 年 1 月，日本发布《日本机器人战略》，重点强调机器人技术的创新发展，努力实现日本机器人技术的国家标准化。2016 年 5 月 23 日，日本文部科学省确定了"人工智能 / 大数据 / 物联网 / 网络安全综合项目（AIP 项目）" 2016 年度战略目标，包括开发能综合多样化海量信息并进行分析的技术，促进社会和经济发展；开发能基于多样化海量信息，根据实际情况进行优化的系统；开发适用于由多种要素组成的复杂系统的安全技术。2016 年 9 月，日本内阁召开"人工智能技术战略会议"，将人工智能研究纳入了《第 5 期科学技术基本计划》和《科学技术创新综合战略 2016》，标志着日本已将人工智能研究作为国家增长战略的优先领域，加速推进人工智能的实用化、产业化。其中文部科学省负责基础研究和人才培养，经济产业省负责应用研究，总务省负责信息通信技术。

2）探索与实践

人工智能在智能制造中的应用已经引起了国际上重要企业的重视，并在基于 AR 的人员培训、预测性维护、动态智能排产、智能在线检测、能耗与环境分析、产品的智能设计、制造资源的智能规划、智能加工与过程监控、制造系统活动的智能管理等方面开展了相关探索。

例如，针对基于 AR 的人员培训，传统的培训方式由于缺乏灵活性和活动性、难以理解、成本高等因素严重影响了学员的培训效果。AR 设备能够为学员提供实时可见、现场分步骤的指导，从而改善上述问题，尤其是在产品组装等领域。通过将图纸转换为可视三维模型，指导操作人员完成所需的步骤。以波音公司为例，基于 AR 的波音 737 引擎装配及故障检修系统，提高了约 20% 的装配效率，提升了约 24% 的一次装配正确率。美国工业设计软件巨头欧特克推出的产品创新软件平台 Fusion360 和 Netfabb3D 打印软件，集成了人工智能和机器学习模块，能够理解设计师的需求并掌握造型、结构、材料和加工制造等数字化设计生产要素的性能参数，在系统的智能化指引下，设计师只需要设置期望的尺寸、重量及材料等约束条件即可以由系统自主设计出成百上千种可选方案。日本 NEC 公司推出的机器视觉检测系统可以逐一检测生产线上的产品，从视觉上判别金属、人工树脂、塑胶等多种材质产品的各类缺陷，从而快速检测出不合格产品并指导生产线进行分拣，在降低人工成本的同时提升出厂产品的合格率。

除了波音公司以外，GE、西门子、三星、通用电气、罗克韦尔、博世等企业同样基于自身需求和技术积累不断加强本领域的研究，为企业运行提供优化和决策依据，降低企业人员工作强度，提升企业各项关键绩效，推动人工智能与智能制造的融合。

3）标准化

ISO、IEC、ITU 等国际标准制定的三大组织都在积极推进相关标准的制定。ISO/IEC JTC1 在人工智能术语词汇、人机交互、生物特征识别、计算机图像处理，以及云计算、大数据、传感网等基础技术领域开展了大量的工作。ISO/IEC JTC1 词汇工作组发布了 ISO/IEC 2382-28《信息技术　词汇　第 28 部分：人工智能 基本概念与专家系统》《信息技术　词汇　第 29 部分：人工智能　语音识别与合成》、ISO/IEC 2382-31：1997《信息技术　词汇　第 31 部分：人工智能　机器学习》、ISO/IEC 2382-34：1999《信息技术　词汇　第 34 部分：人工智能　神经网络》等 4 项标准。目前，上述标准已经废止，相关术语收录在 2015 年发布的信息技术词汇标准中。

ISO/IEC JTC 1/SC 42 是负责研究制定人工智能国际标准的标准化组织，于 2017 年 10 月由 ISO/IEC JTC 1 全会批复成立，目前包括中国、加拿大、德国、法国、俄罗斯、英国、美国等 18 个全权成员国，以及澳大利亚、荷兰等 5 个观察成员国。2018 年 4 月 18~20 日，由国家标准化管理委员会主办、ISO/IEC JTC 1/SC 42 人工智能分技术委员会（以下简称 SC 42）第一次全会在北京成功召开。ISO/IEC JTC 1 主席菲尔·温布隆（Phil Wennblom），中国、加拿大、德国、法国、印度、俄罗斯、爱尔兰、韩国、日本、澳大利亚、英国、美国等 17 个国家成员体，以及 ISO、IEC、ISO/IEC JTC 1/JAG、IEEE 等国际组织代表约 90 位国内外专家参加此次会议。会议讨论确定了 SC 42 的组织架构，下设 WG 1 基础工作组、SG 1 计算方法与 AI 系统特征研究组、SG 2 可信研究组、SG 3 用例与应用研究组，重点在术语、参考框架、算法模型和计算方法、安全及可信、用例和应用分析等方面开展标准化研究。

在 IEEE 方面，中国电子技术标准化研究院、海尔集团、英飞凌科技（中国）有限公司、研祥智能科技股份有限公司等单位共同向 IEEE 提报了《智能制造基于机器视觉的在线检测 通用要求》（*Standard for General Requirements of Online Detection based on Machine Vision in Intelligent Manufacturing*，项目编号：P2671）IEEE 标准提案，并于 2017 年 12 月 7 日正式获批立项。目前，IEEE 在线检测工作组（IEEE/C/SAB/OD_WG）已召开多次标准研讨会推动相关标准研制工作。

2. 国内发展现状

1）相关政策文件

自 2015 年 5 月，"智能制造"被定位为中国制造的主攻方向以来，国家出台了一系列政策鼓励人工智能的发展。2015 年 7 月 5 日，国务院印发《"互联网 +"行动指导意见》，除再次强调大力发展智能制造外，专门对加快"互联网 + 人工智能"发展做出部署。包括培育发展人工智能新兴产业，推进重点领域智能产品创新，鼓励企业依托互联网平台提供人工智能公共创新服务等。2016 年 7 月 28 日，国务院印发《"十三五"国家科技创新规划》，在"新一代信息技术"中提出重点发展大数据驱动的类人智能技术方法，突破关键技术，研制相关设备、工具和平台，支撑智能产业发展，并对智能机器人等典型应用做了部署。2016 年 12 月 19 日，国务院印发《"十三五"国家战略性新兴产业发展规划的通知》，要求培育人工智能产业生态，促进人工智能在经济社会重点领域推广应用，打造国际领先的技术体系。同时大力推动我国优势技术和标准的国际化应用，大力发展智能制造系统，落实和完善战略性新兴产业标准化发展规划，完善标准体系，支持关键领域新技术标准应用。2017 年 7 月，国务院印发《新一代人工智能发展规划》（国发 [2017] 35 号），明确将人工智能作为未来国家重要的发展战略，并指出要加强人工智能标准框架体系研究，坚持安全性、可用性、互操作性、可追溯性原则，逐步建立并完善人工智能基础共性、互联互通、行业应用、网络安全、隐私保护等技术标准。加快推动无人驾驶、服务机器人等细分应用领域的行业协会和联盟制定相关标准。鼓励人工智能企业参与或主导制定国际标准，以技术标准"走出去"带动人工智能产品和服务在海外推广应用。

2017 年 12 月 14 日，工业和信息化部印发了《促进新一代人工智能产业发展三年行动计划（2018—2020 年）》（以下简称《行动计划》），以信息技术与制造技术深度融合为主线，以新一代人工智能技术的产业化和集成应用为重点，推动人工智能和实体经济深度融合，加快制造强国和网络强国建设。

2）探索与实践

目前，国内也有一批企业开始加强人工智能在智能制造中的应用研究，并取得了一些进展，如新松、沈阳机床、青岛海尔、阿里云、上海电气、振华重工、许继电气、全柴动力、汉威电子、亮风台等。例如，新松机器人在智能焊接系统、智能打磨系统、协作机器人、复合机器人等多个领域积极推动人工智能技术的应用。海尔在 COSMOPlat 示范线中加入了人脸识别、视觉识别、安全防护等多项人工智能技术，基于大数据自动识别用户的信息和历史订单信息与用户实时交互，形成可定制生产的产品。阿里云应用人工智能技术协助企业分析生产过程中的全链路数据，以实现提高生产效率、提高库存周转率、提升设备使用效率等目标。但是就总体而言，我国在这方面的探索与实践和国外相比仍有较大差距。

3）标准化

为落实《新一代人工智能发展规划》（国发 [2017] 35 号）任务部署，加强人工智能领域标准化工作的统筹协调和系统研究，发挥标准化的支撑性、引领性作用，2018 年 1 月 18 日上午，国家人工智能标准化总体组、专家咨询组成立大会在京召开。我国在人工智能术语词汇、人机交互、生物特征识别、大数据等支撑技术领域已具备一定的标准化基础，但人工智能技术发展迅速，仍面临人工智能概念、内涵等尚难达成共识，标准涉及领域多、协调难度大等困难和挑战。下一步，总体组将在国家标准委员会的指导和支持下，认真学习贯彻国家人工智能发展规划要求，在完善组织机制建设、加强标准体系研究、推动重点标准研制和应用、建立总体组工作平台、深入开展国际合作等五个方面，发挥各个成员单位力量，相互支持，扎实工作，积极开创我国人工智能标准化发展新局面。

后续，国家人工智能标准化总体组将进一步完善组织建设和管理工作，成立《国家人工智能标准体系建设指南》编制专题组、人工智能标准化与开源研究专题组、人工智能与社会伦理道德标准化研究专题组，并征集人工智能领域标准需求，形成一批国家标准立项建议。

3.4.1.2　相关技术

1. 机器学习

机器学习（machine learning，ML）是一门多领域交叉学科，研究计算机怎样模拟或实现人类的学习行为，以获取新的知识或技能，重新组织已有的知识结构使之不断改善自身的性能。它是人工智能的核心，是使计算机具有智能的根本途径。兰利（Langley）定义"机器学习是一门人工智能的科学，该领域的主要研究对象是人工智能，特别是如何在经验学习中改善具体算法的性能"。

2. 生物特征识别

生物特征识别技术是指通过个体生理特征或者个人的行为特征对个体身份进行识别认证的技术。生物特征识别技术涉及的内容十分广泛，包括指纹、人脸、虹膜、指静脉、声纹、行为姿态等多种生物特征，其识别过程涉及图像处理、计算机视觉、语音识别、机器学习等多项技术。目前生物特征识别作为重要的智能化身份认证技术，在金融、公共安全、教育等领域得到了广泛的应用。

3. 计算机视觉

计算机视觉是一门指导摄像机和计算机如何像人一样"观察"的学科，让计算机拥有类似人类对目标进行分割、识别、跟踪和判别决策等功能，从而试图解决视觉与高级语义之间的"语义鸿沟"问题，建立了从图像或多维度视觉信息中获取语义信息的人工智能系统。

4. 自然语言处理

自然语言处理是计算机科学领域与人工智能领域中的一个重要方向。它研究能实现人与计算机之间用自然语言进行有效通信的各种理论和方法。自然语言处理是一门融语言学、计算机科学、数学于一体的科学。自然语言处理是关注计算机和人类语言之间的相互作用的领域。自然语言处理涉及的领域比较多，如机器翻译、机器阅读理解和问答系统等。

5. 知识图谱

知识图谱又称为科学知识图谱，在图书情报界称为知识域可视化或知识领域映射地图，是显示知识发展进程与结构关系的一系列不同的图形，用可视化技术描述知识资源及其载体，挖掘、分析、构建、绘制和显示知识及它们之间的相互联系。

通过将应用数学、图形学、信息可视化技术、信息科学等学科的理论和方法与计量学引文分析、共现分析等方法结合，并利用可视化的图谱形象地展示学科的核心结构、发展历史、前沿领域以及整体知识架构达到多学科融合目的，为学科研究提供切实的、有价值的参考。

3.4.1.3 标准化需求

随着人工智能技术、新一代信息技术、制造专业新技术在智能制造领域的深度融合，人工智能标准可以用于指导人工智能技术在生命周期各环节中的应用，并确保其在智能制造应用中的可靠性与安全性，以满足制造全生命周期活动的智能化发展需求。

1．**场景描述与定义标准**

相对于大规模生产相关领域的技术和设备而言，人工智能相关技术和产品受到实际应用场景和需求的制约。场景描述与定义是后续人工智能技术应用与性能迭代优化的重要基础，因此，需要制定场景描述与定义方面的标准，确保人工智能技术在应用过程中的规范性与可靠性。

2．**知识库标准**

人工智能相关算法的性能依赖于大量数据的训练，构建标准训练知识库有助于降低人工智能相关技术研发的门槛与成本，进而有利于推动人工智能技术在智能制造领域的应用，因此，需要制定用于人工智能相关算法训练的知识库标准，通过规范知识库中样本数量、样本质量、数据格式、知识库结构等，确保训练知识库的完备性和有效性。

3．**性能评估标准**

人工智能算法的不断涌现对不同算法性能的评估提出了迫切需求，也为相关企业部署人工智能技术造成了困扰。性能评估是提升人工智能算法水平和可靠性的重要手段，也能够为企业在选择人工智能设备或系统时提供必要的参考内容。性能评估相关标准的制定，通过明确性能评估需求、性能评估目的、性能评估指标、性能评估流程、性能评估环境等，确保评估结果的准确性和有效性。

4．**应用标准**

人工智能技术对推动我国新一代智能制造系统的发展起着关键作用，也对提升企业的关键绩效指标具有重要意义，目前已经在产品生命周期的各个环节中实现了诸多应用。针对人工智能在智能制造中的典型应用，还有待根据其特点和需求提出场景描述与定义、知识库、性能评估以外的标准，以进一步推动人工智能在智能制造中的深度融合，例如智能在线检测、基于群体智能的个性化创新设计、协同研发群智空间、智能云生产、智能协同保障与供应营销服务链等应用标准。

3.4.2　边缘计算

3.4.2.1　边缘计算标准体系

边缘计算标准用于指导智能制造行业数字化转型、数字化创新，解决制造业数字化在敏捷连接、实时业务、数据优化、应用智能、安全与隐私保护等方面的关键需求，用于智能制造中边缘计算技术、设备或产品的研发和应用。

边缘计算标准包括架构与技术要求、计算及存储、安全、应用等标准,如图 3-19 所示。

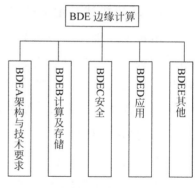

图 3-19　边缘计算标准子体系

1. 架构与技术要求标准

架构标准是在对边缘计算深入研究的基础上,对其系统框架进行抽象性描述,抽取其基本要素并描述其相互关系,建立体现边缘计算特点的参考模型,将各种不同的边缘计算应用系统纳入统一的标准化框架下,并以此为出发点,从方法论指导与建立面向不同应用的边缘计算参考架构及系统模型,为实际应用系统的规划和建设提供参考基础。

技术要求标准主要包括基于应用域、数据域、网络域、设备域的边缘计算技术要求标准。应用域标准主要规定基于设备、网络、数据功能域开放接口标准;数据域标准主要规定数据的提取、聚合、互操作、语义以及分析等包括数据全生命周期的技术要求;网络域标准主要规定了网络连接方式和网络性能等技术要求;设备域标准主要规定了操作系统、中间件等的技术要求。

2. 计算及存储标准

计算标准规定了计算架构、计算要求、计算方法等技术要求;存储标准规定了数据的写入、查询和存储管理要求。

3. 安全标准

安全标准规定了安全管理、节点安全、网络安全、数据安全、应用安全等技术要求。

4. 应用标准

应用标准包括边缘计算在智能楼宇、梯联网、智能电网、智能水务、智能交通及车联网、智慧路灯、智能制造、智慧农业等相关领域的应用标准。

5. 其他标准

其他标准包括设备管理等标准。

3.4.2.2　边缘计算标准化进展

1. 国内标准化进展

1)产业联盟

2016 年 11 月 30 日, 华为技术有限公司、中国科学院沈阳自动化研究所、中国信息通信研究院、英特尔公司、英国 ARM 公司和软通动力信息技术（集团）有限公司联合倡议发起了边缘计算产业联盟（Edge Computing Consortium，ECC），并且在同一天发布了边缘计算参考架构 1.0，2017 年 12 月又发布了边缘计算参考架构 2.0。到目前为止，边缘计算产业联盟已经打造了超过 10 个测试床，主要涉及工业制造、智能城市、电力能源、交通等领域，切实推动了边缘计算应用的发展。

2）标准化工作

国家物联网基础标准工作组已于 2017 年完成了边缘计算标准化需求的梳理工作，并将边缘计算技术标准纳入电子信息行业"十三五"技术标准体系的物联网标准体系中的应用支撑技术中，已初步确定了边缘计算的标准体系，并于 2017 年 12 月启动了首个边缘计算国家标准《物联网　边缘计算　第 1 部分：通用要求》的立项建议。

后续国标立项计划包括:《物联网　边缘计算　第 2 部分：设备域技术要求》《物联网　边缘计算　第 3 部分：数据域技术要求》《物联网　边缘计算　第 4 部分：网络域技术要求》《物联网　边缘计算　第 5 部分：应用域技术要求》和《物联网　边缘计算　第 6 部分　安全》。

2．国际标准化进展

1）ISO/IEC JTC 1/SC 38 边缘计算标准化进展

2017 年 9 月 ISO/IEC JTC 1/SC 38 云计算及分布式平台分技术委员会全会通过了《边缘计算概览》研究报告的立项，旨在研究边缘计算的概念、实现的技术以及与云计算和物联网的关系。主要内容包括边缘计算综述（概念、历史展望、基本架构、与云计算的关系、与物联网的关系）、边缘计算网络、边缘计算硬件、边缘计算软件技术（软件分类、典型的软件技术）、边缘计算数据（数据流、数据存储、数据处理）、管理、虚拟定位、安全隐私、实时、移动边缘计算和移动设备等。

2）ISO/IEC JTC 1/SC 41 边缘计算标准化进展

2017 年 6 月，在 ISO/IEC JTC 1/SC 41 物联网及相关技术分技术委员会第一次全体会议上由中国电子技术标准化研究院和华为技术有限公司发起成立边缘计算研究组并担任召集人，研究组完成了《边缘计算研究报告》，并基于该报告的研究成果提交了《物联网　边缘计算》技术报告立项建议并获得了立项，该技术报告主要内容包括边缘计算的参考架构、术语、用例、特性、关键技术（包括数据管理、互操作、网络功能、异构计算、安全、软硬件优化）等。

3）IEC 边缘计算标准化进展

2017 年 IEC 发布了《垂直边缘智能》白皮书，该白皮书综合了云计算、移动网络、物联网和其他在通信与决策上要求低延时的领域（如智能制造等）当前的发展趋势；探索了市场潜力以及垂直领域应用实例的需求，分析了差距，为边缘智能技术在垂直领域的应用提出了建议。

4）IIC 边缘计算标准化进展

2016 年末，由 SAP 在 IIC 推动和成立了边缘计算任务组，研究边缘计算参考架构。

5）IEEE 边缘计算标准化进展

2016 年 10 月，由 IEEE 和 ACM 正式成立了 IEEE/ACM 边缘计算研讨会（IEEE/ACM Symposium on Edge Computing），组成了由学术界、产业界、政府（美国国家基金会）共同认可的学术论坛，对边缘计算的应用价值、研究方向开展了研究与讨论。

3.4.3　工业大数据

工业大数据是工业企业自身及生态系统产生或使用的数据的总和，既包括企业内部来自 CAx、MES、ERP 等信息化系统的数据，生产设备、智能产品等物联网数据，也包括企业外部来自上下游产业链、互联网以及气象、环境、地理信息等跨界数据，贯穿于研发设计、生产制造、售后服务、企业管理等各环节。

工业大数据具备双重属性：价值属性和产权属性。一方面，通过工业大数据分析能够实现设计、工艺、生产、管理、服务等各个环节智能化水平的提升，满足用户定制化需求，提高生产效率并降低生产成本，为企业创造可量化的价值；另一方面，这些数据具有明确的权属关系，企业能够决定数据的具体使用方式和边界，数据产权属性明显。

3.4.3.1　产业现状

工业大数据作为传统大数据技术与工业生产融合的产物，可以推动大数据在工业研发设计、生产制造、经营管理、市场营销、售后服务等产品全生命周期、产业链全流程各环节的应用，分析感知用户需求，提升产品附加价值，打造智能工厂，推动制造模式变革和工业转型升级。

在工业产品设计领域，工业大数据可用于提高研发人员创新能力、研发效率和质量，推动协同设计等的发展。在复杂生产过程优化领域，面向现代化工业生产过程，通过采集生产过程数据、生产工艺数据、能耗数据、故障分析数据等工业大数据，利用工业大数据分析技术，实现产线运维、质量控制、生产排产等复杂生产过程的优化。在产品需求预测领域，通过工业大数据应用等手段渠道，获取工业生产相关数据、用户行为数据、客户喜好数据等，生成用户数字画像，客观、准确地描述目标客户的属性，做出功能需求统计，有针对性地设计制造符合客户需求的产品。在供应链优化领域，通过工业生产上下游全产业链信息整合，使得整个生产系统达到协同优化，利用供应链配送体系优化、用户需求快速响应等，让生产系统更加动态灵活，进一步提高生产效率和降低生产成本。在产品或装备远程预测性维护领域，通过将产品或装备的实时运行数据与其设计数据、制造数据、历史维护数据进行融合，利用工业大数据技术进行分析，提供运行决策和维护建议，实现设备故障的提前预警、远程维护等设备健康管理应用。

当前我国制造业企业积累了大量的生产、研发、经营管理、运维等数据，这对于我国工业大数据领域的发展提供了很好的数据资源基础。但是由于人才缺乏、核心技术的缺失，工业大数据领域产业发展还处于初级阶段，工业大数据相关技术的应用还有待加深。

3.4.3.2　相关技术

工业大数据整体技术架构包括数据采集技术、数据存储与集成技术、数据建模技术、数据处理技术、数据交互应用技术等五个方面。

（1）数据采集。以传感器为主要采集工具，结合 RFID、条码扫描器、生产和监测设备、掌上电脑、人机交互、智能终端等手段采集制造领域多源、异构数据信息，并通过互联网或现场总线等技术实现源数据的实时准确传输。首次采集获得的源数据是多维异构的，为避免噪声或干扰项给后期分析带来困难，须执行同构化预处理，包括数据清洗、数据交换和数据归约。

（2）数据存储与集成。包括分布式存储技术、元数据技术、标识技术、数据集成技术。存储技术主要采用大数据分布式云存储的技术，将预处理后的数据有效存储在性能和容量都能线性扩展的分布式数据库中；元数据技术包括对订单元数据、产品元数据、供应商能力等进行定义和规范的本体技术；标识技术包括分配与注册、编码分发与测试管理、存储与编码规范、解析机制等；数据集成技术，主要指面向工业数据的集成，包括互联网数据、工业软件数据、设备装备运行数据、加工控制数据与操作数据、制造结果实时反馈数据、产品检验检测数据等的集成与贯通。通过数据集成技术，不仅要做到数据的采集、清洗、转换、读取，更要做到数据写入控制（即对设备、装备通过数据进行远程操作）。

（3）数据建模。包括对设备物联数据、生产经营过程数据、外部互联网相关数据的建模方法和技术。对无法基于传统建模方法建立生产优化模型的相关工序建立特征模型，基于订单、机器、工艺、计划等生产历史数据、实时数据及相关生产优化仿真数据，采用聚类、分类、规则挖掘等数据挖掘方法及预测机制建立多类基于数据的工业过程优化特征模型。

（4）数据处理。在传统数据挖掘的基础上，结合新兴的云计算、海杜普（Hadoop）、专家系统等对同构数据执行高效准确的分析运算，包括大数据处理技术、通用处理算法和工业领域专用算法。

（5）数据交互应用。对经处理、分析运算后的数据，通过可视化技术，包括大数据可视化技术和3D工业场景可视化技术。可视化技术将数据分析结果，以更为直观简洁的方式展示出来，易于用户理解分析，提高决策效率；企业管理和生产管理等传统工业软件与大数据技术结合，通过对设备、用户、市场等数据的分析，提升场景可视化能力，实现对用户行为和市场需求的预测和判断。结合智能决策技术，进而实现数据辅助生产制造决策的价值。

3.4.3.3 标准化现状与需求

在智能制造标准体系下，工业大数据标准主要包括工业大数据基础标准、工业大数据平台标准、数据处理标准、数据管理标准、数据流通标准等部分。目前我国工业大数据领域国家标准主要围绕基础标准展开，已立项《信息技术 大数据 工业应用参考架构》（20173819-T-469）、《信息技术 大数据 产品要素基本要求》（20173820-T-469）、《信息技术 工业大数据 术语》（20180988-T-469）三项国标。下一步将重点围绕工业大数据管理、工业大数据平台、数据处理、数据流通等方面开展标准研制工作。

（1）工业大数据基础标准。该类标准主要针对工业大数据的数据管理相关技术进行规范。包括工业大数据的数据质量、能力成熟度、数据资产管理等。其中数据质量标准主要针对工业数据质量制定相应的指标要求和规格参数，确保工业数据在产生、存储、交换和使用等各个环节中的质量。能力成熟度标准主要对工业数据过程能力的改进框架确定规范。数据资产管理标准主要包括数据架构管理、数据开发、数据操作管理、数据安全等标准，给出工业数据需求定义和实施规范，对数据资产在使用过程中进行恰当的认证、授权、访问和审计规范，监管对隐私性和机密性的要求，确保数据资产的完整性和安全性。

（2）工业大数据平台标准。该类标准主要针对工业大数据的系统、工业大数据平台的技术及功能进行规范。包括工业数据平台标准和测试标准。工业数据平台标准是针对大数据存储、处理、分析平台从技术架构、建设方案、平台接口、管理维护等方面进行规范；测试规范针对工业数据平台给出测试方法和要求。

（3）数据处理标准。该类标准主要针对工业大数据的数据处理相关技术进行规范。包括数据采集、数据存储、数据集成、数据分析、可视化五类标准，围绕工业大数据处理的全生命周期技术以及使用工具进行规范。

（4）数据流通标准。该类标准主要针对工业大数据的数据流通技术、机制及成效评测进行规范，包括工业大数据开放共享的技术标准以及评估标准等。

3.4.4　工业软件

3.4.4.1　工业软件的含义

工业软件（industrial software）是指专用或主要应用在工业领域里，为提高工业企业的研发、制造、生产管理水平和工业装备性能的软件。工业软件除具有软件的性质外，还具有鲜明的行业特色，随着自动化产业的不断发展，通过不断积累行业知识，将行业应用知识作为发展自动化产业的关键要素。

3.4.4.2　工业软件分类

每个工业软件，按其与生产制造的关系，都有其特定用途和适用范围，我们将整个工业软件应用分为 3 个层次，即经营管理层、生产执行层及过程控制层，通过整合梳理它们彼此间的关系，形成工业软件应用全景图（图 3-20）。

按照全景图，结合行业内对工业软件的分类，我们将工业软件细分为以下 4 类：

（1）支持企业经营管理和企业间协作的软件——经营管理类软件。其目的是提高企业的经营管理水平，提高产品质量水平和客户满意度，提高企业间信息和物流协作的效率，降低企业管理成本，降低信息交流和物资流通成本，提升整个产品价值链的增加值。主要的经营管理软件包括 SCM、ERP、CRM 等。

（2）支持产品研发的软件——产品研发类软件。包括产品研发辅助设计软件、辅助分析软件、过程管理软件等。其目的是提高产品开发效率、降低开发成本、缩短开发周期、提高产品质量。主要的产品研发类软件有 PLM、CAD、CAE 等。

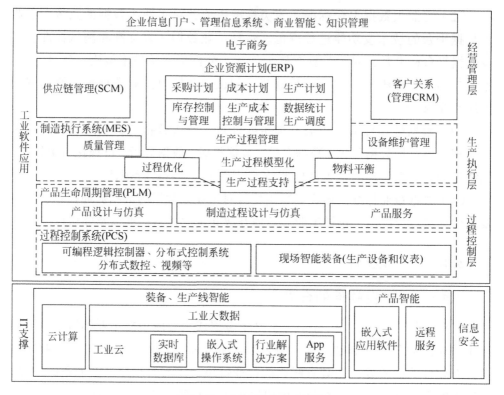

图 3-20 工业软件应用全景图

（3）支持产品制造过程管理和控制的软件——生产过程管理和控制软件。包括制造执行系统和工业自动化控制系统等。其目的是提高制造设备利用率、降低制造成本、提高产品制造质量、缩短产品制造周期、提高制造过程管理水平。主要的过程管理软件有 MES、PCS、DCS、SCADA 等。

（4）嵌入工业装备内部的软件。其目的是提高工业装备的数字化、自动化和智能化水平，增加工业装备的功能，提升工业装备的性能和附加值。主要是各类的嵌入式操作系统，如 VXWORKS 等。

3.4.4.3 国际工业软件标准化组织现状

国际标准化组织没有设立专门的"工业软件"技术领域，未形成统一的"工业软件标准体系"，工业软件相关的标准化工作分别由多个 ISO 和 IEC 的技术委员会 / 分技术委员会完成。目前，与工业软件相关的标准化组织主要有 ISO/ICE JTC1、IEC/TC65 及 ISO/TC184。ISO/IEC JTC1 负责制定和维护信息技术领域的标准，包含了工业软件涉及的通用技术标准，其中 SC7 制定了通用的软件工程化的标准，大部分适用于工业软件的工程化。IEC/TC65 负责制定和维护工业过程测量、控制和自动化的标准，标准内容侧重于硬件设备，有少部分涉及仪表中的嵌入式软件测量和控制；ISO/TC184 负责制定和维护自动化系统与集成的标准，重点关注了工业产品的数据表达及数据交换。

2014 年，ISO/IEC JTC1/SWG3 规划特别工作组成立了智能机器专题组，计划从虚拟个人助理、智能顾问和先进的全球工业系统 3 个领域开展标准化预研。其中，先进的全球工业系统源于工业 4.0 战略，目前主要研究对象包括标准化、参考模型以及复杂系统的管理等内容。

为更有效地对接工业 4.0 的标准化需求，IEC 也陆续成立了一系列专门工作组，包括 IEC/SMB/SG8 工业 4.0 战略研究组和 IEC/MSB 未来工厂白皮书项目组等，开展与智能制造/工业 4.0 相关的战略研究、体系构建和技术标准研制，目前尚未有相关成果发布。

ISO/TC184 目前也在积极跟进工业互联网新的标准化需求，如 WG10 工作组正在推进服务机器人模块化、人机协同安全等标准制定。

3.4.4.4 国内工业软件标准化组织现状

国内的 TC159、TC124、TC146 以及 TC28 分别承担着自动化系统与集成、工业过程测量控制和自动化、技术产品文件和信息技术等领域的标准化工作。

国内标准化组织针对工业软件的标准化工作开展程度有差异。TC159 关注自动化系统集成领域，标准覆盖较为全面；TC124 关注工业过程测量控制和自动化领域，涵盖通信网络协议、各类仪器仪表、执行机构、控制设备；TC146 关注制造业技术产品文件领域，工业软件方面涵盖 CAD 软件应用以及少量的 CAE 软件应用，方向比较单一；TC28 关注信息技术及软件工程方面通用的标准，工业软件方面制定了 MES 标准。

工业软件的标准一直以来分散在不同的技术委员会中，但随着信息技术的发展、大规模自动化生产需求的凸显，越来越多的工业领域和企业选择在业务过程中应用信息化和软件技术，以提高生产效率和管理能力，工业软件的技术成熟度和应用覆盖度已经达到了需要进行系统地标准化管理的水平。系统地标准化管理有助于优化标准体系结构、合理配置标准技术范畴，有助于形成标准合力，更好地实现标准的规范作用。

3.4.4.5 国内工业软件标准化现状

从工业软件产品的角度出发，按照前文对工业软件产品分类，主要从四方面介绍工业软件产品标准。

经营管理类软件主要包括 ERP、SCM、CRM 等软件类型。目前主要的 ERP 相关标准有 12 项，供应链管理是 SCM 类软件，其相关标准有 2 项，客户关系管理类软件是 CRM 类软件，目前尚无相关标准。

过程管理类软件包括 MES、PCS、DCS 等软件类型。目前 MES 相关标准有 17 项；针对 PCS、DCS 目前并没有完善的标准；TC124 目前正在制定 DCS 相关的标准。

设计研发类软件包括 PLM、CAD、CAE 等软件类型。目前 PLM 相关的标准有 3 项，PDM 相关标准有 1 项，CAD/CAE 相关标准有 23 项，但是大多属于工程技术标准而非软件标准。

嵌入式系统是一种完全嵌入受控器件内部，为特定应用而设计的专用计算机系统，目前嵌入式系统相关的标准有 9 项。

从这些标准内容上看，目前国内已有的工业应用软件的标准比较零散。经营管理类软件，现有标准能够覆盖一部分；工业软件中产品研发类软件的标准主要集中在 CAD 领域，PLM 系统的相关标准尚待制定完善。生产过程管理与控制的工业软件的标准目前有一个国标 GB/T 25485 以及比较完善的行标，都是与 MES 相关的；PCS、DCS 目前标准不完善。嵌入工业装备内部的软件，即嵌入式软件的相关标准较为全面，如 GB/T 28172—2011、GB/T 22033—2008 等。协同集成类的软件目前还没有相关标准。

除了工业软件产品本身的标准外，还有一大类标准是工业软件集成需要的标准，也就是规定工业软件集成所需的数据接口和数据交换格式、接口测试等标准，包括企业资源计划、供应链管理、客户关系管理、制造执行系统、产品生命周期管理、过程控制系统、电子商务平台等软件产品或系统间的接口规范的标准，以及这些接口的测试标准，等等。这类标准对于保障工业软件数据的跨平台交互，解决制造环节互联互通问题具有重要意义，目前国内已有的标准基本都是采用国际标准，在工业自动化系统与集成领域的 81 项标准均为采标，这些标准囊括了产品数据的表达与交换、零件库、开放系统应用集成框架、制造软件互操作性能力建规等方面。

总的来看，国内关于工业软件相关的标准化工作采取的是采标和自主制定相结合的策略，针对工业软件产品的标准以自主制定为主，自主制定的标准主要包括：CAE、CAPP、CAD 等研发设计软件标准，ERP 软件标准，部分 MES 软件标准。针对工业软件集成的标准以采标为主，其中采标的标准包括：产品数据表达与交换、零件库、工业制造管理数据等方面。

3.4.4.6　国内外差异分析

造成工业软件标准国内外有差异的原因主要有两个：一方面，与国外工业软件提供商西门子、达索、思爱普（SAP）等软件巨头不同，国内工业软件企业不能独立提供贯穿制造业全流程的工业软件解决方案，每个软件企业精于某一领域，如用友的 ERP 系列、数码大方的 CAD 系列等，这造成了国内工业软件需要重点关注软件间的交互问题，因此接口和数据方面的标准成为亟需自主制定解决的问题之一。另一方面，工业软件本身的特点也决定工业软件的标准不可能完全与国际标准相同，如经营管理类软件 ERP 等，与企业的组织架构、流程等联系非常紧密，国外的经营管理类软件在国内适用性不佳，国内的同类型软件则能很好地贴合企业的需求；还有研发设计类软件，早在制造业企业大规模使用工业软件之前，国内制造业就已经存在很多工业技术标准，国内的研发设计类软件充分考虑了上述标准的依从性。在上述领域我国采用自主制定的策略，符合我国国情。

与产品类标准不同，国内工业软件集成的标准则大量采用国际标准，有两方面原因：一是早些时候国内企业信息化水平较低，对企业内各系统互联、互通、互操作等方面的需求较少，国内标准化组织考虑到未来企业信息系统发展需要，等同采用国际标准制定了工业软件集成相关标准，但是其适用性无法保证；二是采标的标准有一部分是属于过程规范语言、制造自动化编程环境之类的基础性的标准，对国内工业软件的集成没有太大影响。所以工业软件集成类标准当前基本为采标，未来考虑国内企业对互联、互通、互操作方面的实际需要，也需要制定符合国情的工业软件集成标准。

3.4.5　工业云

3.4.5.1　发展现状

1. 国外发展现状

1）相关政策文件

近年来，美国、德国等发达国家为缓解各自不同程度的经济下行压力，均出台了相关指导性文件，推广和应用工业云，从而促进本国的工业转型升级。印度等发展中国家也以此为契机，制定相关工业战略，以求获得更大的突破。

德国在产业政策上对工业云相关的技术和应用给予了大力的支持。德国提出的工业 4.0,是以信息物理融合系统（cyber physical systems,CPS）为基础，基于云计算平台来处理问题，实现生产高度数字化、网络化。德国在中小企业中进行试点示范，为中小型企业在物联网产业和互联网中的项目提供资金，尤其是数字产品，以及适应数字化进程和网络商业模式的开发测试。

美国在未来智能制造中，大力支持工业云。2015 年 10 月，美国发布《美国创新战略》，该战略明确提出需保持美国在高性能计算领域的领先地位，政府机构将与计算机生产商和云供应商合作，让高性能计算资源更容易为人们所获得。此外，美国提出的工业互联网是要将工业系统与云计算、分析、感应技术以及互联网连接融合，构建制造新模式。美国工业互联网联盟在 2015 年发布了《工业互联网参考体系架构》，助力软硬件厂商开发与工业互联网兼容的产品，实现企业、云计算系统、网络等不同类型实体互联。

此外，英国的"英国工业 2050 战略"、韩国的"制造业创新 3.0"、法国的"未来工业"、瑞典的"新型工业化的国家战略"、印度实施的"印度制造"也都从各国实际情况出发，提出了类似的目标。

2）探索与实践

作为工业 4.0 和工业互联网的信息中枢，工业云的产业化应用在国际上也得到了各个企业的重视。而投身其中的，不仅有工业企业，还有 IT 企业。

通用电气（GE）公司为工业开发者推出了工业云平台——Predix.io；西门子面向市场推出了"MindSphere—西门子工业云平台"，该平台被设计为一个开放的生态系统，工业企业可将其作为预防性维护、能源数据管理、工厂资源优化等数字化服务的基础；菲尼克斯电气为工业定制的云技术"ProfiCloud"，是其在工业物联网领域最创新的产品之一；库卡（KUKA）在其子公司 Connyun 开发的软件和服务基础上，通过建立工业 4.0 云平台来扩展设备与云系统之间的连接。

除了 GE、西门子等工业企业，亚马逊等 IT 企业也开始探索工业云服务，亚马逊公司旗下的亚马逊网络服务平台（Amazon Web Services，AWS）发布了全新平台 AWS IoT，旨在让制造业客户硬件设备能够方便地连接 AWS 服务；SAP、Oracle 等信息技术公司依靠本企业在信息化领域的领先程度，从云 OS、工业软件等方面推进工业云的发展。

3）标准化

ISO、IEC、ITU 等国际标准制定的三大组织都在积极推进相关标准的制定。ISO/TC 184/SC 4 关注工业数据标准，ISO/TC 184/SC 5 关注体系结构、通信和集成框架；IEC/TC 65 关注工业过程控制及自动化的标准，解决产品数据和生产流程之间的数据集成问题；ISO/IEC JTC 1 在制造业信息化领域涉及大量的标准化主题，包括传感器、设备网络和用户界面；ITU 在 2015 年专门成立了新的 ITU-T SG20 研究组，研究制定物联网及其应用于垂直领域的国际标准。

NIST 在 2016 年 2 月发布了《智能制造标准景观》(*Current Standards Landscape for Smart Manufacturing Systems*),并指出工业云是未来重点需要发展的领域。德国弗劳恩霍夫协会在生产技术、加工工程、信息和通信等方面进行研究并推动这些方面的标准化。此外,制造企业解决方案协会(MESA)、供应链管理专业协会(APICS)、仪表系统与自动化学会(ISA)等组织也都从各自行业出发开发智能制造领域相关标准和最佳实践。

2. 国内发展现状

1)相关政策文件

自 2013 年 4 月,工信部在全国"工业云创新行动"工作会议中明确了工业云创新服务是推进两化深度融合的重要抓手以来,国家出台了一系列政策鼓励工业云的发展。

2013 年 10 月,工信部实施了工业云创新行动计划,确定了 16 个省市开展工业云创新服务试点;2015 年 5 月,国务院明确指出推进信息化与工业化深度融合,实施工业云及工业大数据创新应用试点,建设一批高质量的工业云服务和工业大数据平台;2015 年 7 月,国务院发布《关于积极推进"互联网+"行动的指导意见》(国发 [2015] 40 号),明确指出打造一批网络化协同制造公共服务平台,着力在工业云平台、操作系统和工业软件等核心环节取得突破;2016 年 5 月,国务院发布《关于深化制造业与互联网融合发展的指导意见》(国发 [2016] 28 号),明确提出 2018 年底,工业云企业用户相比 2015 年底翻一番的目标。

此外,《关于积极推进"互联网+"行动的指导意见》(国发 [2015] 40号)、《发展服务型制造专项行动指南》(工信部联产业 [2016] 231 号)、《深化"互联网+先进制造业"发展工业互联网的指导意见》等文件的发布也为工业云的发展起到了积极的作用。

2)探索与实践

目前,国内已建设完成一批工业云平台,面向企业提供工业软件、知识库、标准库、制造装备等资源共享服务,形成按需使用、以租代买的服务模式,实现市场需求和制造能力的在线查询、匹配、比对和交易,打造工业软件服务新业态,有效降低企业信息化建设成本。

2013 年,工信部确定了北京、上海、江苏等 16 个省市开展工业云创新服务试点,建设工业云平台。随后,陕西等省市也陆续部署工业云平台。自 2014 年起,各地政府主导的工业云平台相继建立起来,并对工业云应用进行了一定程度的推广。

除了政府主导搭建以外，智能云科、用友、航天云网、中国电信等有条件的企业也在工业云领域加紧布局，积极面向全社会提供专业服务，进一步丰富了工业云的内涵，扩大了工业云产业的规模。此外，沈阳机床、必康制药、西藏华泰龙等企业也积极探索，推出了自己的工业云平台，将核心业务向云平台迁移，用云计算模式改造原有生态系统，动态优化配置资源，实现生产制造全过程、全产业链、产品全生命周期的优化管理，培育企业内部全流程信息共享和业务协同新模式。

经过几年的建设与发展，国内工业云平台已初具规模，并初显成效，为提高企业信息化水平、研发水平和制造能力，促进企业转型升级发挥了积极的作用。

3）标准化

近年来，工业和信息化部、国家标准化管理委员会组织开展智能制造综合标准化体系建设研究工作，形成国家智能制造标准体系，为工业云的标准化工作制定了顶层规划，从而统筹推进工业云标准化进程。

同时，自2015年11月以来，依托国家智能制造标准化总体组和全国信息技术标准化技术委员会云计算标准工作组，中国电子技术标准化研究院组织北京数码大方科技股份有限公司、北京航天智造科技发展有限公司、智能云科信息科技有限公司、山东云科技应用有限公司、西藏华泰龙矿业开发有限公司、IBM（中国）等30余家工业云产、学、研、用相关单位编制工业云标准。截至2019年8月，已有4项标准完成国家标准立项，均提交报批待发布，此外还有7项标准正在预研阶段。工业云标准的制定，将有效规范工业云服务市场，增强用户信心，营造良好的市场环境，引领工业云实现规范化、高效化、长效化发展。

在2017年5月于德国法兰克福召开的ISO/TC 184/SC 5全会上，中国专家依据工业云相关基础标准，向各国专家介绍了我国工业云发展现状，提出了工业云国际标准化研究方向，得到了韩国等国家的大力支持，为后续推动工业云国际研究组的成立及工业云国际标准的立项奠定坚实的基础。

3.4.5.2 相关技术

1. 网络通信

在工业云的建设和应用过程中，网络通信技术起到了十分关键的作用。工业云相关的网络通信技术包括工业网络IP化、泛在的无线网络连接、工业设备网络互连、工业网络灵活组网等多方面。高效的网络通信技术确保了工业云提供高可用、高可靠、可扩展的工业云服务。

2．协同集成

协同集成技术是综合性技术，是将工业云的各种资源、各种信息聚合起来，形成协同效应，产生"1+1>2"的效果。工业数据集成技术实现了工业云平台数据的整合，工业系统集成技术为基于工业云的智能化生产提供技术支撑，而基于软硬件系统集成的供应链协同优化技术则是工业云平台高效、便捷的集中体现。通过这些技术，使得工业云得以提供互联化、智能化、数字化、物联化、服务化、协同化和定制化的工业应用服务。

3．服务能力

工业云依托研发设计能力、采购能力、生产制造能力、检测能力、物流能力、营销能力、售后能力等提供工业应用服务，依托平台能力提供平台服务，依托软硬件能力提供基础设施服务。工业云业务能力技术的发展是为用户提供更加便捷、优质的工业云服务的基础。工业云资源共享和调配技术能够实现工业云服务管理，包括工业云服务的设计、部署、交付、运营、采购和使用等。最后，工业云服务的计量和评价也是完善工业云服务管理的关键技术。

4．信息安全

信息安全是指信息的保密性、完整性和可用性。此外，信息安全也可包含其他特性，例如，真实性、责任性、抗抵赖性、可靠性。工业云作为工业信息化的一种体现，在引领业务发展的同时，也要保障安全控制风险。信息安全技术根据其保护的资产分为物理、网络、主机、应用和数据5个层面。

3.4.5.3　标准化需求

虽然目前已有4项工业云标准完成国家标准立项，5项标准正在提交国家标准立项申请，但是随着工业云的应用与推广，新的标准化需求不断涌现，亟需研制新的标准以满足行业的迫切需求。

1．平台建设标准

工业云平台的建设是后续提供工业云服务的重要保障，工业云平台在建设过程中需要综合考虑工业云服务提供者、工业云服务客户和工业云服务协作者这几类角色，以及工业云各个功能组件的集成问题。因此，需要制定工业云平台建设方面的标准，确保工业云平台建设的规范性和完整性。

2．制造资源接入标准

制造资源（主要包括装备和知识库）是工业云平台的核心，是工业云区别于其他云的明显特征。因此，制定制造资源接入相关标准是十分必要的。

装备和知识库接入工业云平台，既需要解决单个智能装备接入和管理的问题，又需要解决知识库系统或软件的整体接入和管理问题。制造资源接入相关标准的制定，将为后续其他工业云资源的接入和管理提供可靠的技术保障。

3. 能力测评标准

测评是保证服务优化和可靠的重要手段，也是工业云服务客户选择服务的重要参考内容。能力测评相关标准的制定，是能力相关标准需求的延伸，通过规范工业云服务业务能力的测评内容以及测评流程，帮助工业云平台提供更好的服务。

4. 数据集成与管理标准

作为工业转型升级关键助推器，工业云平台的运行涉及大量的、涵盖各种厂商和个人的软硬件资源、数据信息和服务交易等，这些信息的异构化和无序化极大影响着资源的集成与互通。数据集成与管理等方面的相关标准可以规范处理流程，给出相关要求，从而达到互联互通的目的，避免不必要的成本支出。

5. 业务协同应用标准

业务协同应用主要以设计协同、生产制造协同、经营协同、销售服务协同等业务协同为目标，以运行平台、工业软件、工业知识、数据处理等支撑系统为核心。通过制定相关标准，规范业务协同应用的运行环境、数据处理、工业软件、工业知识、工业应用以及子系统通用功能，从而基于工业云平台实现企业内、外部的业务协同。

6. 安全标准

安全，是工业企业永远无法回避的问题。设计、仿真、生产、制造等制造业全生命周期的各个阶段均会涉及安全风险。由于多租户、分布性及对网络和服务提供者的依赖性，云计算本身就存在一定的安全隐患。在包含制造资源的工业云体系中，新的运行模式以及多种技术的融合使得安全问题显得更加复杂也更加致命。制定工业云安全标准、规范信息安全保障措施、细化信息权限设置安全级别，可以最大程度地降低工控系统、生产数据、工业网络等方面的安全风险，保证高可用、高可靠的工业云服务。

7. 领域应用标准

目前，工业云得到装备制造、航空航天、先进轨道交通、生物医药等行业企业的广泛关注，越来越多的工业企业自建私有或租用公有工业云，基于工业云的各类生产经营模式也应运而生。因此行业企业对于工业云应用标准的诉求也越来越大。通过制定针对不同行业和领域的工业云应用标准，指导工业企业设计、建设、部署、使用工业云，从而更大程度地发挥工业云在不同工业领域和生产环节中的作用。

3.5　工业网络标准

3.5.1　工业网络的内涵与架构

工业网络是满足工业智能化发展需求，具有低延时、高可靠、广覆盖特点的关键网络基础设施，其本质是以机器、原材料、控制系统、信息系统、产品以及人之间的网络互联为基础，通过对工业数据的全面深度感知、实时传输交换、快速计算处理和高级建模分析，实现智能控制、运营优化和生产组织方式变革。工业网络通过物联网、互联网等技术实现工业全系统的互联互通，促进工业数据的充分流动和无缝集成，形成基于数据的系统性智能，实现机器弹性生产、运营管理优化、生产协同组织与商业模式创新，推动工业智能化发展。

智能制造的实现需要两个领域技术的支撑：一是工业制造技术，包括先进材料和先进工艺等，工业技术的创新决定了工业制造的边界和能力；二是工业网络技术，包括体系架构、组网与并联技术和资源管理，是支撑智能制造的信息基础设施，为其变革提供了必需的共性基础设施和能力。在工业制造技术和工业网络的支撑下，智能制造呈现出智能化生产、协同化组织、个性化定制、服务化制造等新的生产模式和组织方式，如图 3-21 所示。

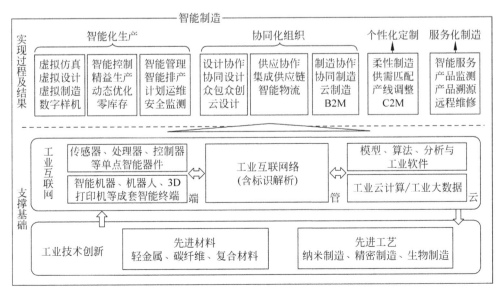

图 3-21　工业互联网是实现智能制造的关键基础设施

3.5.2 工业互联网标准子体系

工业互联网标准子体系主要包括体系架构、组网与并联技术和资源管理，其中体系架构包括总体框架、工厂内网络、工厂外网络和网络演进增强技术等；组网与并联技术包括工厂内部不同层级的组网技术，工厂与设计、制造、供应链、用户等产业链各环节之间的互联技术；资源管理包括地址、频谱等，但智能制造中工业网络仅包括工业无线通信和工业有线通信（图 1-9）。

工业无线通信主要是针对现场设备级、车间监测级及工厂管理级的不同需求的各种局域和广域工业无线网络标准。

工业有线通信主要是针对工业现场总线、工业以太网、工业布缆的工业有线网络标准。

3.5.3 工业无线通信

在工厂内采用无线网络技术，可以消除线缆对车间内人员羁绊、纠缠等危险，使工厂内环境更安全、整洁，且具有低成本、易部署、易使用、灵活调整等优点。为满足工厂要素全面互连，生产灵活调配的需求，以及一些新的无人操作的诉求（如远程巡检等），工业无线网络技术将形成从少量部署到广泛应用的发展趋势。

在工业生产领域，国际电工技术委员会（IEC）等标准化组织正在积极开展相关标准的研究和制定工作。IEC 相继制定并发布了 WirelessHART、ISA100、WIA-PA 等流程专用工业无线标准，目前正在制定专用的面向离散行业的 WIA-FA 工业无线标准。IEEE 也发布了在智能电网等领域应用的 IEEE 802.15.4g 等标准。我国在工业无线领域的技术研究工作起步较早。早在 2010 年，由中国科学院沈阳自动化研究所牵头研究制定的面向过程自动化的工业无线网络（WIA-PA）技术标准成为 IEC 的工业无线标准，并在 2015 年经 IEC 和欧洲电工技术标准化委员会（CENELEC）联合投票，被进一步正式采纳成为欧洲标准。同时蜂窝通信技术也正在向工业领域渗透，在 3GPP 制定的窄带蜂窝物联网（Narrow Band-IoT, NB-IOT）、5G 超可靠低延迟通信（ultra reliable & low latency communication, uRLLC）标准也可以满足工业领域监测、控制等业务的应用需求。

3.5.4 工业有线通信

随着工业生产过程中信息化水平的不断提高，现场总线正在向能够兼容互联网通信技术的工业以太网演进。工业以太网使基于 IP 技术的数据采集、监控能力一直延伸到工业生产现场。目前工业以太网虽然都是基于标准的以太网（IEEE802.3）技术，但其技术体系也呈现"各自独立"的局面，主要有西门子的 PROFINET、罗克韦尔 / 思科的 Ethernet/IP、倍福（Beckhoff）的 EtherCAT 等标准。在 2017 年，工业以太网节点的市场份额首次超过工业总线。

国际上以 PI（PROFIBUS and PROFINET International）、开放式设备网络供货商协会（Open DeviceNet Vendor Association，ODVA）、国际现场通信技术基金会（Field Comm Group）等为代表的标准组织，正在进行各类工业有线通信技术的标准化工作。近年来，IEEE 也参与到工业有线网络的制定中，IEEE 802.1 组织制定的时间敏感网络（Time Sensitive Networking）标准成为最被业界看好的下一代工业有线网络标准。

第 4 章

行业应用
标准

———

4.1 新一代信息技术领域

信息技术领域已成为提升国家科技创新实力、推动经济社会发展和提高整体竞争力最重要的动力引擎。努力抢占信息技术领域的制高点,成为各主要大国的一致共识。这是围绕下一代信息网络、移动互联网、云计算、物联网、三网融合、集成电路、新型显示、新型元器件与专用设备、高端软件、信息服务等与新一代信息技术相关的领域发展的产业。

4.1.1 产业现状

技术创新推动产业新变革。当前,新一代信息技术快速演进,单点技术和单一产品的创新正加速向多技术融合互动的系统化、集成化创新转变,创新周期大幅缩短,硬件、软件、服务等核心技术体系加速重构,信息技术与制造、材料、能源、生物等技术的交叉渗透日益深化,创新能力大幅提升,掌握了一批达到世界先进水平的关键核心技术与知识产权,培育了一批国际知名品牌和具有较强国际竞争力的跨国企业,形成一批拥有技术主导权的产业集群,新一代信息技术与经济社会发展深度融合。

关键核心技术取得新突破。在集成电路关键装备及工艺、大数据、人工智能、网络空间安全基础软硬件、第五代移动通信技术(5G)芯片和元器件等重点领域的核心技术方面取得关键突破,在大数据、人工智能算法、网络空间安全、操作系统等前沿领域取得一批具有自主知识产权、达到国际领先水平的技术,培育一批具有国际影响力的企业和产品品牌。

表 4-1 是 2020 年信息产业发展主要指标。

表 4-1　2020 年信息产业发展主要指标

指　　标		2015 年基数	2020 年目标	累计变化
产业规模	电子信息制造业主营业务收入 / 万亿元	11.1	14.7	［5.8%］
产业结构	信息产业企业进入世界 500 强企业数量 / 家	7	9	2
	电子信息产品一般贸易出口占行业出口比重 /%	25.5	30	4.5
技术创新	电子信息百强企业研发经费投入强度 /%	5.5	6.1	0.6
	国内信息技术发明专利授权数 / 万件	11.0	15.3	［6.9%］

注：1. [ ] 内数值为年均增速；

2. 信息产业企业进入世界 500 强企业数量指标，指中国大陆进入《财富》500 强的企业数量。

4.1.2　相关技术

新一代信息技术分为 6 个方面，分别是下一代通信网络、物联网、三网融合、人工智能、大数据和新型平板显示。

新一代信息技术产业主要任务包括：加快建设宽带、泛在、融合、安全的信息网络基础设施，推动新一代移动通信、下一代互联网核心设备和智能终端的研发及产业化，加快推进三网融合，促进物联网、云计算的研发和示范应用。着力发展集成电路、新型显示、高端软件、高端服务器等核心基础产业。提升软件服务、网络增值服务等信息服务能力，加快重要基础设施智能化改造。大力发展数字虚拟等技术，促进文化创意产业发展。

4.1.2.1　下一代通信网络

下一代通信网络（next generation network，NGN）是以软交换为核心的，能够提供包括语音、数据、视频和多媒体业务的基于分组技术的综合开放的网络架构，代表了通信网络发展的方向。NGN 是在传统的以电路交换为主的 PSTN 网络中逐渐迈出了向以分组交换为主的步伐的。

随着信息技术的发展，在三网融合的各个方面，都涌现出日臻成熟的技术，为三网融合提供支持，如电信的 4G、多媒体网络与内容业务支撑技术、广电的双向改造、网络整合与服务运营支撑体系，以及互联网的内容监管、云信息处理与可信计算架构，都是合理的出发点和走向渐进融合的可行路径。

4.1.2.2 物联网

物联网（internet of things）就是"物物相连的互联网"。通过射频识别、红外感应器、全球定位系统、激光扫描器等信息传感设备，按约定的协议，把任何物体与互联网相连接，进行信息交换和通信，以实现对物体的智能化识别、定位、跟踪、监控和管理的一种网络。物联网的四大关键领域如下。

（1）RFID技术：射频识别，即电子标签。

（2）传感网技术：随机分布的集成有传感器、数据处理单元和通信单元的微小节点，通过自组织的方式构成的无线网络。

（3）物物通信技术：M2M［人与人（Man to Man）、人与机器（Man to Machine）、机器与机器（Machine to Machine）］。

（4）两化融合技术：两化融合是信息化和工业化的高层次的深度结合，是指以信息化带动工业化、以工业化促进信息化，走新型工业化道路。此外，纳米技术、智能嵌入技术将得到更加广泛的应用。

4.1.2.3 三网融合

"三网融合"，是电信网、有线电视网和计算机通信网的相互渗透、互相兼容，并逐步整合成为全世界统一的信息通信网络，在同一网上进行信息的传输与交流；是为了实现网络资源的共享，避免低水平的重复建设，形成适应性广、容易维护、费用低的高速带宽的多媒体基础平台。在三网融合前，还有三网合一的提法，但三网融合不是单指物理层的合一，而是业务层的统一。

三网融合技术由软件技术和硬件技术两方面的技术组成。三网融合在软件技术方面是基于数字信号的数据包技术、数据包传送优先级别技术、流量的平衡技术（Qos）等。在硬件技术方面是广域网和用户接入网（如城域网）等技术，有了这些技术基础才有三网融合的条件。

4.1.2.4 人工智能

人工智能技术构建层次化、系统化人工智能技术体系。加快深度学习、强化学习等原型算法研究。支持现场可编程逻辑门阵列（FPGA）、图形处理器（GPU）、神经网络处理器（NPU）等芯片研发，突破机器视觉、语音识别、人脸识别、生物特征识别等应用技术，提升雷达探测、生物传感、动作捕捉、情绪识别等传感能力。

推动人工智能与行业应用深度融合。面向智能制造、智慧城市、智能教育、智慧交通等热点领域，围绕产业高端环节，培育技术能力强、服务水平高、带动能力强的行业龙头企业。鼓励人工智能企业面向智能制造、城市管理、金融、交通等领域推出用户画像、视频检测、精准营销、多语种翻译等可嵌入、轻量级智能服务。促进人工智能与工业生产、金融、医疗、安防、家居等行业融合发展。

4.1.2.5　大数据

面向数据收集、整理、标注、清洗、融合和分析等应用的数据处理技术。依据数据格式标准，规范大数据流通标准，创新各行业、机构数据共享机制，推动大数据成为提升政府治理能力的重要手段。促进智能制造、政务信息资源优化配置和政务部门间业务协同，充分发挥政务信息资源的基础性作用。

4.1.2.6　新型平板显示

显示技术发展迅速，显示产业已成为光电子产业的龙头产业。目前，在平板显示领域，薄膜晶体管液晶显示器（TFT-LCD）占绝对主导地位。但随着人们对显示效果、便利性和经济性提出了更高的要求，新型平板显示技术已经浮出水面，在不远的将来逐渐取代 TFT-LCD。

新型平板显示技术包含多个方面，目前的关注热点主要有微型显示（MD）［包括数字微镜元件（DMD）、硅基液晶（LcoS）和有机发光半导体（OLED）］、立体显示（立体视显示技术、立体三维显示技术、全息立体显示技术）、电子纸（柔性 FPD）、LED 背光、高端触摸屏和平板显示上游材料等。OLED 技术和 TFT-LCD 相比，具有显示效果好、轻薄省电、可柔性弯折等优势，被公认为替代 TFT 的下一代显示技术。

4.1.3　标准化现状与需求

4.1.3.1　标准化现状

标准化地位显著提升。习近平总书记在第 39 届 ISO 大会贺信中指出"标准已成为'世界语言'，世界需要标准协同发展，标准促进世界互联互通。标准助推创新发展，标准引领时代进步"。《中华人民共和国国民经济和社会发展第十三个五年规划纲要》中提出"构建有利于新技术、新产品、新业态、新模式发展的准入条件、监管规则和标准体系"。

4.1.3.2 标准化需求

1. 国家规划对标准化提出新任务

《深化标准化工作改革方案》《国家标准化体系建设发展规划（2016—2020 年）》对标准化工作提出了明确目标。《装备制造业标准化和质量提升规划》对标准化工作提出规划和具体要求，并指明了新一代信息技术标准化具体任务。

2. 产业发展对标准化提出新需求

实现电子信息产业转型升级，集中突破产业核心环节和技术瓶颈，强化协同创新，打造创新体系，推动产业供给侧结构改革，需要标准化发挥支撑引领作用。通过提高技术、安全、环保、能耗等标准水平，加快自主专利技术转化为标准，发挥标准对产业的引导作用，不断提升高端产品供给能力。

3. 跨界融合对标准化提出了新挑战

随着技术融合、产业融合发展步伐加快，电子信息领域技术标准与其他行业（领域）界限逐渐交叉模糊，标准内容逐渐由单一领域趋向于复杂性、跨界性和融合性。深化电子信息产业与传统领域融合创新，对标准的跨界性、融合性需求日趋迫切，对标准化提出了更大的挑战。

1）推进重点领域标准制（修）订工作

加强重点领域技术研究，加快传感器、智能硬件、AR/VR 等领域的标准研究制定工作。重点考虑通过供给侧改革和应用带动推进标准实施。供给侧方面，注重标准发展与产业结合，做到重点突破、效果突出，加大基础性、通用性标准制（修）订力度。针对重点领域标准一般均涉及技术面广、产业链长、协调难度大的特点，注重各类标准的衔接配套，形成更加有效的沟通协调。下一步将参考国际 / 国外相关技术法规及先进标准，积极制定覆盖面广、通用性强、符合强制性标准要求的强制性国家标准制定工作。

2）推进信息技术标准体系方案的落实工作

根据标准化工作"方案落地、分类管理"的要求，按照体系建设方案的要求，以标准委员会等技术组织为依托，以电子信息领域体系建设方案为指导，积极提出标准制（修）订计划，加快推进体系方案的落实工作。围绕产业生态链部署标准体系建设，按照标准体系综合推进重点标准和基础公益标准制定，增加标准的有效供给，提升标准的技术水平和国际化水平，服务产业健康可持续发展。

3）进一步提升国际标准影响力

主动适应经济全球化和产业竞争国际化的新形势，统筹考虑国内、国际两个大局，积极与国际接轨，保持国际先进水平。一方面，全面开展国内标准与国际标准的对标，将加快国际标准或国外先进标准转化工作作为技术标准体系的重要内容之一，保持与国际先进水平同步。另一方面，大力推动我国电子信息领域标准国际化，积极参与主导制定电子领域国际标准和国外先进标准，力争在物联网、平板显示、太阳能光伏、智能终端等领域取得突破。同时结合"一带一路"倡议实施和国际产能合作，积极推动数字电视、太阳能光伏等自主标准"走出去"，增强标准国际话语权和产业国际竞争力。

4）加强标准体系宣贯

开展标准体系宣贯工作，组织相关培训活动，加强与各行业和地方主管部门的沟通，创新工作方式方法。一方面通过标准体系的培训、宣传、试点示范等多种宣贯方式促进标准体系落实，充分调动企业的积极性。另一方面研究形成标准应用情况反馈的途径，为提升标准应用价值奠定基础。

4.2 高档数控机床和工业机器人领域

4.2.1 高档数控机床

高档数控机床和工业机器人是国民经济的基础装备产业，是装备制造业发展的重中之重。近年来，随着国民经济持续、快速、稳定增长，我国数控机床已取得了长足的发展与进步。但是，与发达国家相比，我们的差距仍然明显。针对行业与国际先进水平的差距，国家制定了机床工具行业"十二五"和"十三五"发展规划。旨在指导我国机床工具行业协调和可持续发展，加快行业产业结构调整、促进产业升级、发展中高档数控机床、提高行业的国际竞争力，使行业走上新型工业化道路。

4.2.1.1 产业现状

1. 产业规模不断扩大

我国高档数控机床经过近十几年的高速发展，已经具备相当规模，产品门类齐全，数控机床的品种从几百种发展到近两千种，全行业开发出一批市场急需的新产品，填补了国内空白。一批高精、高速、高效，多坐标、复合、智能型，大规格、大吨位、数控机床新产品满足了国家重点用户需要。目前，中国机床工业正在通过调整产业结构、产品结构，提高自主创新能力，转变发展方式，借鉴国际先进制造技术，培养企业高水平的自主开发和创新能力，以精密、高效、柔性、成套、绿色需求为方向，以改革、改组、改造为动力，购并国际名牌企业和产品，努力提高国产机床市场占有率，不断拓宽机床工具产品的发展空间。

我国数控机床虽然产值跃居世界第一，但其大而不强，与世界先进水平仍有很大的差距。

2. 高档数控机床相关技术

数控机床是当代机械制造业的主流装备，数控机床前沿技术是市场热门，部分高档数控机床仍然被作为重要物资在国际市场上受到禁运限制。我国数控机床的发展经历了 30 年的跌宕起伏，数控机床前沿技术已经由成长期进入成熟期。

1）关于加工中心

在现代数控机床中，加工中心能进行自动换刀、自动更换工件，实行平面、任意曲面、孔、螺纹等加工，已成为一种独特的多功能高精、高效、高自动化机床，并向高速化、复合化、环保化、五轴联动等方向发展。加工中心的制造与应用已经成为世界制造领域和中国制造领域工艺装备、新技术和新材料应用的未来主流设备和主要载体，是装备制造业中技术含量最高的基础装备。

随着国民经济飞速发展，制造业向着高、精、尖方向发展，特别是汽车、船舶、军工、电子技术、航空航天等产业的迅猛发展，对机床的精度和生产率要求也越来越高，技术密集型的精密数控机床在市场中需求会更加旺盛。

随着工业现代化水平不断提高，当今国际上加工中心技术发展的总趋势是向着精密化、高速化、复合化、智能化、环保化等的方向发展。

目前，国外精密加工中心已经采取了一系列补偿和稳定精度的措施，定位精度可以控制在 0.006mm 以内。

高速加工中心的主轴转速一般在 12 000~15 000r/min，快速行程为 40~60m/min。空气静压轴承和磁浮轴承的高速主轴开始商品化，主轴转速可以达到 50 000~70 000r/min，甚至可以达到 100 000r/min。采用直线电机驱动和高速滚珠丝杠的加工中心机种增加。高速滚珠丝杠驱动的，进给加速度可达 1.5~2g，快速行程达 90m/min。

高速切削加工是一项高新技术，它以高效率、高精度和高表面加工质量为基本特征。新一代数控机床为向高速方向发展采用了电主轴、直线电机等新型功能部件实现高速加工。

多功能复合型加工是指将不同的加工方法集成在一台数控机床上，实现零件的完全加工，可通过工序和工种复合化，缩短加工周期，提高加工效率和加工精度。如车铣复合机床、加工中心与激光复合机床等。目前国内只有少数企业能够制造、生产该类型的机床。

2）关于数控车床和车削中心

我国中档数控车床正处于产业化发展阶段，不少国内急需的中高档数控车床（如车削中心等）取得突破，进入生产现场的实用阶段，但中高档数控车床虽然技术和国外水平接近，但核心技术仍然没有完全掌握，加上所需的关键功能部件和配套件等方面还主要依赖于进口，很大范围内制约了中高档数控车床的普及与发展。

高档数控车床关系到国家经济实力和国防安全，发展高档数控车床已经成为当务之急。国际上高档数控车床将以复合加工机床为代表世界机床的发展方向，它将结合数控技术、软件技术、信息技术、可靠性技术的发展。

高档数控机床在国内只有少数厂家生产，而且与国外产品相比，在高速、高效和精密化上还存在比较大的差距。开发、研制高档数控机床是国内机床厂家的必然选择。对数控车床来说，国内经济型数控车床占 60%~70%，多功能数控车床和车削中心生产量较少。国外数控车床的主轴转速和主轴功率一般都高于国产数控车床。开发并研制高速、大功率、功能多的数控车床和车削中心以及以车代磨的精密车床和车削中心将具有广阔的市场前景，因为此类产品在国内基本处于空白。

3）关于数控铣床

随着国际机床技术的不断进步和发展，我国铣床行业和铣床市场发展较快，从产品的种类、结构布局、技术水平、性能、加工方式等方面都有了很大变革。我国加入 WTO 后，与世界机床行业进一步接轨，激烈的市场竞争开始挑战传统的铣床行业企业，市场的需求迫使各企业产品向数控化、柔性化转变。数控铣床和加工中心已成为当代的主流产品，产品的高速化、多轴化、复合化、精密化、智能化的发展趋势越来越突出。近几年来，通过引进技术、合作生产，我国自行开发生产的数控铣床在技术参数、结构性能、精度等级、外观造型、油漆防护等方面都有了很大提高，产品水平逐步接近国际先进水平。但是应该看到，我们自主研发的产品在可靠性、精度保持性、外观造型等方面还存在一定差距，还需要认真学习国外先进技术，狠下功夫提高设计和制造水平，在这个过程中，标准化工作起着至关重要的作用。要想提高产品水平，首先应提高标准水平。标准化工作要紧跟市场，为产品的更新换代提供坚实的技术支撑。在市场竞争日益激烈、高新技术发展日新月异的今天，技术标准已成为市场竞争的制高点。因此，研究完善铣床标准体系，加快制定市场急需的标准是当前标准化工作的重中之重。

4）关于数控磨床

数控磨床作为数控加工机床制造中高精度加工的高技术产品，是船舶、钢铁、发电等装备制造业的基础装备。数控磨床制造技术水平的高低是衡量一个国家工业水平和综合实力的重要标志，它不仅体现大型工件的高精度加工能力和机床制造工艺技术水平，同时反映了机床基础配套能力和数控专用软件开发的综合能力，在我国国民经济发展中具有极其重要的地位。

近年来，国产磨床及数控磨床市场占有率在逐渐扩大，市场需求向中、高端发展。大（重）型、高精度、高效和智能化的数控磨床产品逐渐成为市场需求的主流产品。2005 年以来，在全行业的努力下，数控磨床技术进步成果显著，一批采用新技术、新工艺、新结构，具有自主知识产权的高精度、高速度、高效率达到国际先进水平的数控磨床新产品脱颖而出。数控磨床新产品的推广应用，为我国国民经济的快速发展和国防军工产品作出了贡献。

超大（重）型数控轧辊磨床（最大磨削直径大于等于 $\phi800\text{mm}$，最大工件质量大于等于 80t）的国内生产厂家主要有上海机床厂有限公司、贵州险峰机床厂、昆山华辰精密装备股份有限公司、天水星火机床有限公司、无锡开源机床集团有限公司。其中上海机床厂有限公司以其特有超大（重）工件的顶磨技术和高精度、智能化处于领先地位。目前，该公司的大（重）型数控轧辊磨床产品规格达到最大磨削工件直径 $\phi800\sim\phi2500\text{mm}$、最大工件长度 $5000\sim15\,000\text{mm}$、最大工件质量 $80\sim250\text{t}$，已经实现产品的系列化。该系列的 MKA84250/15000-H 特大型数控轧辊磨床采用顶磨直径 $\phi2500\text{mm}$ 质量 250t 工件的工作精度可达到圆度 0.005mm，纵截面内的直径一致性在 1000mm 测量长度上为 0.005mm。超大（重）工件的顶磨技术的应用，提高了磨削加工效率和工作精度，赢得了用户的赞誉。这一科研成果标志着我国超大（重）型数控轧辊磨床的制造水平已经跻身世界先进行列。

目前，用于大型船用发动机曲轴精加工的大型数控曲轴磨床（最大回转工件直径大于等于 $\phi800\text{mm}$）的国内生产厂家主要是上海机床厂有限公司。该公司自主开发的 MK82160/H 大型数控曲轴磨床系列，最大回转工件直径为 $\phi800\sim\phi1600\text{mm}$，最大工件长度达到 8000mm，工件最大质量为 15t，其工作精度可达到圆度 0.015mm，纵截面内的直径一致性在 1000mm 测量长度上为

0.02mm。该系列产品以其工件驱动同步技术和头、尾架静压重载荷驱动技术为特色，精度指标与德国的纳克索斯公司（NAXOS）的产品相当，达到国际水平，已经具有参与国际竞争的能力，填补了国内空白。目前，上海机床厂有限公司正在努力攻克国际领先的随动跟踪磨削技术，以跻身大型数控曲轴磨床制造的世界先进行列。

近几年来,采用先进技术的数控磨床发展迅速。尤其是为解决船舶、钢铁、发电、航空等关键零件加工的超大（重）型砂轮架移动式数控轧辊磨床、超大（重）型砂轮架移动式数控外圆磨床、超大（重）型砂轮架移动式数控曲轴磨床，以及解决超硬脆性、超硬合金、无电解镀层镍材料的微小机电光学零部件等疑难磨削材料加工的超精纳米微型非球曲面磨床，已成为当前国际先进制造领域装备技术研究的重点和市场竞争的焦点。磨床行业经过多年努力在上述领域形成了关键技术的突破，特别是打破了国外对我国航空航天和军工行业使用的蓝宝石、碳化硅空间非球面光学元件超硬脆性材料加工技术的禁运。改变了该领域数控磨床市场由国外产品一统天下局面，初步形成了具有自主知识产权和专利技术的数控磨床产品系列。

5）关于数控齿轮机床

齿轮是小到汽车、摩托车、拖拉机、机床，大到电力、冶金、矿山工程、起重运输、船舶、农机、轻工、建工、建材和军工领域等设备的重要基础传动件，而齿轮加工制造业又是我国重要的装备制造业之一。近年来,随着我国汽车(包括摩托车、重型汽车、客车、卡车等)、风电、矿山工程等行业的高速发展及技术上档升级，对齿轮的需求越来越多，对质量要求越来越高。这就要求齿轮加工机床行业加快发展步伐，以满足以上行业的发展要求。

我国目前主要齿轮加工机床制造企业有重庆机床集团、天津第一机床总厂、南京二机床有限责任公司、秦川机械发展股份有限公司、青海第二机床制造有限责任公司、宜昌长机科技有限责任公司、湖南中大创远数控装备有限公司、宁江机床厂、上海第一机床厂、武汉格威重型机械制造有限公司、南京山能精密机床有限公司及天津精诚机床股份有限公司等，这些企业伴随着近年来的产权制度改革后都不同程度地有所发展，产品的品种增多，档次提高，不少产品已接近或达到当今国际水平。

我国虽然是世界上机床产量最大的国家，但在国际市场竞争中仍处于较低水平，大量高档机床依赖进口，已连续7年成为世界第一机床进口大国。一方面国内市场对各类机床产品特别是高速、精密大型数控机床有大量的需求，另一方面国内企业对高速、精密大型数控机床新产品（包括基型、变型和专用机床）没有建立开发试验环境，更没有开发经验，导致高档数控机床长期依赖进口，而这一领域一直被西方发达国家垄断和控制，严重影响我国的经济社会发展甚至国家安全。作为"母机"的齿轮加工机床目前所处的情况也不例外，虽然国内齿轮加工机床制造厂为适应齿轮制造业的需要，成功开发了多种数控、高效（高速）、高精度的齿轮加工机床，每年为用户提供约5000台齿轮加工机床，产值达150亿元，基本满足了国内大多数齿轮制造企业的需求，但含金量高的高档数控齿轮加工机床却很少，而且机床的加工效率、可靠性、精度保持性及机床柔性等与国际先进水平相比还有较大差距。由于国内数控系统较国际先进水平差距较大，国内高档机床数控系统主要靠进口，自主研发能力差，所以在机床智能化方面差距更大。

6）关于数控钻镗床

钻镗床行业产品主要包括：①镗床类：台式镗床、刨台式镗床、单柱坐标镗床、双柱坐标镗床、卧式精镗床、立式精镗床等；②钻床类：台式钻床、立式钻床、摇臂钻床等。这些钻镗类产品主要是用来进行零件的镗孔、钻孔、铰孔、铣削加工等，是航天、航空、船舶、军工、汽车、精密模具加工等行业必备的工作母机。随着工业现代化水平不断提高，当今国际上钻镗床类产品技术发展总趋势是向数控化方向发展。而数控机床向着精密化、高速化、复合化、智能化、环保化等方向发展。数控机床是集高新技术为一体的机床产品。目前，我国数控钻镗床进入了快速发展阶段，产品种类、技术水平、质量和产量都取得了很大进步。但从发展现状看，首先，产品质量及精度稳定性等方面存在问题。其次，精度普遍不够高，很大一部分企业的数控机床的精度达不到欧洲标准定位精度。精度差距只是表面现象，其实质是基础技术差距的反映。如普遍未进行有限元分析，未做动刚度试验；很多产品未采用定位精度软件补偿技术、温度变形补偿技术、高速主轴系统的动平衡技术等。第三，基础材料开发方面的差距，未普及高强度密烘铸铁，而在欧美已有一批先进产品采用聚合物混凝土。第四，高动、静刚度主机结构和整机性能开发的差距，高速机床主机结构设计方向是增强刚性和减轻移动部件重量。在国际上数控机床技术发展的总趋势高速化、复合化、环保化、五轴联动、智能化等方向。

4.2.1.2　标准现状与需求

随着数控机床产业的快速发展，我国原有的数控机床标准体系，已越来越难以满足产业快速发展的需要。通过上文对国内外数控机床产业发展现状、市场竞争格局、技术发展趋势和现阶段重点发展领域等方面进行深入的分析，我们不难看出数控机床产业发展和激烈的市场竞争格局，对我们机床标准化工作提出了新的挑战和要求。具体标准需求主要集中在以下几个方面：

（1）高速、精密数控车床，车削中心类及四轴以上联动的复合加工机床制造和验收标准。

（2）高速、高精度数控铣镗床及高速、高精度立卧式加工中心制造和验收标准。

（3）数控落地铣镗床、重型数控龙门镗铣床和龙门加工中心、重型数控卧式车床及立式车床、数控重型滚齿机等重型、超重型数控机床制造和验收标准。

（4）数控超精密磨床、高速高精度曲轴磨床和凸轮轴磨床、各类高速高精度专用磨床等数控磨床制造和验收标准。

（5）大型精密数控电火花成形机床、数控低速走丝电火花切割机床、精密小孔电加工机床等数控电加工机床制造和验收标准。

（6）数控高速精密板材冲压设备、激光切割复合机、数控强力旋压机等数控金属成形机床（锻压设备）制造和验收标准。

（7）柔性加工自动生产线（FMS/FMC）及各种专用数控机床和生产线制造和验收标准。

（8）数控机床产品认证、市场准入和贸易密切相关的安全和环保标准。

（9）开放式体系结构数控系统硬件平台、软件平台、总线通信协议的制造和验收标准。

（10）新型功能部件制造和验收标准等。

4.2.2　工业机器人

工业机器人是当代高端智能装备和高新技术的突出代表，对制造业发展至关重要，是衡量一个国家制造业水平和核心竞争力的重要标志。目前，世界上主要发达国家均将工业机器人作为重点发展领域，增强本国在国际制造业中的竞争力。

我国工业机器人产业受到党和国家的高度重视，成为国家政策重点支持领域。

4.2.2.1　产业现状

我国工业机器人市场发展十分迅速，市场需求旺盛，已经连续 5 年成为全球第一大应用市场。得益于我国制造业升级改造的需求，工业机器人的应用领域得到了不断的拓展，已经从汽车、电子等高端行业渗入到金属加工、卫浴五金、食品饮料、物流等传统行业。

在市场和国家自主创新政策的激励下，我国本土机器人企业得到了长足发展。我国已经形成环渤海、长三角、珠三角和中西部四大工业机器人产业聚集区，培育了若干科研和应用工程能力较强的龙头企业。

但是也必须指出，国内工业机器人市场主要被国际机器人四大家族占据，国产品牌在市场占有率上与四大家族依然存在较大差距。在产业结构上，国产品牌中高端产品较少，企业以中小型为主，多数停留在系统集成层面，缺乏核心竞争力，基础研发能力不足，产品质量有待提高。

4.2.2.2　相关技术

我国在工业机器人基础理论、核心零部件和关键技术方面已经取得了积极的进展。在基础理论研究方面，如机器人运动控制算法、机器人多传感器融合系统等均取得了一定的理论研究成果，并在实际的机器人系统上得到了初步的应用。在核心零部件方面，如光电编码器、谐波减速器等，初步开发出了样机或少量产品；在伺服电机、驱动器和控制器方面已有所突破，部分机器人产品上已采用了国产元器件。在机器人生产方面，国内基本掌握了工业机器人本体结构的设计制造技术，自主知识产权技术拥有量不断增多。

从技术发展趋势来看，工业机器人技术正在向模块化、网络化、多传感器融合、远程操作、人机交互控制、人机协同方向发展。

4.2.2.3　标准化现状与需求

目前，制定工业机器人标准的国际标准化组织主要是 ISO。ISO 已经制定了工业机器人的词汇、性能测试、安全要求、机械接口等方面的标准。目前工作重点是工业机器人本体、系统及其末端执行器的安全类标准。

我国工业机器人的国家标准有 50 余项，其中 ISO 制定的绝大部分工业机器人标准已经被我国等效采用。另外，发展比较成熟的工业机器人如焊接机器人、搬运机器人、自动导引车等，我国已经制定了相应的产品标准。

在工业机器人核心零部件标准方面，已经发布了减速器和传感系统的标准，伺服电机的标准正在制定中。在测试方法标准方面，电磁兼容、程序性能、可靠性等测试标准也在制定之中。

将工业机器人放在智能制造的大背景中，工业机器人尚有一些标准急需补充，主要包括 4 个方面：通用技术标准、通信标准、接口标准、协同标准。

通用技术标准中，主要包括统一标识及互联互通、信息安全等标准；

通信标准中，主要包括数据格式、通信协议、通信接口、通信架构、控制语义、信息模型、对象字典标准；

接口标准中，主要包括编程和用户接口、编程系统和机器人控制间的接口、机器人云服务平台等接口标准；

协同标准中，主要是制造过程中机器人与人、机器人与机器人、机器人与生产线、机器人与生产环境间的协同标准。

4.3　海洋工程装备及高技术船舶领域

船舶产业是为水上交通、海洋资源开发及国防建设提供技术装备的现代综合性产业，是国家实施海洋规划的基础和重要支撑。在船舶产业推进智能制造，实现基于信息化和智能化的高效率、低成本制造，对我国实现从造船大国向造船强国，进而从海洋大国向海洋强国的转型具有十分重要的意义。

智能制造具有较强的综合性和系统性，是制造技术与信息技术的深度融合与创新集成。目前，制造环节互联互通等关键问题仍然没有得到解决，对跨行业、跨领域、跨地域合作的智能制造标准化需求日益迫切。

本节从船舶产业发展现状、智能制造系统相关技术及智能制造标准化现状和需求三个方面出发，讨论我国船舶行业制造板块智能化进程中的标准化需求，解读《建设指南（2018 年版）》对船舶产业标准化工作开展的指导意义；并讨论《建设指南》与现有的《船舶工业标准体系》的互补方式，建议船舶和配套设备制造单位在利用两个标准体系中的已有标准对制造系统升级活动进行规范的同时，也应积极地以"急用先行"原则针对新的标准需求及时进行制（修）订或研发工作。

4.3.1　产业现状

4.3.1.1　国内外船舶产业发展现状

船舶产业是国家高端装备制造业的重要组成部分，主要由船舶制造和船舶配套设备制造两部分构成。

如今，在船舶制造领域，中、日、韩三国已成三足鼎立之势。2017 年，全球新船订单 1036 艘，合计 2366 万修正总吨，同比增长 14.35% 和 76.30%。其中，中国船企承接的新船订单量为 426 艘、919 万修正吨，稳居第一；韩国船企排名第二，承接订单量为 176 艘、645 万修正吨；日本船企承接订单量仅为 98 艘、199 万修正吨，仅占全球订单总量的 8.6%。然而，由于韩国船企获得较多的高附加值船型订单，其订单总价值与中国船企相差无几，分别为 153 亿美元和 155 亿美元。从具体船型来看，2017 年，中国船企获得了全球一半左右的集装箱船、散货船订单；而韩国船企则在液化天然气船、油船市场占主导地位。因此，我国船舶企业在高附加值船型的制造和整体营利能力上，与韩国相比仍有较大差距。

世界船舶配套设备的研发和生产主要集中于欧洲和东亚。由于东亚的造船中心地位，推动了该地区主辅机及舾装设备市场占有率的提高。而欧洲船舶配套产业主要致力于新产品开发、许可证技术转让、售前售后服务以及高精度高附加值设备的设计和制造等。目前，世界船舶配套设备的主要发展方向包括节能环保与设备信息智能化两大趋势，以适应相关国际海事法规的出台与行业技术的发展。

4.3.1.2 我国船舶产业制造板块概况

我国是造船大国，已经具备较强的国际竞争力，具备建设世界制造强国进程中率先突破的基础和条件。随着"一带一路"倡议的提出和十九大报告中重新强调"坚持陆海统筹，加快建设海洋强国"的规划，发展海洋经济的需求上升到了前所未有的高度。近年来，我国船舶产业取得了长足进步，市场占有率提高、科技创新能力提升、配套设备自主化取得突破。

然而，我国仍面临制造板块矛盾突出，生产成本相对较高等问题，主要表现在：

（1）在造船效率、成本、用工人数等方面与日、韩两国先进船企仍有较大差距。目前，全球船舶市场持续低迷，利润空间被压缩，而国内劳动力成本却不断上升。所以，我国船舶制造企业面临严峻挑战，转型升级迫在眉睫。

（2）制造板块自动化和智能化程度发展不均。在船舶及配套产品制造中，除了部分生产单元配置了数字化与自动化设备，仍有部分工序需依靠人工完成，生产线自动化集成度不高，制约了智能制造工作的推广和发展。

（3）信息流动不畅，"信息孤岛"现象较为严重。目前，企业对信息化建设的投入仍主要集中在单项应用层面，业务流程间缺少打通。企业设计、工艺、制造、管理和服务一体化管理程度不够高，综合集成、协同和创新水平尚未达到应有的高度。

因此，在船舶产业推动智能制造发展，实现基于信息化和智能化的高效率、低成本制造，对促进我国船舶产业升级发展具有重要的意义。

4.3.1.3　我国船舶产业对智能制造的总体需求

由于我国船舶产业中各企业、厂所制造板块发展水平差异较大，因此可按照"顶层规划、分类诊断、分步实施、重点突破"的策略，以数字化和自动化为前提、网络化为基础、智能化为方向的思路来开展建设，具体包括：

（1）对于基础薄弱的单位，先夯实基础，进行数字化、自动化、网络化建设。然后根据企业产品特点，以产品研制、生产运营管理和综合业务管理数字化为重点寻求突破。

（2）对于基础好的配套企业，可进一步完善数字化、网络化建设，进而选取典型产品，以关键工艺和制造环节为突破口，通过智能生产线（单元）、智能车间、智能工厂分步递进的思路开展建设。

（3）建设智能工厂试点，带动行业智能制造的整体发展水平。

4.3.2　相关技术

我国船舶和配套制造产业转型升级和结构性改革需求迫切，制造板块的技术革新是其中的关键环节。目前，现代造船模式已经在我国船舶产业得到初步实践，但行业制造板块整体的智能化程度还不高。因此，船舶产业应进一步提升信息化和自动化水平，在信息互联互通层面上开展重点突破，为智能制造标准框架中更高层级的发展打下基础。

4.3.2.1　船舶产业智能制造技术发展趋势

智能制造不仅仅是单一技术和装备的突破与应用，而是制造技术与信息技术的深度融合与创新集成，是生产组织方式和商业模式的变革。它把制造自动化的概念更新，扩展到柔性化、智能化和高度集成化。从市场驱动的角度来看，长期以来，制造业的生产方式沿着"小批量—少品种大批量—多品种变批量"的方向发展，资源配置方式沿着"劳动密集—设备密集—信息密集—知识密集"的方向发展，响应衍生出的制造技术也沿着"手工—机械化—单机自动化—刚性流水自动化—柔性自动化—智能自动化"的发展趋势前进。

近年来，船舶制造正朝着设计智能化、产品智能化、管理精细化和信息集成化等方向发展，柔性制造、智能制造等日益成为世界先进制造业发展的重要方向。和传统制造模式相比，智能制造突出了数据和信息在制造活动中的价值地位。与汽车、家电或航空航天等行业相比，船舶产业的零部件生产种类繁多，产品和工艺复杂程度不同，制造周期不同，部件特点各异，生产批量不定，因此在实现高效、有序、均衡、柔性的生产上具有更大的难度。此外，随着生产各环节智能设备的运用，产品在制造和管理过程中产生的信息量呈爆炸式增长，如何提高系统的数据处理能力，实现生产环节之间信息的互联互通成为了关键挑战。

《建设指南》以标准体系框架的形式给出了一种对智能制造系统的通用理解方式和描述方法。生命周期、系统层级和智能特征构成了智能制造系统架构的 3 个维度，各类智能制造系统的组态和特性都可在此三维架构中被表征出来。对照架构模型，目前船舶产业在智能制造上所具备的总体基础在生命周期维度的设计和生产环节，系统层级的设备至企业层级以及智能特征维度的资源要素层级。新版《建设指南》中，将智能特征维度的互联互通放到了融合共享与系统集成之前，占据更加基础的位置，更加说明了智能设备之间、机器与控制系统之间、企业与企业之间的信息互联互通在船舶企业现阶段发展智能制造进程中的重要意义。只有实现了信息的互联互通，产业链联通、协同研发、智能生产、精准物流等更高层次的工作才能开展。

因此，概括说来，现阶段船舶企业智能制造技术的主要发展趋势为：

（1）对已有系统和环节进行智能化升级，包括三维设计、三维工艺和装配仿真、生产过程优化、工业机器人应用、生产管理系统集成和优化等。

（2）着力解决信息互联互通问题，具体技术内容包括大数据管理和应用、工业网络构建以及数据联通应用等。

4.3.2.2　船舶产业智能制造技术

根据前文提出的以数字化和自动化为前提、网络化为基础、智能化为方向的三层级发展思路，并结合调研结果，下文选取数字化和自动化层级的 3D 设计、工艺和装配仿真，工业机器人的应用，网络化层级的工业互联网和数据联通，智能化层级的大数据管理和应用，这 4 项关键技术进行简要介绍。

1）3D 设计、工艺和装配仿真

在现代船舶设计中，全生命周期 3D 设计和管理正在成为主流。而对于智能系统，其对于设计的保真度、生产的自动化程度、人机接口的合理性等方面都提出了更加明确的需求。3D 辅助设计手段的出现极大地提高了船舶产业从设计到投产的效率，例如，借助 3D 建模和虚拟现实技术的虚拟生产和装配的引入，有效优化了复杂结构的加工工艺和工序。而近年来"数字孪生"概念的提出，更是将 3D 建模与信息共享延伸到了产品使用与售后服务阶段。

2）工业机器人的应用

目前，日韩船企在切割、焊接、涂装等船舶建造环节都广泛应用机器人，不仅大大提高了生产效率，还有效降低了生产成本。当前，我国船舶产业转型升级步伐加快，船舶制造和配套装备制造业正在经历数字化和自动化向智能化方向的升级，使工业机器人的市场需求进一步加大。工业机器人的应用集成了计算机、网络、遥控和监控等领域的相关技术，是进一步发展船舶智能制造的基础。

3）工业互联网和数据联通

工业互联网是互联网、物联网、云计算在全产业链、全价值链中的融合集成应用，是支撑智能制造的关键性基础设施。它将制造系统中原本孤立和离散的环节相互联通，并可延伸至产品售出后的整个生命周期。此外，充分利用互联技术实现与外部协同创新也是工业互联网的重要作用。协同创新打破时间空间约束，向整个供应链上的企业及合作伙伴共享各类产品信息，从而将传统的串行工作方式转变为并行工作方式，达到缩短生产周期、快速响应客户需求、提高设计和生产柔性等目的。

4）大数据管理和应用

随着制造技术的进步和现代化管理理念的普及，制造业企业运营对信息技术的依赖程度越来越高，制造端产生的数据也呈现出爆炸性增长趋势。大数据分析不依赖人工判断，只通过一系列智能算法挖掘数据间的规律和相关性，并通过计算结果动态调整算法来充分挖掘数据中的价值。在制造环节中，大数据可用于物料物流和品质监控，设备异常状态监控和预测、零部件生命周期预测等用途。大数据应用是对有限资源进行最大限度利用，从而降低工业和资源的配置成本，使生产过程能够高效运行。结合信息互联互通，大数据可将数据采集和应用拓展到销售和运维服务等环节，覆盖制造端整个价值链，可对产品全生命周期进行闭环管控，形成基于数据的新业态。

4.3.3 标准化现状与需求

4.3.3.1 船舶行业国际标准化现状

在国际标准化组织（ISO）中，目前有 3 个与船舶和配套领域有关的技术委员会，分别是船舶与海洋技术委员会（TC8）、船舶及移动式和固定式近海装置电气设备委员会（TC18）、小艇技术委员会（TC188）。国际电工技术委员会（IEC）设有船舶及移动式和固定式近海装置电气设备技术委员会。世界各船舶和配套工业大国也有各自的船舶工业标准，例如日本 JIS 标准、英国 BS 标准、德国 DIN 标准、美国 ANSI 标准等。

ISO/TC8 是船舶领域具有重要影响力的标准化机构，负责船舶建造和运营过程中设计、建造、结构、舾装、设备、方法、技术，以及海洋环境保护相关的国际标准的制（修）订工作，其标准适用于远洋船、内河船及国际海事组织（IMO）要求使用的其他海上结构物。截至 2018 年 8 月，TC8 已发布的相关船舶与海洋技术标准有 321 项，在研标准 117 项。

4.3.3.2　国内船舶工业标准体系

在国内船舶产业领域，工业和信息化部与国家标准化管理委员会联合发布了《船舶工业标准体系（2012 年版）》，适用于船舶工业标准的制（修）订和管理，是指导相关产品设计、制造、试验、修理、管理和工程建设的依据。整个体系框架涵盖了各类船舶、海洋工程装备及配套产品标准。

《船舶工业标准体系》由 4 层架构组成：第 1 层为标准体系顶层，说明这一体系是为船舶及浮动装置制造而编制的；第 2 层通过细化，分为金属船舶制造、非金属船舶制造、娱乐船和运动船制造和修理、船用配套设备制造、海洋工程及其他浮动装置制造、船舶修理及拆船等 6 个大类；第 3 层是以第 2 层 6 个大类为基础，将有关标准分为海洋船，内河船，渔船，大型游艇，小艇，船舶动力装置，船用机械设备，船舶电气系统及设备，船舶导航、通信和水声设备，船舶舾装设备，海洋工程结构物，潜水器，船舶修理，船舶拆解等 14 个中类；第 4 层包括 55 个小类，是对 9 个中类的进一步细化。详见图 4-1~图 4-10 所示。

《船舶工业标准体系》与 ISO 船舶与海洋技术委员会（TC8）、小艇技术委员会（TC188）、涂覆涂料前钢材表面处理（TC35/SC12）以及 IEC 船舶及移动式和固定式近海装置电气设备（TC18）等船舶行业国际标准化技术委员会的专业范畴相协调和衔接。该标准体系发布时，其明细表包括现有和新增的船舶工业国家标准（GB）和船舶行业标准（CB），共计标准项目 2774 项。标准体系框架和体系项目将根据船舶工业技术发展、国家产业政策变化等进行动态调整和完善，及时修订或废止不适用的现有标准，根据发展需求补充新增标准。

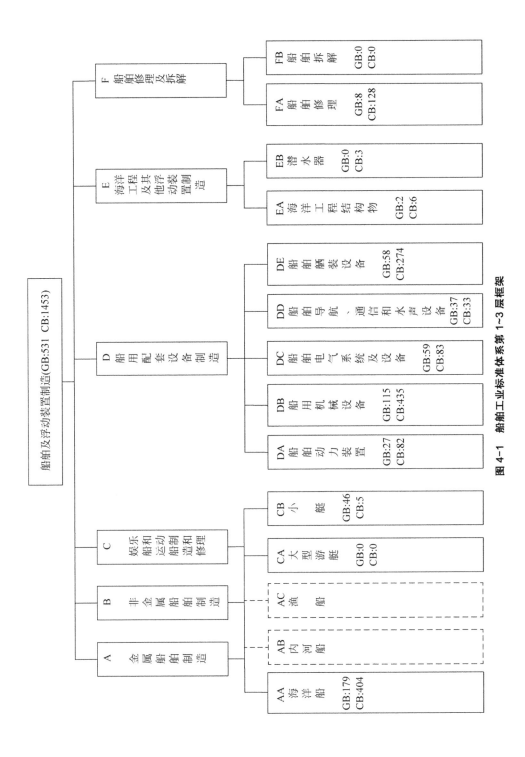

图 4-1 船舶工业标准体系第 1~3 层框架

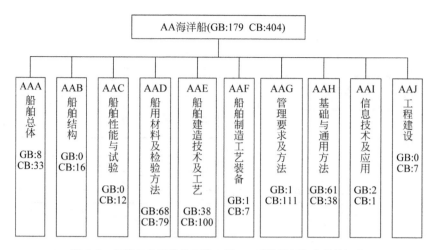

图 4-2　船舶工业标准体系第 4 层——"海洋船"中类的细化

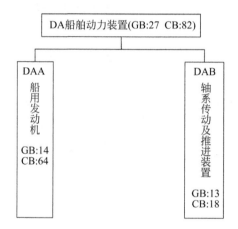

图 4-3　船舶工业标准体系第 4 层——"船舶动力装置"中类的细化

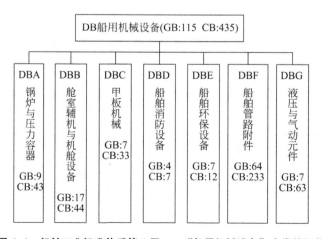

图 4-4　船舶工业标准体系第 4 层——"船用机械设备"中类的细化

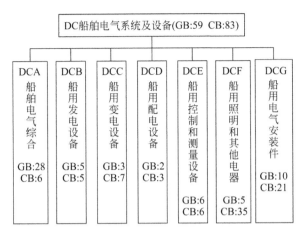

图 4-5 船舶工业标准体系第 4 层——"船舶电气系统及设备"中类的细化

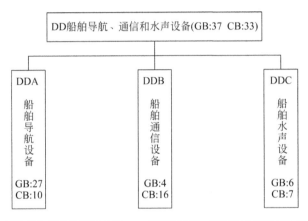

图 4-6 船舶工业标准体系第 4 层——"船舶导航、通信和水声设备"中类的细化

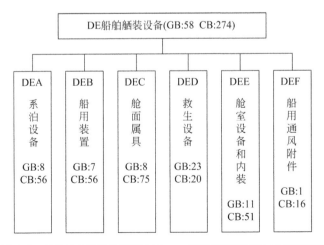

图 4-7 船舶工业标准体系第 4 层——"船舶舾装设备"中类的细化

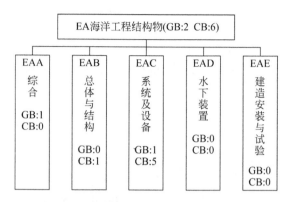

图 4-8　船舶工业标准体系第 4 层——"海洋工程结构物"中类的细化

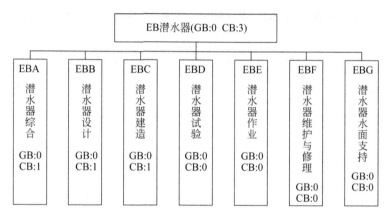

图 4-9　船舶工业标准体系第 4 层——"潜水器"中类的细化

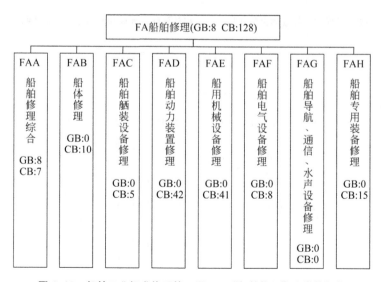

图 4-10　船舶工业标准体系第 4 层——"船舶修理"中类的细化

4.3.3.3　船舶行业智能制造标准化需求

船舶产业制造智能化发展趋势可描述为在巩固夯实已有的数字化和自动化成果的基础上，在互联互通和信息融合层面上开展重点突破。这一趋势在智能制造系统架构三维参考模型中呈向外扩散的模式。相应的，智能制造体系结构自上而下的填充模式与智能制造系统在三维体系结构模型中的扩展模式相吻合（图 4-11）。

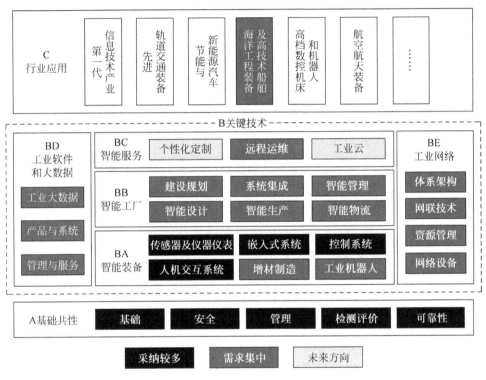

图 4-11　船舶产业智能制造标准化发展趋势

在现有的船舶工业标准体系（2012 年版）和国际船舶相关的标准中，尚没有出现与智能制造直接相关的标准。而随着智能制造技术与制造板块中的现有技术融合，智能制造的相关技术内容也将与船舶工业标准之间发生关联。

随着智能制造技术和产业的同步发展、新生产模式和新业态的不断涌现，智能制造标准体系和船舶行业标准体系都需要动态调整和完善。二者都是动态发展的庞大系统，产业界对智能制造以及基于智能制造的产业发展的认识都将经历不断深入的过程。因此，两个标准体系也必然是动态调整更新的过程，在行业应用中宜以"急用先行"原则对缺失标准进行完善。目前，两个标准体系都初步形成了基础框架。《建设指南》将以 2~3 年为周期及时开展标准体系更新、标准复审和维护工作。《船舶工业标准体系》也正在制定相应的修订计划，在两个体系的交集处保持同步。

4.4 先进轨道交通装备领域

4.4.1 行业发展背景

轨道交通装备是国家公共交通和大宗运输的主要载体，也是我国高端装备"走出去"的重要代表。在"一带一路"倡议中，一方面，"一带一路"沿线及辐射区域互联互通工程建设将为我国轨道交通装备制造业带来可观的市场需求；另一方面，作为绿色环保、大运量的交通方式，轨道交通将成为"一带一路"的先锋，在"一带一路"沿线及辐射区域形成庞大的轨道交通线网，支撑并带动更多社会、人文和经济发展。

根据国务院相关规划，轨道交通装备行业将重点研制安全可靠、先进成熟、节能环保的绿色智能谱系化产品，建立世界领先的现代轨道交通装备产业体系，实现全球化经营发展。到2020年，轨道交通装备研发能力和主导产品达到全球先进水平；到2025年，我国轨道交通装备制造业形成完善的、具有持续创新能力的创新体系，在主要领域推行智能制造模式，主要产品达到国际领先水平，主导国际标准修订，建成全球领先的现代化轨道交通装备产业体系，占据全球产业链的高端。其发展重点包括五大重点产品、七大关键零部件、七大类关键共性技术。发展模式由传统模式向可持续、互联互通和多运输模式转变，全面推行产品的数字化设计、智能化制造和信息化服务，使我国轨道交通真正迈入数字化和智能化时代。

4.4.2 行业智能制造

作为全球规模领先、品种齐全、技术一流的轨道交通装备供应商，中国中车集团有限公司（简称中国中车）旗下拥有全球产量最大的各类轨道交通装备制造基地、完整的产业链体系、世界一流的生产线和制造技术，全面推行精益化生产，实施信息化管理。近年来，中国中车在打造智能制造新装备、新企业、新业态上进行了一系列探索和思考，致力于成为中国智能产品创造者、智能制造引领者和智能服务探路者。未来中国中车将以数字技术驱动，整合数字链、技术链、企业链、产业链和价值链，跨界联合互联网企业和软件企业，围绕智能交通和智慧城市建设，探索建立工业企业共享应用的商业模式，提供"业务 + 数据 + 网络 + 平台"的智能轨道交通系统解决方案,努力打造世界智能轨道交通的新生态圈。

目前中车旗下公司基本建立和运行 ERP、PDM、MES 等核心信息化系统,具备在生产运营、工程技术和制造执行等维度的信息化基础,已将数字化制造技术和专业软件(包括 MBD 的 CAD/CAPP/CAE/CAM 以及各种仿真工具)作为平台化部署整体引入和使用,有一定的数字化基础,兼之多年坚持信息化建设、持续创新三大技术平台、全面推行精益化生产,轨道交通装备智能制造拥有良好的基础和资源要素。自 2015 年至今,中车旗下子公司牵头实施了 15 个国家智能制造专项,其中,2 个智能制造综合标准化专项分别聚焦于轨道交通核心智能产品(网络控制系统)和高速动车组智能工厂运行管理,13 个智能制造新模式应用专项则涵盖了 IGBT 基础元件、关键核心部件、整车等全产业链上典型产品的智能制造以及基于大数据、云平台的智能服务。

由于早期缺乏顶层架构设计、统一规范支持和先进标准引导,这些轨道交通装备智能制造的先导企业,往往在智能特征维度升阶以及各维度集成融合等历程中,日益受制于数据、安全及互联互通等方面的问题,而研发协同、供应链协同等也成为在系统层级、生命周期维度集成融合的瓶颈。例如,某企业在早先实施 MES 项目时,由于彼时缺乏相关标准引导(当时《国家智能制造标准体系建设指南》——以下简称《建设指南》——尚未发布),直接采用企业办公网络,明显受制于接入策略、时间同步、文件服务等限制,也未能规避网络安全隐患,之后不得不基于经验教训,参考《建设指南》工业互联网体系架构(BEA),明确区分工厂内、外网络,重新规划和部署制造工业网。除此以外,在信息系统接口、数据交互、设备集成等方面也亟待建立适用的标准、规范,引导实现互联互通、融合共享。

4.4.3　行业智能制造标准化工作

4.4.3.1　背景概述

随着轨道交通智能化产品技术发展,结合大数据、互联网等技术的融合,未来列车技术将朝着绿色智能的方向发展。与此对应,对于相关技术标准及试验验证也产生了新的需求,因而受到全球相关组织和协会的关注。例如,为规范列车网络控制系统相关产品,IEC 制定并发布了一系列列车网络通信国际标准。

同时,在国家智能制造的架构设计中,也特别对智能制造的基础共性技术、关键技术以及包括先进轨道交通装备制造业在内的行业应用标准及检测验证提出了建设要求。

然而，无论在国际上还是在国内，相关领域尚未建立比较完整的标准体系框架，同时存在大量标准缺口，机遇与挑战并存。

轨道交通装备智能制造的标准化工作，主要参照国家智能制造标准体系框架，在既有行（企）业标准体系和两化深度融合成果的基础上，构建能够指导和支撑本行（企）业领域建设产品研发协同平台、制造管理数字化平台和用户服务共享平台的标准体系，主要涉及核心产品智能化、智能制造环节中的互联互通等智能制造相关内容。

4.4.3.2 实施策略

实施策略着手于智能产品 / 服务、智能生产两个方面。

一方面，遵循"共性先立"原则，以本（企）业标准体系为主体，参考智能制造标准体系中 A 部分数据、标识、安全等相关标准，以及 B 部分大数据、互联网等相关标准，依托中车统一信息平台、大数据中心、PHM、智能产品研制及应用、国家智能制造专项等项目，分析并制（修）订原有行（企）业标准体系中相关智能产品、智能服务的技术标准及其所属技术标准子体系，包括仅修订相关产品技术标准而保持标准体系结构（如产品的智能化升级）、修订标准体系（如具备智能特征的新产品导入）、既需修订原有产品技术标准又需修订标准体系（如由于具有智能赋能技术的新产品导入而带来产品体系变革）等典型情况。

现阶段，遵循"急用先行"原则，识别以下重点标准：

（1）轨道交通网络控制系统标准；

（2）车载信号系统标准；

（3）高速动车组智能工厂运行管理标准；

（4）轨道交通产品工业云与大数据相关标准；

（5）智能制造装备数据采集及分析应用标准。

其中，前两项作为具备智能特征的产品，主要开展网络产品一致性测试研究、无线通信综合试验研究、质量可靠性保障系统研究，建立与国际接轨的试验标准和验证平台，确保列车网络控制系统的性能稳定性、质量可靠性、环境适应性、使用寿命等指标达到国际同类产品先进水平，提升我国轨道交通装备的国际竞争力。考虑到基于产品而构建的行（企）业标准体系结构特点，故其相关标准仍列属于行（企）业标准体系中该产品所属的技术标准子体系。对于第三项，主要依托智能制造综合标准化专项，遵循试点探索、移植应用、行业推广的实施模式。后两项作为智能赋能技术的应用，另行在行（企）业标准体系中加以完善。

另一方面，以智能制造标准体系为指导，从标准体系结构着眼，参照智能制造系统架构，对比分析智能制造标准体系与行（企）业标准体系的交集部分，识别行（企）业标准体系中产品、制造、服务的智能特征，结合企业制造技术平台规划，探索构建智能制造标准综合体，并随同企业标准体系进行管理，参见4.4.3.3的案例阐述。

同时，加强与国际标准化组织的交流与合作，通过参与ISO、IEC等相关国际标准化组织的标准化工作，积极跟进行业领域前沿资讯和标准发展，争取向国际标准化组织输出我国先进轨道交通装备智能制造标准化研究成果，获得相关领域国际标准话语权。

4.4.3.3 实施案例

以下简述某轨道交通装备核心部件智能工厂标准综合体（本节以下简称某智能工厂标准综合体）建设思路。

首先，参照智能制造系统架构，识别关联位置，如图4-12所示。该图以《建设指南（2018年版）》为蓝本，对"生命周期"维度有所调整，以适应目前本行业按经营订单生产、直接交付客户、定期检/维修等特点。

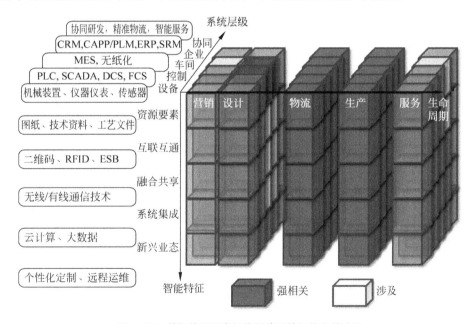

图4-12 某智能工厂在智能制造系统架构上的定位

结合以上所识别的关联要素，并参考企业的智能制造系统架构和技术路线，识别现阶段智能制造标准综合体与智能制造标准体系的主要交集，参见图4-13、图4-14。

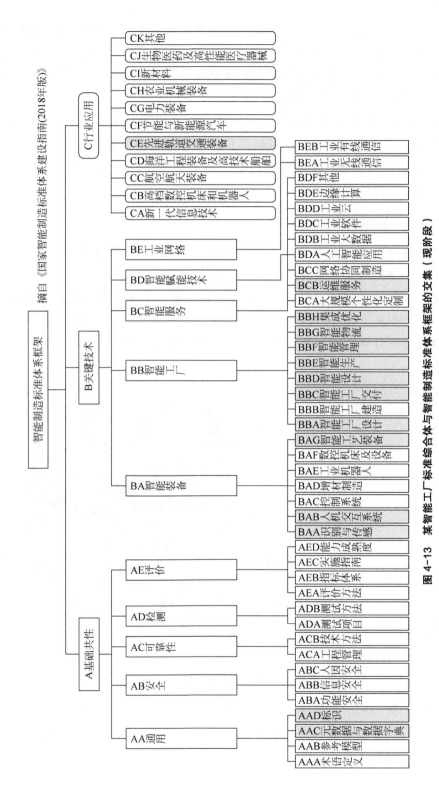

图 4-13　某智能工厂标准综合体与智能制造标准体系框架的交集（现阶段）

■：当前案例已覆盖

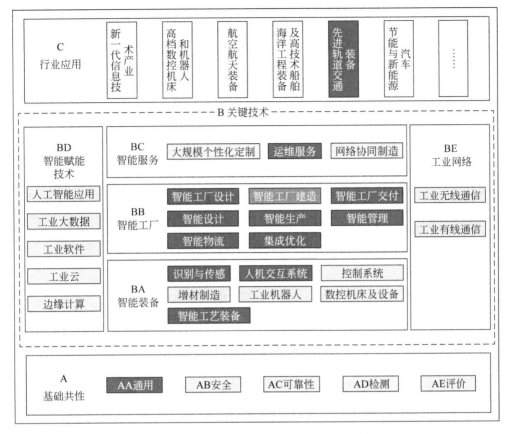

图 4-14　某智能工厂标准综合体与智能制造标准体系结构的交集（现阶段）

□：当前案例已覆盖；■：未来拟覆盖。

对于大部分基础共性、关键技术标准，虽几乎都有交集，然而鉴于在企业标准体系中已然具备对应内容或规划，现阶段以参考借鉴为主，因而未纳入标准综合体。例外的情形是：基础共性的通用标准、智能装备的识别与传感标准、人机交互系统标准和智能工艺装备标准，以及智能服务的远程运维——这些结合工厂特点确认需要纳入标准综合体。

提取图 4-14 中交集部分，并结合智能制造专项实施经验，依据企业智能制造发展规划和技术路线，构建某智能工厂标准综合体，如图 4-15 所示。图 4-15 是在《建设指南（2018 年版）》的基础上，结合实际需求和整体策划而加以修改的。

在此基础上，进一步向下分解两层，直到形成完整的标准列表。

该标准综合体遵循企业标准体系管理办法，持续跟踪相关领域技术发展和标准动态，开展相关研究和验证，搭载企业年度标准体系评价工作，定期

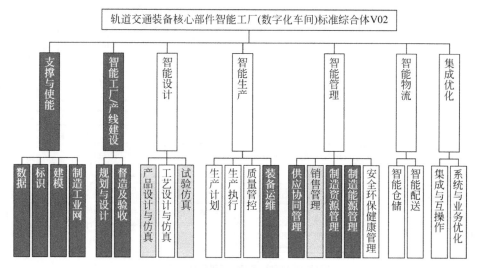

图 4-15　某智能工厂标准综合体（现阶段）

■：调整和新增部分；□：暂不涉及部分。

评估并完善该标准综合体，搭载企业标准三年滚动制（修）订工作，定期确认（确保）标准有效、适用。

4.5　生物医药及高性能医疗器械领域

医疗器械是医疗卫生体系建设的重要基础，具有高度的带动性和成长性，其地位受到了世界各国的普遍重视，已成为一个国家科技进步和国民经济现代化水平的重要标志。

医疗器械行业涉及医药、机械、电子等多个技术领域，其核心技术涵盖范围广，是多学科交叉、资金密集型的高技术产业。医疗器械领域智能制造标准化的对象是具有信息深度自感知、智慧优化自决策、精准控制自执行等功能的先进制造过程、系统与模式。其定位于系统层级、智能功能和生命周期 3 个坐标轴，标准化是确保实现全方位集成的关键途径。

4.5.1　产业现状

当前，全球医疗器械销售规模呈现稳步上升趋势。在医疗器械发展中，医学影像设备一直占据着重要地位，同时也是医疗设备高端产业化的代表。我国已成为全球仅次于美国的第二大医疗市场，高端医学影像设备市场规模将持续高速增长。从近三年我国医疗器械市场的产品结构来看，医学影像设备占据最大的市场份额，近几年均保持在 40% 左右，且呈不断上升趋势。

高端医学影像设备属于高科技产品。零部件种类及数量繁多，设备研发周期长，生产工艺极为复杂；同时，设备质量直接关系患者生命安全的特殊性，对其装配精准性、整机安全性、性能可靠性和稳定性等要求极高。在生产组织上，多采用小批量、混线、订单式生产模式，属于离散制造领域。存在设备种类 / 规格 / 零部件多样化、结构和生产工艺复杂、全生命周期管理难度大等问题。

4.5.2　相关技术

近年来，国内外医学影像设备的整体发展趋势是：技术指标不断提升，产品升级不断加快，应用领域不断拓展，辅助诊断功能不断完善，成像更快、使用更安全、性能更智能的产品将不断被推出，以更好地满足全方位、多样化的临床应用需求。

预计未来 5~10 年，中国医疗器械产业与世界医疗器械市场的关联度将愈加紧密，对中国的医疗器械制造工艺、新材料应用、研发水平、营销网络势必产生巨大影响，促使中国医疗器械产品从中低端向高附加值的高端产品转化。

高性能医疗器械技术发展的趋势可以总结为高性能、高可靠性，其技术特征和标志是数字化、智能化和网络化。

1．高性能

高性能主要体现在产品具有高的诊断功能。

目前，医院所普遍使用的医疗设备包括超声、X 线机、CT、MRI、PET 等，这些设备的成像原理、影像特点及临床应用范围各不相同，医学影像检查在临床诊断中发挥着越来越重要的作用。据统计和专家分析，医院所使用设备的 1/3 是数字化医学影像设备，医生所做诊断的 80% 是依据患者的影像提出的。可以说，医学影像已经成为现代循证医学中最为关键而重要的辅助诊断方法。

2．高可靠性

高端医学影像设备涉及患者的及时诊疗和救治，是关乎人生命的重要保障之一，必须具备高可靠性。任何意外的设备故障宕机，都有可能直接导致患者救治延误乃至医疗事故，针对其在智能制造中日益提升的重点地位和作用，国外将该类产品的"高可靠性"作为其重要发展方向。

3．网络化和智能化

各家设备厂商在努力提高设备可靠性的同时，都在逐步采用远程运维的方式，利用互联网、物联网技术，在系统内部和各核心模块，内置各种传感器，并集成自身模块的监控诊断电路及软件，从而实现整体系统本身以及核心部件的实时在线监控检测功能，达到远程智能监控、智能预警等目的，降低突发故障概率，提供在线维修模式，提升快速修复能力，保障设备开机率，提高设备运行质量，并解决偏远地区服务时间长、现场服务困难的问题。

4.5.3 标准化现状与需求

1. 标准化现状

高性能医疗器械加快关键技术标准研制，寻求在高性能医疗器械重点领域实现标准化的新突破。其实施重点体现在以下 3 个层面：

第一层：制造设备层面。即设备感知和执行单元，包括传感器、仪器仪表、条码管理、射频识别、机器等，它是提供生产活动的物质技术基础。主要体现在：对智能制造装备、软件、数据的综合集成，将"工业软件和大数据"标准与"工业网络"标准贯穿于关键仪器仪表及传感器，聚焦数据交换、智能制造技术，集自动化技术、信息技术和制作加工技术于一体，把以往工厂企业中相互孤立的工程设计、制造、经营管理等过程，在计算机及其软件和数据库的支持下，构成一个互联互通覆盖整个企业的有机系统。

第二层：制造管理层面。由控制车间工厂进行生产的系统所构成，包括制造执行系统（MES）、企业资源计划（ERP）系统、产品生命周期管理（PLM）、供应链管理（SCM）系统和客户关系管理（CRM）系统等。

第三层：信息协同层面。代表产业链上不同企业通过互联网络共享信息，实现协同研发、智能生产、精准物流和智能服务。

总结：在生产制造过程中，融合具备基础能力的设备与感知单元（如PLC 位于智能制造系统架构生命周期的生产环节、系统层级的控制层级以及智能功能的系统集成层），以及行之有效的管理模式（JIT 准时生产、LP 精益生产、AM 敏捷制造等），并通过信息云端共享实现大数据整合，提升作业效率及优化产品质量。

2. 标准化需求

智能制造标准体系不是一个大而全的体系，而是一个聚焦在数据、通信和信息等方面的有限目标体系，未来发展趋势是要求企业自身不断完善智能制造标准体系中的基础通用标准和关键技术标准，其价值意义体现在以下几点。

（1）创新能力不断增强，智能制造发展方向是用新的理念支持一种新的方式，也就是新的创新网络、创新联盟和创新平台的构建，融合智能制造传感器及仪器仪表等设备，推动企业快速平稳发展。

（2）生产更具柔性。将"工业软件和大数据"标准与"工业网络"融合于生产，采用柔性制造技术，平时能满足品种多变而批量很小的生产需求；战时能迅速扩大生产能力，应变市场的需求（图 4-16）。

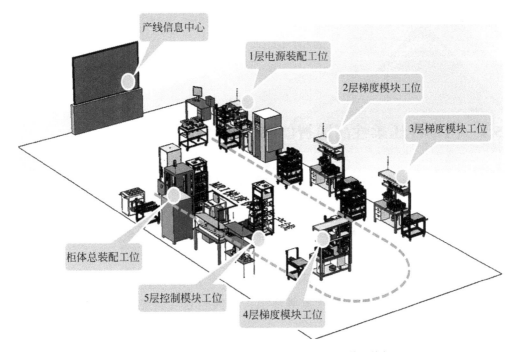

图 4-16 MRI 产线柔性生产布局（工位可柔性调整）

（3）产品更具特色，更具市场竞争优势。未来商业的比拼一定是业务模式的比拼，而业务模式之中的智能化制造程度在端到端的价值链上决定了企业竞争力的强弱。

第 5 章

标准应用
案例
————

5.1　汽车冲压柔性高速智能制造生产线

1. 案例在智能制造系统架构中所处的位置

根据《建设指南（2018 年版）》第二章的智能制造系统架构部分，本案例所阐述的汽车冲压柔性高速智能制造生产线在智能制造系统架构中的位置阐述如下：

（1）从生命周期的维度，本案例聚焦汽车加工工艺生产线的生产过程，具体涉及冲压设计、生产、物流等环节，同时也包含智能检测及状态监测等辅助功能。

（2）从系统层级的维度，本案例面向设备层级和控制层级的智能制造过程。设备层级包括监测传感器、模具以及换模等冲压设备，用于实现现场数据的采集和过程控制单元以及车间层级。

（3）从智能功能的维度，本案例包括系统集成、融合共享和互联互通。其中，系统集成包括冲压相关设备和系统的集成，形成符合产品后续加工的自动生产线，通过自动换模提高生产效率。实现从设备到生成单元、生产线的集成；融合共享指数据从物流到生产的代码共享，通过高频 RFID 实现信息的共享；互联互通包括通过采用冲压拉式智能排产手段，实现设备之间、生产线与控制系统之间的实时性交互，缩短物流及库存周期。

2. 案例基本情况

本案例属于智能制造标准体系框架中重点行业里的节能与新能源汽车。

汽车冲压柔性高速智能制造生产线：通过应用工业以太网、射频识别技术、自动传感器等，在冲压车间建成底层设备与上层管理系统互联的网络结构，实现生产过程、设备、质量、模具、板料、零件信息全采集。以数据驱动管理，对生产过程进行监控、管理、看板指挥、大数据分析，实现对生产现场信息智能化、自动化的实时共享。整合冲压车间制造执行系统上下游业务单元，建立以生产需求为牵引的冲压拉式智能排产业务模式。该生产线实现了底层冲压设备、换模设备、物流数据、质量数据、人员数据的互联互通，最终实现 1.5 天低库存运营、实时动态库存管理、实时动态盘存、生产计划实时智能化排程等主要技术指标，保证生产线高速、柔性、智能化运行。

3. 智能制造系统架构介绍

1）冲压车间智能制造执行系统功能架构

冲压车间智能制造执行系统包括整线控制系统、设备监控系统、质量管理系统、物流监控、生产智能排程系统、生产防错系统、工艺参数监控系统及数据采集集成平台。通过车间智能制造执行系统的建设，解决底层自动化设备间、上层各系统间（如 MES、PMC、MQS 等）的互联互通，以及设备参数、工艺参数、质量信息、生产过程数据的全面采集。开发工艺参数、设备运行状态、生产计划状态、质量大数据分析优化模型，以支持工艺、质量、生产管理的持续优化，形成产品内部执行代码解析、工装字段定义、冲压设备数据采集及管理等内容的创新应用。冲压车间智能制造执行系统架构如图 5-1 所示。

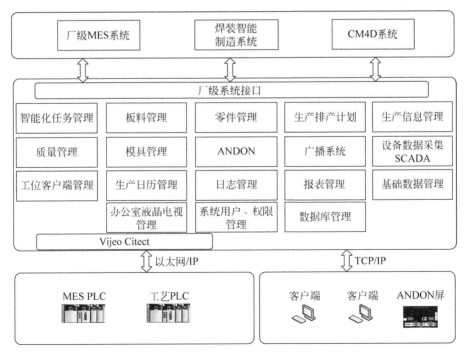

图 5-1　冲压车间智能制造执行系统架构

注：Vijeo Citect：软件名称。

2）冲压车间制造执行系统网络架构

冲压车间制造执行系统网络包括三层网络结构：车间办公网络、车间设备控制网络和车间数据采集网络。三层网络结构在网络硬件上相互独立，通过交换机和核心控制单元相互连接。冲压车间制造执行系统网络拓扑架构如图5-2所示。

4. 智能制造关键绩效指标

本案例采用数字化技术完成车间总体设计、工艺流程及数字化建模布局，利用智能传感、智能识别、工业以太网等技术手段将高速压机、高速传输设备、端拾器、工装模具、自动化立体仓库、高精度视觉检测设备、自动识别物流托盘等硬件集成为底层"物联网"系统，通过网络化技术手段将底层"物联网"系统与上层管理系统实现集成，最终形成自动化、数字化、网络化、智能化的冲压生产线。关键绩效指标包括：

（1）冲压车间生产效率提升20%以上；

（2）产品不良率降低20%以上；

（3）1.5天低库存运营；

（4）实时动态库存管理；

（5）实时动态盘存；

（6）生产计划实时智能化排程。

5. 案例特点

1）本案例相对传统制造业在方法、技术、模式方面的优势

（1）首创国内自主车企智能制造精益管理模型与体系。

本案例建立的智能制造系统包括整线控制系统、设备监控系统、质量管理系统、物流监控系统、智能排程系统及生产管理系统。为车间管理业务标准化提供平台支撑，搭建精益化管理模型，整合了车间制造、物流、设备、工艺、质量五大业务板块，优化车间管理逻辑，将管理逻辑融入智能制造系统，搭建智能制造精益管理模型，实现冲压核心业务自动运行。最终实现系统指导管理，提升管理效率，降低管理成本。

本案例同时建立了一套完善的系统监控、快速响应、分析与改进机制，及时响应各种异常，防止车间设备异常、质量异常、物流异常等造成的停线损失。系统以任务形式进行工作分解，精细化管控车间整体投入产出，协同各相关板块提升指标，统计分析各项管理指标、监控指标趋势，推进瓶颈问题改善。通过该体系的建立实现计划、执行、检查、调整的有效循环，并持续改善现场业务模式，优化管理模型。

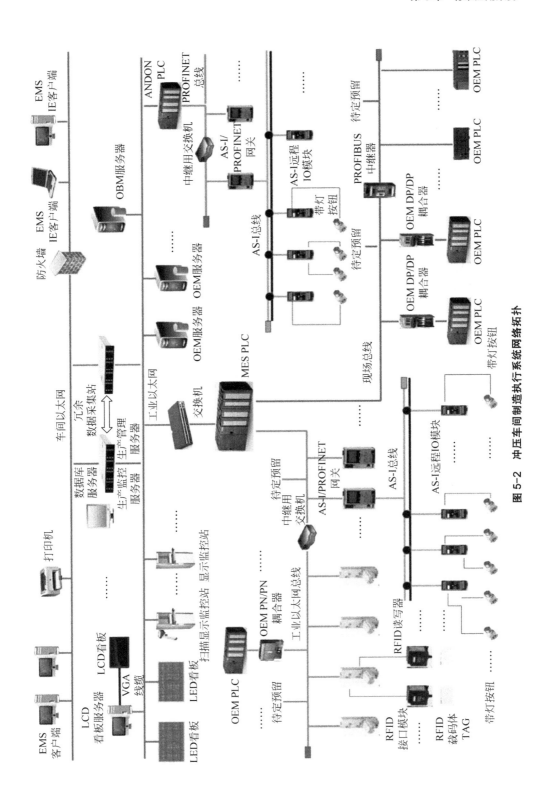

图 5-2　冲压车间制造执行系统网络拓扑

（2）首创国内汽车企业冲压车间拉式智能生产排程。

本案例建立了冲压排程业务流程、约束条件优先级、排程目标优先级、排程计算公式、公式条件组合等一整套系统智能排产模型。实现系统自动获取工厂 MES 提供的焊装生产队列，通过 RFID 物流监控系统实时监控零件和板料动态库存，结合设备状态、平均生产能力、物流状态等约束条件，实时动态拉动生产计划。最终达到零部件 1.5 天低库存运行,实现库存成本降低 50% 以上。

（3）建立车间"物联网"与大数据管控集成分析平台。

通过射频识别技术、工业以太网技术、数据传输交互技术，将车间生产设备、物流托盘、工装设备、计算机终端、上层服务器等设备连入统一的工业以太网，建立车间智能物联网，解决底层自动化设备间、上层各系统（如MES、EAM、LES 等）间的互联互通，消除信息孤岛，形成底层设备到上位控制平台无缝链接、智能识别及高效响应。

本案例建立的数据采集平台与管理分析平台，设计 PLC 信号映射方案，从信号映射地址块抓取数据到上位系统。所有数据源都整合到标准化的数据平台中，满足现场设备层、车间层、工厂层、企业层等多层级智能应用管理的需要，并为上层系统多个应用提供统一的数据源。通过大数据管理分析平台智能生成商业智能（business intelligence，BI）报表，为管理者提供数据支撑，且对车间底层数据进行关联性分析，支撑工艺参数优化、设备预防性维护，推进问题处理从"事后处理"到"事前预防"的变革,从而推进制造模式转型。

2）本案例与国内外同行案例相比的优势和局限性

目前，国外汽车企业（比如通用、福特、大众、PSA、丰田、现代等）都已按"全过程的数字化设计"和"工业 4.0"的理念，建成了符合智能制造模式的高效柔性生产线（如德国宝马莱比锡工厂），已应用数字化工厂技术，实现了三维工艺规划与工艺仿真，缩短了投产时间，节省了项目成本，产生了巨大的效益。本案例的建设可实现汽车产品设计、冲压工艺、工艺流程设计三阶段的数字化设计，而"数字化生产线设计、生产线仿真、生产线调试"三个阶段的数字化设计和高速柔性智能冲压生产线的建设在国内外同行中刚起步，还处于探索及研究阶段。本项目在建设过程中综合考虑了国内外同行在工艺、生产效率、适应性等方面建设的先进思想，建成后整体水平可达到国内领先、国际一流。

6. 智能制造实施步骤

本案例实施拟解决下列问题：制造过程未全实现过程数据采集、监控、分析,不支持产品、工艺、质量、物流的持续优化；物料配送及物流人员巡检"靠人吼"，没有系统实时提醒和支持；质量等过程数据的问题记录普遍采用纸质文件记录，漏项、延迟等问题无法避免；上件工位通过线首人工查看，系统不能统计完成情况，并不能实时拉动物料、生产统计等诸多问题。

本案例具体的实施步骤：

（1）结合现场总线技术、工业以太网、RFID 电子标签、自动传感器、PLC、电控元器件、人机交互界面，搭建"物联网"车间。消除车间设备相互独立的信息孤岛，实现车间底层数据（生产、工艺质量、设备、人工）全采集。建设冲压智能制造系统，将生产、质量、工艺、设备的管理逻辑融入系统，实现冲压核心业务自动运行，提升生产效率和设备利用率，实现汽车生产线智能柔性高速冲压技术突破。冲压车间智能制造系统如图 5-3 所示。

图 5-3　冲压车间智能制造系统

（2）建设冲压车间数据采集集成平台和数据库管理系统。通过建立数据采集管理控制系统，将工厂、设备和其他信息资源与智能管理应用共享统一生产数据模型，按照多种逻辑方式处理实时数据、历史数据和关系型数据，最终将数据源统一整合到数据平台中。为物流、质量、生产、设备维护管理需求（如库存管理系统、设备管理系统、能源管理系统、制造执行系统）等多个应用提供统一的数据来源，满足从现场设备层、车间层级、工厂层级、企业级等多层级智能应用的需要。冲压车间数据采集管理控制系统如图 5-4 所示。

（3）建立冲压车间制造执行系统工业互联网。车间网络包括三层网络结构：车间办公网络、车间设备控制网络（主要是工业以太网，少数不支持工业以太网的设备用现场总线连接）及车间数据采集网络。三层网络结构在网

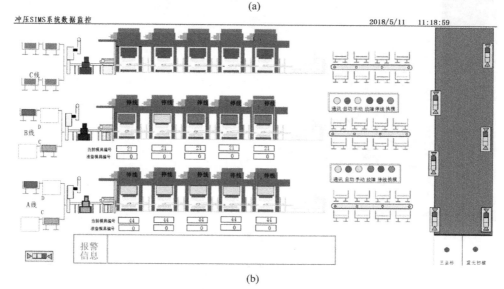

图 5-4　冲压车间数据采集管理控制系统

（a）数据采集系统；（b）数据监控系统

络硬件上相互独立，通过交换机和核心控制单元相互连接。车间办公网络采用标准 TCP/IP 协议，负责连通车间管理层的服务器、数据库、上层企业级管理应用系统（ERP、MES、PLM 等），以及车间现场其他由计算机控制的设备（三坐标扫描仪或其他质检设备）；车间设备控制网络采用工业以太网协议，组成区域环网结构，可连通现场设备的控制器、设备通信模块、网关等；为避免干扰设备控制信号，单独建设数据采集网络，数据采集网络采用星型结构，将自动化子系统的设备控制器、离散仪器仪表、传感器、网关等连入核心控

制器单元，再通过核心控制器单元与车间管理系统连接。冲压车间制造执行
系统网络架构如图 5-5 所示。

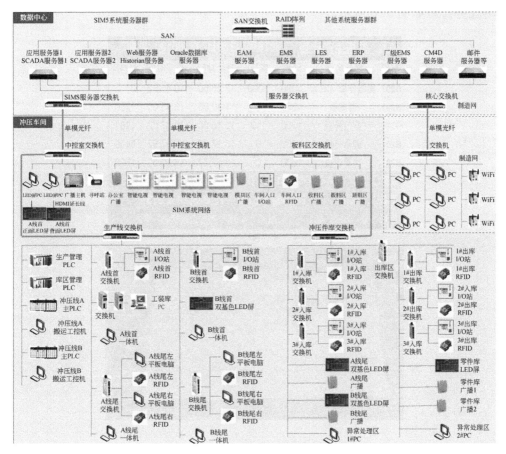

图 5-5　冲压车间制造执行系统网络拓扑

（4）现场业务智能化设计。系统根据自动排程的生产任务，通过现场
LED 屏幕、客户端或广播，指导生产线工艺设备、叉车、操作员等进行相应
的作业。板料业务实施步骤为：板料接收任务指示，通过在板料入库工位显
示应接收板料，板料接收成功，反馈入库信息；板料入库指示，通过现场看
板和材料接收区广播指导叉车将板料投送到系统指派的库位；生产板料准备
任务指示，在现场 LED 大屏显示预备板料库位信息，指导叉车前往取料；生
产板料安置到拆垛台时，LED 大屏显示板料到位；生产板料预备防错指示，
当安置到拆垛台的预备板料与生产计划不符时，LED 大屏、现场客户端、线
首广播报警板料准备错误；零件入库时，读取托盘 RFID 信息，若发现零件被
定义为返修件，则通过三色灯柱亮红和库房广播报警；通过冲压设备中读取

模具安装信号，与当前生产计划模具编号对比，若发现安装模具与生产计划模具不符，则通过车间广播、亮灯、车间 LED 大屏等方式报警。冲压车间现场业务排程如图 5-6 所示。

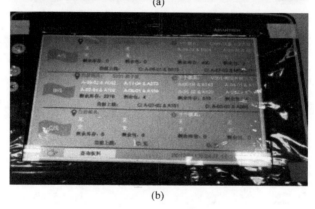

(a)

(b)

图 5-6　冲压车间业务排程

（a）现场业务屏；（b）板材业务及上线指示

7．智能制造标准化现状与需求

1）智能制造标准化现状

本案例的设计、研发及实施尚未有专门面向于节能与新能源汽车领域工艺加工技术成熟的国际与国内标准，目前国际上面向工业过程智能制造领域的标准化工作主要由 IEC/TC65（国际电工技术委员会工业过程测量、控制和自动化技术委员会）、ISO/TC184（国际标准化组织自动化系统与集成技术委员会）负责，国内归口标准委员会分别为 SAC/TC124 及 SAC/TC159，负责工业过程测量、控制和自动化领域及面向产品设计、采购、制造和运输、支持、维护、销售过程及相关服务的标准化工作，包括系统方面、测量与控制设备、工业网络、企业系统中的设备与集成技术。其中与本案例相关的现有标准如表 5-1 所示。

表 5-1　与本案例相关的现有标准

编号	标准编号	名　　称	所属国际标准组织
1	IEC/TR 62794	工业过程测量、控制和自动化—生产设施展示用参考模型（数字工厂）	IEC/TC65
2	IEC 62769	现场设备集成（FDI）系列标准	IEC/TC65
3	ISO/TR10314	工业自动化　车间生产	ISO/TC184
4	GB/T 25487—2010	网络化制造系统应用实施规范	
5	GB/T 18757—2008	工业自动化系统　企业参考体系结构与方法论的需求	ISO/TC184
6	GB/T 25488—2010	网络化制造系统集成模型	

2）汽车冲压智能制造标准化需求

从标准化的角度出发，本案例有以下标准化工作亟需开展：

（1）能效评估等标准：在冲压智能制造装备能耗特性、能效与能耗模型的研究基础上，确定评价参数的提取，需要建立完善典型装备的能效评价标准，提出测算试验方法。

（2）信息安全等标准：冲压智能制造装备对信息流及管控应保证与外部信息系统通信传输的安全、真实、完整，包括数据控制及加密、身份鉴别、密钥管理等内容。

（3）一致性标准：随着工业网络标准及智能制造行业应用行规的逐步完善，底层设备间的互联成为一个重要问题，而导致设备无法互联的主要因素是设备实现与规范不符，即存在一致性问题。一致性是设备互操作、性能和健壮性等的基础。

（4）互联互通标准：制造业工厂/车间的高度柔性、复杂性、危险性等固有特点以及小批量、多品种等生产特点使得其设备种类多样、内置与外置、有线与无线并存，即使解决了互联的问题，还存在互操作的问题，即无法进行信息交互、协调工作，保证生产的正常、安全执行。如何让这些分布式设备之间实现互操作，是系统面临的又一问题。

（5）物联网、大数据和云服务等标准：面向加工制造过程中的数据分析、传输、实时性的网络，以及数据交互的信息都需要进一步规范，要建立完整的工业大数据、物联网及云服务等标准体系，也是亟待开展的工作。

8. 智能制造示范意义

本案例具有自身的特色亮点及应用示范意义：实现了研发智能化、生产智能化、工厂智能化、管理智能化。

研发智能化主要体现在产品平台化开发、工艺规划数字化，建立零部件、工装制造精度及公差验证实验室，机器人视觉涂胶实验室，焊接工艺实验室，智能制造实验室，新能源汽车新材料连接工艺研究平台，智能制造技术集成验证平台，智能检测平台。

生产智能化体现在智能化排产、自动换模、柔性钢铝混线、汽车 ECU 远程升级，实现了生产效率与成本的结合，运营成本降低，为产线应用带来明显的经济和社会效益。

工厂智能化体现在柔性高速生产线、自动化生产线控制系统、激光在线检测、IT 基础设施、主机系统及虚拟化设计系统。

管理智能化体现在建有 ERP、SRM、MES 等系统，生产过程质量系统，设备运行管理系统，能源管理系统，智能制造执行系统，安防系统。

本案例的实施将对我国智能制造规划及促进行业转型升级具有借鉴意义。

9. 下一步工作计划

我国作为汽车制造大国，发展新能源与节能汽车是未来产业升级转型的重点突破领域，冲压为主的加工工艺是汽车制造工业主要应用领域，其加工技术水平具有代表性和典型性。开展汽车冲压等工艺技术与装备国产化攻关，有利于加快形成我国新能源汽车供应产业链，满足快速增长的智能柔性生产线的市场需求。冲压加工工艺技术的突破只是万里长征第一步，如果能够在国际竞争中保持领先地位，还有大量工作亟待进一步开展：

（1）故障定义冲压关键设备及系统的产品开发是后续需要开展的重要工作，从而为产业转型和技术应用推广提供产品支持；

（2）按照标准化对汽车冲压生产线的制造过程进行规范及改造是生产线应用推广的当务之急；

（3）冲压工艺技术的目标是为汽车制造服务，最终占领市场。为此，后续需要大力扩大适用产品范围，进一步加快其他关键加工工艺技术的突破，发展并运用人工智能、远程运维、预测性维护等先进技术手段。

汽车制造过程中普遍面临的主要问题是能源管理系统，建设数字化、网络化、智能化的执行管理系统及冲压设备所消耗的能源远比传统手工人力消耗的能源多，绿色制造及加工过程的综合资源利用是普遍存在的突出问题，汽车生产线的整体集约化设计还有待进一步加强和提升，智能化能源管控系统亟待开发；关键设备的提升以及管理软件、虚拟仿真软件、大数据分析软件的国产化仍需进一步加强；减少人员成本、降低工人的工作时间和劳动强度仍需进一步改善。总之，寻找绿色制造、智能制造、人工智能与节约成本的平衡点仍任重道远。

5.2 航天智能工厂实践

5.2.1 航天智能制造系统架构

航天产业发展关系到国家安全，代表着国家自主进出空间的能力和科技水平。运载火箭、神舟飞船、空间站等航天器产品作为航天基础运输工具和空间载体，是所有空天计划得以实现的基础保障。

航天制造是国家安全与国民经济发展的重要基石。上海航天设备制造总厂有限公司承担我国军事、气象、海洋、地质、通信以及国际商业发射任务，由于有效载荷、空间轨道等不同，每个航天器的结构件都会有所变化，显现出航天产品的个性化定制的特点。面对航天高密度发射和快速进入空间的新形势，多型号交叉并行生产、生产量不均衡等导致研制周期长、效率低、成本高、质量低等问题日益突出。

5.2.1.1 航天产品生产制造特征

航天产品制造技术具有先进性、复杂性、集成性及极端制造等特征，这些技术特征决定了其必然向制造智能化的方向发展。上述航天制造的一些关键特征，使得在现有材料技术、设计技术、工艺技术的发展水平基础上，如要进一步提高产品的技术水平和可靠性，则必须广泛应用自动控制、信息化技术来进行制造过程的质量保障、可靠性保证，这是未来航天制造的发展方向。航天制造具有单件小批量多品种研产混合生产、更高的质量与可靠性要求、生产与技术发展不均衡等特征。这些特征带来了诸如资源利用不合理、研制周期过长等问题。

综上所述，航天制造作为国家制造业的重要组成部分，关系国家安全与国民经济发展，具有重要地位。航天制造由于自身产品的特点，智能制造的应用已成为其发展的必然趋势。

5.2.1.2 航天产品生产制造系统架构

针对航天器结构件单件小批量、分布式等特征，建立航天器结构件智能制造车间总体框架，如图 5-7 所示，通过多源异构状态和环境的感知与识别、智能工艺规划及决策、智能数控系统与智能伺服驱动等关键智能特征的开发，实现工艺智能设计、实时感知与信息反馈，以满足航天器结构件高效可靠的加工制造。

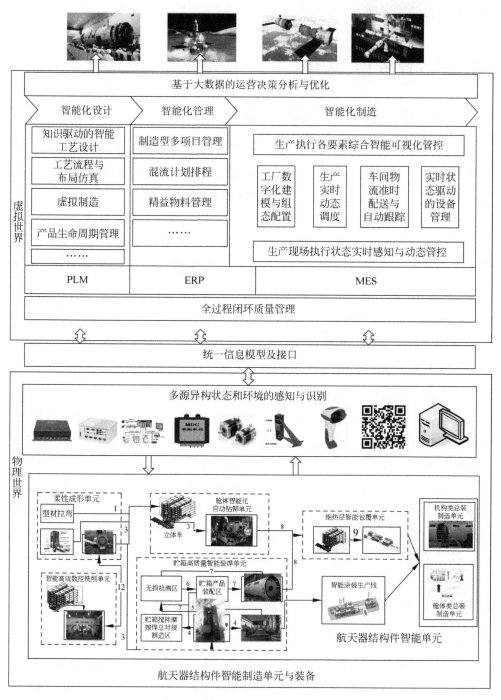

图 5-7　航天产品生产制造系统架构

　　构建快速响应、灵活柔性的航天器结构件智能制造模式,构建相互协调、交互、动态控制的一体化物理 - 信息融合制造车间。

- 基于虚拟仿真技术的智能制造车间系统总体规划。
- 以智能数控系统为重点的车间智能单元和生产线。
- 自主可控的智能管理系统。
- 实现虚实结合实时互动的 CPS。

5.2.1.3　航天智能制造总体思路

　　面向航天器结构件的生产和工艺流程特点,车间总体设计、工艺流程及布局数字化建模的总体技术路线是通过对车间物理空间和虚拟空间的虚实对应和融合、循环优化和提升,实现航天器结构件的智能车间总体设计和布局仿真,如图 5-8 所示。其中,在物理空间对人、机、料、法、环、测进行设计规划,实现信息流(互联网)、物料流(物联网)和业务流(务联网)的协

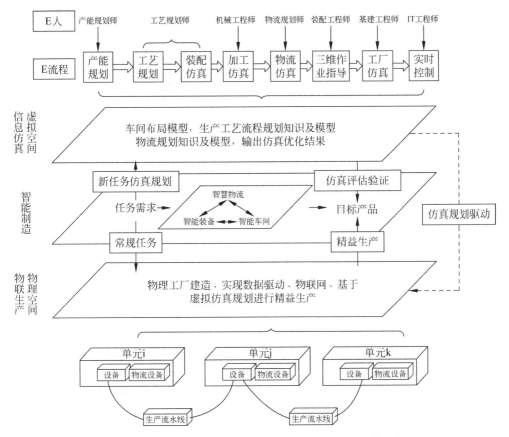

图 5-8　车间总体设计、工艺流程及布局数字化建模总体思路

同融合，基于智能装备、智慧物流构建智能车间，最终基于 CPS 实现智能制造。智能车间由若干智能生产单元构成，根据航天器结构件制造任务需求，进行工艺流程规划，由生产单元中的设备组合成所需要的生产线，实现面向任务的柔性布局方式。在软件平台上对物理空间中的人、机、料、环等设备资源进行建模，构建与物理车间一致的虚拟车间，对物理车间中的一切生产业务活动，基于虚拟车间进行规划、评估及验证。通过建模与仿真，降低车间和生产线从设计到实施转化中的不确定性，压缩和提前生产制造过程，通过建模和仿真提高航天器结构件智能制造系统的成功率和可靠性，缩短从设计到实施的转化时间，容易发现问题并及时调整，将制造成本降低到最小。

同时将 CPS 向上反馈的物流车间的真实数据，带入虚拟车间数字化模型中，实现制造执行过程的实时数据的三维可视化，形成从以虚拟车间指导物理车间的规划、布局，到将实时生产数据反馈虚拟车间，实现逆向反馈，并为进一步的优化提升提供基础数据。

- 通过对车间物理空间和虚拟空间的虚实对应和融合，实现工艺流程的循环优化和提升。
- 在虚拟空间对航天器结构件的智能车间开展总体设计和布局仿真。
- 在物理空间基于虚拟仿真规划和 CPS 进行精益生产。

5.2.2 航天结构件制造工业物联应用

在航天领域推进智能制造已是国家规划，航天关键结构件智能制造的基础是互联互通。体现在关键结构件生产过程中从原材料、设计、工艺、制造、装配到测试的横向集成以及从设备、生产线、车间到企业的纵向集成。智能制造，标准先行，航天结构件制造占整个航天制造比重的 70% 以上，为支持国家"十三五"航天发展规划,应建立航天结构件智能制造的关键应用标准——面向航天关键结构件制造的工业物联网应用标准和体系。

一是完善国家智能制造标准体系：根据国家智能制造标准化建设指南，项目建立的标准承上启下，以在制品物联标识为核心，将关键结构件制造过程的设计、设备、工艺等有机融合在一起，填补标准空白。

二是推进航天制造的智能制造落地：落实工业物联网技术在航天关键结构件智能制造中的应用，以提升制造效率、质量管控和关键结构件制品全生命周期追溯为目标，有巨大的实际应用价值。

三是有巨大的行业示范效果：依靠企业强大的标准制定实力、国内航天关键结构件制造的领头羊角色，率先展开关键结构件制造过程的工业物联标准化应用建设，引领中国航天智能制造标准体系建立，有着巨大的示范作用。

5.2.2.1　航天智能制造互联互通模型

航天智能制造总体效果：柔性、透明、可控、数字、智能。航天关键结构件制造装备与制造系统互联互通，主要体现在设备与系统的纵向集成，如图 5-9 所示。

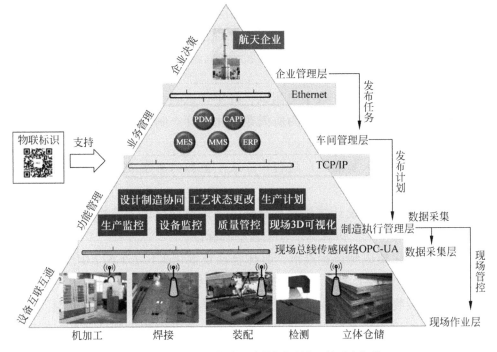

图 5-9　航天关键结构件制造装备与制造系统垂直集成

根据航天产品关键结构件的制造流程模拟制定出试验验证方案的制造车间布局图，该布局整合协同制造系统，连接生产过程环节的上下游建立航天关键结构件的工业物联体系。将关键结构件的制造过程简单分为 5 个加工工位：焊接、加工、设计、装配和测试。虚拟车间中还包括加工中心、立体仓库、物料、人工控制台、AGV 及其轨道。其结构件整体流程与标准验证关系如图 5-10 所示。

5.2.2.2　航天智能制造实施步骤

航天行业的智能制造相关标准多体现在集团级的标准体系的信息化专题中，覆盖术语符号、信息分类与编码、数据表达与交换、信息安全、数字化建模与定义、数字化预装配、数字化工艺、数字化加工、数字化制造执行、

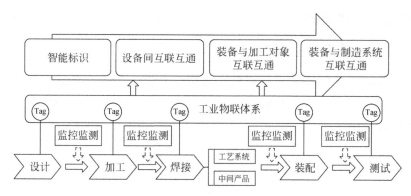

图 5-10　关键结构件加工流程与标准验证关系

制造仿真、数字化检验、数字化测试、数字化试验、产品数据管理、供应链管理、企业资源计划等方面，为航天数字化设计、制造和生产提供了标准化支撑。

目前在建设航天智能工厂进程中，从工艺和信息集成角度主要使用了如下标准：

（1）数字化工艺设计与仿真标准群，具体包括设计工艺协同标准、工艺设计与管理标准、工艺仿真标准、工艺基础标准；

（2）数字化集成制造标准群，具体包括数字化工厂/车间/生产线/单元建设标准、生产调度标准、物流管理标准、质量管理标准；

（3）工业物联标准：航天关键结构件制造的工业物联网参考模型、航天关键结构件制造过程智能标识通用要求、航天关键结构件制造装备间互联互通规范要求、航天关键结构件制造装备与加工对象互联互通技术框架、航天关键结构件制造装备与制造系统互联互通技术要求。

在航天产品智能制造新模式基础上，提出基于工业物联网的航天结构件制造体系，研究航天关键结构件制造过程中的装备间、装备与关键结构件加工对象间、装备与制造系统间的工业物联通用架构、技术要求、集成模型、互联互通与互操作等关键技术。在此基础上，自主制定《航天关键结构件制造的工业物联网参考模型研究》《航天关键结构件制造过程智能标识》《航天关键结构件制造装备间 M2M》《航天关键结构件制造装备与加工对象互联互通》《航天关键结构件制造装备与制造系统互联互通》等 5 项行业标准草案（图 5-11），建立适合中国航天关键结构件智能制造的工业物联标准体系。研制行业试验验证平台，在三家典型航天关键结构件制造企业展开现场应用验证与示范，并推广到整个行业。

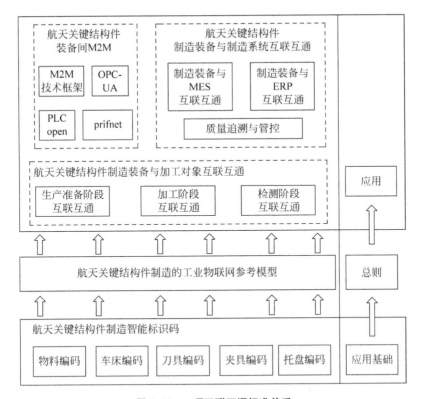

图 5-11 5 项互联互通标准关系

1. 航天关键结构件制造的工业物联网参考模型

以航天关键结构件为生产对象，整合并协同所涉及的上下游企业生产平台，此体系具有三层次的互联互通和系统集成，主要包括：

（1）基于 OPC-UA 的航天关键结构件制造装备间 M2M；

（2）采用智能物联标识，制造装备与加工对象集成与互联互通；

（3）制造装备与 ERP/PLM/MES 制造系统的纵向集成；

（4）工业物联在航天关键结构件制造过程中的应用。

2. 航天关键结构件制造过程智能标识

为实现现代航天的智能物联，首先要建立生产要素的智能标识（Tag）系统，它是在航天关键结构件制造过程中唯一标识，用来识别制造过程中的工艺信息、制造信息和位置信息。能够基于其对标记后的对象进行实时控制和管理，以及进行相关信息的获取、处理、传送与调用。

3. 航天关键结构件制造装备间 M2M 标准

航天关键结构件制造业的生产线集成对于互操作性的通信较其他行业更为

追切，这与航天制造业涉及了流程控制、批次控制、离散的机器控制以及 MES 的集成等有关，这些系统将会实现跨平台、多总线融合，这样会更好地获取数据并用于商业决策、远程维护与诊断等。使用 OPC-UA 将设备之间互联，是一种智能化与自动化的方法，可以更好更快地实现对于设备的实时监控，达到自动化控制，提升生产效率，使得航天生产车间达到一种智能车间的效果，提升生产效率，减少产品的废品率。基于机器到机器的通信，可满足实时数据的交互，如机器人与装配线的互联等，有着较高的实时性，基于总线的互联方式确保了可靠性与稳定性。使用高度融合的网络与通信互联，满足及时地采集、传输来自各个维度（水平、垂直、端 - 端）的数据交互需求，满足既有系统也包括未来的系统架构。"平台是关键"，依靠平台进行数据收集、数据分析、系统互通，是解决过去信息孤岛的关键。"数据是核心"，这里所指的数据既包含了原始数据，也包含经过数据分析、人工智能等处理的信息数据。"数据"在"连接"的基础上流动，通过"平台"进行互通，驱动着万物互联的物联网应用。

4．航天关键结构件制造装备与加工对象互联互通

航天关键结构件制造装备与加工对象之间的互联互通在智能物流与配送体系的基础上贯穿整个关键结构件制造全生命周期：设计、加工、热处理、焊接、装配、测试。在此过程中加工对象的形态会发生变化，但从一个形态变化到另一个形态的过程中，其基本信息、工艺信息等都会通过智能物流进行对接。在物联网之下，在生产车间的每个环节中，智能物流能准确准时地配送相应需要的工具与材料，及时进行加工制造。

物联标识智能识别：每块原料形状及其上喷印的多种物联标识，通过二维码识别系统进行智能识别，精确获取当前原料的标识。

装配工艺匹配：通过物联标识，自动进行装配工艺匹配，自动寻找当前装配工艺的要素、信息、设备等。同时通过物联识别技术，自动寻找相关部件位置、装配对齐特征等，设备与工艺自动匹配。

装配质量监控：对装配后部件，监控其变形、质量信息，根据工艺要求，自动判断加工质量等级。

物联信息集成：装配后获得的数据特征，自动添加到原料模型信息中，进行未来大数据分析准备，用来进行加工设备监控预测、板料加工质量追溯、结构件加工质量统计过程控制（statistical process control，SPC）。

5．航天关键结构件制造装备与制造系统互联互通

装备系统与制造系统，主要包括 ERP、PLM、MES、设计系统的互联互通，制造执行系统其中一方面是连接，也就是工业通信，这是工业控制中十分基础的一部分，没有工业通信就无法达到控制的目标。首先是设备的连接，其中包括使用现场总线将加工设备、物流设备、仓储设备有机地联系在一起；其次是设备与控制之间的联系，此处主要是控制层对设备层的影响，这是至关重要的一部分，只有实现了设备层各种现场总线的兼容，才能让控制层做出的控制有效地在设备层得到实现，因而两层之间的连接采用工业以太网的形式进行连接。最后是控制层与大数据平台进行数据的相互传输，鉴于工厂车间的实际情况采用工业以太网进行实现。另一方面是控制，这是通过现在工业领域主流的控制方法，即 PLC、DCS、PCS、信息采集等控制方法。

整个控制层主要实现对下层（设备层）的具体优化，提高下层运行的效率和安全性；对上层（车间层）的命令的响应，从而实现车间层乃至企业层对设备层的间接控制。首先是大数据平台从设备层获得大量的数据，经过数据智能分析决策后，经由企业层和车间层的人工审核，将得到的改进信息传递给工业控制系统，工业控制系统再对底层的设备进行自动化、精确化控制；同时工业控制系统会将控制过程中产生的数据反馈到大数据中心，进行进一步分析处理，从而实现智能制造下的智能车间的控制模块。

5.2.2.3 未来航天智能制造标准需求

航天智能制造标准整体提升数字化设计与制造协同一体化工作水平，一定程度上反映了以航天为代表的中国先进制造业在智能制造领域的技术水平和智能/数字化工厂建设经验，能对其他的制造能力转型提供良好的借鉴和启示作用，具有标杆示范效果。形成的标准草案，有助于为其上升为航天行业标准、国家标准，甚至是国际标准奠定标准基础。

目前在建设航天智能工厂过程中，智能制造相关标准起到了显著的作用：

（1）规范了工艺协同、工艺设计与仿真、生产制造过程管理等，提供了统一的要求；

（2）打通了纵向、横向、端到端的集成路径，实现了数据在总线中畅通运行。

航天智能制造着力打造敏捷制造能力和研制到批量生产的快速转换能力，大力推进生产现场设备的智能化和设备联网建设，实施生产全过程数据采集和状态监控，全面推进数字化生产单元、数字化车间和数字化工厂建设。建立智能制造技术验证中心和体验中心，进行大数据、物联网、信息物理系统、增材制造、工业机器人、人机智能交互设备等新技术的工程验证。

（1）国防军工企业安全标准需求，尤其是涉及无线网络使用；

（2）航天装备数控采集标准需求；

（3）航天智能工厂布局需求；

（4）航天设计制造协同需求；

（5）航天工业大数据需求，数据结构复杂。

5.3 蒙牛乳制品智能制造的探索与实践

5.3.1 蒙牛智能制造的基本情况

伴随乳业新时代的到来，"互联网+"和"制造强国战略"正在不断地推动着企业向前发展和变革，而在行业快速国际化的背景下，市场变化迅速，消费者需求差异性加剧，产品安全的诉求更为严格，产品研发周期缩短，产品服务的精准化、柔性化和智能化对企业提出了新的要求，同时在激烈的行业竞争中，成本管理也对企业提出了更为严峻的挑战，对于当前所面临的种种问题，结合蒙牛当前的智能管理基础，乳制品智能工厂的建设需求应运而生。

蒙牛智能制造实现4个层次的融合贯通：在管理层，应用 BI 进行科学的分析和决策；在战术层，应用 ERP-SAP 技术对企业的人、财、物等资源进行管理；在执行层，应用 MES 技术对生产、质量、设备、能源、物流等方面实现数字化管理；在采集层面，应用机器人、智能仪表、PLC、传感器等技术实现自动化生产。蒙牛智能制造的实施，将在现有智能化的基础上，打破信息孤岛，实现互联互通，建立智能化能源管控系统、自动化灌装、自动化包装、ERP 系统、智能化质量管控系统、智能化立体库等，从而提升生产效率、能源利用率，降低运营成本、产品不良品率和缩短产品研发周期，进而推动行业的整体建设，实现传统乳品行业向智能化转型。

5.3.2 蒙牛智能制造在智能制造系统架构中所处的位置

作为完全的流程型行业，蒙牛的智能制造完全符合流程型制造的所有特征，从收奶、净乳、调奶、巴杀（巴氏杀菌）、配料、定容、超高温瞬时灭菌、灌装、包装、码垛到入库，生产连续性强、流程固定。在蒙牛的智能制造中，系统对产品订单进行分析、转换、自动排产，通过集成和互通的各个系统协调配合，按需、按时、按量提供物料、原奶、质量检验计划、能源供应、仓储位置等，订单任务信息实时跟踪、能源消耗实时监控，生产更高效、过程更可靠、成本更明晰、管理更便捷。

蒙牛的智能制造基本涵盖了中国智能制造系统架构的所有内容。在生命周期维度，蒙牛智能制造系统涵盖了设计、生产、物流等方面，集成和打通了 PLM、MES、LIMS、EMS、WMS 等系统，实现产品设计、生产、追溯、能源管理、物流管理等全流程互联互通，实现透明化生产、一键式追溯、数据化管理。在系统层级维度，蒙牛智能制造涵盖了设备、控制、车间、企业等方面，实现了人、设备、系统的互联互通，达到状态感知、实时分析、自主决策和精准执行。在智能功能维度上，除新兴业态以外，蒙牛智能制造涵盖了资源要素、系统集成、互联互通和信息融合等方面，构建了蒙牛智能工厂云平台，实现了全流程的信息融合和互联互通。

5.3.3　蒙牛智能制造系统架构介绍

蒙牛的智能制造系统架构由计划层、执行层、控制层构成，计划层由 ERP、智慧供应链、PLM 等信息化管理系统构成；执行层由 MES 及其包括的生产管理、质量管理、设备管理、成本管理以及报表优化和系统集成的公用功能模块构成；控制层由生产设备组成，包括从原奶接收到牛奶加工、产品灌包装、成品仓储等自动化生产设备构成。通过 MES 平台深度融合自动化控制设备和信息化管理系统，ERP 接收到智慧供应链的生产任务，将生产计划下达到生产执行系统 MES，MES 经过自动排产优化后下达生产指令到控制层的生产设备，同时生产任务在 MES 的质量模块、设备管理模块、生产管理模块、成本管理模块生成生产方法与人员指令。控制层的设备按照 MES 生产指令执行生产，同时将生产执行过程中的生产状态与生产结果反馈给 MES，MES 再将生产结果返回到 ERP。完成一个生产任务的完整闭环管理。控制层、执行层和计划层的生产管理颗粒度各不相同，控制层以秒级自动采集生产数据并反馈给 MES，MES 以分钟级时间维度实时分析生产状态，做到精准管控生产进度和动态管控生产成本与产品质量；ERP 则从自然天的维度管理生产任务、成本、质量的完成情况。蒙牛智能制造系统架构如图 5-12 所示。

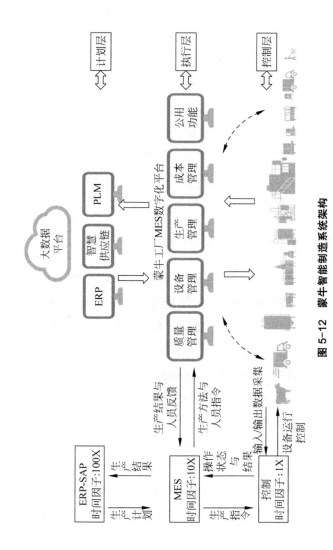

图 5-12 蒙牛智能制造系统架构

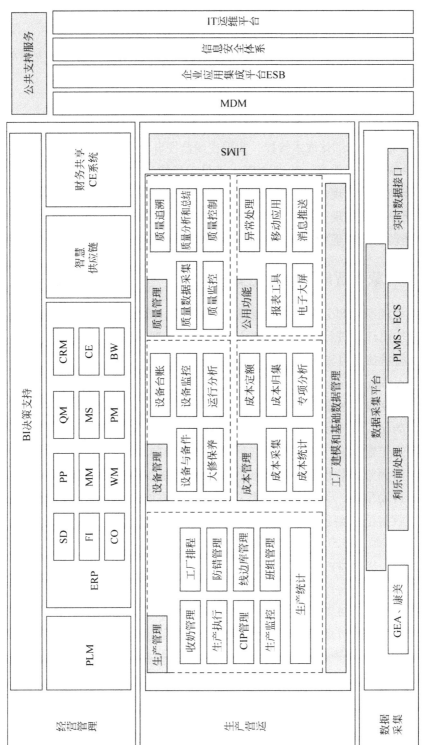

图 5-12（续）

5.3.4　蒙牛智能制造关键绩效指标

蒙牛通过推行智能制造，切切实实为企业带来了改变和收益，主要如下：
- 财务结账的速度提升 50%；
- 生产效率提升 20%；
- 全程数字化自动采集、监控，实现数据异常时及时预警；
- 系统化、精细化成本管控，实现在线监控自动核算，运营成本降低 20%；
- 系统化自动排产，快速响应、满足市场柔性化需求；
- 全产业链实现质量一键追溯；
- 质量检测实现自动化和信息化，产品不良品率降低 20% 以上；
- 能源管理实现智能化，能源利用率提升 10%。

5.3.5　蒙牛智能制造的主要特点

蒙牛智能制造以订单生命周期管理为核心，系统根据大数据分析并匹配最佳工厂按照订单进行生产。具体方案从以下五部分体现和实施：

（1）质量控制自动化：所有检验数据通过实验室信息管理系统（laboratory information management system，LIMS）集中管理，该系统将检验和质量控制有机结合，实现了质量控制自动化、检验流程标准化、检验记录无纸化、数据采集自动化，并持续优化中。应用物联网技术，依托 LIMS，以及终端二级追溯项目的实施，将打造全链条信息化的产品控制和追溯系统。

（2）能源管控智能化：能源管控系统以智能仪表完善能源三级计量和能源数据的自动采集、无线传输、数据存储、互联网技术等，将全国各生产工厂的能源数据汇总到能管中心平台进行展示和集中管理，实现对全国工厂的分区域、分品项、分产品的能耗成本计算、实时监控、自动统计分析功能开发，为节能挖潜、优化排产提供技术支持。

（3）产品研发智能化：引入产品生命周期管理（PLM）系统，该系统用于管理新产品需求、研发、测试与推广。

（4）制造过程自动化：引入制造执行系统（manufacturing execution system，MES），深度融合生产制造车间的自动化和信息化，实现制造过程的智能化和柔性化。

（5）物流智能化：在项目建设过程中，立体库全自动堆垛机、环穿小车和系统的关键工序设备均引入高自动化程度的装备，采用多种智能功能部件和统一的标准通信协议实现设备智能功能，配合仓库管理系统（warehouse management system，WMS）实现数据自动采集，部分设备实现与 WMS 的双向交互与控制；产品运输过程中对车辆的位置和产品温度进行全时监控；依靠物联网技术的应用，实现全国库房账务远程监控管理功能。

5.3.6 蒙牛智能制造实施步骤

蒙牛在实施智能制造之前，详细调查生产执行层、管理层和决策层的业务需求，将调查汇总的业务需求按照对成本、质量和效率的影响程度大小，并结合蒙牛卓越运营模式（MengNiu world class operation，MNWCO）进行梳理、提炼，进行优先级分析，从而确定了蒙牛实施智能制造的业务范畴。

确定智能制造业务范畴之后，蒙牛智能制造在控制层进行自动化升级改造。包括挤奶、收奶、杀菌、灌装、包装、码垛、出入库、物流和市场终端。每一个部分的自动化升级改造都纳入了蒙牛的智能制造蓝图中。

挤奶采用全自动机器人挤奶系统，其不同于传统挤奶方式，通过自动挤奶使牧场主摆脱了繁重而琐碎的常规挤奶事务；收奶、杀菌过程的自动化，通过 PLC 对所有泵和阀及单机控制，实现牛奶按工艺控制参数自动流转，达到牛奶杀菌的安全控制，实现产品追遡可查，同时设备运转参数自动记录，便于追溯；灌装、包装和码垛自动化包括灌装设备通过流量传感器自动检测稳定灌装流量，实现精准灌装系统和无菌灌装系统自动化；包装与装箱利用 PLC 控制系统和机器人全方位模仿人工为基础，实现自动开箱、装箱（机器人）、封箱、码垛等功能，提高生产效率，降低劳动强度。出入库的自动化方面集成了多轴机械手、AGV、RGV、空中悬挂、堆垛机、码型线、输送机、环形穿梭车等自动化立体仓库能够用到的 90% 以上的设备类型，提升产品出入库的速度和能力；物流自动化方面，引入了 GPS 对车辆的位置和温度变化等重要指标进行适时监控。市场终端方面，产品的包装盒采用二维码技术，通过手机终端等智能工具扫码，直接获取产品信息。

在建设生产设备控制层自动化升级的同时，在计划层（管理层）进行信息化建设，信息化建设主要由三大系统组成，即 PLM、ERP 和 MES，辅助以物流管理系统和生产自控系统。

应用 ERP 理念、方法和技术，建立以规范业务流程为基础、以财务为核心、一体化经营管理平台。

PLM 平台为企业提供可靠、开放和灵活的产品设计、协同、工作流和知识管理功能。

MES 实现数据的采集、处理、存储、利用和管理，形成具备生产管理（工作流管理）、称量配料管理、质量管控、物料与仓储管理、设备管理与设备效率、生产电子批记录和生产绩效评价。

通过将这些生产环节上先进的局部自动化和信息孤岛进行互联互通，也就是将市场需求通过计划部门转化成为采购供应计划、生产执行、物流运输的决策依据；同时对计划执行过程中的生产、供应、质量、设备、成本等要素进行管控和协调，处理计划变更，使生产能够高效、有序、低成本地运行。对整个过程中质量、效率、成本相关指标的执行情况进行汇总和分析，为管理层提供决策支持，整个过程实现无缝连接，这就达到了智能制造的目的。

5.3.7 乳制品智能制造标准化现状与需求

蒙牛在实施智能制造的过程中，总结和提炼良好实践，目前形成了三套智能制造标准草案，分别是：

1. 《智能化能源管控系统技术要求》

（1）计量仪表配备率及性能要求：仪表具备数据读取、数据记忆、数据远传等功能。

（2）数据采集正确性、实时性。

（3）远程控制的正确性：数据传输准确率、历史数据的完整性。

2. 《乳制品智能工厂车间运行管理要求》

根据智能乳制品工厂/车间的特点，要做到网络及通信畅通，能将生产过程 SCADA 采集数据与 MES 生产订单的数据互联互通，从而达到工厂/车间数据可按需追踪，同时要做到将 MES 数据与 ERP 系统数据交互，并通过 BI 进行报表分析，提供更精准的决策依据。

3. 《乳制品实验室信息化规范》

将 CNAS17025 实验室管理体系融入实验室信息化管理，从检验仪器连接、检测数据自动上传、原始记录电子化、检验报告自动生成、检验方法实时配置、质量控制计划自动实施等角度进行规范，形成乳制品实验室信息化系统建立、应用和管理的技术指导标准，全面解决实验室检测自动化和信息化应用标准的欠缺，提升实验室检测管控智能化水平，成为各行业检测实验室实现自动化和信息化的指导依据。

　　乳制品生产制造设备作为乳制品生产过程最核心和最复杂的关键设备，对乳制品的生产效率和质量起着至关重要的作用。作为一种对品质和时效性具有很高要求、市场需求量巨大的快速消费品，乳制品生产过程要求生产线尽量不停机，停机后也要快速恢复，以免影响产品的新鲜度从而造成质量缺陷和生产低效。然而，随着核心灌装设备的数量和复杂程度不断升级，传统的现场设备维护越来越难，维护成本不断增加。尤其是乳制品生产线一般靠近消费地，造成生产线遍布全国甚至全球各地，给设备的运行维护造成极大困难，难以及时发现设备故障并定位，不能快速诊断现场故障并做出智能决策等，导致乳制品的质量和生产效率难以提升，给企业的经营、发展带来诸多不确定因素。因此急需发展乳制品生产制造设备的远程运维和诊断技术及相关系列标准，通过一些预警或者预案处理，避免故障发生后的损失。通过建设远程运维服务平台，实现乳制品企业生产制造设备远程运维的流程化、标准化，以保障乳制品生产安全和效率。这一方面对于提升我国乳制品企业生产力和竞争力具有十分重要的意义，另一方面，在进行设备远程运维的过程中收集大量设备运转参数，为设备制造商的后续产品改进设计提供更多分析数据，提高我国乳制品关键设备的技术创新能力。

5.3.8　蒙牛智能制造的示范意义

　　蒙牛智能制造发展的经验和模式将为乳制品行业从传统制造，向数字化、自动化和智能化转型提供经验借鉴。

1．建立生态共赢圈，推动产业链升级

　　在行业快速发展的今天，企业的彼此依存度与日俱增，作为产业链的一环，很难独善其身，必须协同发展、共同进步。因此蒙牛的智能制造不是闭门造车，独自建设，而是与上下游合作单位建立了生态共赢圈，组建联合体，发挥各家所长，共同完成乳制品产业链上的智能化建设。

　　乳制品的前处理和灌装环节被国外先进厂商垄断，与国内产业链组成联合体，推广使用国产乳品包装设备，有利于推动实现乳品制造的完全自主知识产权的进程，树立标杆，填补空白，建立标准，引导行业的智能化建设。

2．对制造强国战略从模型到实践模式，从理论到实际，为行业提供可借鉴的经验

　　制造强国战略中将智能制造确立为"五大工程"之一，蒙牛智能制造的探索和实践得到了国家的认可，入围了工信部量化融合贯标企业、工信部智

能制造示范试点单位以及 2016 年智能制造综合标准化与新模式应用重点支持单位。蒙牛将以此为契机,根据国家智能制造发展规划及示范试点的统一部署,牵头制定好乳制品行业的智能制造标准,尽快形成乳制品领域成熟的智能制造发展经验和模式,积极进行经验总结和行业内交流,为乳制品行业推进智能制造发展提供经验借鉴。具体如下:

1)质量控制项目的市场分析和技术成果应用分析

本次研究的智能制造新模式突破传统制造模式,在现有信息化、数字化的基础上有大量新型创新举措,属于填补乳制品智能制造模式的空白,更加高效、更加贴合实际应用需求,具有较强的市场应用空间。

质量控制自动化的质量控制计划自动执行、质量标准自动判定功能,检验管理信息化的数据自动采集、电子原始记录、体系管理信息化功能,全链条质量追溯系统功能均是基于乳品企业的特点,量身定做的智能化质量管控新模式。本次研究成果可以直接复制应用于国内中、大型乳品企业,可借鉴于国内中、大型食品企业,可作为智能化制造标准的参照依据。

2)智能化能源管控系统的市场分析和技术成果应用分析

能源管控项目建成后实现了能源领域的自动化、数字化、信息化的融合作用,对轻工行业的能源管理起到示范作用,对轻工食品行业的传统管理方式带来很大的冲击作用,从而带动轻工行业的能源管理由传统的手工抄表、人工计算方式向自动化、数字化、信息化的方式转变,具有广阔的市场前景,并能起到很好的市场带动作用。

技术成果可以应用于以下几个方面:

(1)实现产品单吨能耗、单吨水耗,作为乳业的龙头企业,此数据可作为乳品企业能耗定额的制定依据,填补了乳品企业在这方面管理的一项空白。

(2)实现能源数据的自动采集、实时监测可有效发现能管设备在运行过程中出现的问题,可有效降低能源设备的运行费用。

(3)通过系统的能耗分析,可以发现能源管理中 10%~20% 的节能机会点,可有效降低企业的能源管理成本。

(4)能源数据的采集监测大大提高了数据的准确性,提高能源利用的透明度,可以直观地发现高耗能区域和高耗能设备,可以直接地计算出节能效果。

以上能耗、水耗指标的完成是基于同一个智能工厂相同产品、相同规模、相同产品结构和相同产量下进行的对比,即在具有可比性的相同条件下进行。

3)灌装自动化市场分析和技术成果应用分析

乳制品富含蛋白质、脂肪、糖类、矿物质、维生素及其他成分,所以它不仅是新生儿天然的全营养食品，也是男女老少理想的营养食物。由于我国幅员辽阔、地域差异大，对保鲜要求比较严格的牛奶来说，长距离分销就是必须解决的障碍，因此超洁净、高敏感性液态食品智能化高速生产线智能装备，是目前的一个主要发展方向。并可在常温下储运，是乳制品发展的必然趋势。

所以，国内乳品生产企业迫切需要具有能耗少、带有工业机器人、伺服和执行部件为代表的智能装置、性能稳定可靠的高端国产乳品成套生产装备。逐步以先进设备替换落后设备也是征战市场的必要手段。

4）智能立体库市场分析和技术成果应用

（1）立体库智能盘点分析和技术成果应用：蒙牛智能制造的远程智能盘点实现自动化立体仓库系统（AS/RS）各巷道远程自动盘点、系统自动调度设备以及无人工接触堆垛机盘点，提高盘点工作效率，实现产品种类、产品批次、产品数量智能识别；是立体库智能盘点最安全的管控模式。

（2）全程可视化订单到配送（order to delivery，OTD）物流管理系统上线分析和技术成果应用：蒙牛智能制造研究的全程可视化 OTD 物流管理系统应用，实时进行秒级数据传输、弯道自动修正、轨迹回放、获得精确的温度数据，准确知道每时每刻货箱内的变化，是冷链运输中最先进的管控模式。

5.3.9　下一步工作计划

下一步，蒙牛将进一步丰富、巩固和完善智能制造联合体，总结智能制造一期智能工厂的实施经验，综合分析、验证乳制品智能工厂的质量、成本、效率改善情况，稳步在蒙牛其他工厂推广，计划于 2020 年完成 8 个智能工厂建设。

在此基础上，蒙牛亦将承担行业领头羊的责任，加强与国家智能制造部门的合作，通过政、产、学、研、用规划，以企业推动行业的方法推动乳制品行业的整体自动化、信息化、智能化建设，为实现制造业升级的强国梦贡献力量。

5.4　运维服务案例

5.4.1　案例在智能制造系统架构中所处的位置

远程运维服务对传统设备运维服务是一种颠覆创新。从智能制造系统架构 3 个维度视角来分析，其所处的位置为：生命周期维度，从服务对象及业务内容角度分析，主要覆盖服务生命周期。系统层级维度，从信息纵向贯通，实现人、机、物等互联角度分析，覆盖设备、单元、车间、企业、协同全部 5 个层级（图 1-1）。智能特征维度，覆盖全层级，即覆盖资源要素、互联互通、融合共享、系统集成、新兴业态各层级。

5.4.2　智能制造案例基本情况

本案例以设备远程运维平台为基础，以物联网、大数据、人工智能等先进技术应用为手段，以智能诊断、寿命预测模型为关键，以"区域化 + 专业化"系统解决方案为核心和落地载体，实现对设备的"感知 - 认知 - 唤醒"，为用户提供集"信息互联、智能管理、智能决策、远程服务"为一体的设备远程运维服务。案例聚焦钢铁行业远程运维服务，构建设备物联服务载体，实现"设备与设备、设备与人"的连接，精确掌握用户设备服务需求；以设备云服务为驱动，串联生命周期各环节，形成系列具有生命力的定制化系统解决方案，实现"产品与用户"的精准对接；借力"互联网 +"，构建设备共享服务载体，实现"企业与企业"的连接，推动线上与线下服务的有机融合，实现设备专业化服务力量与属地化服务力量的高效互动，形成多基地设备服务智慧共享最佳实践，奠定泛工业领域设备服务智慧共享基础。

5.4.3　智能制造系统架构介绍

实现设备全生命周期远程运维服务，必须集中汇聚各类设备运行数据、管理过程数据，集成应用工业大数据分析、智能化软件、工业互联网等技术，优化一系列过程决策机制，建设面向设备全生命周期的远程运维平台，才能提供智能装备（产品）远程操控、健康状况监测、设备维护方案制定与执行、最优使用方案推送、创新应用开放等服务，实现运维模式的转型。设备全生命周期的远程运维平台通过确定主要设备类别的状态数据采集策略，集成多专业融合的在线数据采集系统，汇集离线精密诊断结果，改进设备运维模式，利用基于模型预警、大数据分析及智能诊断机制的综合诊断系统，为用户推送状态判断结论和处理方案，确立基于各类数据智能判断的运维业务决策机制，建立设备运维新流程，实现状态诊断结果的应用、评价及知识积累，提高设备故障控制能力、提升劳动生产效率、降低设备综合维修成本，推动向状态预知维修策略的转变。总体架构如图 5-13 所示。

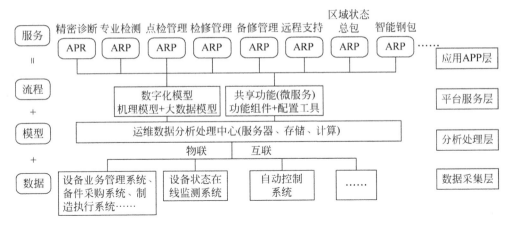

图 5-13 远程运维平台总体框架

总体架构由数据采集层、分析处理层（IaaS）、平台服务层（PaaS）和应用 APP 层构成，各层面的主要组成与功能如下：

1. 数据采集层

数据采集层主要是通过物联及互联技术获取设备状态运行数据及其他相关数据，主要是连接各生产区域的设备状态在线监测诊断系统、离线精密诊断系统和自动控制系统等，采集设备运行状态数据及相关的工艺过程数据。此外，还建立与相关业务系统的数据交换通道，如备件采购供应、质量一贯管理等系统，获取相关的业务管理过程的数据，为设备状态、生产过程或产品质量给出报警、指导、分析结果等功能创造条件。

2. 分析处理层

分析处理层主要以运维数据分析处理中心为基础，针对工艺参数和设备运行数据，多源时域、频域数据融合分析，对设备状态进行及时决策，为设备状态智能诊断、综合诊断的数据分析提供技术支持，从而实现故障的准确预报和精确定位。

该中心存储并处理来自数据采集层、平台服务层的各区域服务器及相关专业业务服务器等的数据，负责对与设备状态相关的各类数据进行存储、计算、分析、运行各类算法，得出对应的分析结果，并为业务应用模块提供各种数据支持。业务应用能够根据分析结果以报表、图表等各类展现形式进行对外展现，从而支撑管理部门达到设备健康运行、故障提前发现处理、降低维护成本的目的。主要的功能架构如图 5-14 所示。

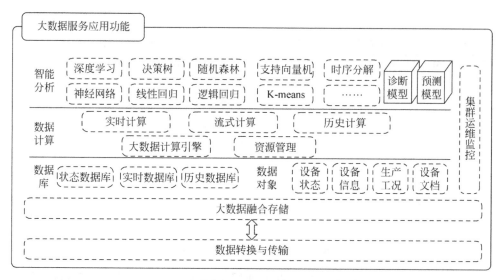

图 5-14 运维数据分析处理中心功能架构

注：K-means：K 均值聚类算法。

3. 平台服务层

平台服务层主要由平台共享功能组件和数字化模型组成。

平台共享功能组件是以设备远程运维为目标，实现设备状态信息与相关工艺过程信息相关联，形成包含智能模型判断、专家知识决策和业务流程管控等要素、贯穿于运维全过程的服务功能组件，并采用微服务的架构，达到技术领先、易于使用、灵活配置、快速实施、开放可扩展的要求。功能组件的组成如图 5-15 所示。

平台服务层还可配置数字化模型，实现设备状态的智能判断。数字化模型分为基于机理的模型和基于大数据分析的模型。机理模型包括如风机、泵、齿轮箱等机电设备常见故障（轴承、齿轮、转子等）智能诊断模型，采用人工智能手段，实现故障特征的智能化处理，自动给出故障的部位和程度，触发相关的检修项目（计划）生成实施。大数据模型是在实现设备状态、故障履历、检修履历数据聚合的基础上，采用大数据并行计算系统对大规模设备数据进行预处理工作。进而采用大数据智能算法（包括人工神经网络，支持向量机、深度学习等）对数据进行训练从而建立数据驱动的故障预警模型，对实时状态数据进行自动判别。

4. 应用 APP 层

应用 APP 层主要是结合针对各种设备、采用不同形式的运维需求，通过平台软硬件资源的调用组合与配置，形成满足应用功能、管控流程的定制应用，

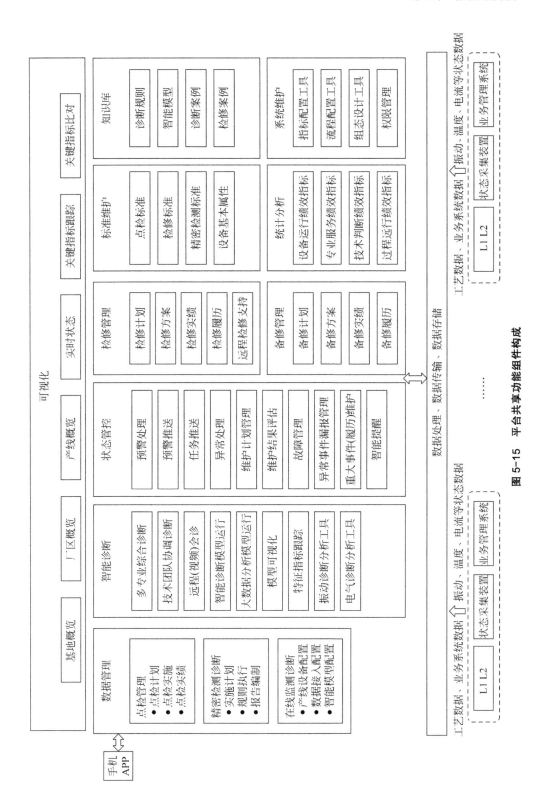

图 5-15　平台共享功能组件构成

如异常状态的实时报警、按需推送目标用户；面向重点设备类别实现智能诊断；提供分析工具和工作平台聚集多领域的技术人员协同诊断，为现场提供故障隐患的处理方案；基于智能模型和综合诊断，完成异常预警、诊断、处理、反馈的闭环，并完成运维知识的积累，提升设备运维智能化水平等。

5．主要工作流程

围绕远程运维的总需求，打通数据采集、专业分析、智能诊断、状态决策、方案推送、检修维护和效果验证评价的完整流程。各个环节的技术、管理人员能够共享数据、协同诊断，形成设备维护的最优解决方案，利用可视化技术及移动互联技术，以网络、移动平台等多种途径将信息主动推送到各层级不同类型的用户。设备维护人员依据各类解决方案和建议，在设备运行现场实施维护处理事项完毕后，利用整改实绩反馈功能，将实施结果及评价信息进行反馈，完成设备状态异常事件处理管控的闭环，达到设备最优维护的目的。典型工作流程如图 5-16 所示。

5.4.4　智能制造关键绩效指标

面向设备远程运维服务是串联设备全生命周期管理、实现设备管理变革的载体，它将推动定点检修向智能运维的转变，使得基于状态决策的维修越来越多，基于周期计划的定修逐渐减少，设备突发故障趋向于零。

远程运维系统的关键绩效指标分管理绩效和技术能力两方面。

（1）管理绩效主要指标如下：

维修成本降低 15%；

突发故障时间降低 20%；

工作效率提升 20%；

基于状态的维修准确率大于 80%。

（2）技术能力主要指标如下：

系统运行可靠性 99.9%；

设备异常预警率 99.9%；

异常预警可靠性 85%；

故障智能判定模型准确率 85%。

以宝钢应用实践为例，将宝山基地 2050 热轧厂层流辊道区域、炼铁（炼钢）单元大型风机（泵）、湛江基地 2250 热轧等 500 余台关键设备纳入远程运维平台，实现了维修成本降低 15%、突发故障时间降低 20%、工作效率提

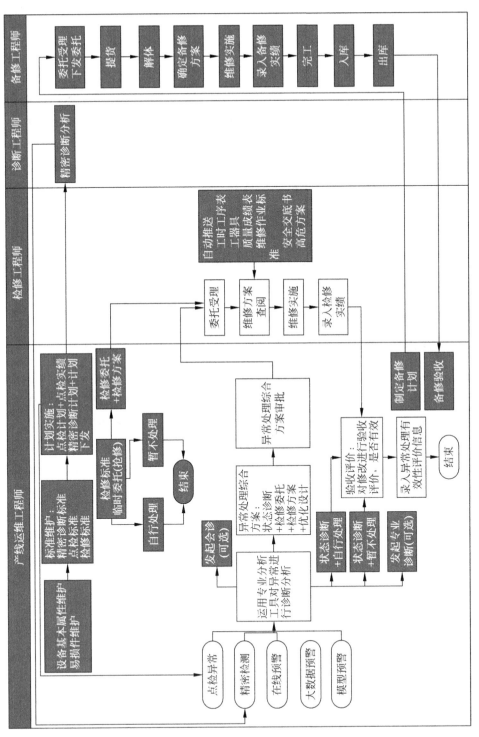

图 5-16　远程运维典型工作流程图

升 20% 的目标，因设备状态发起的维修占定修作业的 40% 以上，基于状态的维修准确率大于 85%。

5.4.5 案例特点

设备全生命周期远程运维服务通过构建设备远程运维数据中心、远程运维平台服务中心，集成应用基于工业互联网、大数据分析及模型技术的智能管控，建成功能完整的、符合工业网络信息安全架构、跨设备运行全生命周期的设备远程运维平台，贯通远程运维的业务环节，全面获取设备运行全生命周期过程数据，具备远程操控、健康状况监测、设备维护、产品溯源、质量控制等功能，形成了替代（以人工为主导的）常规运维模式的设备远程运维新模式，其主要特点如下：

（1）改变了传统的设备状态人工点检模式。远程运维通过部署大量的在线信号采集系统对关键状态量信息进行采集，在线系统可以 24 小时不间断地高质量采集数据，同时系统可以部署在恶劣环境中，大大丰富数据的来源、提升数据的实时性和频度，为大数据分析打下了良好的基础。

（2）降低了点检人员劳动强度。钢铁行业现场环境恶劣、地域广阔、分布分散，点检人员在各个状态受控点人工采集数据，工作强度非常大，人身安全时刻受到威胁。远程智能运维系统建立后，数据采集任务由在线信号采集系统承担，点检人员仅需进行应急处置，降低了劳动强度，保证了人身安全。

（3）提高了设备状态的把控能力。极大地提高了检测的时效性、准确性并实现自动报警保护及故障诊断。在线系统采集的实时数据可以随时反映出设备的当前状态。当设备发生故障时，采集的数据超过报警值后系统就会自动报警，并可以根据程序设定实现自动停机，减少故障损失的范围。同时系统记录的故障发生前后的技术数据可以用于故障诊断，确定故障点，推断故障发生的原因。

（4）改变了传统运维的计划维修模式。设备状态预测和提前预知是建立在大数据分析的基础上的。传统运维无法积累分析大量的数据，因此根本不可能实现这些高级别的功能。而远程智能运维系统可以通过建立分析模型、预警模型，对收集的大量数据进行分析，实现设备状态的预测和预知维修。

（5）提高了人员效率和设备效率。运维管理的要素有人员、操作规范、作业规程、安全管理、工器具、维修配件等。在传统运维中没有技术手段实现对以上要素的全面有效管理。远程运维就提供了实现这种全面管理的能力，其核心是关键设备全生命周期管理。利用数据分析实现了对关键设备从设计、生产、物流、销售、服务到再制造改进整个业务流程所有环节的精确运行管理，并可以不断改进提高。

（6）提升我国流程行业设备整体运维水平。钢铁行业设备大型复杂、工艺连续不可逆，在流程行业中具有广泛的参考性；且钢铁行业同时拥有化工、电力等行业专属设备，也是泛工业的典型代表。面向设备全生命周期远程运维服务形成的管理理念、管理方式、系统架构、技术手段、业务模式、工作流程不仅适用于钢铁行业，同时可向整个流程行业推广应用，以快速提升我国流程行业整体运维水平。

5.4.6 智能制造实施步骤

5.4.6.1 远程运维现状调研

（1）调研目标用户设备运维情况。如针对设备运维存在的数据采集、诊断分析、设备状态、劳动效率、业务流程、作业方式、管控手段等难点、痛点问题。

（2）调研并选择远程运维目标对象。如产线设备、单体设备等。

（3）调研企业信息化、自动化、网络化、数字化、智能化程度，以及人工智能、大数据、云计算应用基础等。

（4）调研企业设备运维方式。如事后维护、预防维护、生产维护、全面生产维护、预测维护、基于状态的维护等。

5.4.6.2 远程运维策划

1. 远程运维思路

以设备远程运维平台为基础，以物联网、大数据、人工智能等先进技术应用为手段，以智能诊断、寿命预测模型为关键，以"区域化＋专业化"系统解决方案为核心和落地载体，实现对设备的"感知－认知－唤醒"，为用户提供集"信息互联、智能管理、智能决策、远程服务"为一体的设备远程智能运维服务（图5-17）。

2. 远程运维实施路径

1）设备远程运维平台实施路径

广泛整合多渠道数据，构建开放式数据中心：

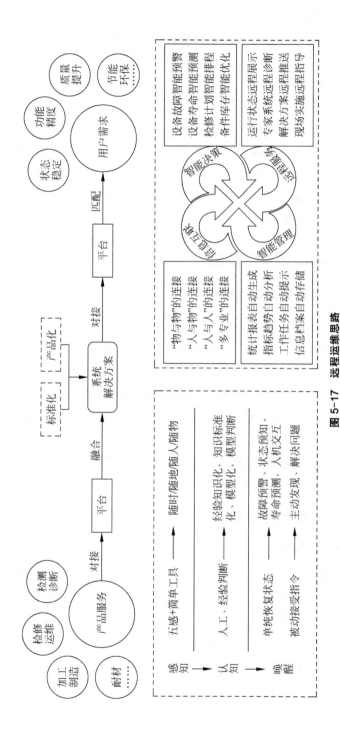

图 5-17 远程运维思路

（1）持续收集、积累数据导入，构建长周期数据链，形成设备云数据基础，为后续模型的开发和验证奠定基础。

（2）以现有在线系统和离线采集机制为基础，构建可快速复制的在线 / 离线数据采集网络，不断增加网络覆盖面。

（3）与设备制造厂商及专业厂商合作，实现设备原始设计制造数据化、可视化后导入设备云。

（4）建立工艺数据与设备状态数据的实时关联比对机制，为后续探索生产工艺与设备状态的相互关系打好基础。

构建智能专家系统，形成系列设备智能诊断模型：

（1）以多年积累经验为基础，结合各类导入数据，构建智能专家系统，形成各类设备智能诊断模型。

（2）与专业设备设计制造厂协作，发挥其工艺技术优势，不断优化和完善专家系统及诊断模型。

（3）与生产工艺方协同，探索和研究生产工艺与设备状态的相互影响，逐步形成智能诊断模型与生产工艺参数之间的匹配。

（4）以实际应用为手段，不断积累数据样本，推动诊断模型从故障诊断逐步向寿命预测拓展。

由点至线至面逐步形成设备云服务能力和覆盖网络：

（1）推广在线监控系统应用，不断延伸和拓展数据渠道，重点覆盖宝钢股份四座山，消除数据信息孤岛，形成稳定的数据来源和数据积累。

（2）以环保除尘、电机、齿轮箱、轴承、高压开关柜等影响区域设备状态的关键设备为突破，建立联合攻关团队，开展能力建设，并试点验证。

（3）以一类设备试点成功为基础，快速向同类产线的同类设备推广应用，并总结成功的经验、方法和思路，不断向其他种类设备延伸。

（4）通过"点"上服务能力的不断积累，逐步形成对线、对面的能力覆盖，并通过复制推广至泛工业领域，形成全面智能服务网络。

2）"区域化 + 专业化"系统解决方案实施路径

区域化解决方案：

（1）聚焦区域核心关键设备，形成系列智能在线监测诊断系统，实现随时、随地、随人、随物的设备状态智能管控，打破区域状态提升瓶颈。

（2）构建区域设备健康智能管理系统，打通区域设备状态服务环节与服务流程，实现对传统设备状态服务的智能化升级。

（3）向同类区域快速复制推广，发挥规模效应，并以现有试点区域为基础，不断扩大试点范围，从机组到产线，从产线到工厂。以设备云服务为先导，以园区服务为主要突破口，从工厂到园区，加速跨行业推广。

专业化解决方案：

（1）聚焦影响产线状态的核心关键设备，与专业厂商深度合作，拓展形成系列解决方案产品群，在细分领域内形成核心竞争力。

（2）聚焦影响用户产品质量的关键系统和关键消耗性备件，专注绿色、经济、长寿技术产品研发，形成系列解决方案，助推用户产品质量提升，扩大市场占有率。

5.4.6.3　系统集成

以形成基于设备远程运维新技术的工业技术服务新模式，助推流程工业企业智能制造战略的快速实施为目标，建成功能完整的、符合工业网络信息安全架构、跨设备运行全生命周期的设备远程运维平台，贯通远程运维的业务环节，全面获取设备运行全生命周期过程数据，具备远程操控、健康状况监测、设备维护、产品溯源、质量控制等功能，支撑运维模式的转型发展。

1.　构建设备远程运维数据中心，实现多态异构数据的融合、存储、计算、传输等管理功能

设备远程运维中心建设包括数据采集和分发服务器、网络、服务器集群、大数据融合存储设备以及基于这些硬件设备的软件系统。软件系统包括数据采集模块、大数据融合存储模块、数据分发模块、数据库模块、数据计算模块、集群运维监控模块。其主要技术特点是：

（1）利用超融合存储技术，实现海量设备运维数据的收集和持久化存储。数据存储规模 2PB，据初步测算，可以存储 20 条产线以上规模的所有设备 3 年以上的设备运维的各类过程数据。

（2）利用高速并行计算，实现海量数据的运算，高速运算诊断模型，快速分析决策设备异常。

（3）利用大数据的持久存储及高速计算处理能力，为设备运维智能管控提供数据清洗、机器学习、深度学习、人工智能等手段。

（4）高效、可靠数据传输：重传多备份避免数据丢失，针对设备运维数据特点优化数据传输过程。

（5）多种数据库并行，提供对结构化、非结构化数据以及传感器数据的实时及历史数据管理。对不同类型的数据根据其使用特点采用不同的数据库技术。

2. 开发远程运维平台服务中心，具备贯通健康诊断、状态维护、解决方案推送等主要业务环节的跨全生命周期运维业务管控的应用功能组件

以实现设备远程（智能）运维为目标，充分挖掘各业务环节的需求，通过设备与设备互联、技术与管理相融合等途径，实施设备运行全生命周期数据的采集与管理，开发基于智能模型判断、专家知识决策和业务流程管控于一体的服务中心（智能管控）应用系统软件。主要功能组件有：

（1）状态预警：根据设置的各类预警模型、规则，监测诊断系统自动给出预警信息，设备管理人员根据预警提示，做出相应的处理措施，避免劣化加速或突发故障的发生。

（2）综合诊断：面向各级技术人员，根据预警模型或趋势分析的结果提示，结合各专业诊断的结果及历史故障、检修等信息，利用专业分析工具及知识库信息，分析判断异常原因、确定治理措施等。本模块中设置业务实施控制流程，确保诊断过程的规范进行。

（3）状态维护：根据监测诊断的结果，确定检修维护的时机和内容，并执行检修计划，反馈检修实绩，验证检修效果。

（4）管理优化：分析各类管理业务过程中产生积累的数据，对涉及产线运维的各类规则、模型（如备件存储模型、检修模型、状态预警、诊断模型等）进行优化，改善产线运行绩效。

（5）状态结果展示：本模块通过在网页端显示并以图表的方式展示数据分析的过程和结果。数据分析展示模块具有以下功能：资源状态展示、数据训练操作、机器学习算法应用配置、数据分析结果推送。

资源状态展示是将数据分析可用资源的状态在网页端展示。数据训练操作是将数据分析的基本过程以可视化的方式展示给用户。机器学习算法应用配置是选择将某种算法应用到某个设备上。数据分析结果推送是将数据分析的报警结果推送给业务系统，便于业务人员确认和处理。

（6）移动应用：移动应用模块主要结合远程运维的管控要求，形成预警推送、远程诊断、远程运维管控等云服务功能，方便用户能随时、随地地获得云服务功能。

（7）知识库：知识库模块主要是结合验证过程，积累设备状态诊断、运维实施的成功案例，提炼形成远程运维的知识条目，在后续的诊断、运维过程中提供提示、指导，还能够结合现场运维中的关键要素，进行知识条目的查询，帮助做出正确决策。

（8）信息安全：信息安全模块负责设备状态智能诊断系统的信息安全，通过对用户进行管理授权来使用本软件系统。这个模块包含用户管理功能、访问控制功能、数据安全以及日志安全功能。

3. 基于工业互联网、大数据分析及模型技术的智能管控能力建设

（1）完成大数据分析应用软件及相关环境的开发。

采用先进的大数据引擎为设备远程（智能）运维等提供大数据计算支持。按照业务的智能分析需求通过不同的计算模块对数据进行计算和梳理。智能计算提供的计算能力包括实时计算（如实时监控设备是否有异常）、流式计算（如针对温度的时间序列数据进行趋势分析计算）、离线计算（如大规模历史数据统计计算）3个部分。

智能分析采用各类人工智能、机器学习的算法为远程运维平台健康诊断、状态维护等业务提供智能分析支持。本软件支持的智能算法有支持向量、神经网络、深度学习、增强学习、数据降维、信号分析等。

（2）针对典型机电设备类别（流体机械、齿轮传动设备、电机）研究开发智能诊断模型及 APP，具备目标对象设备常见易发故障的智能判断和健康状态评价能力。

针对风机、齿轮箱、轴承等设备振动量、温度量开发自适应监测预警模型，连续估计监测参量在特征空间中的分布区域，对监测参数与特征空间的相对距离设置报警阈值，判断是否出现异常，透过众多特征值历史趋势，观察振动信号的多元变化，基于统计算法或专家经验，以设备行为相关的诊断法则，建立多维的诊断基准（baseline）与警报设定。

利用故障特征频率、包络特征、无量纲指标等特征参数，开发风机、齿轮箱等设备典型故障识别、分类和规则匹配诊断算法，实现自动故障诊断。

（3）选择流程工业典型产线开发智能检修模型，根据运维过程中各类信息的分析，生成动态自适应的检修模型。

能够智能自动匹配检索历史相近运维项目，根据工单智能匹配人力模型相近工器具配置信息，实现工单管理与人事管理互联互融；根据人事管理信息智能匹配、智能选择推荐在岗人员，实现区域资源管理实时联动，提升服务效率。根据一定时间段（定、年修期间）内，智能编排定修、年修生产模型报表，并智能匹配人事管理系统对人力资源缺口预报警，同时向检修生产管理部门推送最优化检修生产组织模式（人力、物力、工期）。

4．以流程工业典型产线为对象开展示范应用，构建设备远程运维服务的新模式

（1）确定流程工业企业典型产线，进行设备远程运维模式的示范运行，检验各项功能性能指标的实现，达到业务过程优化、运行质量可控的目标。

选定钢铁生产流程中的重要产线作为示范应用对象，构建在线监测诊断系统，通过设备工艺、结构特点分析以及设备故障发生统计，选定重要设备增设振动、温度等监测装置及运行精度检测装置等，打通与 PLC 控制系统通信通道等手段，多方位获取监测对象的运行过程数据，同时开发与设备资产管理系统、L2 过程控制系统、质量控制系统等周边系统的接口，进行相关数据的采集和匹配，传送运维平台进行综合判断后，向各级操作、管理人员发出故障隐患预警，提示故障类型与程度，以利于状态维护人员及时做出应对措施。

（2）完成远程运维的体系建设，制定新型运行服务模式，建立远程运维服务的机制。

基于设备远程运维平台，智能分析提供某生产区域整体系统解决方案，根据设备状态、备件、物料等信息，智能配置整体设备管理人力及检修人力资源，通过与用户方效益分享应用机制，实施设备状态总包模式，打造由"项目负责"转向"状态负责"的专业化服务，共享"状态稳定、费用受控、效率提升"的双赢成果，实现运维业务向设备管理上游衍生。

5.4.6.4　应用实践

基于热轧厂卷运区域设备状态远程运维平台应用：

随着钢铁行业"冰河期"状态的日趋严峻，以及宝钢主体产线投入运行数年后设备状态"衰变期"逐步来临，传统的业务分块委托、专业独立实施的设备保障模式，已逐渐无法满足主业生产对设备"状态稳定""费用受控""效率提升"的管理要求。

2050 热轧卷运区域以能力为基础、以服务为牵引，通过联动内外部资源等路径，以远程运维平台为媒介，通过"1+1+1>3"的运作模式，即以点检为中心，集检修、检测、制造为一体的设备智能运维管理，共同搭建设备管理与状态保障深度融合的共建平台，围绕"智能应用""模式创新""服务升级"三大工作主题，形成并输出可复制的设备状态管理创新模式，打造"状态负责一揽子解决方案"的专业化服务品牌。

平台服务模式如图 5-18 所示。

图 5-18　平台服务模式

　　运维平台将点检标准、技术标准、作业标准等收纳进来转化成日常点检计划性工作的自动生成，并通过设备在线实时数据采集实现设备状态实时监控。随着故障模型和专家诊断系统的不断完善、系统的不断优化以及技术的不断升级，逐步实现从巡检异常和系统异常提醒双重预警过渡到由大数据分析进行异常推送预警，最大程度地降低运行人员的负荷和点检人员的数量；提高产线的运作效率，利用智能诊断模式进行快速的故障判定与维修，避免错误降低故障时间，利用智能化的设备改造来变定期检验为状态维修，延长设备的使用寿命，降低故障率和维修费用，提升了整体效益，达到双赢效应。

5.4.6.5　智能制造标准化现状与需求

　　典型流程行业如钢铁、石化等，通过信息化和工业化的高层次的深度融合，已构建了部分设备健康状态网络化监测诊断的信息平台，初步实现了设备与设备、设备与产品、虚拟与现实的装备运行信息的有效互联，部分实现了远程监测、诊断和关键部件状态决策服务支持，综合利用了生产厂与运维企业的运维信息，有效提升了二者的专家、维修和备件资源的利用效率。然而，面向设备的远程运维仍面临诸多的困难和问题，主要表现在如下几方面：

　　（1）底层监测设备的形式呈现多样化，数据格式不统一，无规范输出接口，数据通用性、复用性差；

　　（2）状态的表征数据不统一，不同的系统选取的表征数据均不相同，一些关键参数被忽略，造成监测的状态不能体现设备的实际工作情况；

　　（3）数据存储缺乏有效的策略与标准，无法建立有效的数据存储机制和采集机制，常出现设备关键数据未捕捉上，关键故障数据压缩失真严重，无法获取高密度、高保真的原始数据等问题；

（4）数据利用率较低，因不同算法差异会出现较大偏差，无法对不同平台采集到的数据特征值进行对比分析；

（5）缺乏面向设备的服务平台系统构架，监测诊断健康管理、维修检修管理、备件预测供应等业务均独立应用，缺乏必要的数据联系与信息交互通道，无统一的服务产业链协同管理平台，服务规范性有待提升；

（6）缺乏服务业务数据挖掘手段与技术，对大量业务数据及实时数据应用方法缺乏，亟需远程运维模式下的大数据管理、挖掘平台支持。

因此，针对上述问题，需要开展如下相关工作：

（1）需要从远程运维标准框架、系统建设、设备状态监测与诊断、设备运维智能管控、控制与优化和通用规范等方面构建设备远程运维平台标准及规范体系。需研发面向设备远程运维的工业大数据分析支持平台，建立适用于工业大数据分析的相关规范。

（2）需要构建设备运维服务模型，建立适用于流程行业的远程运维服务标准体系，分别从状态数据规范、监测诊断处理规范、全生命周期维护服务规范等方面来构建标准以解决当前装备运维服务所面临的问题。

（3）需要以在线监控为核心，运用物联传感技术，依据数学模型分析，通过对设备运行实时数据进行分析，得出设备（部件）实际运行生命周期，提前做出故障预判，起到减少突发故障停机时间、降低备品备件成本，并实现从单体最优到全程管控的转变，即对设备从需求、设计、选型、生产、监控、维修到报废进行全过程跟踪监管，发挥资源的最大价值。

（4）需要利用工业互联网、大数据分析、云计算等新技术，优化各类决策机制，促进设备维修从被动处理到主动管控、从单一数据专项分析到大数据综合分析、从基于经验的预防性维修到基于数据的预测性维修、从单纯反馈设备状态到提供整体解决方案的 4 个转变，从而实现以设备状态可视、可预测及维护方案最优化为特点的设备远程运维模式。

5.4.6.6 智能制造示范意义

在智能制造的进程中，以万物互联、可感知、可诊断、可预测、可精准恢复、可自适应调整等为特征的设备远程运维将是工业企业实现智慧制造的基础和重要组成。因此，示范应用具有以下重要意义：

（1）通过示范应用，将设备运维经验和互联网技术相结合，实现流程工业整个设备系统的远程运维解决方案，并通过提炼和总结形成一套有指导意义的实施标准规范。

（2）通过示范应用，对设备远程运维系统架构规范、设备状态表征参数规范、设备故障识别及状态预测规范、设备预测性维护规范等所形成的思路、方法和手段，可为设备远程运维推广与应用提供借鉴和参考。

（3）通过示范应用，指导企业开展远程运维和预测性维护系统建设与管理，通过对设备的状态远程监测和健康诊断，实现对复杂系统快速、及时、准确诊断和维护，进而基于采集到的设备运行数据，全面分析设备现场实际使用运行状况，从而为设备设计及制造工艺改进等后续产品的持续优化提供支撑。

5.4.6.7　下一步工作计划

上海宝钢工业技术服务有限公司的远程运维平台及服务模式创新还只是刚起航，下一步将围绕远程运维需求在场景化、智能化和标准化方面进一步优化与升级，实现全生命周期远程运维新流程贯通，实现维修智能决策机制。

1．远程智能运维平台功能持续迭代升级

在具备数据采集处理、健康状况监测、设备状态智能预警、自动诊断及检修维护项目推送的基础上，对系统进行持续迭代升级，实现全生命周期远程运维新流程贯通；进一步增强及优化以"大数据分析"和"智能诊断模型"为核心的智慧功能，自动给出产线定修、年修模型优化设置方案。同时智能自动匹配检索历史相近运维项目实绩，根据检修计划清单智能匹配人力模型，根据检修项目标准智能匹配检修方案，包括推送工器具配置信息，实现检修人力、工具、吊运资源的优化推送，实现区域资源管理实时联动，提升服务效率。通过剩余寿命预测、故障稳定期预测、裂纹扩展的监测等技术，实现对典型部件（转子、轴承、齿轮）剩余寿命的准确预测，从而给出备件决策机制，推送备件订购、调整、借用等优化方案，降低资金占用。

2．远程智能运维平台功能场景化完善

现场维修人员通过特制装备（智能眼镜、智能头盔）查看相应设备采集的实时数据、设备图纸、指导视频与文档，录制实际检修过程并上传至运维平台存档。专家远程连线查看现场人员检修过程，实时沟通进行指导。

3．远程智能运维平台标准化及通用化

标准化、通用化是影响推广覆盖的关键要素，从数据接收、存储、分发、分析诊断，到运维流程设计、系统管理都是通过实践案例进行标准化迭代，

从而保证系统的通用性。

4．远程智能运维平台推广及应用

远程智能运维平台目前在宝钢股份上海基地试运行，在总结和功能优化的基础上，逐步向湛江钢铁基地、武汉钢铁基地、梅山钢铁基地进行推广；更进一步向宝武集团韶关钢铁有限公司、八一钢铁有限公司、重庆钢铁股份有限公司等钢铁单元和社会其他流程行业、制造业进行推广应用。

5.5 网络协同制造案例

5.5.1 背景

我国制造业作为国家的支柱产业，一直保持较好的发展态势。然而，随着我国人口红利的消失，人工费用的增长，传统制造业依靠人力发展的道路已经越走越窄。与此同时，以工业机器人为代表的智能装备，正为传统的装备制造以及物流等相关行业的生产方式带来了革命性的产业变革。从全球范围看，发达国家纷纷制定新的制造业发展规划，以推进制造业生产方式、发展模式的深刻变革，抢占新一轮国际竞争制高点。面对新一轮制造业革新，作为全球制造大国的中国既面临巨大发展机遇，也面临严峻挑战。

为了应对国内国际挑战，我国出台了一系列规划和政策文件，提出在"高档数控机床和机器人"等十大重点领域推进我国制造业转型升级，加速迈进世界制造强国之列。2015 年 7 月，国务院发布的《关于积极推进"互联网+"行动的指导意见》中，"互联网+"协同制造是重点行动之一，旨在推动互联网与制造业融合，提升制造业数字化、网络化、智能化水平，加强产业链协作，发展基于互联网的协同制造新模式。在重点领域推进智能制造、大规模个性化定制、网络化协同制造和服务型制造，打造一批网络化协同制造公共服务平台，加快形成制造业网络化产业生态体系。2016 年 7 月，国务院在《关于深化制造业与互联网融合发展的指导意见》里强调，要推动中小企业制造资源与互联网平台全面对接，实现制造能力的在线发布、协同和交易，积极发展面向制造环节的共享经济，打破企业界限，共享技术、设备和服务，提升中小企业快速响应和柔性高效的供给能力，并面向汽车、航空航天、石油化工、机械制造、轻工家电、信息电子等重点行业领域的工业互联网应用，开发行业应用导则、特定技术标准和管理规范。组织相关标准的试验验证工作，推进配套仿真与测试工具开发。2017 年 11 月，国务院发布《关于深化"互联网 + 先进制造业"发展工业互联网的指导意见》(以下简称《意见》),《意见》指出，要深入贯彻落实党的十九大精神，以全面支撑制造强国和网络强国建设为目标，围绕推动互联网和实体经济深度融合，聚焦发展智能、绿色的先进制造业，构建网络、平台、安全三大功能体系，增强工业互联网产业供给能力，持续提升我国工业互联网发展水平，深入推进"互联网 +"，形成实体经济与网络相互促进、同步提升的良好格局，有力推动现代化经济体系建设。

在推动网络协同制造的过程中，技术标准以及相应的标准化工作对产业的技术进步和发展理应得到重视，目前的实际情况是，标准化领域已经成为先进制造业国际竞争的焦点。德国在工业 4.0 实施建议的 8 个优化行动领域中，将标准化列于首位；美国国家标准研究院也确定了制造业物联网（internet of things，IoT）参考体系架构、云制造等作为未来重点需要发展的领域；我国的《国民经济和社会发展第十三个五年（2016—2020 年）规划纲要》指出了实施智能制造工程，加快建立智能制造标准体系；我国出台的《装备制造业标准化和质量提升规划》中也提出了坚持标准引领，建设制造强国的方针。标准在各国发展智能制造过程中都有着重要地位，标准化工作对于实施智能制造意义重大。

案例来源于装备制造企业——沈阳机床（集团）有限责任公司（以下简称沈阳机床），其围绕机床用户的实际需求，打造面向传统制造业的网络化协同中心，以工业互联网带来的新思维和新的商业模式促进制造业的转型和升级。沈阳机床将标准化工作放在重要的地位上，通过标准的研制和应用，打造基于企业互联、信息与数据互通、资源共享的协同创新新模式。

5.5.2　标准化需求

目前我国以工业互联网、智能制造等新技术和新理念推动传统制造业的变革正处于全面部署、加快实施、深入推进的新阶段，面对新一代信息技术与工业深度融合进程中不断涌现的新技术、新理念、新模式，能不能利用好这些新的资源成为制造业转型升级的关键所在。发展网络化协同制造的目标是通过标准引领，完善顶层设计、规范市场运营，实现制造行业企业信息化水平提升，聚集制造行业的生产资源，包括设备、厂房、生产线等，还可以聚集行业发展相关的生产性服务资源，包括计算资源、仓储、物流、人力、运维、管理等，从而实现行业内企业间的高效协同。为了实现此目标，在机械加工（以下简称机加）行业的产品设计、制造加工、供应链管理、工业服务等各个业务环节有以下标准化需求：

（1）设备互联。设备互联是工业互联网的基础，通过 M2M（机器和机器）、M2H（机器和人）的互联，实现机器与机器、机器与人之间的协同。进一步利用互联网平台信息处理能力，接入互联网平台的机器能够实现更深层次的功能扩展，其应用范围突破了传统车间和工厂的边界，实现全球范围的资源、知识共享和使用。

设备互联需要按照工业互联网相关标准，根据每种设备的运行和控制特点，制定接口和通信规范。依靠不同生产环境下的网络环境特点，确定接入模式。

（2）系统互联。在设备互联的基础上，需要实现企业内部、企业之间的系统互联。在机加行业，系统互联主要是指产品设计、制造准备、加工制造、服务等各个环节所涉及的各类业务系统。例如，CAD、MES 等系统。通过系统互联，能够在不同的系统之间共享数据和信息，并且能够为协同运行提供基础。

相比设备互联而言，每个业务系统内部所包含的信息对象更加多，信息定义更加复杂，除了结构化数据外，还包括如 CAD 文件等非结构化数据，数据量剧增。因此，需要制定额外的接口规范和信息交互标准。

（3）业务协同。在系统互联的基础上，需要实现业务协同，也就是跨企业之间为共同实现某个目标而进行的业务衔接。这需要在系统互联的基础上，加上对时间、空间要素的考虑，保证各个企业业务在时空上的互联。

5.5.3 实施情况

5.5.3.1 整体方案

1. 总体目标

以 iSESOL 网络协同制造平台为基础，沈阳机床将标准贯彻到设备等核心资源接入、平台建设、服务实施过程中，最终打造包括设计协同、制造协同、供应链协同和服务协同等不同协同模式的网络化协同生产和制造模式，实现设计、供应、制造、服务等环节的并行组织和协同优化，见图 5-19。

具体协同模式如下：

1）面向机加产品和工艺的设计协同

产品设计是从创意到工程设计图纸的一个转换过程。依托网络协同制造平台，产品创意人员可以发布产品设计创意，通过网络协同制造平台来寻找合适的设计人员完成产品的设计工作。同时，产品设计人员也可以在平台上

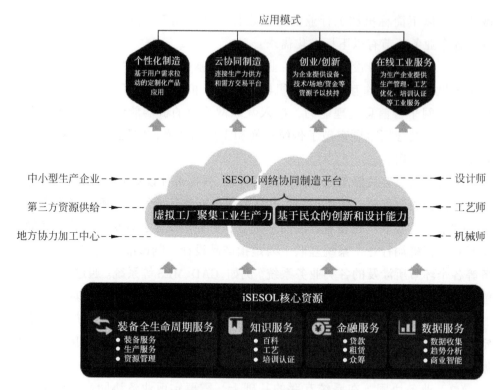

图 5-19　iSESOL 网络化协同生产和制造模式

发布产品的设计方案，通过平台寻找设计方案需求方（买家），获取设计方案的经济效益。

设计协同的另一个方面是工艺设计协同。产品设计方案可以依托平台的工艺设计师，结合平台相关的制造资源，设计实现高效的工艺方案。工艺制定包括选择合适的制造方式、明确加工步骤、选择合适的刀具、设计制造的辅具和量具、编制数控加工程序、明确质量检验方案等内容。

2）面向机加过程的制造协同

机加过程的制造协同主要指制造过程的产能协同、生产进度协同、异常处理协同等内容。

网络协同制造平台会接入包括金属切削、木加工、电火花等不同加工类型的制造资源。当产品完成工艺设计后，可以依托网络协同制造平台进行制造企业的选择。中小企业在承接任务的时候，如果加工量大、产能不足，也可以依托平台购买额外的产能以保证加工任务的定期、按质完工。

同时，通过接入相关企业的制造执行系统和制造装备，可以获取生产过程的相关数据。通过生产计划和完工数据的汇聚和分析，一个产品在不同企业的前后工序可以更好地衔接，以实现同一产品在制造过程上的协同。

3）面向机加生产过程的供应链协同

网络协同制造平台依托接入的众多产业链上下游企业，根据不同产品的特点和生产过程的需要，以信息的自由交流，知识创新成果的共享，相互信任、共担风险、协同决策，无缝连接的生产流程和共同的目标为基础，实现供应链相关企业的协调和合作，以实现供应链的协同，从而提高产业链的整体竞争力。

利用网络协同制造平台的企业资源，可以为相关产品的生产过程提供原材料和毛坯支持，提供刀具采购、生产辅具制造等生产准备工作支持，帮助企业快速投入生产过程。同时，通过物流协同技术实现物流的精准配送，以实现精益生产模式。

4）机加行业装备的服务协同

网络协同制造平台可以提供对机加装备的全生命周期支持，包括制造加工解决方案设计、安装调试、使用支持、维护保养、设备回收转让等全过程。

制造企业面对新的加工任务，在租赁产能之外，对于稳定的加工订单可以通过采购或租赁的方式来获取加工装备。依托接入平台的相关装备制造企业的专业服务，可以提供专门的制造加工解决方案。平台提供企业选择设备、设计加工方案、确定购买或租赁、选择设备提供方等服务，帮助企业快速构建加工能力。

在制造装备使用过程中，可以依托平台实现专门的加工支持服务。一方面，依托工艺研发协同子平台，获取加工对象的数控程序编制服务；另一方面，利用设备运行过程的数据分析，可以获取设备参数调整建议，以更好地利用设备。

2. 网络化协同平台功能架构

iSESOL 网络协同制造平台是以云计算为代表的新一代信息技术与机加行业全方位深度融合所形成的应用生态。整个平台采用云平台的主流云服务架构，共分为 3 个层级，分别为平台应用层、平台服务层及采集工厂企业信息的物理设备层，见图 5-20。

1）物理设备层

物理设备层依托传感器、工业控制系统、物联网技术面向设备、系统、产品、软件等要素数据进行实时采集。例如，可借助智能控制器、智能模块、嵌入式软件等传统的工业控制和连接技术实现平台对底层数据的直接集成。设备通过内部网络接入网关，通过采集器终端实现数据与云平台互联。采用安全

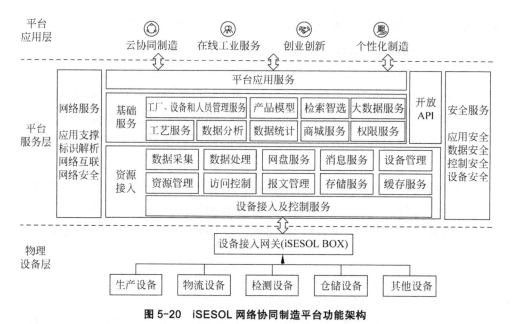

图 5-20　iSESOL 网络协同制造平台功能架构

网关构建终端设备与云平台之间的通信 VPN 隧道，保障通信安全。利用一系列标准协议，包括设备通信标准、数据访问标准、安全标准来支持异构的设备资源接入。

2）平台服务层

平台服务层基于工业 PaaS 架构，集成了工业微服务、大数据服务、应用开发等功能。主要包括设备资源接入、基础服务、应用服务以及对外开放API。设备资源通过云端代理服务进行设备接入验证以及构建数据传输通道，实现与设备终端互联互通，以提供数据采集、数据存储以及数据分析等服务；基础服务提供工业生产要素的建模及分析、工业大数据分析、工艺分析等服务；应用服务提供上层业务系统数据交互服务；通过开放 API，实现外部系统接入以及对外数据支持服务。同时，平台遵循通用标准和规范，包括设备标识规范、数据协议规范、网络通信规范、安全接入规范等，以提供平台安全保障。构建基于工业数据服务之上的应用开发环境，提供各类蕴含工艺知识和行业经验的工业微服务、工业应用开发工具以及针对应用开发运维的完善管理手段，帮助用户快速构建定制化的智能应用 APP 并形成工业服务商业应用价值。

3）平台应用层

平台应用层基于平台服务层提供的数据接口、服务接口，面向机加领域各环节场景，是 iSESOL 网络协同制造平台服务的最终输出。面向智能化生产、网络化协同、个性化定制、服务化延伸等智能制造和工业互联网典型应用场景，为企业用户以及个人用户提供不同的云化产品。

3．网络化协同平台业务体系

iSESOL 网络协同制造平台针对机加领域的需求，通过核心功能建设，将设计协同、制造协同、供应链协同和服务协同等不同协同模式整合为登云入网、产能交易、厂商增值、要素赋能四大服务板块（图 5-21），四大板块之间相互关联，同时也相互支撑，共同构建智造生态体系。

图 5-21　iSESOL 网络协同制造平台业务体系

1）登云入网

登云入网是 iSESOL 网络协同制造平台服务体系搭建的基础，针对机加行业领域，通过布局智能终端设备，连接工厂等利益相关者的增值网络，运用基于装备互联实现对制造过程数据的实时管控，通过有效数据积累形成工业数据。登云入网服务包含的产品为 iSESOL BOX 与 iSESOL WIS。

（1）iSESOL BOX：支持多协议设备的接入，提供数据边缘计算能力以及APP，提升装备制造能力。

（2）iSESOL WIS：面向中小型企业的工厂数字化制造运营系统，为企业提供生产运行、维护运行、质量运行和库存运行等通用云化管理模块。通过使用 iSESOL WIS，制造企业可以获得制造执行过程透明、有序与优化等能力。应用 iSESOL WIS，企业可以实现从生产订单、计划排程到生产制造、产品出库等制造全流程管理。

2）产能交易

在工厂与智能终端联网的基础上，为供方工厂、采购商与供应链配套商等提供更为系统、完备的交易智能服务。iSESOL 网通过地理位置、装备工况、工艺能力等多维度数据挖掘分析，为加工制造供需双方实现智能筛选匹配、订单交易及工艺方案服务；iSESOL MALL 是专业的 B2B 自营 MRO 工业品采购平台，基于装备互联形成的大数据助力企业工业消耗品在线采购，提升机加领域供应链配套服务。

3）厂商增值

服务于制造业各类装备厂商，提供智能装配服务管理业务需求，实现集报修、需求、服务处理、统计分析于一体的管理功能。提供装配运营人员后台管理、服务工程师 APP 服务处理以及客户微信渠道报修等功能，包括设备报修，工程师调度，追踪服务工程师服务状态、地点和进度，客户报修处理进度查询，服务过程追溯等。

4）要素赋能

iSESOL 工业云平台同样打造成为增值服务赋能平台，提供技术赋能、知识赋能、人才赋能、金融赋能等全方位服务。

5.5.3.2　标准应用方案

iSESOL 网络协同制造平台在建设和应用过程中，参考了一系列的智能制造方面的标准，在相关标准指导下进行设计、实施，确保了可用性、可行性和可推广性。

1. 互联互通标准应用

1）设备互联

设备互联是实现智能制造的基础条件，设备互联标准主要定义设备 / 产品联网所涉及的功能、接口、通信协议、数据交换、时钟同步等方面，沈阳机床综合了 OPC 工业标准协议、MT-Connect 协议等相关标准，完成了底层的制造装备互联互通与互操作，在掌握数字运动控制底层技术的基础上，开发了适用多种协议接入的开放性接口协议和智能数控系统互联网接入设备。

（1）适用多种协议接入的开放性接口协议（iPort 协议）。

iPort 协议是基于 MQTT 主流标准协议开发而来，其是 i5 智能数控系统联网的媒介，通过互联网可以将所有联网条件的 i5 智能机床连接起来。如图 5-22 所示。

iPort 协议主要实现机床和平台之间的数据发送和接收，主要包括统计、查询、上报、推送、下载更新等功能。

（2）智能数控系统互联网接入设备（iSESOL BOX）。

iSESOL BOX 是智能装备实现与其他外界系统互联的中间件，基于 http

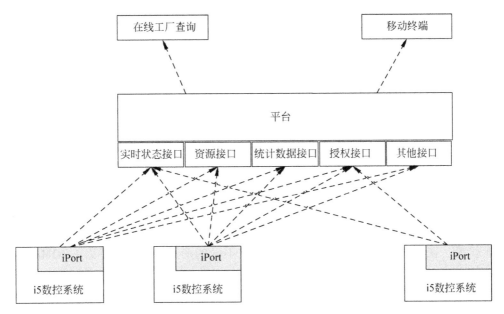

图 5-22　iPort 协议联网方案

协议标准实现第三方（例如 MES）对机床等设备的数据采集和命令控制。如图 5-23 所示。

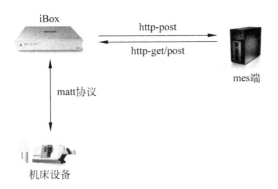

图 5-23　iSESOL BOX 接入方案

iSESOL BOX 可以支持如下使用场景：

① 使用 i5 机床的用户，希望自己的系统（如 MES）能够获取相关机床的信息；能够发送指令（需要机床支持，并符合相关安全规定）到机床；

② 使用本地 MES，同时云端使用云平台的在线工厂 APP、MES 或租赁等APP，相关信息可以通过 iSESOL BOX 安全分发到云端。

2）数据互通

数据作为本案例信息沟通的承载方式，可以在各种子平台上迁移，打破了传统意义上的信息孤岛现象。同时，依托数据及数据迁移，还可以实现数控设备的在线监测管理等。实现数据互通需要分析集成应用的数据生产者和数据消费者之间的关系，获取贯穿不同业务环节之间的交互数据集的描述，通过构建统一的数据集成规范来实现不同业务系统之间数据的交互。数据互通标准包括数据交换标准、数据分析标准、数据管理标准、数据建模标准、大数据服务标准等。沈阳机床在 iSESOL 网络协同制造平台上，将研发设计、生产制造、物流、采购、销售等环节进行贯穿。在研发制造重点环节，数据贯穿设备层、执行层、管理层，例如，在物料清单（bill of material，BOM）一体化协同管理中，将 BOM 作为研发、工艺、制造、采购的主线和制造型企业的核心。BOM 的管理主要包括：BOM 的创建、BOM 的维护、BOM 的视图管理等。在研发制造的不同阶段，BOM 以不同的形式表现，主要为 EBOM（工程 BOM）、PBOM（工艺 BOM）、MBOM（制造 BOM）等。iSESOL 网络协同制造平台建立完整、科学的各类 BOM 的产生及维护管理流程和各类 BOM 之间协同变更流程，以保证 BOM 数据的准确和一致。同时，iSESOL 网络协同制造平台建立了产品数据描述规范，包括 CAD/CAE 工程信息的格式、命名规范等，保证不同企业之间数据交流的顺畅，满足产品生命周期过程（概念、设计、制造、服务与维修）的一项或者多项功能验证，提供各部门或组织间对产品进行协同设计、协同评估的功能。

2. 安全标准应用

网络设备、服务器设备、存储设备的安全是保证网络协同制造平台安全运行的一个重要因素，针对安全风险，参考 IEC 60950：1999《信息技术设备的安全》、GB/T 33009.1—2016《工业自动化和控制系统网络安全　集散控制系统（DCS）第 1 部分　防护要求》、GB/T 26231—2017《信息技术　开放系统互连（OID）的国家编号体系和操作规程》、GB/T 31168—2014《信息安全技术　云计算服务安全能力要求》等标准，对网络协同制造平台进行系统安全设计，主要在以下几个方面。

1）设备安全

设备安全在这里主要指控制对交换机等网络设备的访问，包括物理访问和登录访问两种。针对访问的两种方式可采用：对基础设施采取防火、防盗、防静电、防潮措施；系统主机应采用双机热备（主备/互备）方式，构成集群系统；系统关键通信设备应考虑冗余备份等措施。利用系统监控工具，实时监控系统中各种设备和网络运行状态，及时发现故障或故障苗头，及时采取措施排除故障，保障系统平稳运行。

2）网络安全

通过设立硬件防火墙保障网络安全，防火墙作为内部网络与外部公共网络之间的第一道屏障，防护来自外部的攻击，并过滤掉不安全的服务请求和非法用户进入，保证系统的安全。

进行入侵检测，对网络和系统的关键节点的信息进行收集分析，检测其中是否有违反安全策略的事件发生或攻击迹象，并通知系统安全管理员，采用相应技术和手段，保证网络安全。对传输数据进行加密，保障数据传输安全。

定期进行安全检查，查补安全漏洞，采用漏洞扫描软件对内部服务器浏览器和所有网络设备进行漏洞扫描，及时弥补各类安全漏洞。

3）系统安全

应用安全的解决往往依赖于网络层、操作系统、数据库的安全，所以对系统级软件的安全防范突显其重要性；由于病毒通过互联网，可以在极短的时间内传到互联网的各个角落，而病毒对系统稳定性和数据安全性的威胁众所周知，所以对病毒的预防是一项十分重要的工作。

（1）系统安全漏洞防护：通过系统扫描工具，定期检查系统中与安全有关的软件、资源、各厂商安全"补丁包"的情况，发现问题及时报告并给出解决建议。

（2）病毒防护：在内网和外网中分别设置网络防病毒软件控制中心，安装网络版的防病毒控制台，在服务器系统和网络内的主机均安装防病毒软件的客户端。管理员负责每天检查有没有新的病毒库更新，并对防病毒服务器上的防病毒软件进行及时更新。然后再由防病毒服务器将最新的病毒库文件下发到各联网的机器上，实现全网统一、及时的防病毒软件更新，防止因为少数内部用户的疏忽，感染病毒，导致病毒在全网的传播。

（3）专用服务器的专门保护：针对重要的、最常受到攻击的应用系统实施特别的保护。如对 Web 服务器保护，对 Web 访问、监控／阻塞／报警、入侵探测、攻击探测、恶意小程序、恶意 E-mail 等在内的安全政策进行明确规划。对 E-mail 服务程序、浏览器采取正确的配置并及时下载安全补丁。

4）应用安全

针对人为操作造成的风险，必须从系统的应用层进行防范，因此应用系统在建设时需考虑系统的安全性。具体包括：

（1）访问控制：操作系统的用户管理、权限管理。限制用户口令规则和长度，禁止用户使用简单口令，强制用户定期修改口令。按照登录时间、登录方式限制用户的登录请求。加强文件访问控制管理，根据访问的用户范围，设置文件的读、写、执行权限。对重要资料设置被访问的时间和日期。

（2）权限控制和管理：按照单位、部门、职务、工作性质等对用户进行分类，不同的用户赋予不同的权限、可以访问不同的系统、可以操作不同的功能模块；应用系统的权限实行分级管理，每个系统的管理员自己定义各类用户对该系统资源的可访问内容。

（3）身份验证：通过采用口令识别、数字认证方式，来确保用户的登录身份与其真实身份相符，保证数据的安全性、完整性、可靠性和交易的不可抵赖性，增强顾客、商家、企业等对网上交易的信心。

（4）数据加密存储：关联及关键数据加密存储，提取数据库中表间关联数据或重要数据信息，采用 Hash（散列）算法，生成一加密字段，存放在数据表中，保证数据库中关联数据的一致性、完整性，防止重要数据的非法篡改。

（5）日志记载：数据库日志，使得系统发生故障后能提供数据动态恢复或向前恢复等功能，确保数据的可靠性和一致性；应用系统日志，通过记录应用系统中操作日志，通过事后审计功能为将来分析提供数据分析源，确保业务的可追溯性。

3．业务能力标准应用

iSESOL 网络协同制造平台目标是提供网络协同制造服务，因此，平台的业务能力建设非常重要。在前期参考 GB/T 30095—2013《网络化制造环境中业务互操作协议与模型》、GB/T 25469—2010《制造业产业链协作平台功能规范》等，以及在研国家标准《信息技术　工业云服务　参考模型》（20162515-T-469）、《信息技术　工业云服务　能力总体要求》（20162507-T-469）等智能制造标准的基础上，沈阳机床设计了企业间资源的协同调配和业务配置方案，实现了企业的协同制造，这也避免了制造资源的闲置、提高装备利用率。根据设计要求，在平台上，管理者可以调配产能，并对制造资源进行有效管理，同时，根据不同业务之间的交互关系构建了适应网络化协同制造的流程集成规范。

5.5.3.3　实施步骤

1．设备的接入

根据智能设备的联网特性，通过借助于 iSESOL 网络协同制造平台，就能更好地实现跨区域、跨企业的协同制造，同时，智能设备的接入及控制也是实现智能工厂内协同制造的必要基础。

由于设备的接口、协议等可能涉及不同的标准，因此，沈阳机床为不同智能设备提供多种接入方式。接入方式有以下几种：

1）根据接入方法的不同

（1）SDK 接入；

（2）iSESOL BOX 硬件网关接入。

2）根据数据网络不同

（1）移动网络接入；

（2）固定网络接入。

对于支持标准通信协议的设备，平台提供 iSESOL BOX 硬件网关方便客户使用移动网络或固定网络接入平台。iSESOL BOX 提供标准的 OPC-UA 设备通信协议及 iPort 协议，为设备提供便捷且整套的平台安全接入方案。

对于非标设备，平台提供 SDK 开发包接入方案，降低对设备通信协议的技术门槛，便于客户将多种设备接入，增加平台设备资源的多样性。

2. iSESOL 网络协同制造平台建设

iSESOL 网络协同制造平台建设流程分成"规划—建设—测试—运行改进"4 个主要步骤。

（1）iSESOL 网络协同制造平台规划阶段主要完成平台建设内容定义；

（2）iSESOL 网络协同制造平台建设阶段主要完成平台软硬件环境构建，并形成服务能力；

（3）iSESOL 网络协同制造平台测试阶段主要对平台业务功能、平台性能进行测试；

（4）iSESOL 网络协同制造平台运行改进阶段，平台进入运行提供正常服务的过程，包括对运行过程中发现的问题、对平台功能和性能等方面提出改进需求。

平台运行改进阶段之后，对于平台改进需求，则进入一个新的"规划—建设—测试—运行改进"流程，整个过程不断循环，保证平台持续完善。

根据平台建设相关标准，参照平台架构（图 5-24），建设平台相关功能组件并进行集成。

用户层建设主要完成用户层业务功能、商务功能及管理功能的开发、部署工作。访问层建设主要完成访问控制、连接管理的开发、部署工作。服务层建设主要完成业务能力、商务能力、管理能力及服务编排的开发、部署工作。资源层建设主要是完成资源抽象和控制、资源接入、工业云生产要素（人力资源、数控机床资源、物料资源等）的开发、部署工作。跨层功能建设完成用户服务及运营、商务、安全、集成、开发等相关功能组件的开发和部署工作。

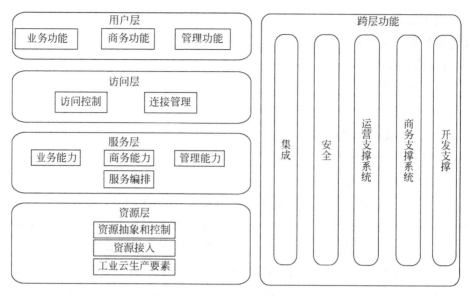

图 5-24　平台架构参考方案

3. iSESOL 网络协同制造平台功能扩展

在功能扩展方面，iSESOL 网络协同制造平台实现的是全流程、全要素、全产业链、全生命周期的资源配置优化和提升。基于智能装备的 iSESOL 网络协同制造平台从需方、供方、系统运营方 3 个方面对资源配置优化和提升进行了功能扩展，见表 5-1。

表 5-1　iSESOL 网络协同制造平台功能扩展

使　用　方	功能名称	功能描述
需方（客户）	产品管理（客户自建）	客户可通过该功能对自身所需要的产品进行描述，产品包括客户的个性化产品及非标产品
	订单管理	客户可通过该功能发起采购需求、管理订单，该订单信息将传递至系统运营及加工工厂
	物流跟踪	客户可通过该功能跟踪产品物流信息
	交易结算	客户可通过该功能完成产品交易的在线结算
	用户信息管理	客户通过该功能维护自身信息
供方（加工工厂）	产品发布	发布本工厂产品信息至系统以便于产品展示
	产能发布	将工厂空闲的加工能力信息发布至系统
	订单管理	工厂可通过该功能管理来自系统的订单询价、报价、订单等
	生产报工	工厂可通过该功能及时反馈订单的生产进度及产出信息
	交易结算	工厂可通过该功能完成产品交易或加工的在线结算

使用方	功能名称	功能描述
系统运营方	产品管理	为客户展示供应产品的产品信息
	订单管理	管理客户、工厂的订单信息，用于串接整个交易流程
	结算管理	管理客户、工厂与运营方的资金结算
	产能管理	查看及管理系统内可用的各工厂的空闲加工能力，以供产能匹配使用
	物流跟踪	跟踪工厂的发货信息及客户的收货信息
	售后管理	对客户售后服务需求进行响应及处理

5.5.4　实施效果

截至 2018 年 8 月，iSESOL 网络协同制造平台已连接各类智能数控设备超过 12 400 台（套），联网工厂客户达到 2000 余家，提供服务时间累计超过 420 万小时，在线订单成交量超过 6000 单。本案例中网络化协同制造平台的建设与应用，在以下几个方面效果显著：

（1）提高企业协同水平：提高产业链上相关企业的协同水平，降低协作成本，提高产业链的运行效率，提升整体竞争能力。

（2）机加过程可视化：对相关企业各主要设备进行数据采集建模并在互联网平台上统一呈现，实现仓储、厂内物流、机加过程等各个制造环节的可视化。

（3）精细化管理：根据生产过程中采集的数据对人员及生产安排进行精细化管理，会大大提升生产制造的效率。

（4）快速响应：打通从订单到发货的信息流，缩短调度响应时间，提高生产柔性。不同制造资源之间的信息交互与协作有助于制造系统的执行效率与系统性能的提高，有助于提高制造系统对外的敏捷性与执行效率。

（5）降低维护成本：建立维护设备使用情况监控系统，对设备的状态和利用率等进行有效管理，通过多维度关联分析，降低装配和测试设备的维护成本，提升设备维护质量和利用率。

本案例带来的效果总结为两个方面：

1. 经济效益

（1）通过本案例的实施，沈阳机床可以更快地完成 50 000 台设备互联、平台接入企业 500~1000 家的目标，提升 20% 的总体工业效率，支持在全国建设 20 个智能制造中心，为 10 个以上的重点制造行业提供服务，带动经济规模 200 亿元以上。

（2）直接经济效益：通过企业互联、业务协同，减少设备闲置率，企业效率可以提高 5% 以上，物流效率可以提高 10%。

（3）间接经济效益：缩短产品创意到上市的时间，提高质量，有利于产品的推广；显著提升装备使用保养能力，提高生产效率；通过企业互联，降低企业间协作成本，优化资源配置，提高管理效率。

2. 社会效益

1）通过网络互联，实现信息共享

通过平台统一的授权管理，整个网络化协同平台将成为机加行业供需信息的集散中心，实现整个行业内专业用户公开、共享，形成机加行业信息高地，大大降低行业内企业（特别是中小企业）获取专业服务的难度。

2）企业互联模式可复制，具有良好的示范效应

本案例为企业接入平台提供了工业互联网解决方案，针对设备互联、业务系统互联提供了标准、规范和硬件设备，企业互联模式具有良好的可复制性，可引领机加产业转型升级，形成更广泛的以互联网为创新要素的制造业发展新形态。

3）打造行业特色的平台，带动专业企业的成长

通过本案例的实施，降低不同企业经营和运作成本，培养在特定领域具有专长企业的成长，为平台客户提供更加专业、细致的服务，促进整个制造业的智能化转型和升级，确保地区经济的稳定发展。

5.5.5　经验与推广意义

从经济发展角度看，本案例以网络化协同制造平台为依托，推动行业的资源配置方式优化与发展，以机加行业辐射整个制造业，构建基于企业互联、数据互通、价值共享的制造业新格局。

从工业发展角度看，本案例通过数据、软件、网络等信息技术与人员、机器、物料、环境、供应链等制造要素的深度融合，构建了向制造业开放的网络化协同制造平台，打造从智能产品、智能工厂到网络化协同制造平台的工业互联网协同创新新模式，实现基于企业网络化协作的分级式结构、分布式布局、分享式经济的制造业新生态。

（1）借助云计算、大数据、人工智能等工具，完成传统制造业的信息化

改造，提高制造业数字化、网络化、智能化水平，以先进的信息技术来颠覆传统制造业中管理效率低、数据不流通等陈旧范式。

（2）发展智能制造，应以培育产业链生态的角度思考，整合社会资源，以切实解决用户的需求为出发点，从源头盘活产业链上下游参与方，打造多赢生态。

（3）发展智能制造，平台型企业是智能制造生态的关键角色，通过平台聚集产业链上下游资源，实现规模效益；然而平台型企业在初期的投入巨大，需要资金的支持，应给予适当的政策扶持平台型企业做大做强。

沈阳机床将通过与智能装备等相关企业合作，扩大平台连接的企业规模，从单一的金属切割领域扩展到电火花加工、木加行业、激光切割、3D 打印等机加行业，逐步覆盖机加大部分领域，并辐射到整个制造业。形成更广泛的以工业互联网为创新要素的制造业发展新形态，带动整个制造业的智能化转型和升级。

5.6　边缘计算

近年来，边缘计算突然成为产业的关注热点：工业巨头、ICT 巨头、互联网巨头纷纷推出了边缘计算产品和解决方案，例如华为的边缘网关、边缘云；中国、北美、日本等多个国家和地区纷纷成立了与边缘计算相关的产业联盟，例如 2016 年 11 月华为技术有限公司、中国科学院沈阳自动化研究所、中国信息通信研究院、英特尔公司、英国 ARM 公司和软通动力信息技术（集团）有限公司联合倡议发起的边缘计算产业联盟（Edge Computing Consortium，ECC）；IEC、IEEE、ISO/IEC JTC1 等产业组织已经在开展相关的研究和标准化工作。边缘计算兴起背后的驱动力到底是什么？

我们需要从行业数字化转型这个大背景来思考和认知边缘计算的价值。全球已经掀起行业数字化转型的浪潮，数字化是基础，网络化是支撑，智能化是目标。通过对人、物、环境、过程等对象进行数字化产生数据，通过网络化实现数据的价值流动，以数据为生产要素，通过智能化为各行业创造经济和社会价值。智能化是以数据的智能分析为基础，从而实现智能决策和智能操作，并通过闭环实现业务流程的持续智能优化。

今天，智能化的数字世界正日臻完善：基于云计算、大数据、移动互联网为代表的数字化创新平台，可以连接和数字化人、应用与流程，将用户画像等智能化技术应用于市场线索挖掘、数字化营销、移动购物等场景。

随着制造技术（operational technology，OT）与信息和通信技术（information communication technology，ICT）的逐渐融合，它们之间的跨界协作给现有的网络带来了巨大挑战，包括：①数据信息难以有效流动与集成；②知识难以模型化；③产业链变长，增加了端到端协作集成的挑战。为此，提出了边缘计算的概念去应对这些挑战。

边缘计算中的"边缘"是一种逻辑概念，而不是一种物理概念。在很多情况下，边缘的位置取决于具体案例。从总体商业角度而言，边缘的位置依赖于具体的商业问题以及边缘计算想要达到的关键目标。

"关键目标是指系统中那些可量化的顶层技术指标或是最终的商业目标。"［翻译自：《IIC 工业互联网参考架构》（*IIC's Industrial Internet Reference Architecture*，*IIRA*）］。

5.6.1　边缘计算在智能制造系统架构中所处的位置

（1）生命周期中的：生产、物流。

（2）系统层级中的：设备、单元、车间、企业、协同。

（3）智能功能中的：资源要素、互联互通、融合共享、系统集成、新兴业态。

边缘计算在智能制造系统架构中所处的位置如图 5-25 所示。

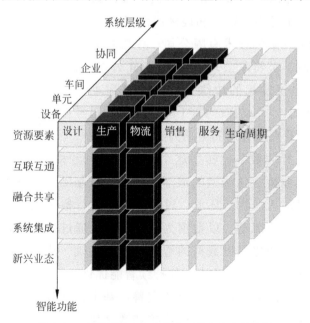

图 5-25　边缘计算在智能制造系统架构中的位置

事实上，"边缘"的概念会根据实际的业务而发生变化。下面举几个简单的例子来说明不同案例中的"边缘"的概念。

实例1：监控并保护设备，以避免其过热而损坏——设备级

在此案例中，我们使用一个温度传感器去测量一条生产线上的关键仪器的温度信息，一旦仪器过热就立即在几毫秒内调整运行模式，或者停止工作。由于这样的一条控制回路很短，对系统延迟有很高要求，若将数据全部传至云端处理，则会大幅增加系统建造成本，且不能达到系统需求。因此，在此例中，"边缘"在系统的仪器层。

实例2：重要生产线状况的检测——车间级

假设在一条生产线上，有许多不同类型的传感器同时监测这条生产线的运行状态。这些传感器通过边缘计算平台，将收集到的数据传给本地的边缘网关，并在边缘网关中做数据处理，计算出一系列描述生产线工作状态的技术指标，如总体设备效率（overall equipment effectiveness，OEE）。如果技术指标不合格，则向系统报警，并调整系统运行参数。

在这样的控制回路中，决策反馈周期一般在毫秒级、秒级，整个决策过程需要生产线各个节点的数据互通，综合计算。在此例中，"边缘"位于生产线。

实例3：为工厂优化供应链——企业级

要实现物流精确供货、优化工厂的产业供应链，需要收集各个生产线的生产数据、并结合订单需求等因素作出准确判断。这就需要将从各个边缘网关收集到的已处理的有关生产线的有效数据，通过边缘计算平台上传至边缘服务器，并存储在数据库中，结合历史数据库中的记录，分析库存、各生产线运行状态，并对各生产线进行有效、精准供货。

在此例中，需要建立工厂级的连接，决策延迟大概在几十分钟到数小时的范围内。此时，"边缘"位于整个工厂。

实例4：预测设备故障、规划主动应对的方法——跨平台协同

为预测设备故障，不仅需要收集己方设备的数据，可能还需要从多个离岸平台上获得大量相关数据，通过机器学习算法，训练模型，分析出故障发生前机器表现的特点，并预测出设备故障的趋势。这涉及多个边缘计算平台的互通，需要构建一种新型的产业生态，多个企业共享数据，以达到生产效率的共同提高。

在此例中，决策反馈的周期可能是以天为单位。"边缘"则位于企业与企业之间构建的产业环境中。

由以上4个例子可以看出，边缘计算可以涵盖生产、物流中，包括设备、单元、车间、企业、协同等多个系统层级，并实现资源要素、互联互通、融合共享、系统集成、构建新兴业态的智能功能。

5.6.2 边缘计算案例基本情况——以智慧水务为例

与数字世界相比，对于以环境、交通工具、生产装备、工艺流程等代表的物理世界，人类的认知还远远不够，数字世界和物理世界仍然存在割裂，物理世界的潜能还远未释放。下面以水务行业为例，阐述边缘计算在该行业的应用。

每个城市的地下都有密密麻麻的水管线路，线路漏损的减少、泵机工作效率的提升和故障的预测维护等，是行业典型的共性需求；我国 2017 年生活污水排放量接近 600 亿 t，工业污水约 200 亿 t，处理这些巨量污水的物料成本和电力成本巨大；面对水务这样一个关乎国计民生的行业，对行业的物理世界和整个业务流程进行 1% 的优化都将节省巨大的成本，创造巨大的经济和社会价值。长期以来，水务行业更注重于工程建设、信息化建设，但是物理世界仍然是沉睡的巨大金矿，需要行业数字化进行行业赋能。

在过去十年里，网络、计算和存储领域作为 ICT 产业的三大支柱，在技术可行性和经济可行性方面出现了指数性提升，包括：

（1）网络领域变化：带宽提升千倍，而成本下降至 1/40。

（2）计算领域变化：计算芯片的成本下降至 1/60。

（3）存储领域变化：单硬盘容量增长万倍，而成本下降至 1/17。

同时，云计算、大数据和 AI 等技术也在快速迭代发展。基于数字孪生，可以在数字世界建立起对水务行业物理世界的实时映像，采用数字化技术对物理世界实现感知、协作、预测和优化，用数字世界的指数型提升来释放物理世界的潜能，帮助各个行业的数字化转型实现 4 个关键转变：

（1）物理世界与数字世界从割裂转变为协作融合

通过云计算承载原有的水务信息化平台，将企业运营决策平台和泵机、管线、水厂对接，实现资源的实时监测和动态优化。

（2）运营决策从模糊的经验化转变为基于数字化、模型化的科学化

基于机理模型和数据驱动方式对物理世界建立管网调度模型，实时调节水厂泵组、中途加压泵等的运行，优化供水网络压力和流量，科学决策管线流量的优化、建设管线的损耗、实时预测设备的潜在故障等。

（3）流程从割裂转变基于数据的全流程协同

打通决策流、运营流、价值流和生态流，实现数据的价值流动和价值创造。

（4）从企业单边创新转变为基于产业生态的多边开放创新

基于数据和模型可以建立全新的创新生态，吸引产业链上下游玩家参与创新，推动行业的变革。

将水务行业的物理世界与云计算数字世界进行直接连接，将面临高时延、高带宽成本、安全与隐私、可靠性不足等风险，例如，泵房的视频监控数据如果上云将带来高昂的网络连接成本，所以需要把智能分布到网络边缘侧。边缘计算是连接物理世界和数字世界的桥梁，是在靠近物或数据源头的网络边缘侧，融合网络、计算、存储、应用核心能力的分布式开放平台，就近提供边缘智能服务，满足行业数字化在敏捷连接、实时业务、数据优化、应用智能、安全与隐私保护等方面的关键需求。

在水务应用的网络边缘侧，分布了边缘感知器、边缘控制器、边缘网关和边缘服务器这些边缘智能单元，这些单元内置数据分析等智能能力：边缘感知器负责视频、声音等的感知和分析能力；边缘控制器负责对泵机进行调度控制；边缘网关负责总线协议转换、数据汇聚和优化等；边缘服务器负责本地大规模数据的分析和存储等。这些智能单元按照区域、业务等协同工作，构建起水平弹性扩展的边缘云。一方面边缘云继承了传统公有云和私有云的水平弹性扩展等优势，同时又提供了轻量和易运维的智能分布式架构，可以实现应用的灵活部署，智能的分布化和网络化。

5.6.3　边缘计算系统架构介绍

5.6.3.1　边缘计算平台的一般参考架构

在传统的方案中，云端是整个系统的核心。云端系统（包括软件、硬件、网络及安全等）的稳定性，决定着整个系统的可靠性。当任何一个节点出问题，都会影响系统的稳定性。基于边缘云，可以在边缘侧建立起可靠的多机组的协作机制。现场的设备可以根据云端应用进行远程控制，也可以根据云端下载到本地的程序进行控制，采用后者方式，操作和通信流量等无须通过云端中转，减轻了云端服务器的压力，提高了本地多机组协作的效率。

图 5-26 展示了工业互联网边缘计算一般应用场景的参考架构。系统在统一的边缘云框架内，实现南北向、东西向的统一协同运作。

1. 边缘控制器、边缘感知器和设备形成最低一级的控制闭环

职责包括：

（1）接受并执行来自北向的任务编排（自北向）；

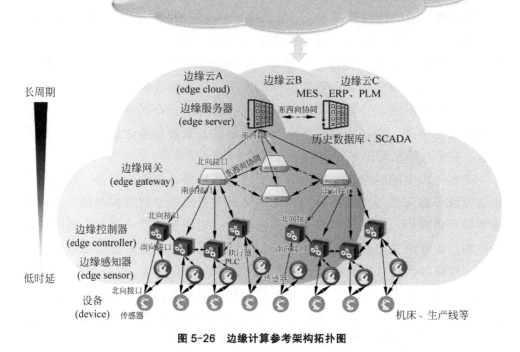

图 5-26　边缘计算参考架构拓扑图

（2）接受并执行来自北向的应用部署和生命周期管理（自北向）；

（3）提供自身的设备信息（向北向），接受来自北向的设备注册管理（自北向）；

（4）对产线上的设备进行运动、逻辑、视讯等控制（向南向）；

（5）控制器 - 控制器协同（东西向）；

（6）应用接口；

（7）边缘数据预处理（轻量，比如原始数据逻辑功能抽象）；

（8）边缘智能（机器）；

（9）协议转换（各种工业接口）；

（10）接口（南向，比如 61158、TSN、RS232）。

2．边缘网关承接边缘控制器和边缘服务器，实现数据的处理、反馈、转发

具体职责包括：

（1）任务编排被调度（北向）；

（2）应用被部署和生命周期被管理（北向）；

（3）设备注册被管理（北向）；

（4）任务编排调度（南向）；

（5）应用部署和生命周期管理（南向）；

（6）边缘设备注册管理（南向）；

（7）网关 - 网关协同（东西向）；

（8）应用接口（应具备的能力，具体应用格式可以暂缓）；

（9）边缘数据分析（轻量，比如流式）；

（10）边缘智能；

（11）协议转换（各种工业接口）。

3．边缘服务器实现边缘云框架下的高级的数据存储、处理

具体职责包括：

（1）任务编排调度（南向）；

（2）应用部署和生命周期管理（南向）；

（3）边缘设备注册管理（南向）；

（4）边缘服务器之间的协同（东西向）；

（5）应用接口（如 MP1）；

（6）边缘数据分析（轻量，比如流式数据分析）；

（7）边缘智能。

5.6.3.2　智慧水务案例中的边缘计算平台

具体到智慧水务的案例，图 5-27 展示了边缘计算在智慧水务系统中的应用。

本案例中，边缘传感器从泵房传设备，通过传感器 24 小时不间断地实时感知、收集设备状态、水质水压状况。并将收集到的数据处理之后通过边缘计算平台存入系统数据库，通过可视化的交互平台将信息反馈给监管人员，实现管理部门与水务现场的互联互通、远程操作。形成"智慧水务物联网"，以达到降低监管难度、提升人员工作效率的作用，解决故障预警不及时、水质监控不准确等问题。

本案例在云端定义数据全生命周期的业务逻辑，包括指定数据分析算法、脏数据的清洗规则等，通过边缘云来优化数据服务的部署和运行，满足业务实时性等要求。边缘侧的数据全生命周期服务包括：

（1）数据预处理。对原始数据的过滤、清洗、聚合、质量优化（剔除坏数据等）和语义解析。

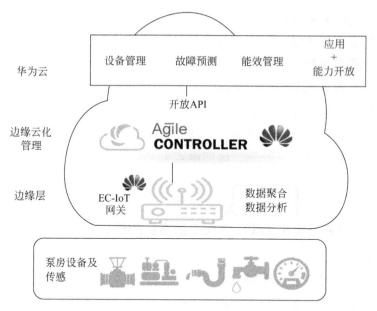

图 5-27 边缘计算在智慧水务场景中的应用拓扑

（2）数据分析。基于流式数据分析对数据即来即处理，可以快速响应事件和不断变化的业务条件与需求，加速对数据持续分析。提供常用的统计模型库，支持统计模型、机理模型等模型算法的集成。支持轻量的深度学习等模型训练。

（3）数据分发和策略执行。基于预定义规则和数据分析结果，在本地进行策略执行。或者将数据转发给云端或其他边缘计算节点（edge computing node，ECN）进行处理。

（4）数据可视化和存储。采用时序数据库等技术可以大大节省存储空间并满足高速的读写操作需求。

基于数据全生命周期服务框架进行水务应用的开发，可以适应应用场景的多样性，实现智慧水务项目的快速交付。

总之，在智慧水务的应用场景下，通过边缘计算来连接物理世界和数字世界，能够让现场设备构建起可靠的协作机制，实现多机组的协同工作，满足业务实时、数据安全隐私等需求。利用云计算服务所建立的数字孪生模型在数字世界构建起物理世界的实时映像，通过业务策略来协同边缘计算，一起驱动和释放物理世界的潜能，实现从边缘到云的业务协作。

具体地来说：

（1）边缘传感器实时收集水量、水温、流速、水质指标。其中水质指标有 pH 值、悬浮性固体颗粒物、硬度（钙硬度、镁硬度等）、电导率、磷含量等多项。这需要多种不同的传感器分别收集、集中处理。有的指标需要人工检测。

（2）定位装置上传传感器的位置，以确定指标的位置信息。

（3）边缘网关对与其连接的设备进行注册，并接受来自北向设备的任务编排，对得到的数据进行初步处理。

（4）边缘服务器将所有水务数据处理后存入数据库，或在人机交互界面显示。若发现事故，及时定位并报警。

5.6.4　案例特点

边缘计算针对工业互联网数据分散、数据量大、处理速度快、反馈周期短、安全可靠性要求高等问题提出了有效的解决方案。具体来说，边缘计算在工业互联网中的应用有如下特点：

1．时间敏感

边缘计算系统可以满足亚微秒的时间同步、毫秒级的决策周期，这是传统的云平台无法达到的。低延迟的效用不仅提高系统的决策速度，更可以因此提高系统的可靠性。尽管许多运算都可以在云端进行，但将所有运算逻辑都放在云端是一件非常有风险的事。例如，自动导引小车（autonomous guided vehicles，AGV）的防撞车算法尽管可以放在云端，但将其放在边缘侧将是一种更可靠的方案。

2．数据边界

在许多应用场景中，边缘侧产生的许多数据只在本地有用。因此这些本地数据可以在边缘计算中在本地处理，一是减少了云端服务器的负载；二是降低了数据通信管道压力；三是提升了边缘侧的反应速度。根据应用场景的不同，边缘的范围可以从几平方米之内的几个设备，到上万平方千米的整个城市。比如在智慧城市里，边缘节点可以存储、处理每个社区里所关心的数据，而不需要把所有数据都传到云端。有必要时，只要告诉云端数据处理好之后得出的结论就可以了。

3．提升有效数据容量

在许多实时收集数据的传感器网络中，传感器产生的数据量是巨大的。比如高分辨率监控系统中，摄像头产生的数据很容易造成网络拥塞，而边缘计算则可以解决这个问题。

4. IT/OT 融合

由于历史发展上的原因，OT 行业更适合去控制管理那些位于边缘、分散的工业设备，而 IT 行业则更善于将资源中心化。由于这是两种截然不同的发展模式，许多企业看到了将二者结合能带来的商业机会。边缘计算将 IT 与 OT 融合，可以：

（1）对 IoT 数据释义后提供有效商业数据，并将这些商业数据用于决策；

（2）提供一个充分利用数据的新的商业模式。

5. 简化数据的统一管理

数据的管理涉及数据的发掘、可用性、隐私性、安全性、数据量等多个方面。边缘计算可以从以下几个方面简化数据的管理：

（1）降低数据的杂乱性——大量的时序数据在边缘侧进行分析；

（2）增加数据的可用性——让数据被提前释义，增加有效数据；

（3）提高数据的隐私性——边缘侧的安全协议只将相关的数据进行分享；

（4）降低安全漏洞产生的影响——当安全漏洞出现时，它将被限制在系统的某个区域内。

5.6.5 边缘计算在智能制造中实施步骤

1. 需求分析

边缘计算在不同的垂直行业中有不同的具体需求。应当针对不同垂直行业实现个性化的定制，在相对统一的系统架构下针对特定需求，体现出差异性。比如在上文中提到的智慧水务的案例中，需求方对数据多样性的要求较高。而在有些场景下，用户可能对边缘计算的能力、系统带宽的要求较高：比如在全自动化的表面贴装技术（surface-mount technology，SMT）行业，需要通过大量的高分辨率图片进行工艺改进与流程控制。

因此，在边缘计算平台实施之前，应当针对垂直行业的工艺流程、管理需求等进行分析。同时对各流程进行分解，针对不同环节，在数据规模、系统集成、计算能力、安全指标、时延大小、可靠性等方面的各项数据进行量化列举。并将这些指标作为需求分析的依据，结合企业的管理控制需要，形成系统开发的输入。

2. 架构构建

边缘计算平台应当参考标准中的参考架构，搭建合理的边缘云环境，提供安全服务、管理服务、数据全生命周期服务。

同时应当使用标准化的协议，如 TSN+OPC-UA 的解决方案，用于系统间的连接。由此来保证本地系统与其他系统的兼容性，从而保证系统的可拓展性、可维护性。并根据实际情况考虑系统与南向、北向设备之间的可靠互联。

3．系统搭建

在系统搭建的过程中，在实现系统功能的基础上，应充分考虑系统的可靠性、安全性、易操作性、可维护性。应针对可能发生的异常事件提供解决方案，比如通过构建冗余路径，防止路径失效；通过合理的入口策略，防止数据流量过载；通过网络集中配置的模型，实现设备属性的统一描述与统一配置。

在物理层面，应当使用统一的物理接口、标准化的标识，在保证兼容性的同时防止错插。还应合理安排设备存放空间，防止自然、人为等因素影响设备的稳定运行。

4．维护与优化

系统的维护优化应包括如下几个方面：

（1）根据数据在采集、传输、处理中的实际情况合理更改系统配置，提高系统的运行效率；

（2）根据系统的分析结果，对生产工艺流程进行变更，提高生产效率；

（3）建立有效的反馈机制，对系统故障等及时反馈，运维人员提出解决方案杜绝故障再次发生。

5.6.6 边缘计算标准化现状与需求

为应对市场需求、提高我国制造业核心竞争力，应全力推动边缘计算在智能制造与工业互联网建设中落地。

"加大关键共性技术攻关力度。促进**边缘计算**、人工智能、增强现实、虚拟现实、区块链等新兴前沿技术在工业互联网中的应用研究与探索。"

——国务院《关于深化"互联网＋先进制造业"发展工业互联网的指导意见》

"加强关键技术和产品研发。面向万物互联需求，发展物联网搜索引擎、E 级高性能计算、面向物端的**边缘计算**等技术和产品。"

——国务院《"十三五"国家战略性新兴产业发展规划》

"工业智联网是制造业从数字化向网络化、智能化发展的重要支撑基石，近期突破重点：时间敏感网络（TSN）、软件定义网络（SDN）、第五代移动通信技术（5G）、基于蜂窝的窄带物联网（NB-IoT）、**边缘计算**、网络安全等方面。"

——工程院《中国智能制造发展战略报告》

"第一层是**边缘**，通过大范围、深层次的数据采集，以及异构数据的协议转换与边缘处理，构建工业互联网平台的数据基础。利用**边缘计算**设备实现底层数据的汇聚处理，并实现数据向云端平台的集成。"

—— AII《**工业互联网平台白皮书（2017）**》

工业互联网的重要内涵中，就包括了各个网络节点之间的互联互通、信息共享、提高系统运作效率。对于工业互联网来说，全行业的标准化是必不可少的。边缘计算作为工业互联网的关键组成部分，有着对标准化的强烈需求。现在全世界有许多企业、组织投入大量人力、物力进行边缘计算的标准化活动。

边缘计算的标准化现状可以分为基础技术标准、水平参考架构、行业架构与标准3个层面，如图5-28所示。

图 5-28　标准化工作的三个层次

1. 基础技术标准

现在支撑边缘计算的基础技术主要有时间敏感网络（TSN）相关技术、OPC-UA相关技术。

其中，TSN相关技术标准由IEEE下属的TSN工作组推动，以IEEE 1588、IEEE 802.1系列标准为主体，在OSI模型中第一、第二、第三层的位置解决在全网络中提供低延迟（亚微秒级）时间同步的问题。当前，TSN相关标准的标准化进展请参见表5-2。标准的绝大部分已经完成，少部分补充条款还在最后阶段的完善中。以边缘计算产业联盟（Edge Computing Consortium，ECC）和工业互联网产业联盟（Industrial Internet Consortium,

IIC）为代表的产业联盟组织已经开始了 TSN 标准的实施工作，一些测试床项目已经发布。

表 5-2 TSN 相关标准状态

标 准 号	标 准 名 称	当前状态	发布时间
IEEE 1588—2008	IEEE Standard for a Precision Clock Synchronization Protocol for Networked Measurement and Control Systems	已完成	2008
IEEE 802.1 AS	IEEE Standard for Local and Metropolitan Area Networks— Timing and Synchronization for Time-Sensitive Applications in Bridged Local Area Networks	已完成	2011
IEEE 802.1 AS-Rev	Standard for Local and Metropolitan Area Networks— Timing and Synchronization for Time-Sensitive Applications	正在进行	—
IEEE 802.1 CB	IEEE Standard for Local and Metropolitan Area Networks— Frame Replication and Elimination for Reliability	已完成	2017
IEEE 802.1 Q	IEEE Standard for Local and Metropolitan Area Networks— Bridges and Bridged Networks	已完成	2014
IEEE 802.1 Qca	IEEE Standard for Local and Metropolitan Area Networks— Bridges and Bridged Networks Amendment 24: Path Control and Reservation	已完成	2015
IEEE 802.1 Qbv	IEEE Standard for Local and Metropolitan Area Networks— Bridges and Bridged Networks Amendment 25: Enhancements for Scheduled Traffic	已完成	2015
IEEE 802.1 Qbu	IEEE Standard for Local and Metropolitan Area Networks— Bridges and Bridged Networks Amendment 26: Frame Preemption	已完成	2016
IEEE 802.1 Qcc	Standard for Local and Metropolitan Area Networks— Media Access Control (MAC) Bridges and Virtual Bridged Local Area Networks Amendment: Stream Reservation Protocol (SRP) Enhancements and Performance Improvements	正在进行	—
IEEE 802.1 Qci	IEEE Standard for Local and Metropolitan Area Networks— Bridges and Bridged Networks Amendment 28: Per-Stream Filtering and Policing	已完成	2017

OPC-UA 是 OPC 基金会（Object Linking and Embedding for Process Control Foundation）提出的，用于工业互联网各个平台的语义解析统一架构，主要位于 OSI 模型应用层。OPC-UA 的技术由国际电工技术委员会（IEC）标准化，并包含在 IEC 62541 系列标准中。在表 5-3 中列出的 IEC 625412 都已发布。一些企业已经开发了相应的解决方案。

表 5-3　IEC62541 OPC-UA 相关标准

标　准　号	标　准　名　称	最近更新时间
IEC/TR 62541-1	OPC Unified Architecture-Part 1：Overview and Concepts	2016
IEC/TR 62541-2	OPC Unified Architecture-Part 2：Security Model	2016
IEC 62541-3	OPC Unified Architecture-Part 3：Address Space Model	2015
IEC 62541-4	OPC Unified Architecture-Part 4：Services	2015
IEC 62541-5	OPC Unified Architecture-Part 5：Information Model	2015
IEC 62541-6	OPC Unified Architecture-Part 6：Mappings	2015
IEC 62541-7	OPC Unified Architecture-Part 7：Profiles	2015
IEC 62541-8	OPC Unified Architecture-Part 8：Data Access	2015
IEC 62541-9	OPC Unified Architecture-Part 9：Alarms and Conditions	2015
IEC 62541-10	OPC Unified Architecture-Part 10：Programs	2015
IEC 62541-11	OPC Unified Architecture-Part 11：Historical Access	2015
IEC 62541-13	OPC Unified Architecture-Part 13：Aggregates	2015
IEC 62541-100	OPC Unified Architecture-Part 100：Device Interface	2015

2. 水平参考架构

当前，在国内外，主要由美国工业互联网产业联盟（IIC）、边缘计算产业联盟（ECC）、中国工业互联网产业联盟（AII）等，以及各大标准组织，如 ISO/IEC JTC1、IEEE、IETF、ITU、CCSA 等联合推动建立边缘计算的水平参考架构。

特别在国内，由中国信息通信研究院牵头，中国通信标准化协会（China Communications Standards Association，CCSA）的 ST8 工业互联网特设任务组承担了工业互联网（包括边缘计算在内）的标准化工作。在 2018 年 4 月举行的 ST8 第四次会议中，相关单位（包括中国信息通信研究院、华为技术有限公司、三一集团有限公司、中国科学院沈阳自动化研究所等）提出了《工业互联网边缘计算 总体架构与需求》的征求意见稿。同时，与边缘控制器、边缘网关、边缘云等相关的标准化文稿也在征求意见中。

在国际上，IIC 是较为有影响力的产业联盟，2018 年 4 月发布了工业互联网边缘计算的技术白皮书，并联合企业展开了相关测试床的演示工作。其标准化工作也在逐步展开。

3. 行业架构与标准

边缘计算在制造行业内也进行了标准推进，比如 IEC 的 TC65 和 ISO 的 TC184。在 2018 年 5 月举行的 ECC、AII 联合会议上，来自轻工家电、电子信息、机械工程等 8 个垂直行业的代表确定了《垂直行业工业互联网实施架构白皮书 V1.0》，并在进行需求调研和案例征集。

5.6.7 边缘计算在智能制造中的示范意义

边缘计算不仅是一个将数据收集起来并上传云端的传送系统，更是一种集数据处理、数据分析、动作反馈于一身的时间敏感系统。当价值万亿元人民币的生产线在协同运作的时候，边缘计算将在生产运作的每个方面都发挥重要的作用。

边缘计算可以让企业利用公有云和私有云各自的运作优势，仅在特定的区域、特定的边界或者是在要求的安全边界内使用本地运算。这让智能制造变得更具兼容性、数据私密性和数据安全性。

边缘计算还大大降低了系统带宽需求和系统延迟。使得连接、数据迁移、带宽、延迟这些在传统云架构中昂贵的事情变得廉价，从而大幅降低系统的运营成本。

5.6.8 下一步工作计划

截至 2018 年，在工业互联网智能制造领域，边缘计算还没有实际大规模地运用。下一步的工作主要包括：

（1）推进工业互联网边缘计算标准的演进。其中包括参考架构、边缘控制器、边缘网关、边缘云、TSN 相关技术规范、网络定义的工业融合网络规范等。

（2）推动产业联盟的相互协作。工业互联网边缘计算的推动依托于 OT 与 IT 行业之间的合作。在下一步的工作中要在产业联盟的基础上，通过搭建测试床、互通平台，逐渐构建起行业间的共识，为全行业的互联做好准备。

（3）推进边缘计算网络在工业领域的搭建。从最小生产线的实现开始，逐渐向大生产线、宽领域推广。实现生产线与生产线之间、企业与企业之间的互联。

5.7 工业互联网应用案例

5.7.1 徐工智能工厂工业网络部署

1. 工厂内外网架构及网络技术应用分析

徐州徐工液压件有限公司在充分考虑了内外网连通性、安全性、可靠性及可扩展性等因素的前提下，徐工液压件工厂的通信网络主要是以有线网络为基础，无线网络作为补充（图 5-29）。以生产区域的形式进行划分，采用独立的核心设备为板块汇聚，实现板块内部的业务互联以及与上层设备之间的信息交互，下联多个接入交换机，完成板块内部及生产终端设备的网络接入，并部署无线设备，为生产车间的无线终端提供网络服务，实现灵活、无区域限制的信息采集和局部数据共享。

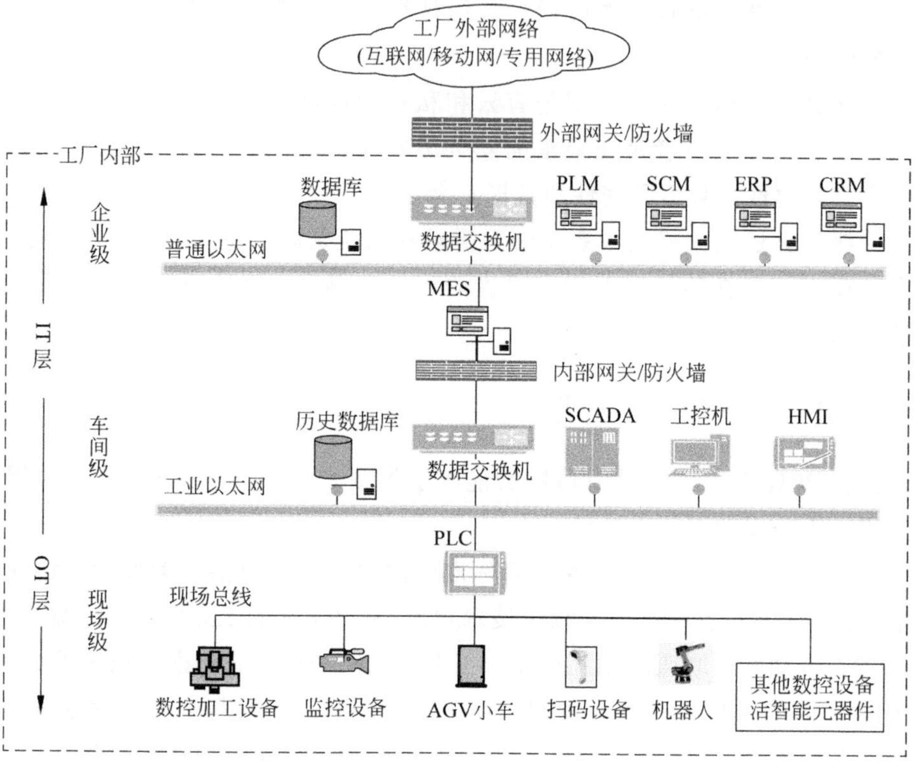

图 5-29　徐工液压件厂网络架构

网络 WLAN 分为管理网、研发网、设备网、监控网，针对不同岗位、设备划分到相对应的 WLAN 中，WLAN 之间相互无法访问，其中只有管理网能够通过上网行为管理系统进行网络访问权限的控制，研发网、设备网、监控网等均无权访问外部网络。

2. 工业网络互联互通

网络互联主要是为了解决工业互联网各种设备、系统之间互联互通问题，涉及现场级、车间级、企业级设备和系统之间的互联，以及企业信息系统、产品、用户与云平台之间不同互联场景。

在现场级和车间级，主要通过以下两种方法实现底层设备横向互联以及与上层系统纵向互联。

（1）对控制器、机床、产线等增加网络接口，更改原有现场总线通信方式，实现标准化工业以太网通信；

（2）对现有的装备进行智能化改造，通过追加传感器、执行器等方式实现设备与外部的信息交互。

徐工智能工厂主要依靠生产制造执行系统（MES）和统计过程控制（SPC）系统，采集各车间的数控设备或智能传感器的数据，再经过上述系统向数控设备发布生产命令，通过预先架设好的工厂工业网络，实现工厂内硬件设备与软件系统的数据互联互通。

液压阀生产车间和液压缸生产车间，以各自的加工工艺为指引，通过设备本身数控系统或智能传感器等智能元素，将生产过程中的数据不断上传至管理 / 控制系统，实现生产过程的数字化采集；反之各管理 / 控制系统，通过车间内局域网络，向各生产终端发送生产指令，从而实现液压阀和液压缸生产线的软 / 硬件数据的互联互通（图 5-30，图 5-31）。

在工厂企业级或工厂外部，通过引入云平台和大数据技术，实现生产设备、工业控制系统、工业管理系统、工业网络应用之间的信息交互，以及与协作企业信息系统、智能产品、用户之间的信息交互，为企业提供不同地域、不同功能的各类系统横向互联，以及与上层应用、跨企业各类主体间的互联。主要通过以下手段实现：

云平台与设备、控制系统、管理系统互联是通过厂内以太网实现；

云平台与协作企业信息系统是通过 VPN 专线实现信息交互；

云平台与产品（远程运维系统）拟通过 NB-IoT、LTE 方式实现信息交互。

3．内外网间数据交互方式（图 5-32）

1）接入方式

外网人员通过 VPN 接入，PLC 设备通过防火墙端口直接接入。

2）数据流通

（1）外网访问内网：通过防火墙验证→通过三层交换机实现路由功能→通过二层交换机访问终端。

（2）内网访问外网：链接二层交换机→通过三层交换机路由寻找 IP →通过网络行为管理设备验证→访问外网。

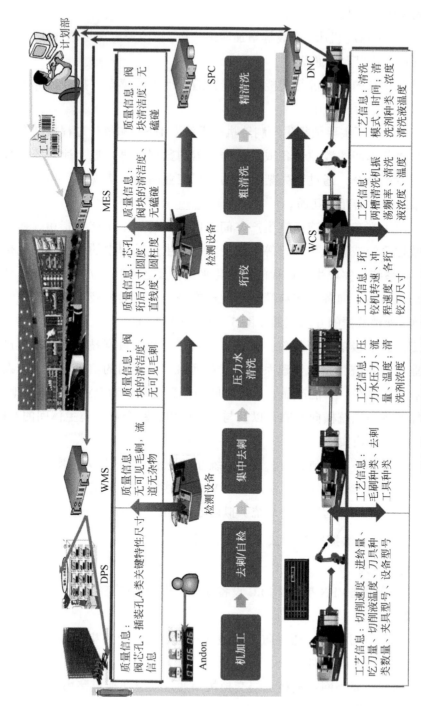

图 5-30　液压阀车间设备及系统数据交互示意

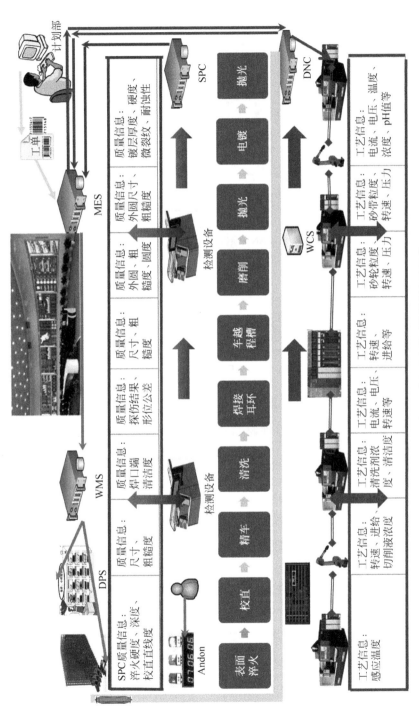

图 5-31 液压缸车间设备及系统数据交互示意

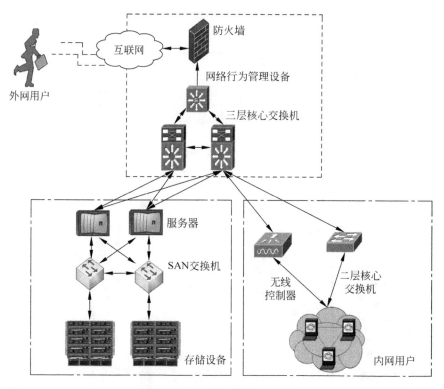

图 5-32　工厂内外网访问方式

4．标识解析体系建设应用情况

标识解析技术，实现对零件材料在制品、产品等信息的自动读写，并借助标识解析系统，实现对产品全生命周期管理以及各级异构系统之间的信息交互。

标识解析技术，目前在徐工液压公司内部已经开始应用，主要应用于徐工液压生产车间数据采集系统。该系统基础和应用层主要是通过 RFID 设备以及二维码识别设备采集数据，包括库位标签、货物标签、手持读写器、无线接入终端；整合层通过无线通信技术，把采集来的数据传递到中央数据库，包括无线接入设备和相关的网络设备；服务层和流程层对采集的数据进行处理、管理和使用，包括数据库服务器、网络服务器等设备和仓库管理系统软件；展示层主要是把处理的数据绘制成图像进行图形展示，非常直观地了解车间内部的物流状态，可以展示正常状态和非正常状态，也可以通过对图形界面的操作直接向现场的操作人员或设备下达物流指令（图 5-33）。

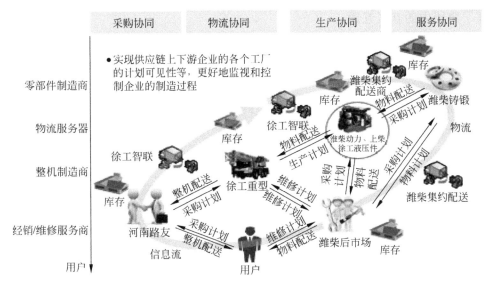

图 5-33 标识解析在物联网中应用流程

而外部网络中应用标识解析技术，目前还处于技术、方案探索验证阶段。

5.7.2 格力协同制造长沙商用空调智能工厂工业网络实施情况

长沙格力暖通制冷设备有限公司成立于 2014 年 4 月，位于湖南省宁乡市宁乡经济技术开发区，为珠海格力电器股份有限公司独资兴建的子公司，占地 716 亩，总投资 20 亿元，已于 2016 年 6 月正式投产，是格力最新智能化的中央空调生产基地，同时也将成为全球最新智能化的中央空调生产基地。生产机型为家用分体机、柜机以及商用氟机、水机，工厂定位为格力协同制造长沙商用空调智能工厂。

1. 工厂网络布局

长沙格力从规划开始，结合自身生产制造情况，不断投入大量精力对工业网络分步实施建设，实现园区内关键设备 100% 互联互通，将人、数据及智能设备运用专业工厂管理软件通过集团网络互联，在确保信息安全的前提下，实现效率提升、降低成本、减小资源使用的目标。

网络架构的特点：

（1）全面性：园区内五大车间、三大库房有线网络和无线网络无死角全覆盖，为设备联网提供了保障。

（2）高效性：系统网络主干万兆，千兆到桌面，实现虚拟化、桌面化；长沙格力到珠海格力电器总部的网络由 40M 电信专线与 10M 联通专线组成，保证了集团内的互联互通。

（3）灵活性：系统采用标准的传输线缆和相关连接硬件，模块化设计，所有通道都是通用的，所有设备的开通及更改均不需改变布线线路，并可灵活多变组网。

（4）可靠性：系统采用高品质的材料和组合压接的方式构成一套高标准的信息传输通道，应用系统应采用点到点端接，任何一条链路故障均不影响其他链路的运行，从而保证整个系统的可靠运行。

（5）安全性：内部网络物理隔离，采用加密这种主动的防卫手段保障内部网络系统安全。

2．数字化设备选型

长沙格力在设备规划初期广泛选取了数字化、自动化设备，设备是可感知的且具备一定数据处理能力，能够实时采集设备动态的运行数据，并根据预置的模型自主选择要回传到远程地点进行分析和存储的数据。另外，机器是数控可编程的，能够根据自身传感的反馈或远程发送的数字指令执行相应动作。

面对不同厂商的设备 PLC 接口、不同协议，提前约定了标准，最大限度上统一了通信接口、类型、协议，为设备互联互通奠定了基础。

3．各类标识技术的应用

通过条码、RFID 信息化技术实现了原材料来料批次化管理，生产订单定额领料，生产流水线的每个工序的生产状况以及在生产过程中数据操作的准确化和系统化，建立产品生产控制跟踪；实现从成品、半成品到部件、零件、原材料的可监控、可追溯性；从而完成产品生产的内部流程追溯管理及外部进出的源头追溯和质量数据管理。

（1）来料条码批次化管理，通过无线网络将手持终端扫描条码信息实现系统入库、出库数据的同步；实现实物流和信息流的一致；现场人员可通过手持终端查询货物的数量、存放位置、批次等信息；提升仓库管理质量和提高工作效率。避免了人工录入数据，提高了数据的准确性。

（2）生产过程的全程监控透明化管理，通过 MES 在产品上线时绑定 RFID 标签，建立生产批次与 RFID 标签关联关系，记录、跟踪生产过程的工序生产环节，产品能够追踪到生产中的哪道工序、哪些物料、哪个机型、哪些生产班次人员等存在的问题。

（3）成品库位精细化管理，通过自动设备堆板扫描条码标识，能节省成品入库、移库、发货工作量，保证成品库存信息的准确性、高效性，在移库过程中通过条码标识与库位的绑定，实现成品库位精细化管理，能快速、准确地实现产品位置定位。

4．ERP 和 MES 的深度融合应用

在格力目前的生产管理过程中，计划与资源管理以 ERP 为核心，制造现场以 MES 业务架构为核心，围绕两大平台的融合应用，格力电器自主研发了以 ERP 下达生产计划为依托，MES 现场采集数据做拉动的制造信息协同管理平台，实现了工厂软件之间的横向互联、数据流动、转换和互认，两大系统数据同步率达到 100%，实物流和信息流的高度一致。

通过该平台的应用，将 ERP 的计划管理和 MES 的现场管理进行了深度融合（图 5-34）。平台的主要功能模块分为以下 3 个：

（1）通过齐套排产管理系统实现了生产计划与物流协同；

（2）通过电子拣选系统（SAM）实现了配送计划与线边需求协同；

（3）通过落地反冲系统实现了执行过程与账务管理协同。

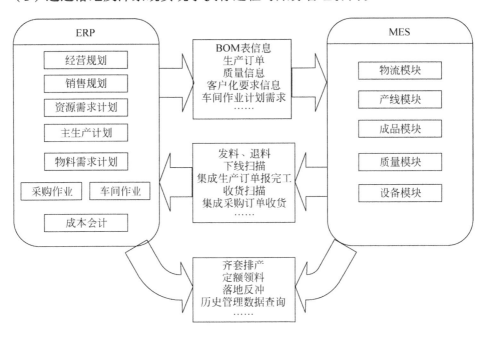

图 5-34　ERP 和 MES 的深度融合

5．工业网络实施后效果

长沙格力工厂基于 SCADA 平台搭建工业网络的软件架构（图 5-35），最

底层为车间设备层，通过 IGS 接口软件同设备层的 PLC 连接，采集设备运行的实时数据；同时将实时数据传入 iHistorian 实时数据库，部分生产统计数据也会通过 iHistorian 导入关系数据库，数据在数据库层进行处理和存储；再上一层为 SCADA 核心应用层，该层通过 iFix 软件开发并展示生产过程监控、设备呼叫报警及生产订单管理的相关应用业务；通过 SCADA 与 MES 的接口层与格力 MES 进行接口，一方面可以从 MES 层接收 MES 排好的生产订单，同时会将生产订单的执行完成情况反馈给 MES，另一方面通过接口层也可以给 MES 反馈 MES 所需要的设备生产运行的一些实时数据，如设备故障报警等信息，以供 MES 根据生产现场的实时信息做出相应的处理。

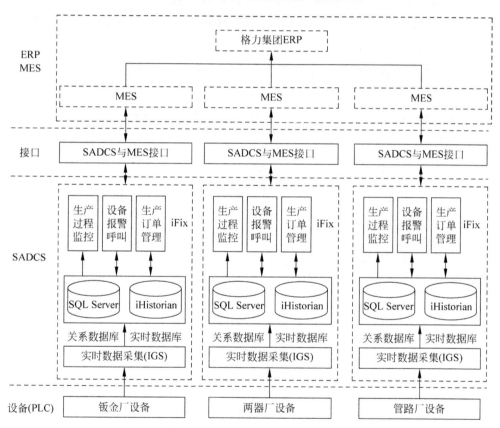

图 5-35　工业网络的软件架构

　　长沙格力应用了传感器、仪器仪表、条码、机器人等感知技术，通过可编程逻辑控制器（PLC）、监控与数据采集（SCADA）系统控制，实现了各分厂 100% 的关键设备互联互通，实时采集设备的动作、状态信息，大量减少了人工采集生产过程数据的操作，降低公司运营成本，形成效果要点如下：

（1）实现五大车间关键设备 100% 互联互通；

（2）实现设备运行状态的实时采集；

（3）有效降低了设备管理和数据采集的人力资源投入；

（4）提高设备异常的响应速度；

（5）数据深度挖掘与应用。

通过管理数据平台的整合，将公司的数据存储集中在公司层面的平台中，并且实现数据存储位置的互通，建立起公司生产制造管理的大数据库，通过云计算、数据挖掘等手段，实现关键指标和过程控制异常的自动分析提醒、集控管理。从而提高公司运作的信息融合度，形成效果要点如下：

（1）建立起了集中管理的公司级生产过程大数据平台。

（2）运用 iFiX 软件进行组态编程，构建设备现场的虚拟模型，实现工厂数字化远程管理功能。

（3）建立了可靠性高、毫秒级读取速度的数据库，保证工具系统的快速应用。

（4）实现生产数据的自动分析，形成公司级生产决策平台。

5.7.3　沈阳自动化所软件定义可重构智能制造

沈阳自动化所通过构建软件定义可自重构的离散制造系统，使生产制造系统具有高度灵活性，可以针对产品设计和订单的变化，自动调整加工、装配环节的任务、工艺流程、路径规划与控制参数以及生产系统的结构和控制程序，大幅缩短产品的交付周期，使其快速响应高度定制化产品规模化生产的需求，实现小批量甚至单件化定制产品的规模化、经济型生产。

1．总体架构

软件定义可重构智能制造验证平台总体架构如图 5-36 所示。主要由设计开发平台、虚拟制造支撑系统、基于工业 SDN 的自组织全互联网络系统、可重构模块化制造系统、检测系统、柔性智能物流系统和服务平台构成。

其中，设计开发平台、虚拟制造支撑系统、可重构模块化制造系统和服务平台构成了从设计、制造到服务的端到端数字化集成系统以及从销售到企业管理再到车间生产管理和设备层的垂直集成，将用于验证产品的全生命周期管理以及智能制造系统的端到端集成技术；虚拟制造支撑系统、基于工业 SDN 的自组织全互联网络系统、可重构模块化制造系统、检测系统和柔性智能物流系统则构成了网络化生产系统，将用于验证智能制造系统的纵向集成技术。

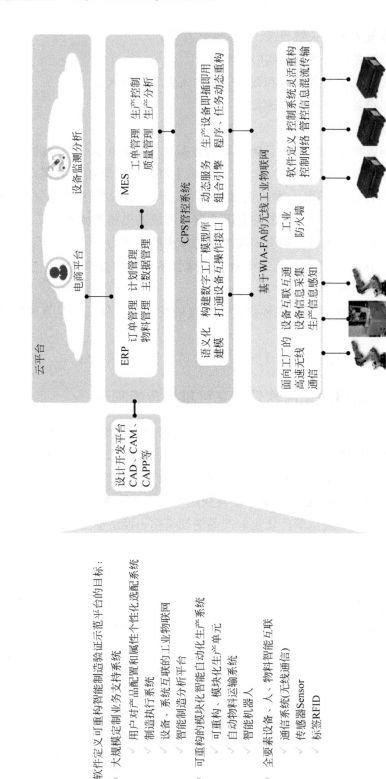

图 5-36　软件定义可重构智能制造系统总体架构

软件定义可重构智能制造验证示范平台的目标：

■ 大规模定制业务支持系统
　✓ 用户对产品配置和属性个性化选配系统
　✓ 制造执行系统
　✓ 设备、系统互联的工业物联网
　✓ 智能制造分析平台

■ 可重构的模块化智能自动化生产系统
　✓ 可重构、模块化生产单元
　✓ 自动物料运输系统
　✓ 智能机器人

■ 全要素设备、人、物料智能互联
　✓ 通信系统(无线通信)
　✓ 传感器Sensor
　✓ 标签RFID

2．基于云的企业与车间管理软件系统与服务系统

企业与车间管理软件系统如图 5-37 所示。该系统包括由电子商务、ERP、MES、PLM 等构成的企业管理软件系统。消费者通过电商平台，根据自己喜好来对产品的不同参数进行选配，并生成个性化订单。随后，该订单将被无缝集成到后台 ERP 系统中，系统随即进行物料的采购和生产准备，同时安排生产计划。当生产计划下达后，生产订单的所有相关信息会即刻传到 MES 中，并通过 MES 与车间控制系统完成信息交互。

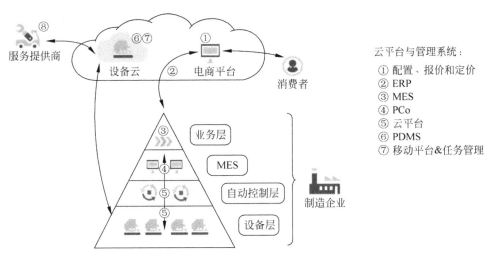

图 5-37　企业与车间管理软件系统组成

此外，在云平台上部署了生产服务子系统，可以基于检测系统提供的生产要素的温度、振动等状态信息，通过基于 WIA 的全互联制造网络快速传送至架于云端的大数据服务平台，用于分析设备运行状态和趋势，诊断设备故障、预测设备部件及整体的生命周期，从而实现生产装备的预测性维护，降低设备停机时间，提高生产效率。

3．设计开发平台

设计开发平台由 CAD、CAM、CAPP 等设计开发软件系统组成，是一个集成了产品设计、生产系统设计、生产工艺设计、生产过程离线仿真等多种功能为一体的综合数字化协同设计平台。可用于开展数字化协同产品设计、数字化样机、产品生命周期数据管理、并行协同研制流程等研究，测试、验证不同设计软件的接口集成等技术。

4．CPS 智能管控系统

CPS 智能管控系统由数字工厂模型库、动态服务合成引擎等部分构成。可以

支撑数字工厂生产资源虚拟化、建模、关联、检索，生产过程实时模拟仿真与优化，生产要素与生产系统动态组织与重构等信息空间的虚拟工厂管理、运行、控制等研究。可用于开展不同厂商生产设备互联互操作、基于语义化的制造资源建模、智能制造车间参考模型、CPS 型智能制造系统架构、实时在线仿真与优化、软件接口集成等技术的测试与验证。如图 5-38 所示。

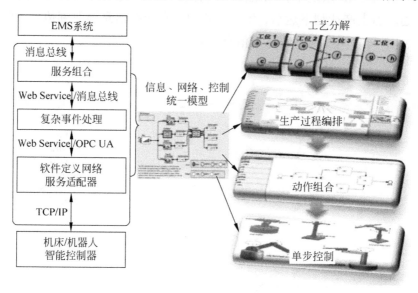

图 5-38　CPS 管控系统架构图

5. 基于 WIA 的智能工厂全互联网络

基于 WIA 的智能工厂全互联网络如图 5-39 所示，主要包括由面向工业应用的高可靠、高实时性无线通信技术（WIA-FA）、工业无线路由器、工业无线交换机、基于工业 SDN 的管控全互联无线网关、工业 SDN 管理软件、中科工业防火墙等中国科学院沈阳自动化研究所自主知识产权的工业信息接入与传输产品和技术，同时也包括了西门子工业以太网（profinet）和相关网络测试系统。用于开展工业无线通信技术的高并发、可靠性、实时性等性能的测试和验证，开展基于工业 SDN 全互联网关的管理、控制系统中控制信号、音频、视频等多类型数据混流传输性能的测试与验证以及工业信息安全的测试与验证。

6. 可重构模块化加工装配系统

可重构模块化加工装配系统由 3D 打印系统、工业机器人、AGV、小型立体仓库、输送系统、柔性加工系统、可移动式装配工位和固定式装配工位组

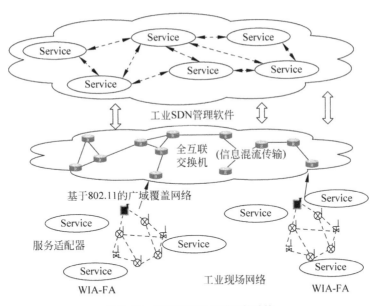

图 5-39　智能工厂全互联网络结构

注：Service：服务器。

成。可支持由软件定义的可重构模块化生产模式（图 5-40），其生产系统布局、生产工艺流程和机器人操作任务调度可根据实际生产情况动态重组，提供高度定制化、围绕单件产品定制工艺流程的高度柔性制造能力。为智能化、柔性化及自组织生产提供验证条件，并且还可以用于测试、验证不同厂商生产设备互联互操作、实时在线仿真与优化、可重构模块化制造等技术。

图 5-40　可重构模块化加工装配系统结构图

7．应用及实施效果

通过软件定义可重构智能制造验证平台的核心技术，可开展以下应用：

1）配置自由选择的定制化产品生产

客户通过电商平台自由选择产品配置，生成个性化的产品订单，该订单在 ERP 系统里同步生成，并立刻分发至 MES 进行排产，订单与排产信息通过 PCO 接口下达至控制系统，通过 RFID 系统，每个生产单元都可以与产品和物料进行"交流"，为该订单装配个性化零部件或完成个性化加工任务，最终智能工厂快速完成了个性化产品的生产任务。

2）生产系统根据订单变化动态调整、重组结构

生产系统的部分单元搭载在自动导引小车上，使其具备模块化、可移动的能力。动态服务合成引擎通过工业无线物联网动态监测生产装备的状态信息，并根据订单的变化分析、预测生产系统的瓶颈，当订单数量激增时，动态服务合成引擎首先分析、确定瓶颈的生产单元，然后通过语义化技术构建的虚拟制造系统查询、关联相关的备用设备，寻找到备用生产单元以后，自动重组生产系统结构，基于软件定义可重构控制网络与备用单元通信，并控制备用单元运动至瓶颈单元的旁边，并通过跨系统、协议封装好的接口，自动重新组态、配置控制系统，使备用单元自动地融入生产系统中，即插即用，立刻分担生产任务，解决生产瓶颈，当订单高峰过去之后，出于节能的考虑，动态服务合成引擎自动将备用单元移出生产系统，调回备用区。

3）基于预测性维护的生产系统动态调整

部署在云制造服务平台上的预测性维护系统通过工业无线物联网实时感知、监测生产装备的温度、振动等健康状态信息，同步分析，确定设备的健康状况、故障类型、故障位置、剩余生命周期等信息，当判断设备在不久后将出现故障时，动态服务合成引擎将通过虚拟制造系统查询备用设备，寻找到备用生产单元以后，基于软件定义可重构控制网络与备用单元通信，自动控制备用单元运动至故障设备旁边，并自动完成控制系统的组态和配置，使备用单元快速融入生产系统中，同时自动将故障设备剥离出生产系统，并通知、指导运维人员，及时排除设备故障，当设备完成维修后，动态服务合成引擎再将设备恢复进生产系统，并将备用单元调回备用区。

该物联化软件定义可重构智能制造系统的装配过程采用机器人化操作，通过无线射频识别技术，机器人可以与订单对应的产品进行信息交互，了解需要给该产品安装哪些个性化零件、如何进行个性化加工，从而在一条生产线上实现多种个性化产品的混线生产。以沈阳自动化所自主研发的 WIA-FA 技术（目前世界上唯一一个面向工厂高速自动控制应用的 IEC 无线技术国际标准）为支撑，构建了完整的全无线工业物联网技术与产品体系，实现设备

状态、生产过程等信息的全无线采集，快速将数据传递到 SAP 的 HANA 大数据平台，进行设备的故障诊断和生命周期预测，以便提前发现问题，减少设备停机时间。同时，该系统还融入了沈阳自动化所研发的面向动态生产过程的可重构工业控制网络以及软件定义生产系统等前沿核心技术，使生产系统的结构呈现模块化，可以根据订单需求和设备状态的实时变化，动态重构和优化，使生产系统的灵活性和智能化大幅提升。

附录 A
智能制造相关
标准化组织

A.1　智能制造相关国际标准化组织

ISO/IEC JTC1

ISO/IEC 第一联合技术委员会（ISO/IEC JTC1）是 ISO 和 IEC 共同成立的负责信息技术领域国际标准制定的一个技术委员会，是在原 ISO/TC97（信息技术标准委员会）、IEC/TC83（信息技术设备委员会）和 IEC/TC47/SC47B（微处理器分委会）的基础上于 1987 年合并组建而成的。

JTC1 的目标是确保产品反映互操作性、便携性、文化和语言适配性以及可访问性的共同特点的要求；其使命是在信息技术领域制定、维护、支持和推进全球市场需要的满足商务和用户需求的标准。

JTC1 的工作范围是信息技术领域的国际标准化，包括信息采集、标识、处理、安全、传输、交换、表达、管理、组织、存储和检索的技术、系统及工具的规范和设计的国际标准化。

JTC1 的发展愿景是为专家聚集在一起制定供商务和消费者使用的全球信息和通信技术（ICT）标准而提供标准制定环境，同时为集成各种复杂的 ICT 提供标准审批环境。

JTC1 已非常成功地制定了与信息技术领域相关的标准，截至 2017 年年底，JTC1 已发布 3022 项标准。全球参与标准制定的专家约 4500 位。

JTC1 秘书处由 ANSI 承担。JTC1 现下设 1 个咨询组（JAG）、1 个研究组（SG）、1 个特别工作组（SWG）、1 个工作组（WG）及 22 个分技术委员会（SC）。

ISO/IEC JTC1/SC 27

ISO/IEC JTC1/SC 27 是 ISO/IEC JTC1 下属专门负责信息安全领域标准化

研究与制定工作的分技术委员会。SC27 是国际公认的信息安全专业知识中心，服务于众多企业和政府部门的需求。SC27 的工作直接面向企业、政府和消费者对信息安全标准的需求，涵盖信息安全领域的管理标准和技术标准。目前，SC27 拥有 55 个参与成员（P 成员）和 20 个观察成员（O 成员），代表了世界各地的 75 个国家成员体。SC27 下设 6 个工作组，包括 WG1（信息安全管理体系）、WG2（密码技术和安全机制）、WG3（安全评价、测试和规范）、WG4（安全控制与服务）、WG5（身份管理与隐私保护）以及 SWG-T（横向项目特别工作组）。截至 2018 年 3 月，SC27 共发布标准 154 项，正在制（修）订的标准共 69 项。

IEC/ SyC SM

国际电工技术委员会智能制造系统委员会（IEC/SyC SM）于 2018 年 1 月由 IEC/SMB（标准管理局）批准成立，负责智能制造国际标准的顶层设计和统筹协调。工作范围主要包括：分析智能制造方面的市场和行业需求；收集智能制造典型用例；研究智能制造标准体系；研究术语和定义等相关基础标准。IEC/SyC SM 下设工作组包括：AHG1"市场、沟通和拓展"、AHG2"用例和 IT 工具"、AHG3"智能制造术语"、AHG4"智能制造成果（架构、用例和模型）的导航索引工具"，以及由 IEC 和 ISO 共同成立的 SM2"智能制造标准图"工作组。国内技术对口单位为机械工业仪器仪表综合技术经济研究所。

ISO/TC 184

ISO/TC 184 主要从事工业自动化系统和集成技术标准化，具体包括 SC1（物理控制设备）、SC4（工业数据）和 SC5（企业系统和自动化应用的互操作集成和体系结构）3 个分技术委员会，SC5 下设属于智能制造核心技术标准工作组 10 个，具体包括 ISO/TC 184/SC 5/JWG 5（企业控制系统集成）、ISO/TC 184/SC 5/SG 6（大规模定制）、ISO/TC 184/SC 5/SG 7（仿真模型在异构平台上的互操作性）、ISO/TC 184/SC 5/WG 1（模型和架构）、ISO/TC 184/SC 5/WG 4（制造软件及其环境）、ISO/TC 184/SC 5/WG 5（开放系统应用架构）、ISO/TC 184/SC 5/WG 6（应用服务接口）、ISO/TC 184/SC 5/WG 9（制造运行管理关键性能指标）、ISO/TC 184/SC 5/WG 10（制造系统能源效率以及其他环境影响因素的评估）、ISO/TC 184/SC 5/WG 12（工业化与信息化融合）。目前 ISO/TC184 发布标准 824 项、在研标准 239 项，成员国家 20 个，观察员国家 24 个。全国自动化系统与集成标准化技术委员会（编号 SAC/TC159）是国内与国际标准化组织 ISO/TC184 对口的标准委员会，秘书处设在北京机械工业自动化研究所有限公司。

ISO/TC 299

2015 年为了应对市场爆发式的增长，满足机器人应用领域发展带来标准化新的需求，ISO/TC184/SC2 专门成立工作组（SG）进行 SC 上升为 TC 的工作，ISO/TC299 的名称、工作范围及其规划等资料于 2015 年 9 月提交到 ISO/TMB。2015 年 10 月 ISO/TMB 通过了 ISO/TC184/SC2 成立独立 TC 的申请，2016 年 1 月起机器人标准委员会正式启用了 ISO/TC299 编号。ISO/TC299 名称为机器人技术委员会，工作范围包括除了玩具和军用机器人以外的所有机器人技术及其应用的标准化工作。北京机械工业自动化研究所有限公司是 ISO/TC299 的国内对口单位。

ISO/TC 10

国际标准组织技术产品文件标准化技术委员会（ISO/TC 10）是 ISO 成立之初就组建的几个重要的技术委员会之一，最初负责被誉为"工程语言"的技术制图标准的制定工作。随着科技的不断发展和几代国际人士的努力，目前 ISO/TC10 的工作范围已经发展为负责机械、船舶、铁路、石化、航空、建筑等工业领域产品全生命周期中的技术文件及技术信息的规范化与标准化工作，这里的技术产品文件既包括通过手工方式所产生的技术图纸、技术资料，也包括通过计算机软件方式所产生的二维 CAD 图形、三维 CAD 模型、数据文件等。

ISO/TC 10 秘书国为瑞典，共有 P 成员 17 个、O 成员 39 个。ISO/TC 10 下设 SC1（一般原则）、SC6（机械工程文件）、SC8（建筑文件）和 SC10（流程车间文件）等 4 个分技术委员会，还包括 1 个协调工作组，1 个联合咨询小组（与 ISO/TC 213），以及 5 个工作组。截至 2019 年 8 月，ISO/TC 10 已正式发布且现行有效的国际标准 152 项，正在制定中的 15 项。

近年来，中国在 ISO/TC 10 中影响力越来越大，承担了 SC6（机械工程文件）分技术委员会秘书处，并和英国联合承担了 SC1（一般原则）分技术委员会秘书处。

IEC/TC 56

国际电工技术委员会可信性技术委员会（IEC/TC 56）始建于 1965 年，最初名称是"电子元件和设备的可靠性技术委员会"。随着可靠性工程技术的不断拓展，维修性和维修保障性相继提出，该技术委员会的名称也跟着不断发生改变，1980 年起 TC 56 改名为"可靠性与维修性技术委员会"，适用于产品的可靠性和维修性特征。

工程技术的发展扩大了 IEC/TC 56 的活动范围，不仅包括可靠性、维修性，还包括可用性、保障性和风险管理等，因此，原来的标准委员会名称"可靠性和维修性"不再涵盖委员会的范围。因此，1989 年起 IEC/TC 56 又更名为"可信性技术委员会"，是为了更好地反映基于可信性的更广泛应用范围的技术演进和业务需求。"可信性"一词被引入为伞形术语，可信性被定义为"需要时按要求执行的能力"，可信性包括可用性、可靠性、恢复性、维修性和维修保障性，以及在某些情况下，诸如耐久性、安全性和安保等其他特性。可信性是一种内在的系统属性，适用于任何涉及硬件、软件和人因方面的系统、产品、过程或服务。在当今的全球商业环境中，可信性是评估和接受成功的系统的关键决策因素，它描述了相信事物能像所期望的那样工作的程度。可信性代表客户的目标和价值，并决定关键的系统性能，以赢得用户信任和实现客户满意度。可信性可建立信任和树立信心，并影响组织满足目标的能力，它可通过产品生命周期内有效的策划及实施可信性活动来获得。

目前，IEC/TC 56 涵盖了从组件到复杂系统和网络，从管理方面到制造领域，涵盖了软件和系统可信性、技术风险评估、生命周期成本计算、产品开发、设计集成、维护和人因方面的可信性标准。虽然 IEC 的许多委员会关注的是特定产品，IEC/TC 56 是一个提供可信性的一般指南并制定通用标准的委员会。在适用的情况下，特定产品的委员会可以按原样使用这些可信性标准，也可以根据各自的需求对其进行调整。同样，特定的工业部门可使用现有的 IEC/TC 56 标准，也可进行调整使之适应自身的情况。

IEC/TC65

国际电工技术委员会工业过程测量、控制和自动化技术委员会（IEC/TC65）主要从事工业过程测量控制和自动化方面的国际标准化工作，具体包括 SC65A（系统方面）、SC65B（测量和控制设备）、SC65C（工业网络）和 SC65E（企业系统中的设备与集成）4 个分技术委员会。下设 TC65/JWG14（工业自动化能效）、JWG21（智能制造参考模型）、WG10（工业信息安全）、WG16（数字工厂）、WG17（工业和智能电网接口）、WG19（系统和产品生命周期管理）、WG23（智能制造框架和系统架构）、SC65A/MT 61508（功能安全）、SC65B/WG7（可编程控制系统）、SC65C/MT9（现场总线）、WG16（工业无线）、PT 61784-6（TSN）、SC65E/AHG1（智能制造信息模型）、WG2（产品特性与分类）、WG4（现场设备接口）、WG10（智能设备管理）、WG11（设备状态监控）、JWG5（企业控制）等智能制造相关工作组。目前，IEC/TC65 已发布国际标准 367 项，覆盖了智能制造参考模型、信息模型、系统架构、数据字典、设备监控和预测性维护、工业通信协议、OPC UA、TSN、功能安全和信息安全、自动化能效、设备和系统集成等各方面的国际标准。

A.2　智能制造相关国内标准化组织

SAC/TC 28

全国信息技术标准化技术委员会（SAC/TC 28）成立于 1983 年，由工业和信息化部与国家标准化管理委员会共同管理，是我国最大的标准化技术委员会。TC28 标准化工作覆盖全国信息技术领域，主要包括计算技术、信息的采集、标识、处理、安全、传输、交换、表述、管理、组织、存储和检索，以及其系统和工具的规定、设计和开发等。TC28 国际对口组织是 ISO/IEC JTC1（ISO/IEC JTC/SC27 除外）。

多年来，TC28 在我国信息技术标准的规划、计划、立项、研究以及制定等方面发挥了重大作用。截至 2018 年 6 月，TC28 归口管理的国家标准有 1150 项，国家标准计划项目 230 项，行业标准 173 项。与此同时，还积极参与国际标准化活动，建立了中欧、中美、两岸信息技术的技术交流与合作机制。

委员会现有来自工信部、军委装备发展部、教育部、住建部、中纪委、国家信访局、国家信息中心、中国残疾人联合会、各地方经信委等部门和产、学、研单位的 132 名委员。委员会下设 17 个分技术委员会、17 个工作组。

SAC/TC 124

全国工业过程测量、控制和自动化标准化技术委员会（SAC/TC124）的运作受国家标准化管理委员会（SAC）领导，并接受工业和信息化部（MIIT）和中国机械工业联合会（CMIF）的业务指导。工作范围是工业过程测量、控制和自动化领域国家标准和行业标准的制（修）订工作，国际对口 IEC/TC65 和 ISO/TC30（国际标准化组织封闭管道中流体流量的测量技术委员会）。其主要工作包括：制定工业过程测量和控制用通信网络协议标准，各类仪器仪表、执行机构、控制设备标准和安全标准。下设 10 个分委会，分别是 SC1 "温度、物位、机械量仪表及结构装置分委会"、SC2 "控制仪表及装置、工业控制计算机系统分委会"、SC3 "压力仪表分委会"、SC4 "工业通信（现场总线）及系统分委会"、SC5"可编程序控制器及系统分委会"、SC6"分析仪器及分析技术分委会"、SC7"工业在线校准方法分技术委员会"、SC8"智能记录仪表分技术委员会"、SC9"石油产品检测仪器分技术委员会"和SC10"系统及功能安全分技术委员会"。

承担了工信部"智能制造综合标准化工作组"秘书处单位、"国家智能制造标准化总体组"副组长单位、"中德智能制造/工业4.0标准化工作组"支撑单位、科学技术部"中德智能制造科技创新合作联盟"中方执行机构。TC124围绕我国智能制造产业发展的标准化需求,以提升国家智能制造标准化水平为目标,组织开展了一系列卓有成效的智能制造标准化工作,重点负责智能制造本体(智能装备、智能产品、数字化车间、系统集成、工业通信、安全一体化等)的标准化工作。同时,TC124是智能制造国际标准化工作的核心组织IEC/SyC SM(智能制造系统委员会)、ISO/TMB/SAG(工业4.0/智能制造战略顾问组)、IEC/TC65(工业过程测量、控制和自动化技术委员会)、ISO/IEC/TC65/JWG21(智能制造参考模型联合工作组)等的国内技术对口单位,开展了大量智能制造国际标准化工作,主导制定了20余项智能制造相关国际标准,每年组织约40人次行业专家参加国际标准化活动。

SAC/TC 114

全国汽车标准化技术委员会(National Technical Committee of Auto Standardization, NTCAS),简称汽车标委会,是由中国原国家质量技术监督局批准,国家标准化管理委员会第一批确认的全国汽车行业标准化方面唯一技术性机构,负责汽车(含汽车列车、挂车)和摩托车等专业领域的标准化工作。

该会秘书处设在中国汽车技术研究中心有限公司标准化研究所,是汽车标委会常设日常办事机构,负责汽车(含摩托车)标准的技术归口管理工作,向国家标准化管理委员会、工业和信息化部等有关部门提出汽车标准化的工作方针、政策和技术措施建议等,组织行业内开展相关国家标准、行业标准的制定、修订及复审工作,并对口联合国UN/WP29、国际标准化组织ISO/TC22、ISO/TC177和国际电工技术委员会IEC/TC69开展工作。

SAC/TC 159

全国自动化系统与集成标准化技术委员会(SAC/TC 159)是由国家质检总局、国家标准化管理委员会领导的全国性标准化技术工作组织,工作范围是面向产品设计、采购、制造和运输、支持、维护、销售过程及相关服务的自动化系统与集成领域的标准化工作。包括信息系统、工业及非工业特定环境中的固定和移动机器人技术、自动化技术、控制软件技术及系统集成技术。SAC/TC 159 与国际标准化组织第 184 技术委员会——ISO/TC184"自动化系统与集成"和第 299 技术委员会——ISO/TC299"机器人"对口，目前下设 4 个分技术委员会。现在共有标准委员会委员、分标准委员会委员和顾问委员 164 人，秘书处设在北京机械工业自动化研究所有限公司。

SAC/TC 260

全国信息安全标准化技术委员会（SAC/TC 260，简称信安标委）是在信息安全专业领域从事全国标准化工作的技术组织。信安标委在国家标准委员会的领导下，在中央网信办的统筹协调和有关网络安全主管部门的支持下，对网络安全国家标准进行统一技术归口，统一组织申报、送审和报批，主要工作范围包括安全技术、安全机制、安全服务、安全管理、安全评估等领域的标准化技术工作。截至 2019 年 8 月，信安标委归口管理的已发布国家标准共 320 项，其中转化 SC27 标准的国家标准 46 项，主要涉及实体鉴别、消息鉴别码、信息安全事件管理、公钥基础设施等领域；与此同时，在研国家标准制（修）订项目共 147 项，主要涉及密码、鉴别与授权、安全评估、通信安全、安全管理、大数据安全等领域。

SAC/TC 22

全国金属切削机床标准化技术委员会（SAC/TC22，简称金切机床标委会）成立于 1982 年，是我国成立最早、组织机构健全的全国性标准化技术委员会之一。金切机床标委会下设 13 个分会，秘书处挂靠在北京机床研究所。主要负责金属切削机床领域标准体系建设、标准制（修）订、标准贯彻与实施、技术咨询与服务、标准科研和预研工作等。同时负责 ISO/TC39 机床国际标准技术委员的国内归口工作。截至 2018 年，金切机床标委会制（修）订国家标准和行业标准数量达上千项，在智能制造标准领域，已建立起智能机床标准体系，并不断完善。

SAC/TC 146

全国技术产品文件标准化技术委员会（SAC/TC 146，简称 TC146 标委会）成立于 1989 年 9 月，2014 年 11 月由国家标准委员会批准换届，现为第五届。TC146 标委会主要负责与制造业有关技术产品文件的标准化研究，包括手工与计算机环境下的设计文件、工艺文件以及制造、检验等产品生命周期中所产生的管理文件的标准化工作。TC146 标委会现有委员 49 名，分别来自企业、科研院所、高校和检测及认证机构等。TC146 标委会下设 3 个分会，CAD 制图与技术信息分技术委员会（SC1）、工艺文件与技术信息分技术委员会（SC2）和通用规则与文件管理分技术委员会（SC3）。

近年来，TC146 标委会面向本领域技术发展和智能制造需求，进一步完善了本领域"十三五"技术标准体系框架，并正在积极开展《机械产品制造过程数字化仿真》《机械产品三维工艺设计》等多个系列智能设计、数字化工艺与仿真、产品运维与管理标准的研制工作。

SAC/TC 24

全国电工电子产品可靠性与维修性标准化技术委员会（SAC/TC 24，简称可标委）组建于 1982 年，秘书处挂靠单位为工业和信息化部电子第五研究所，是我国与 IEC/TC 56 对口的专业技术标准化组织，负责全国电工电子产品、过程、管理有关的可用性、可靠性、维修性、维修保障性等可信性领域的标准化工作，包括可靠性和维修性管理、试验和分析技术、软件和系统可信性、生命周期成本、技术风险分析和项目风险管理等专业领域标准化工作。

可标委从 20 世纪 80 年代起开始积极跟踪和参与 IEC/TC 56 国际标准的制定与修订工作，目前已承担了多项可信性领域的国家标准的制定任务，这些标准对指导和推动我国可信性工作的深入、有效地开展发挥了非常积极的作用。除此之外，可标委正在逐步加强针对特定系统、产品的可信性方法与技术标准的制定，这是由于可信性是产品必须考虑的一个重要属性，对于如智能制造这样的某一特定专业领域或某一具体产品的标准制（修）订项目，建议可参考国际上广泛采用的联合制订标准模式。需要说明的是，在国内，人们虽然还一直将"可信性"的概念用"可靠性"来代之，但此时的"可靠性"已不再是传统意义上的狭义可靠性，而应为广义上的可靠性，即"可信性"的概念。

SAC/TC 137

全国船用机械标准化技术委员会（SAC/TC 137）直属于国家标准化管理委员会，成立于 1988 年 12 月，现为第五届，委员 36 人，顾问 1 人，秘书处设在中国船舶工业综合技术经济研究院，下设柴油机、甲板机械与舱室辅机、管系、船舶消防、海上环境保护等 5 个分技术委员会以及锅炉与压力容器、液压与气动元件两个工作组。国际对口 ISO/TC8/SC1 救生与消防、SC2 环境保护、SC3 管系与机械、SC4 甲板机械与舾装等。

全国船用机械标准化技术委员会的专业涵盖船舶动力装置和辅机，具体包括船用柴油机、汽轮机、燃气轮机、热气机及其附件和轴系；船舶管系及附件、船舶辅机（船用风机、泵、压缩机、制冷设备、空调机、分离机等）、甲板机械（锚机、舵机、绞车、起重设备等）、锅炉及压力容器（船用主、辅锅炉、热交换器等）、船用液压气动元件（包括液压、气动系统、泵、马达、各类控制阀、缸、蓄能器、管接头及其附件）、船舶防污染设备、船舶消防设备等，涵盖了船舶上所有的机械产品设备。截至 2018 年 6 月，TC137 归口标准 740 项，包括国家标准 161 项，行业标准 579 项。

SAC/TC 367

全国机床数控系统标准化技术委员会（SAC/TC367）是在机床数控系统专业领域内，从事全国性标准化工作的技术工作组织，主要负责机床数控系统标准的制（修）订技术工作。SAC/TC367 以数控技术基本理论与核心技术为基础，研究机床数控系统领域内国际国内标准化发展状态，挖掘行业标准化需求，建立健全机床数控系统标准体系，推动行业标准化工作发展，为国民经济和机床数控系统产业与技术的发展提供配套和支撑。

SAC/TC367 于 2008 年成立，于 2014 年完成第二届换届。从成立至今，SAC/TC367 共获批立项 20 项技术标准（其中已发布实施国标 11 项，行标 2 项；已报批国标 3 项；已完成技术审查国标 4 项）。

大数据安全标准化
白皮书（2018版）.pdf

工业大数据白皮书
（2019版）.pdf

工业互联网平台标准化
白皮书（2018）.pdf

工业物联网互联
互通白皮书.pdf

流程型智能制造
白皮书.pdf

人工智能标准化白皮书
（2018版）.pdf

智能制造标准体系研究
白皮书（2015年）.pdf

智能制造能力成熟度模型
白皮书（1.0版）.pdf

文中部分缩略语 中英文释义

———

AMF：additive manufacturing file format，增材制造文件格式

ANSI：American National Standards Institute，美国国家标准学会

API：application programming interface，应用程序接口

APICS：Association for Supply Chain Management，供应链管理专业协会

ASME：American Society of Mechanical Engineers，美国机械工程师协会

ASTM：American Society for Testing Materials，美国材料与试验协会

B2B：business-to-business，公司对公司业务

BRAIN：Brain Research through Advancing Innovative Neurotechnologies，创新神经技术脑研究计划

CAE：computer aided engineering，计算机辅助工程

CENELEC：European Committee for Electrotechnical Standardization，欧洲电工技术标准化委员会

CL：common logic，通用逻辑

CRM：customer relationship management，客户关系管理

CT：computed tomography，电子计算机断层扫描

DARPA：Defense Advanced Research Projects Agency，美国国防高级研究计划局

DDE：dynamic data exchange，动态数据交换

DMD：digital micromirror device，数字微镜元件

ERP：enterprise resource planning，企业资源计划

FPGA：field programmable gate array，现场可编程逻辑门阵列

GPU：graphics processing unit，图形处理器

IEEE：Institute of Electrical and Electronics Engineers，电气和电子工程

师协会

ITU：International Telecommunication Union，国际电信联盟

KPI：key performance indicator，关键绩效指标

LCoS：liquid crystal on silicon，硅基液晶

MESA：Manufacturing Enterprise Solutions Association，制造企业解决方案协会

MRI：magnetic resonance imaging，磁共振成像

MRO：maintenance，repair & operations，维护、维修和运行

NIH：National Institutes of Health，美国国立卫生研究院

NPU：neural-network processing units，神经网络处理器

NSF：National Science Foundation，国家科学基金会

ODBC：open database connectivity，开放数据库连接

OID：object identifiers，对象标识符

OLED：organic light-emitting diode，有机发光半导体

OSI：open system interconnection，开放系统互联

PET：positron emission computed tomography，正电子发射型计算机断层显像

PLM：product life-cycle management，产品生命周期管理

SCM：supply chain management，供应链管理

SDK：software development kit，软件开发工具包

SCOR：supply-chain operations reference-model，供应链运作参考模型

TFT-LCD：thin film transistor liquid crystal display，薄膜晶体管液晶显示器

UUID：universally unique identifier，通用唯一标识符

WIA-PA：wireless networks for industrial automation process automation，面向过程自动化的工业无线网络

XML：extensible markup language，可扩展标记语言

参考文献

[1] International Federation of Robotics.Executive Summary on World Robotics 2015 [EB/OL]. [2016-2-10]. http://www.worldrobotics.org/uploads/media/Executive_Summary_WR_2015. pdf.

[2] OFweek. 2017 年中国生产工业机器人 13 万台 [EB/OL]. [2018-1-23] http://robot.ofweek. com/2018-03/ART-8321202-8420-30205041.html.

[3] OFweek. 2017 年中国工业机器人产销规模与产品结构分析 [EB/OL]. [2017-12-27] http:// robot.ofweek.com/2017-12/ART-8321202-8420-30184529.html.

[4] OFweek. 山东最大工业机器人生产基地投产 山东机器人行业竞争加剧 [EB/OL]. [2018-1-23] http://robot.ofweek.com/2018-01/ART-8321202-8420-30191754.html.

[5] ISO/IEC. Guide 51: 2014 Safety aspects—Guidelines for their inclusion in standards[S].

[6] IEC. 61508-0: 2005 Functional safety of electrical/electronic/programmable electronic safety-related systems-Part 0: Functional safety and IEC61508[S].

[7] GB/T 20438.1~3—2017 电气 / 电子 / 可编程电子安全相关系统的功能安全

[8] GB/T 21109.1—2006 过程工业领域安全仪表系统的功能安全 第 1 部分：框架、定义、系统、硬件和软件要求

[9] GB 28526—2012 机械电气安全 安全相关电气、电子和可编程电子控制系统的功能安全

[10] GB/T 16855.1—2018 机械安全 控制系统有关安全部件 第 1 部分：设计通则

[11] IEC. 63074 ED1: Security Aspects Related To Functional Safety of Safety-Related Control Systems[S].

[12] IEC. 62859: 2016 Nuclear Power Plants—— Instrumentation and Control Systems—— Requirements for Coordinating Safety and Cybersecurity[S].

[13] 中国电子技术标准化研究院，全国信息技术标准化技术委员会 . 信息技术标准化指南（2018）[S]. 北京：电子工业出版社，2018.